U0381376

"十二五"上海重点图书

材料科学与工程专业应用型本科系列教材

面向卓越工程师计划·材料类高技术人才培养丛书

无机非金属材料制备及性能测试技术

主　编　徐风广　杨凤玲

副主编　诸华军　于方丽

华东理工大学出版社

EAST CHINA UNIVERSITY OF SCIENCE AND TECHNOLOGY PRESS

·上海·

图书在版编目(CIP)数据

无机非金属材料制备及性能测试技术/徐风广,杨凤玲主编.
—上海:华东理工大学出版社,2013.7(2024.8重印)

ISBN 978-7-5628-3432-8

Ⅰ.①无… Ⅱ.①徐… ②杨… Ⅲ.①无机非金属材料-
制备-高等学校-教材 ②无机非金属材料-性能试验-高等学
校-教材 Ⅳ.①TB321

中国版本图书馆 CIP 数据核字(2012)第 316822 号

"十二五"上海重点图书

材料科学与工程专业应用型本科系列教材

面向卓越工程师计划·材料类高技术人才培养丛书

无机非金属材料制备及性能测试技术

主　　编／徐风广　杨凤玲
副 主 编／诸华军　于方丽
责任编辑／马夫娇
责任校对／金慧娟
出版发行／华东理工大学出版社有限公司
　　　　　地　　址：上海市梅陇路 130 号,200237
　　　　　电　　话：(021)64250306(营销部)
　　　　　　　　　　(021)64252344(编辑室)
　　　　　传　　真：(021)64252707
　　　　　网　　址：www.ecustpress.cn
印　　刷／广东虎彩云印刷有限公司
开　　本／787mm×1092mm　1/16
印　　张／25
字　　数／620 千字
版　　次／2013 年 7 月第 1 版
印　　次／2024 年 8 月第 8 次
书　　号／ISBN 978-7-5628-3432-8
定　　价／59.80 元

联系我们:电子邮箱 zongbianban@ecustpress.cn
　　　　　官方微博 e.weibo.com/ecustpress
　　　　　天猫旗舰店 http://hdlgdxcbs.tmall.com

前　　言

　　为满足高等院校无机非金属材料专业实验教学改革的需求,适应市场经济和时代发展的要求,培养具有扎实专业知识、较强动手能力和创新能力的无机非金属材料专业人才,特编写本教材。

　　在教材编写过程中,编者查阅了大量的文献资料,吸收了国内外无机非金属材料领域的研究成果,考虑了本专业多年来的发展现状,充分听取了有关专业教师的建设性意见,使之更适合应用型本科人才培养目标的要求。本书选编了与无机非金属材料制备及性能测试有关的实验,其内容涉及水泥、普通混凝土、玻璃、陶瓷、耐火材料、石灰及石膏等各个方面。与同类教材相比,其内容更全面、结构更完整、实用性更强。

　　本书由盐城工学院徐凤广、杨凤玲、诸华军、于方丽、李玉寿编写,徐凤广负责统稿并整理。具体分工如下:徐凤广负责编写第2章、第4章和前言;杨凤玲负责编写第1章和第3章;诸华军负责编写第5章;于方丽、李玉寿负责编写第6章。在部分章节的编写过程中得到了吴其胜、焦宝祥、张长森、顾大国、杨子润、蔡树元等老师的帮助和支持,在此表示衷心感谢。

　　为了进一步培养学生的工程意识、创新意识和环保意识,提高学生分析问题和解决实际问题的能力,编者针对教材中存在的测试方法过时、综合性及设计性实验项目偏少、思考题量不足并且贴合工程实际不够、部分测试内容步骤不详等问题,结合多年来广大师生读者在教材使用过程中提出的宝贵意见,对本教材做了以下几方面的修订:按我国现行新标准、新规范对原部分实验项目内容进行更正;结合学科特色对部分章节增加了综合性及设计性实验内容;丰富和修订了部分实验项目的思考题内容,部分实验项目增加了计算题及选择题;进一步优化了部分实验项目的测试方法及步骤;删除了个别不能满足实验教学内容要求的测试项目等。

　　在编写过程中,本书参考了大量的资料文献,在此向这些文献的作者们表示衷心的感谢。

　　本书的出版得到了盐城工学院教材基金的资助,以及盐城工学院有关部门及领导的支持,在此表示感谢。

　　本教材涉及面纷繁浩大,内容多而复杂,鉴于编者学识水平有限,书中难免存在疏漏之处,敬请广大读者批评指正并提出宝贵意见。

编　者

2021年9月

目　录

第1章 水泥制备及性能测试

实验1-1 水泥原料分析样品制备

从矿山或原料堆场采集的水泥原料样品一般不能直接用于质量检测,而需要进行一系列的加工,使之符合检测的要求,这就是我们常说的样品的制备。

一般来讲,样品的制备包括烘干、破碎与磨细、混匀、缩分四道工序。当然,具体制备时样品的加工方法还需根据样品的种类和用途而定。如果试样是进行筛分分析,测定粒度,则必须保持原来的粒度组成,而不能进行破碎,这时只需将试样混匀与缩分即可。

下面将对制备样品一般要经过的四个阶段进行分述。

一、样品的烘干

样品烘干仅是除去物理学水分。干后样品又会吸收空气水分,直到与室内空气达到平衡为止。

如果样品过于潮湿,致使粉碎、研细与过筛发生困难(如发生黏结、堵塞现象),就必须先将样品干燥,然后再进行处理。如系大量的样品,可在空气中干燥;如系小量样品,可放入烘箱中干燥。一般应在105～110℃温度下进行。对易分解的样品,如含结晶水的石膏、煤等,应在较低的温度下烘干;而铝土矿、锰矿等吸水能力较强的样品,可在较高的温度(120～130℃)下烘干。

二、样品的破碎与磨细

样品的破碎一般用机械进行。通常先把原始样品经25 mm的筛子过筛,对较大的颗粒一般采用颚式粗碎机破碎或人工在钢板上用铁锤击碎(如石灰石样品),如果样品的颗粒直径在10 mm以下,可用轧辊式中碎机破碎或人工在钢板上用铁锤击碎。样品经破碎后,再进行细磨。

细磨则在圆盘磨、球磨、陶瓷磨或行星磨中进行,最后在玛瑙研钵中研细,使样品全部通过0.08 mm的方孔筛。

三、样品的混匀

为了使分析样品具有代表性,必须把样品充分混匀。由于在同一个样品中往往含有几种密度、硬度等物理性质相差较大的矿物质组分存在;且有的脆性较大易于破碎,有的硬度较大则不易破碎;就密度而言,密度大的矿物相对集中在下层,密度小的相对集中在上层。所以在缩分之前,如不加以充分地混匀,缩分后的样品就不会有充分的代表性。样品的混匀通常有以下几种方法。

对于大批样品(如几百千克)的混匀,多采用铁铲混匀法与环锥混匀法。

对于少量样品(如几千克)的混匀,多采用掀角法进行混匀。即将样品放在光滑的塑料布上,提起塑料布的一角使样品滚到对角,然后再提起相对的一角,使样品滚回来,如此再进行3～4次之后,将样品留在塑料布的中央。再用另外两个对角如此反复进行3～4次,使样品进行充分混匀。

对试验室少量样品,可用分样器混匀。

四、样品的缩分

对试验室来讲,任何一种样品的分析只需很少的样品,因而在分析之前必须对经上述混匀的样品进行缩分。样品的缩分一般有以下几种方法。

1. 锥形四分法

将混匀的样品堆成圆锥体,然后用铲子或木板将锥顶压平,使成为截锥体。通过圆心分成四等份,去掉任一相对等份,再将剩下的两等份堆成圆锥体。如此重复进行,直至缩分至所需的数量为止。

2. 挖取法

将混匀的样品铺成正方形或长方形的均匀薄层,然后以直尺划分成若干个小正方形。再用小铲将每隔一定间隔的小正方形中的样品全部取出,最后放在一起进行混匀。见图1-1。

3. 分样器缩分法

将样品倒入分样器(图1-2)中后,样品即从两侧流入两边的样槽内,于是把样品均匀分成两等份。用分样器缩分样品,可不必预先将样品混匀而直接进行缩分。样品的最大粒径不应大于格槽宽度的1/3～1/2。

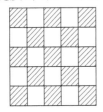

图1-1 挖取法

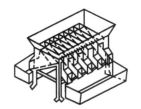

图1-2 槽形分样器

五、试验室样品的制备过程(举例)

硅酸盐水泥熟料及水泥制备,涉及的样品主要有石灰石、黏土、铁粉、石膏、粉煤灰、矾土等,其各种样品的制备过程大致如下。

1. 石灰石样品的制备过程

从石灰石堆场上取其具有代表性的试样50 kg左右→经颚式破碎机进行破碎致粒度为5～10 mm,然后采用四分法缩至5 kg→将其倒入球磨机中进行研磨,50 min后→当其细度达到4%(0.08 mm方孔筛筛余)左右时,将试样从磨机中取出→再用四分法将样品缩至200 g(其余的试样可作为配制生料的石灰石原料)→用磁铁吸除其中的铁粉。将样品于玛瑙研钵中进行细磨→再缩分至 5 g→用玛瑙研钵研磨至全部通过 0.08 mm 的方孔筛→将其放入称量瓶中置于烘箱烘干→置于干燥器中作分析用。(其余石灰石可根据实验需要量全部用球磨机磨到要求细度,放入桶内,为使桶内物料均匀,可将 20 kg 细粉放入 φ500 mm×500 mm 球磨机中混 15 min,用磁铁吸去铁粉后再放入桶内贴上标签备用。)

2. 黏土样品的制备过程

取有代表性的黏土试样 15 kg→置于烘箱中烘干(或于空气中晾干)→经颚式破碎机进行破碎致粒度为 5~10 mm→将其倒入球磨机中进行研磨,30 min 后→当其细度达到 4% 左右时,将试样从磨机中取出→用四分法将样品缩分至 200 g(其余的试样可作为配制生料的石灰石原料),余下的操作过程同石灰石。

3. 铁粉、粉煤灰、石膏等样品的制备过程

该过程基本上同黏土或石灰石。

六、注意事项

1. 在破碎、磨细样品前,应将所有的加工设备,如机器中颚板、磨盘、铁锤及研钵等用刷子刷净,不应有其他样品粉末残留,防止物料混杂。

2. 碎样时应尽量防止样品小块或粉末飞散。如果偶尔跳出大颗粒,仍须捡回继续粉碎。

3. 在过筛时,如有筛余,应继续研磨至全部样品过筛为止,以免使分析结果失去对原样的代表性。

4. 在破碎或磨细过程中,常常因破碎器的磨损而使样品中带入铁杂质,所以最好使用锰钢制的磨盘、颚板等,或用磁石吸除由碎样器进入样品中的铁。

5. 制备好的分析样品应保存在磨口瓶中,必要时用胶封好,以免化学组成及水分发生变化,同时应在样品瓶上贴上标签、编号等。

七、思考题

1. 水泥原料分析样品的制备包括哪些主要工序?

2. 石灰石如何混匀?

3. 样品的缩分有哪些方法?

实验 1-2　水泥原料易磨性能测定

物料的易磨性是表示物料被粉磨的难易程度的一种物理性质。物料的易磨性与物料的强度、硬度、密度、结构的均匀性、含水量、黏性、裂痕、表面形状等许多因素有关。

物料的易磨性原来一般采用相对易磨系数来表示。GB 9964—88 又规定了以粉磨功指数表示水泥原料的易磨性。

Ⅰ 易磨系数测定

一、实验目的

掌握水泥原料易磨系数的测定原理和方法。

二、实验原理

将标准砂与被测物料在同样的磨制设备中,磨制同样的时间。分别测定其比表面积,两种被粉磨物料的比表面积值之比即为物料的相对易磨系数。计算公式如下:

$$K_m = S_0 / S_s$$

式中　K_m——物料的相对易磨系数;

　　　S_0——被测物料经过粉磨 t 时间后的比表面积,m^2/kg;

　　　S_s——标准砂经过粉磨 t 时间后的比表面积,m^2/kg。

几种典型物料的相对易磨系数见表 1-1。

表 1-1　几种典型物料的相对易磨系数

物料名称	K_m
立窑熟料	1.12
硬质石灰石	1.27
中硬石灰石	1.50
软质石灰石	1.70

相对易磨系数越大,物料越容易粉磨,磨机的产量越高,且磨得较细。

因为易磨系数的测定比较简单,所以还有不少水泥企业及其他有关行业采用这种方法。

三、实验器材

1. SMϕ500 mm×500 mm 试验小球磨机。
2. PF600×100 颚式破碎机。
3. 电子秤:最大称量 2 000 g,精度 2 g。
4. DBT-127 勃氏比表面积仪。
5. 标准砂和水泥原料。

四、实验步骤

1. 取 500~2 000 g 标准砂,用试验小磨将其磨细,用比表面积仪测定磨后标准砂的比表面积,至比表面积为 300 m^2/kg 左右,记为 S_s,并记录其粉磨时间 t。
2. 将 500~2 000 g 水泥原料破碎成粒度 7 mm 以下的颗粒。
3. 将破碎后的水泥原料装入试验小磨中,磨制时间 t 与标准砂相同。
4. 用比表面积仪测定磨后水泥原料的比表面积 S_0。

五、实验结果与分析

将实验结果记录于表 1-2 中。

表1-2　易磨系数实验记录

原料名称	磨料量/g	磨制时间 t/min	比表面积/$(m^2 \cdot kg^{-1})$	易磨系数 K_m
标准砂			$S_S=$	$K_m = S_0 / S_S =$
水泥原料			$S_0=$	

六、思考题

1. 易磨系数测定过程中应注意的事项有哪些？
2. 对比试验所用标准砂的粒径范围为多少？

Ⅱ　粉磨功指数测定

一、实验目的

掌握粉磨功指数的测定原理和方法。

二、实验原理

粉磨功指数(BOD)是表示水泥原料及其混合料的易磨性的指数。其测定原理是物料经规定的磨机研磨至平衡状态后，以磨机每转生成的成品量计算粉磨功指数，用以表示物料粉磨的难易程度。

三、实验器材

1. 球磨机
(1) 规格：$\phi 305$ mm×305 mm。
(2) 转速：70 r/min。
(3) 研磨介质：滚珠轴承用球，重量不少于 19.5 kg。钢球级配，见表1-3。

表1-3　钢球级配

钢球直径/mm	36.5	30.2	25.4	19.1	15.9
个数	43	67	10	71	94
总数			285		

2. 标准筛
标准筛的规格尺寸见表1-4。

表1-4　标准筛规格

目数	6	8	10	12	16	20	24	28	35	50
筛孔尺寸/mm	3.15	2.5	2.0	1.6	1.25	0.90	0.80	0.63	0.50	0.355
用途	测试样用	试样粒度分析用								
目数	70	80	120	190	220	240	260	300	320	360
筛孔尺寸/mm	0.244	0.180	0.125	0.080	0.070	0.063	0.056	0.050	0.045	0.040
用途	试样粒度分析用				成品粒度分析用					水筛用

3. ZBSX－92A 标准筛振筛机

（1）振动次数：221 次/min；

（2）振击次数：147 次/min；

（3）回转半径：12.5 mm。

4. 破碎机

PF600×100 颚式破碎机。

5. 称量设备

（1）最大称量 2 000 g，精度 2 g；

（2）最大称量 100～200 g，精度 0.1 g。

6. 容重测定设备

四、实验步骤

1. 试样制备

（1）将物料分别用颚式破碎机破碎，按粒度大小逐级调节颚板间距，每破碎一次，用 3.15 mm 筛筛分，取出大于 3.15 mm 的物料，反复送入破碎机内再进行破碎，直至全部通过 3.15 mm 筛。

（2）将破碎后的物料放置恒温 105℃ 的电热干燥箱内烘干。

（3）取破碎后经烘干的物料，或按设计配合比的混合料 10 kg 作为试样待用。

2. 实验步骤

（1）将试样拌和均匀，取出约 500 g，用筛分法求粒度分布，以确定 0.080 mm 筛下百分含量及入磨物料的 80% 粒径。测定 700 mL 物料松散状态下试样质量。以 700 mL 物料松散状态下试样质量作为磨机的加料量。

（2）平衡状态是指试验磨机每转产生的成品量误差小于 3%，循环负荷在（250±5）% 范围内状态。平衡状态时成品质量按下式计算：

$$Q=W/(2.5+1)$$

式中　　Q——平衡状态时成品量，g；

　　　　W——700 mL 试样质量，g。

将试样加入磨内，操作顺序见图 1－3。

（3）第一次磨机转数取 100～300 r/min，软质易磨物料取低值，硬质难磨物料取高值。

（4）待磨机转完预定的转数后，将磨内物料全部倒出，以 0.08 mm 筛进行筛分。称其筛上

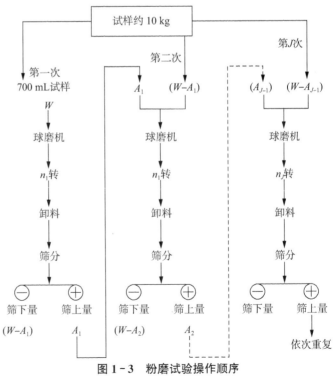

图 1－3　粉磨试验操作顺序

物料质量 A，从总质量 W 减去筛上量求得筛下量 $(W-A)$。同时称量筛下量以检验与计算值 $(W-A)$ 间的误差，此误差不得大于 5 g。

（5）从筛下量 $(W-A)$ 再减去试样带入的 0.08 mm 筛筛下物料量，求得试验磨机实际产量 B，之后再求出磨机每转产品量 G（g/r）。

（6）从第 J 次操作所得 G 值除以第 $(J+1)$ 次操作需要新产生的产品量参考 Q 值，估算下一周期需要的磨机转数。

（7）称取与 $(W-A)$ 相同质量的试样，连同 A 加入磨内，再进行粉磨。每次粉磨保持磨内有 W 量的试样。

（8）重复第（4）～（7）条的操作，直至达到平衡状态，计算最后三次 G 平均值。三次中 G 的最大值和最小值之差不超过平均值的 3%。

（9）将最后 2～3 周期所得之成品混合均匀，称取 100 g，用 0.04 mm 水筛在小于 0.01 MPa 水压下将细粉冲洗，收集筛上物烘干，再用成品粒度分析套筛筛分，以求得成品的 80% 粒径。

五、实验结果与分析

（1）分别用粒径为横坐标，累计筛余百分数为纵坐标，在双对数坐标纸上作出入磨粒度与成品细度分布曲线，求出 F_{80} 与 P_{80}。

（2）粉磨功指数按下式计算：

$$W_i = \frac{44.5 \times 1.10}{P^{0.23} G^{0.82}\left(\dfrac{10}{\sqrt{P_{80}}} - \dfrac{10}{\sqrt{F_{80}}}\right)}$$

式中　W_i——粉磨功指数，kW·h/t；

　　　P——试验用成品筛的筛孔尺寸：80 μm；

　　　G——试验磨机每转产生的成品量，g/r；

　　　P_{80}——成品 80% 通过的筛孔尺寸，μm；

　　　F_{80}——入磨试样 80% 通过的筛孔尺寸，μm。

（3）结果表示。粉磨功指数书写时应注明成品筛孔尺寸，例如：

$$W_i = 12.5 \text{ kW·h/t} \qquad (P = 80 \ \mu m)$$

六、思考题

1. 什么是粉磨的平衡状态？如何调整使粉磨过程达到平衡状态？
2. 为什么待测料要预先粉碎成一定的粒度试样？
3. 粉磨功指数能否用于测定软质或韧性大的物料？

实验 1-3　黏土化学分析

黏土是硅酸盐工业的重要原料之一，水泥生产所用黏土是普通常见的黏土，其化学成分大致如下：

SiO_2	Al_2O_3	Fe_2O_3	CaO	MgO	R_2O
50%～69%	11%～25%	5%左右	5%左右	3%左右	4%左右

陶瓷所用黏土是有特殊要求的,往往要求铝含量高,铁含量很低。

在水泥、陶瓷生产中,黏土分析通常以容量分析为主。经典的分析方法常常因为操作繁复、分析时间长难以在生产中应用,但在某些特定情况下,如制备标准物质及作精确分析时仍然使用。本实验采用如下方法(此方法也适用于高岭土、膨润土、火山灰、粉煤灰等原料的化学成分分析)。

一、实验目的

1. 了解黏土各化学成分测定的原理。
2. 掌握黏土化学成分测定的方法。

二、实验器材

1. 箱式电阻炉:最高使用温度不低于1 000℃。
2. 电热鼓风干燥箱:能使温度控制在(105±5)℃。
3. 电子天平:称量100 g,感量0.1 mg。
4. 分析纯试剂:氢氧化钠、氯化钾、盐酸、硝酸、无水乙醇。
5. 氟化钾溶液(150 g/L)。
6. 氟化钾溶液(20 g/L)
7. 氯化钾溶液(50 g/L)。
8. 氯化钾-乙醇溶液(50 g/L)。
9. 氢氧化铵溶液(1+1)。
10. 乙酸-乙酸钠缓冲溶液(pH4.3)。
11. 三乙醇胺溶液(1+2)。
12. 氢氧化钾溶液(200 g/L)。
13. 铵-氯化铵缓冲溶液(pH10)。
14. 苦杏仁酸溶液(50 g/L)。
15. 酒石酸钾钠溶液(100 g/L)。
16. 酚酞指示剂溶液(10 g/L)。
17. 磺基水杨酸钠指示剂溶液(100 g/L)。
18. PAN指示剂溶液(2 g/L)。
19. CMP混合指示剂。
20. 酸性铬蓝K-萘酚绿B(1+2.5)混合指示剂。
21. 氢氧化钠标准滴定溶液(0.15 mol/L)。
22. 硫酸铜标准滴定溶液(0.015 mol/L)。
23. EDTA标准滴定溶液(0.015 mol/L)。
24. 其他:银坩埚、容量瓶、干燥器、酸碱滴定管等。

三、测定步骤

1. 试样溶液的制备
(1)方法:氢氧化钠熔融分解试样。

（2）测定步骤

准确称取约 0.5 g 已在 105～110℃烘过 2 h 的试样置于银坩埚中，加入 7～8 g 氢氧化钠，盖上坩埚盖（应留有一定缝隙）。放入已升温至 400℃的高温炉中，继续升温至 650～700℃后，保温 20 min（中间可摇动熔融物一次）。取出坩埚，冷却后，放入盛有 100 mL 的冷水烧杯中，盖上表面皿，适当加热，待熔融物完全浸出后取出坩埚，用热水和盐酸（1+5）洗净坩埚及盖，洗液并入烧杯中。然后一次加入 25 mL 盐酸，立即用玻璃棒搅拌，加入数滴硝酸，加热煮沸，将所得澄清溶液冷却至室温后，移入 250 mL 容量瓶中，用水稀释至标线，摇匀，此溶液可供测定硅、铝、铁、钙、镁之用。

（3）注意事项

黏土因吸水性强，称样应采取差减法，即在称量盘上称取试样后，立即倒入银坩埚内，可轻轻敲击称量盘，但不要用毛刷刷称量盘，然后再称量空盘，两次质量之差即为试样的质量。

2. 二氧化硅测定

（1）测定基本原理

氟硅酸钾容量法测定二氧化硅是依据硅酸在有过量的氟离子和钾离子存在下的强酸性溶液中，能与氟离子作用形成氟硅酸离子[SiF_6]$^{2-}$，并进而与钾离子作用生成氟硅酸钾（K_2SiF_6）沉淀。该沉淀在热水中水解并相应生成等当量的氢氟酸，因而可用氢氧化钠溶液进行滴定，借以求得样品中的二氧化硅含量。其反应方程式如下：

$$SiO_3^{2-} + 6F^- + 6H^+ \rightleftharpoons SiF_6^{2-} + 3H_2O$$

$$SiF_6^{2-} + 2K^+ \rightleftharpoons K_2SiF_6 \downarrow$$

$$K_2SiF_6 + 3H_2O \rightleftharpoons 2KF + H_2SiO_3 + 4HF$$

$$HF + NaOH \rightleftharpoons NaF + H_2O$$

（2）测定步骤

吸取 25 mL 上述制备好的试样溶液，放入 300 mL 塑料杯中，加入 10 mL 硝酸，冷却片刻。然后加入 10 mL 的氟化钾溶液（150 g/L），搅拌，再加入氯化钾，搅拌并压碎不溶颗粒，直至饱和。冷却，并静置 15 min。用快速滤纸过滤，塑料杯与沉淀用氯化钾溶液（50 g/L）洗涤 2～3 次。将滤纸连同沉淀置于原塑料杯中，沿杯壁加入 10 mL 的氯化钾-乙醇溶液（50 g/L）及 1 mL 的酚酞指示剂溶液（10 g/L），用氢氧化钠溶液（0.15 mol/L）中和未洗净的酸，仔细搅动滤纸并随之擦洗杯壁，直至酚酞变红（不记读数）。然后加入 200 mL 沸水（沸水应预先用氢氧化钠溶液中和至酚酞呈微红色），以氢氧化钠标准滴定溶液（0.15 mol/L）滴定至微红色（记下读数）。

（3）试样中二氧化硅的质量百分数按下式计算：

$$X_{SiO_2} = \frac{T_{SiO_2} \times V \times 5}{m \times 1\,000} \times 100\%$$

式中　T_{SiO_2}——每毫升氢氧化钠标准滴定溶液相当于二氧化硅的毫克数，mg/mL；

　　　　V——滴定时消耗氢氧化钠标准滴定溶液的体积，mL；

　　　　5——全部试样溶液与所分取试样溶液的体积比；

　　　　m——试料的质量，g。

（4）二氧化硅测定过程中应注意的事项

① 从上述反应方程可看出，要使反应进行完全，首先应把不溶性二氧化硅转变为可溶性

的硅酸,其次要保证溶液有足够的酸度,还必须有足够过量的氟和钾离子存在。

② 分解试样所用酸的类型。分解试样最好使用硝酸,因为用硝酸分解样品不易析出硅酸凝胶,同时还可减少铝离子的干扰。

③ 溶液酸度的控制。溶液的酸度应保持在 3 mol/L 左右,过低易形成其他盐类的氟化物沉淀而干扰测定,但酸量过多会给沉淀的洗涤与中和残余酸的操作带来麻烦。

④ 溶液体积的控制。氟硅酸钾沉淀与否,和溶液体积的关系不是太大,一般在 80 mL 以内均可得到正确的结果。但在实际操作中,保持在 50 mL 左右比较适宜。

⑤ 氯化钾加入量的控制。一般应至饱和或过饱和。特别是当夏天室温较高,溶液体积较大,以及在先加硝酸后加氟化钾的情况下,氯化钾的加入量一定要达到饱和。否则,沉淀不易完全,易导致测定结果偏低。

⑥ 沉淀放置时间的控制。氟硅酸钾属于立方晶系的晶体沉淀,因此在沉淀后应放置 10 min 左右,以等晶体形成较大的颗粒,便于过滤和洗涤。但洗涤后的沉淀在滤纸上放置的时间对测定结果无影响。

⑦ 对于滤纸和沉淀上未曾洗尽酸的处理。通常是以 5% 的氯化钾 - 50% 乙醇为介质,用氢氧化钠溶液中和至酚酞变红。这一操作的关键在于快速,并在此时及以前控制温度在 30℃以下,温度高,氟硅酸钾易水解,使结果偏低。

⑧ 滴定所用的指示剂的品种。通常用酚酞,但也可采用麝香酚蓝 - 酚红混合指示剂。

3. 三氧化二铁的测定

(1) 测定基本原理(EDTA - 配位滴定法)

用 EDTA 滴定 Fe^{3+},一般以磺基水杨酸或其钠盐为指示剂,在溶液酸度为 pH1.5～2,温度为 60～70℃的条件下进行。在上述条件下,磺基水杨酸与 Fe^{3+} 络合成紫红色的络合物,能为 EDTA 所取代。其反应方程式如下。

指示剂显色反应:

$$Fe^{3+} + HIn^- \Longrightarrow FeIn^+ + H^+$$
$$\text{(无色)} \qquad \text{(紫红色)}$$

滴定主反应:

$$Fe^{3+} + H_2Y^{2-} \Longrightarrow FeY^- + 2H^+$$

终点时指示剂的变色反应:

$$H_2Y^{2-} + FeIn^+ \Longrightarrow FeY^- + HIn^- + H^+$$
$$\text{(紫红色)} \qquad \text{(黄色)} \qquad \text{(无色)}$$

(2) 测定步骤

吸取 25 mL 上述制备好的试样溶液,放入 300 mL 烧杯中。加水稀释至 100 mL,用氨水(1+1)调整溶液的 pH 至 1.8～2.0(以精密 pH 试纸检验)。将溶液加热至 70℃左右,加 10 滴磺基水杨酸钠指示剂溶液(100 g/L),在不断搅拌下用 EDTA 标准滴定溶液(0.015 mol/L)缓慢滴定至呈亮黄色(终点时溶液温度应在 60℃左右)。

(3) 试样中三氧化二铁的质量百分数按下式计算:

$$X_{Fe_2O_3} = \frac{T_{Fe_2O_3} \times V \times 5}{m \times 1\,000} \times 100\%$$

式中　$T_{Fe_2O_3}$——每毫升 EDTA 标准滴定溶液相当于三氧化二铁的毫克数,mg/mL;

　　　V——滴定时消耗的 EDTA 标准滴定溶液体积,mL;

5——全部试样溶液与所分取试样溶液的体积比；

m——试料的质量,g。

(4) 测定过程中应注意的事项

① 测定铁时除应正确掌握溶液的酸度和温度外,还应注意使溶液中的 Fe^{2+} 全部氧化成 Fe^{3+} ,特别是用石墨作垫层的瓷坩埚熔融试样时,因在高度还原气氛下,样品中的铁绝大部分被还原成低铁 Fe^{2+} ,所以在测定之前应加硝酸将其完全氧化成高铁 Fe^{3+} ,否则由于与 EDTA 的络合能力弱,将使测定结果偏低。

② 滴定之前溶液 pH 的调节,可采用一种简便的方法,即首先向溶液中加入磺基水杨酸钠指示剂,用氨水(1+1)调节溶液出现橘红色(pH＞4),然后用盐酸(1+1)至溶液刚刚变成紫红色,再继续滴加 8～9 滴,此时溶液的 pH 一般都在 1.6～1.8 的范围内。用这种方法调节溶液的 pH,不仅操作简单,而且相当准确。

③ 由于 Fe^{3+} 与 EDTA 的络合反应较慢,故在近终点时要充分搅拌,缓慢滴定,并使终点前溶液的温度以不低于 60℃ 为宜。

④ 滴定终点的颜色一般视铁含量的高低而不同,若铁的含量较低,终点时的颜色应以紫红色消失为准;若铁的含量较高,终点时溶液可能出现亮黄色,但还应以紫红色消失为准。

4. 三氧化二铝、二氧化钛的测定

(1) 测定原理(EDTA-苦杏仁酸置换-铜盐回滴定法)

在测定完铁后的溶液中,加入对 Al^{3+} 过量的 EDTA 标准溶液(一般过量 10～15 mL),加热至 70～80℃,调整溶液的 pH 至 3.8～4.0,将溶液煮沸 1～2 min。然后以 PAN 为指示剂,用铜盐标准溶液返滴剩余的 EDTA。在此条件下,溶液中的少量钛也能与 EDTA 定量地络合。因而所测结果为铝、钛的合量。其络合反应式如下:

$$Al^{3+} + H_2Y^{2-} \rightleftharpoons FeY^- + 2H^+$$

$$TiO^{2+} + H_2Y^{2-} \rightleftharpoons TiOY^{2-} + 2H^+$$

用铜盐返滴过剩 ETDA 的反应为:

$$\underset{(过剩)}{Cu^{2+}} + H_2Y^{2-} \Longrightarrow 2H^+ + \underset{(绿色)}{CuY^{2-}}$$

终点时指示剂的变色反应为:

$$Cu^{2+} + PAN \rightleftharpoons \underset{(红色)}{Cu-PAN}$$

(2) 测定步骤

在上述滴定铁后的溶液中,加入 EDTA 标准滴定溶液(0.015 mol/L)至过量 10～15 mL (对铝、钛合量而言),加水稀释至约 200 mL。将溶液加热至 70～80℃后,加 15 mL 乙酸-乙酸钠缓冲溶液(pH4.3),煮沸 1～2 min。取下,稍冷,加 5～6 滴的 PAN 指示剂溶液(2 g/L),以硫酸铜标准滴定溶液(0.015 mol/L)滴定至亮紫色(此时消耗硫酸铜标准滴定溶液的体积记为 V_1)。然后向溶液中加入 15 mL 的苦杏仁酸溶液(50 g/L),并加热煮沸 1～2 min。取下冷至 50℃左右,加 5 mL 的乙醇(95%),2 滴 PAN 指示剂溶液(2 g/L),再以硫酸铜标准滴定溶液滴定至亮紫色(此时所消耗硫酸铜标准滴定溶液的体积记为 V_2)。

(3) 试样中三氧化二铝、二氧化钛的质量百分数按下式计算:

$$X_{Al_2O_3} = \frac{T_{Al_2O_3}\left[V - (V_1 + V_2)K\right] \times 5}{m \times 1\,000} \times 100\%$$

$$X_{TiO_2} = \frac{T_{TiO_2} \times V_2 \times K \times 5}{m \times 1\,000} \times 100\%$$

式中　　$T_{Al_2O_3}$——每毫升 EDTA 标准滴定溶液相当于氧化铝的毫克数,mg/mL;

　　　　T_{TiO_2}——每毫升 EDTA 标准滴定溶液相当于氧化钛的毫克数,mg/mL;

　　　　K——每毫升硫酸铜标准滴定溶液相当于 EDTA 标准滴定溶液的体积,mL;

　　　　V——加入 EDTA 标准滴定溶液的体积,mL;

　　　　V_1——苦杏仁酸置换前,消耗的硫酸铜标准滴定溶液的体积,mL;

　　　　V_2——苦杏仁酸置换后,消耗的硫酸铜标准滴定溶液的体积,mL;

　　　　5——全部试样溶液与所分取试样溶液的体积比;

　　　　m——试样的质量,g。

（4）测定过程中应注意的事项

① 滴定终点的颜色,与过剩 EDTA 和所加 PAN 指示剂的量有关。如溶液中剩余 EDTA 的量较大或 PAN 指示剂的量较少,则绿色 CuY^{2-} 络合物的色调较深,终点为蓝紫色或蓝色;如 EDTA 过量较少或 PAN 指示剂的量较大,相对之下 Cu-PAN 红色络合物的色调就比较明显,则终点基本上是红色。但终点时的颜色的变化,均有明显的突跃,对测定结果都无影响。

② EDTA 对 Al^{3+} 的过量范围,如 EDTA 和 Cu^{2+} 的浓度为 0.015～0.02 mol/L 时,以过量 10～15 mL EDTA 为适宜。

③ 在用 EDTA 滴定完 Fe^{3+} 的溶液中加入过量的 EDTA 后,应将溶液加热到 70～80℃再调整溶液的 pH 至 3.8～4.0,这样可以使溶液中的少量 TiO^{2+} 和大部分 Al^{3+} 与 EDTA 络合,防止 TiO^{2+} 及 Al^{3+} 的水解。

④ 由于 PAN 指示剂本身以及 Cu-PAN 红色络合物在水中的溶解度都很小,因此,为增大其溶解度以获得敏锐的终点,最简便的办法是在热的溶液中进行滴定。如果溶液的温度低于 60℃,则滴定终点颜色的变化就不明显。加入酒精或甲醇可提高 PAN 和 Cu-PAN 络合物的溶解度,但这样在日常的例行生产控制中是很不经济的。

⑤ 在用苦杏仁酸置换的回滴法测定黏土中的钛时,若滴定时溶液温度较高(如高于 80℃),则终点时褪色较快,往往导致钛的测定结果偏高,而在 50℃左右时进行滴定,褪色速度大为减慢。但当溶液温度降低后,由于 PAN 指示剂以及 PAN-Cu 络合物在水中的溶解度亦随之降低,使滴定得不到鲜明的终点。加入乙醇可增大两者的溶解度,从而使滴定终点得以改善。

5. 氧化钙的测定

（1）方法:EDTA-配位滴定法

（2）分析步骤

吸取 25 mL 试样溶液,放入 400 mL 烧杯中。加 15 mL 的氟化钾溶液(20 g/L),搅拌并放置 2 min 以上。用水稀释至约 200 mL,加入 5 mL 三乙醇胺(1+2)及适量的 CMP 混合指示剂,在搅拌下加入氢氧化钾溶液(200 g/L)至出现绿色荧光后再过量 6～7 mL(此时溶液的 pH 应在 13 以上)。用 EDTA 标准滴定溶液(0.015 mol/L)滴定至绿色荧光消失并转变为粉红色,消耗的体积记为 V_1。

（3）试样中氧化钙的质量百分数按下式计算:

$$X_{CaO} = \frac{T_{CaO} \times V_1 \times 10}{m \times 1\,000} \times 100\%$$

式中　T_{CaO}——每毫升 EDTA 标准滴定溶液相当于氧化钙的毫克数,mg/mL;

　　　　V_1——滴定时消耗的 EDTA 标准滴定溶液的体积,mL;

　　　　10——全部试样溶液与所分取试样溶液的体积比;

　　　　m——试样的质量,g。

6. 氧化镁

(1) 方法:EDTA-配位滴定法。

(2) 分析步骤

吸取 25 mL 试样溶液,放入 400 mL 烧杯中。加 15 mL 氟化钾溶液(20 g/L),搅拌并放置 2 min 以上。用水稀释至 200 mL,加入 1 mL 酒石酸钾钠溶液(100 g/L)及 5 mL 三乙醇胺(1+2),搅拌,然后加入 25 mL 铵-氯化铵缓冲溶液(pH10)及适量的酸性铬蓝 K-萘酚绿 B 混合指示剂,用 EDTA 标准滴定溶液(0.015 mol/L)滴定(近终点时应缓慢滴定)至溶液呈纯蓝色,消耗的体积记为 V_2。此为滴定钙、镁合量。

(3) 试样中氧化镁的质量百分数按下式计算:

$$X_{MgO} = \frac{T_{MgO}(V_2-V_1) \times 10}{m \times 1\,000} \times 100\%$$

式中　T_{MgO}——每毫升 EDTA 标准滴定溶液相当于氧化镁的毫克数,mg/mL;

　　　　V_2——滴定钙、镁合量时消耗的 EDTA 标准滴定溶液的体积,mL;

　　　　V_1——滴定钙时消耗的 EDTA 标准滴定溶液的体积,mL;

　　　　m——试样的质量,g。

7. 附着水分的测定

(1) 测定步骤

准确称取 1~2 g 试样,放入预先已烘干至恒重的称量瓶中,置于 105~110℃ 的烘箱中(称量瓶在烘箱中应敞开盖)烘 2 h。取出,加盖(但不应盖得太紧),放在干燥器中冷至室温。将称量瓶紧密盖紧,称量。如此再入烘箱中烘 1 h。用同样方法冷却、称量,至恒重为止。

(2) 试样中附着水分的质量百分数按下式计算:

$$W = \frac{m-m_1}{m} \times 100\%$$

式中　W——附着水分,%;

　　　　m——烘干前试样的质量,g;

　　　　m_1——烘干后试样的质量,g。

8. 烧失量的测定

(1) 试验原理

试样在(950±25)℃的高温炉中灼烧,驱除水分和二氧化碳,同时将存在的易氧化元素氧化。

(2) 测定步骤

准确称取约 1 g 已在 105~110℃烘干过的试样,放入已灼烧至恒重的瓷坩埚中。置于高温炉中,从低温升起,在 950~1 000℃的高温下灼烧 30 min。取出,置于干燥器中冷却,称量。如此反复灼烧,直至恒重。

(3) 试样中烧失量的质量百分数按下式计算:

$$X_{LOSS} = \frac{m-m_1}{m} \times 100\%$$

式中　m——灼烧前试样的质量,g;

　　　m_1——灼烧后试样的质量,g。

（4）测定过程中应注意的事项

在干燥器中的冷却时间,前后要一致。冷却时间一般为 20～30 min,但可以依室温的高低酌量增减。

四、思考题

1. 黏土试样称量时应采用什么方法?

2. 在采用 EDTA-苦杏仁酸置换-铜盐回滴定法测定黏土中三氧化二铝的含量时,为什么要在滴定铁后的溶液中,加入 EDTA 标准滴定溶液至过量 10～15 mL?

3. 在用 EDTA-配位滴定法测定黏土中氧化镁的含量时,临近终点时为什么应缓慢加入 EDTA 标准滴定溶液?

实验 1-4　石灰石化学分析

石灰石是水泥生产的主要原料之一,其主要成分为碳酸钙（$CaCO_3$）。石灰石由于经常含有不同的杂质而呈白色、淡黄色或褐色。常见的杂质有硅石、黏土、碳酸镁、氧化铁等。用于水泥原料的石灰石,其成分一般介于以下范围:

SiO_2	0.2%～10%	Al_2O_3	0.2%～2.5%
Fe_2O_3	0.1%～2%	CaO	45%～53%
MgO	0.1%～2.5%	烧失量	36%～43%

一、实验目的

1. 了解石灰石的品种及等级在水泥生产中的作用。

2. 掌握石灰石各成分测定方法。

二、实验器材

1. 箱式电阻炉:最高使用温度不低于 1 000℃。

2. 电热鼓风干燥箱:能使温度控制在（105±5）℃。

3. 电子天平:称量 100 g,感量 0.1 mg。

4. 分析纯氢氧化钠、氯化钾、碳酸钾、盐酸、硝酸。

5. 盐酸（1+5）。

6. 硝酸（1+20）。

7. 氟化钾溶液（150 g/L）。

8. 氯化钾溶液（50 g/L）。

9. 氯化钾-乙醇溶液（50 g/L）。

10. 氢氧化铵溶液（1+1）。

11. 乙酸-乙酸钠缓冲溶液（pH4.3）。

12. 三乙醇胺溶液(1+2)。

13. 氢氧化钾溶液(200 g/L)。

14. 铵-氯化铵缓冲溶液(pH10)。

15. 酚酞指示剂溶液(10 g/L)。

16. 磺基水杨酸钠指示剂溶液(100 g/L)。

17. PAN 指示剂溶液(2 g/L)。

18. CMP 混合指示剂。

19. 酸性铬蓝 K -萘酚绿 B(1+2.5)混合指示剂。

20. 氢氧化钠标准滴定溶液(0.05 mol/L)。

21. 硫酸铜标准滴定溶液(0.015 mol/L)。

22. EDTA 标准滴定溶液(0.015 mol/L)。

23. 其他:铂坩埚、银坩埚、容量瓶、酸碱滴定管等。

三、测定步骤

1. 滴定铁、铝、钙、镁试样溶液的制备

(1) 方法:氢氧化钠熔融分析试样。

(2) 分析步骤

准确称取约 0.5 g 已在 105～110℃烘过的试样,置于预先已熔有 3 g 氢氧化钠的银坩埚中,再用 1 g 氢氧化钠覆盖在上面。盖上坩埚盖(应留有一定缝隙),置于 600～650℃的高温炉中熔融 20 min。取出坩埚,冷却后,将坩埚连同熔融物一起放入预先已盛有约 100 mL 热水(不要太热)的 300 mL 烧杯中。摇动烧杯,使熔块溶解。用玻璃棒将坩埚取出,并用少量水和盐酸(1+5)将其洗净,洗液并入烧杯中。然后一次加入 15 mL 盐酸,搅拌,使熔融物完全溶解,加入数滴硝酸,加热至沸,将溶液冷至室温后,移入 250 mL 容量瓶中,用水稀释至标线,摇匀,此溶液(A)可供测定铁、铝、钙、镁之用。

2. 三氧化二铁的测定

(1) 方法:EDTA -配位滴定法。

(2) 测定步骤

吸取 100 mL 上述制备好的试样溶液 A,放入 300 mL 烧杯中,用氨水(1+1)调整溶液的 pH 至 2.0(以精密 pH 试纸检验)。将溶液加热至 70℃左右,加 10 滴磺基水杨酸钠指示剂溶液(100 g/L),在不断搅拌下用 EDTA 标准滴定溶液(0.015 mol/L)缓慢滴定至亮黄色(终点时溶液温度应在 60℃左右)。

(3) 试样中三氧化二铁的质量百分数按下式计算:

$$X_{Fe_2O_3} = \frac{T_{Fe_2O_3} \times V \times 2.5}{m \times 1\,000} \times 100\%$$

式中　$T_{Fe_2O_3}$——每毫升 EDTA 标准滴定溶液相当于三氧化二铁的毫克数,mg/mL;

V——滴定时消耗的 EDTA 标准滴定溶液的体积,mL;

2.5——全部试样溶液与所分取试样溶液的体积比;

m——试样的质量,g。

3. 三氧化二铝的测定

（1）方法：EDTA-铜盐回滴定法。

（2）测定步骤

在上述滴定铁后的溶液中，加入 10～15 mL 的 EDTA 标准滴定溶液（0.015 mol/L），其体积记为 V_1，然后加水稀释至约 200 mL。将溶液加热至 70～80℃后，加 15 mL 乙酸-乙酸钠缓冲溶液（pH4.3），煮沸 1～2 min。取下，稍冷，加 5～6 滴 PAN 指示剂溶液（2 g/L），以硫酸铜标准滴定溶液（0.015 mol/L）滴定至亮紫色，其体积记为 V_2。

试样中三氧化二铝的质量百分数按下式计算：

$$X_{Al_2O_3} = \frac{T_{Al_2O_3}(V_1 - KV_2) \times 2.5}{m \times 1\,000} \times 100\%$$

式中　$T_{Al_2O_3}$——每毫升 EDTA 标准滴定溶液相当于氧化铝的毫克数，mg/mL；

　　　　K——每毫升硫酸铜标准滴定溶液相当于 EDTA 标准滴定溶液的体积，mL；

　　　　V_1——加入 EDTA 标准滴定溶液的体积，mL；

　　　　V_2——滴定时消耗的硫酸铜标准滴定溶液的体积，mL；

　　　　2.5——全部试样溶液与所分取试样溶液的体积比；

　　　　m——试样的质量，g。

（3）注意事项

因为石灰石中钛的含量一般极少，在计算三氧化二铝的百分含量时，其影响可忽略不计。

4. 氧化钙的测定

（1）方法：EDTA-配位滴定法。

（2）测定原理

Ca^{2+} 与 EDTA 在 pH8～13 时能定量络合形成无色 CaY^{2-} 络合物，络合物的稳定常数为 $K_{CaY} = 10^{10.69}$。由于络合物不很稳定，故以 EDTA 滴定钙只能在碱性溶液中进行。在 pH8～9 滴定时易受 Mg^{2+} 干扰，所以一般在 pH>12.5 的溶液中进行滴定。

（3）测定步骤

吸取 25 mL 上述制备好的试样溶液（A），放入 400 mL 烧杯中。用水稀释至约 250 mL，加入 3 mL 三乙醇胺（1+2）及适量的 CMP 混合指示剂，在搅拌下加入氢氧化钾溶液（200 g/L）至出现绿色荧光后再过量 3～5 mL（此时溶液的 pH 应在 13 以上）。用 EDTA 标准滴定溶液（0.015 mol/L）滴定至绿色荧光消失并转变为粉红色（耗量为 V_1）。

（4）试样中氧化钙的质量百分数按下式计算：

$$X_{CaO} = \frac{T_{CaO} \times V_1 \times 10}{m \times 1\,000} \times 100\%$$

式中　T_{CaO}——每毫升 EDTA 标准滴定溶液相当于氧化钙的毫克数，mg/mL；

　　　　V_1——滴定时消耗的 EDTA 标准滴定溶液的体积，mL；

　　　　10——全部试样溶液与所分取试样溶液的体积比；

　　　　m——试样的质量，g。

（5）测定过程中应注意的事项

① 溶液 pH 的调节，测定时应将溶液用氢氧化钾调到稳定的蓝色，然后再过量 3 mL，此时溶液的 pH 大体在 12.8 左右。

② 当试样中 Mg^{2+} 的含量较高时,由于生成的氢氧化镁沉淀吸附了少量 Ca^{2+},终点时易返色,测定结果相应偏低。为了避免这一现象,在调节溶液的 pH 时,可采用滴加而不是一次加入 KOH 溶液,使 $Mg(OH)_2$ 沉淀缓慢地形成,则可减少对 Ca^{2+} 的吸附作用。

5. 氧化镁的测定

(1) 方法:EDTA-配位滴定法。

(2) 测定原理

用络合滴定测定镁,目前广为采用差减法。即在一份溶液中于 pH10 用 EDTA 滴定钙、镁合量,而在另一份溶液中于 pH>12.5 用 EDTA 滴定钙,镁的含量是从钙、镁合量中减去钙后而求得的。

(3) 测定步骤

吸取 25 mL 上述制备好的试样溶液(A),放入 400 mL 烧杯中,用水稀释至 250 mL,加入 3 mL 三乙醇胺(1+2),搅拌,然后加入 20 mL 铵-氯化铵缓冲溶液(pH10)及适量的酸性铬蓝 K-萘酚绿 B 混合指示剂,用 EDTA 标准滴定溶液(0.015 mol/L)滴定(近终点应缓慢滴定)至溶液呈纯蓝色(耗量 V_2)。此为滴定钙、镁合量。

(4) 试样中氧化镁的质量百分数按下式计算:

$$X_{MgO} = \frac{T_{MgO}(V_2 - V_1) \times 10}{m \times 1\,000} \times 100\%$$

式中　T_{MgO}——每毫升 EDTA 标准滴定溶液相当于氧化镁的毫克数,mg/mL;

　　　V_2——滴定钙、镁合量时消耗的 EDTA 标准滴定溶液的体积,mL;

　　　V_1——滴定钙时消耗的 EDTA 标准滴定溶液的体积,mL;

　　　10——全部试样溶液与所分取试样溶液的体积比;

　　　m——试样的质量,g。

(5) 测定过程中应注意的问题

① 由于测定钙镁合量是在不分离硅、铁、铝、钛、锰的情况下进行的。因此要获得准确的结果,就必须采取相应的措施来消除上述共存离子的干扰。硅酸的干扰可在溶液中加入适量的氟化钾,铁和铝离了的干扰可在溶液中加入三乙醇胺和酒石酸钾钠来混合掩蔽。

② 掩蔽剂量的确定,在 pH10 用 EDTA 滴定钙、镁,如取 50mg 试样,滴定体积为 250 mL 左右时,为消除试样溶液中的其他共存离子的干扰所加的掩蔽剂的量,对于一般硅酸盐生、熟料及其原材料分析,加 1~2 mL 10%酒石酸及 5 mL 三乙醇胺就足够。

③ 滴定速度的控制,测定氧化镁时的滴定速度不宜过快,因过快易滴定过量,同时,滴定终了时应加强溶液的搅拌。

6. 二氧化硅的测定

(1) 方法:碳酸钾熔融分解试样-氟硅酸钾容量法。

(2) 测定步骤

准确称取约 0.5 g 已在 105~110℃ 烘干过的石灰石试样,置于铂坩埚中,在 950~1 000℃ 的温度下灼烧 3~5 min。将坩埚放冷,加 1~1.5 g 研细的无水碳酸钾,用细玻璃棒混匀,盖上坩埚盖,再于 950~1 000℃ 的温度下熔融 10 min。放冷后,用少量热水将熔融物浸出,倒入 300 mL 塑料杯中,坩埚以少量稀硝酸(1+20)和水洗净。加入 10 mL 的氟化钾溶液(150 g/L),盖上表面皿,从杯口一次加入 15 mL 硝酸,以少量水冲洗表面皿及杯壁。冷却后,加入固体氯化钾,搅拌并压碎未溶颗粒,直至饱和,冷却并静置 15 min。以快速滤纸过滤,塑料杯与沉淀用 50 g/L 氯化钾溶液洗涤 2～3 次,将滤纸连同沉淀一起置于原塑料杯中,沿杯壁加入 10 mL 的 50 g/L 氯化钾-乙醇溶液及 1 mL 酚酞指示剂溶液(10 g/L),用氢氧化钠标准滴定溶液(0.05 mol/L)中和未洗尽的酸,仔细搅动滤纸并随之擦洗杯壁,直至溶液呈红色(不记读数)。然后加入 200 mL 沸水(沸水应预先以酚酞为指示剂,用氢氧化钠标准滴定溶液中和至呈微红色),以氢氧化钠标准滴定溶液(0.05 mol/L)滴定至微红色(记下读数)。

(3) 试样中二氧化硅的质量百分数按下式计算:

$$X_{SiO_2} = \frac{T_{SiO_2} \times V}{m \times 1\,000} \times 100\%$$

式中　T_{SiO_2}——每毫升氢氧化钠标准滴定溶液相当于二氧化硅的毫克数,mg/mL;

V——滴定时消耗氢氧化钠标准滴定溶液的体积,mL;

m——试料的质量,g。

(4) 注意事项

① 二氧化硅的测定也可用镍坩埚氢氧化钾熔样,步骤如下:准确称取约 0.5 g 已在 105～110℃烘干过的试样,置于预先已熔有 2 g 氢氧化钾的镍坩埚中,再用 1 g 氢氧化钾覆盖在上面。盖上坩埚盖(留有少许缝隙),于 500～600℃的温度下熔融 20 min。将坩埚放冷,然后用水将熔融物提取至 300 mL 塑料杯中,坩埚及盖用少许稀硝酸(1+20)和水洗净(此时溶液的体积应在 40 mL 左右)。加入 10 mL 氟化钾溶液(150 g/L),搅拌,然后一次加入 15 mL 硝酸。冷却后,加入固体氯化钾,搅拌并压碎未溶颗粒,直至饱和,冷却并静置 15 min。以下分析步骤与上法相同。

② 由于石灰石中二氧化硅含量一般都较低,滴定钙时加氟化钾与不加氟化钾的测定结果完全一致,因此可不加氟化钾。如试样中二氧化硅含量超过 5%,可在吸取 25 mL 试样溶液后,加入 5 mL 氟化钾溶液(20 g/L),搅拌后放置 2 min 以上,再加水稀释至 150 mL,以消除硅酸对滴定的干扰。

7. 附着水分及烧失量测定

同黏土化学分析。

四、思考题

1. 石灰石样品中的氧化铝测定步骤与黏土有何不同?
2. 石灰石样品中的氧化钙测定步骤与黏土有何不同?

实验 1－5　铁矿石化学分析

制造水泥用的铁矿石,主要用来调整配料中的铁成分。因此,各种高铁原料都可用来代替,如赤铁矿(Fe_2O_3)、黄铁矿(FeO_2),以及硫酸制造工业的废渣硫酸渣(以 Fe_2O_3 为主)等。

一、实验目的

1. 了解铁矿石在水泥生产中的作用。

2. 掌握铁矿石各成分测定方法。

二、实验器材

1. 箱式电阻炉:最高使用温度不低于1 000℃。

2. 电热鼓风干燥箱:能使温度控制在(105±5)℃。

3. 电子天平:称量100 g,感量0.1 mg。

4. 分析纯试剂:氢氧化钠、氯化钾、盐酸、硝酸。

5. 盐酸(1+1)、(1+5)。

6. 氟化钾溶液(150 g/L)。

7. 氟化钾溶液(20 g/L)。

8. 氟化铵溶液(100 g/L)。

9. 氯化钾溶液(50 g/L)。

10. 氯化钾-乙醇溶液(50 g/L)。

11. 氢氧化铵溶液(1+1)。

12. 乙酸-乙酸钠缓冲溶液(pH4.3)。

13. 乙酸-乙酸钠缓冲溶液(pH6.0)。

14. 三乙醇胺溶液(1+2)。

15. 氢氧化钾溶液(200 g/L)。

16. 铵-氯化铵缓冲溶液(pH10)。

17. 苦杏仁酸溶液(50 g/L)。

18. 酒石酸钾钠溶液(100 g/L)。

19. 氢氧化钠标准滴定溶液(0.15 mol/L)。

20. 硫酸铜标准滴定溶液(0.015 mol/L)。

21. 磺基水杨酸钠指示剂溶液(100 g/L)。

22. PAN 指示剂溶液(2 g/L)。

23. CMP 混合指示剂。

24. 酸性铬蓝 K -萘酚绿 B(1+2.5)混合指示剂。

25. 氢氧化钠标准滴定溶液(0.15 mol/L)。

26. 硫酸铜标准滴定溶液(0.015 mol/L)。

27. EDTA 标准滴定溶液(0.015 mol/L)。

28. 乙酸铅标准滴定溶液(0.015 mol/L)。

29. 硝酸铋标准滴定溶液(0.015 mol/L)。

30. 其他:银坩埚、容量瓶、干燥器、酸碱滴定管等。

三、测定步骤

1. 二氧化硅测定

(1)方法:氟硅酸钾容量法

(2)测定步骤

① 准确称取约0.3 g已在105~110℃烘干过的试样,置于银坩埚中,在700~750℃的高

温炉中灼烧 20～30 min,取出,放冷。加入 10 g 氢氧化钠,盖上坩埚盖(应留有一定缝隙)。再置于 750℃ 的高温炉内熔融 30～40 min(中间可摇动熔融物 1～2 次)。取出坩埚,冷却后,将坩埚置于盛有 150 mL 热水的烧杯中,盖上表面皿,加热,待熔融物完全浸出后,取出坩埚,用水和盐酸(1+5)洗净坩埚及盖,洗液并入烧杯中。然后向烧杯中加入 5 mL 盐酸(1+1)及 20 mL 硝酸,搅拌,盖上表面皿,加热煮沸。待溶液澄清后,冷却至室温,移入 250 mL 容量瓶中,加水稀释至标线,摇匀。此溶液(A)可供测定二氧化硅、三氧化二铁、三氧化二铝、二氧化钛、氧化钙、氧化镁以及氧化亚锰之用。

② 吸取上述试样溶液(A) 50 mL,放入 300 mL 塑料杯中,加入 10～15 mL 硝酸,冷却。加入 10 mL 的氟化钾溶液(150 g/L),搅拌,加固体氯化钾,搅拌并压碎未溶颗粒,直至饱和。冷却并静置 15 min。用快速滤纸过滤,塑料杯与沉淀用氯化钾溶液(50 g/L)洗涤 2～3 次。将滤纸连同沉淀置于原塑料杯中,沿杯壁加入 10 mL 的 50 g/L 氯化钾-乙醇溶液及 1 mL 的 10 g/L 酚酞指示剂溶液,用氢氧化钠标准滴定溶液(0.15 mol/L)中和未洗净的酸,仔细搅动滤纸并随之擦洗杯壁,直至酚酞变红(不记读数)。然后加入 200 mL 沸水(沸水应预先用以酚酞为指示剂,用氢氧化钠溶液中和至呈微红色),以氢氧化钠标准滴定溶液(0.15 mol/L)滴定至微红色(记下读数)。

(3) 试样中二氧化硅的质量百分数按下式计算:

$$X_{SiO_2} = \frac{T_{SiO_2} \times V \times 5}{m \times 1\,000} \times 100\%$$

式中　T_{SiO_2}——每毫升氢氧化钠标准滴定溶液相当于二氧化硅的毫克数,mg/mL;

　　　V——滴定时消耗氢氧化钠标准滴定溶液的体积,mL;

　　　5——全部试样溶液与所分取试样溶液的体积比;

　　　m——试料的质量,g。

(4) 注意事项

试样经熔融溶解后,有时还会在溶液底部存有少量黑色残渣,此时可将上面清液先转移至容量瓶中,于残渣上面加入 1 mL 浓硝酸、3 mL 浓盐酸,于小电炉上缓慢加热,用玻璃棒轻轻压碎块状物,直至全部溶解。继续蒸发掉多余的酸,以水溶解残渣,合并至原溶液中。

2. 三氧化二铁测定

(1) 方法:EDTA-铋盐回滴定法。

(2) 实验步骤

吸取 25 mL 上述制备好的试样溶液(A),放入 400 mL 烧杯中。加水稀释至 200 mL,用氨水(1+1)调整溶液的 pH 至 1.0～1.5(以酸度计或精密 pH 试纸检验)。加 2 滴磺基水杨酸钠指示剂溶液(100 g/L),在不断搅拌下用 EDTA 标准滴定溶液(0.015 mol/L)滴定至紫红色消失后,再过量 1～2 mL,搅拌并放置 1 min。然后加入 2～3 滴半二甲酚橙指示剂溶液,用硝酸铋标准滴定溶液(0.015 mol/L)滴定至溶液由黄色变为橙红色。

(3) 试样中三氧化二铁的质量百分数按下式计算:

$$X_{Fe_2O_3} = \frac{T_{Fe_2O_3}(V_1 - KV_2) \times 10}{m \times 1\,000} \times 100\%$$

式中　$T_{Fe_2O_3}$——每毫升 EDTA 标准滴定溶液相当于三氧化二铁的毫克数,mg/mL;

　　　V_1——滴定时消耗的 EDTA 标准滴定溶液的体积,mL;

V_2——滴定时消耗硝酸铋标准滴定溶液的体积，mL；

K——每毫升硝酸铋标准滴定溶液相当于 EDTA 标准滴定溶液的体积，mL；

10——全部试样溶液与所分取试样溶液的体积比；

m——试样的质量，g。

3. 三氧化二铝测定

（1）方法：EDTA-氟化铵置换-铅盐回滴定法。

（2）测定步骤

在上述滴定铁后的溶液中，加入 15 mL 苦杏仁酸溶液（50 g/L），然后加入 EDTA 标准滴定溶液（0.015 mol/L）至过量 10～15 mL（对铁、铝而言），用氨水（1+1）调整溶液的 pH 至 4 左右（以精密 pH 试纸检验）。然后将溶液加热至 70～80℃，再加入 10 mL 乙酸-乙酸钠缓冲溶液（pH6），并加热煮沸 3～5 min。取下，冷至室温，加 7～8 滴半二甲酚橙指示剂溶液（5 g/L），以乙酸铅标准滴定溶液（0.015 mol/L）滴定至溶液由黄色变为橙红色（不记读数）。然后立即向溶液中加入 10 mL 的氟化铵溶液（100 g/L），并加热煮沸 1～2 min。取下，冷至室温，补加 2～3 滴半二甲酚橙指示剂溶液（5 g/L），然后再以乙酸铅标准滴定溶液（0.015 mol/L）滴定至溶液由黄色变为橙红色（记下读数）。

（3）试样中三氧化二铝的质量百分数按下式计算：

$$X_{Al_2O_3} = \frac{T_{Al_2O_3} \times V \times K \times 10}{m \times 1\,000} \times 100\%$$

式中 $T_{Al_2O_3}$——每毫升 EDTA 标准滴定溶液相当于氧化铝的毫克数，mg/mL；

K——每毫升乙酸铅标准滴定溶液相当于 EDTA 标准滴定溶液的体积，mL；

V——用氟化铵溶液置换后滴定时消耗乙酸铅标准滴定溶液的体积，mL；

V_2——滴定时消耗的硫酸铜标准滴定溶液的体积，mL；

10——全部试样溶液与所分取试样溶液的体积比；

m——试样的质量，g。

（4）注意事项

第一次滴定后，立即加入氟化铵溶液（100 g/L）。否则，痕量的钛会与半二甲酚橙指示剂配位，形成稳定的橙红色络合物，影响第二次滴定。

4. 三氧化二铝、二氧化钛测定

（1）方法：EDTA-苦杏仁酸置换-铜盐回滴法。

（2）测定步骤

吸取 25 mL 上述制备好的试样溶液（A），放入 300 mL 烧杯中，加水稀释至 100 mL，加入 EDTA 标准滴定溶液（0.015 mol/L）至过量 10～15 mL（对铁、铝、钛总量而言），加热至 70～80℃后，用氨水（1+1）调整溶液的 pH 至 3.5～4.0。然后加入 15 mL 乙酸-乙酸钠缓冲溶液（pH4.3），继续加热煮沸 1～2 min。取下，稍冷，加 5～6 滴 PAN 指示剂溶液（2 g/L），以硫酸铜标准滴定溶液（0.015 mol/L）滴定至亮紫色（此时所消耗硫酸铜标准滴定溶液的体积记为 V_1）。然后向溶液中加入 15 mL 的苦杏仁酸溶液（50 g/L），并加热煮沸 1～2 min。取下，稍冷，补加 1～2 滴的 PAN 指示剂溶液（2 g/L），再以硫酸铜标准滴定溶液（0.015 mol/L）滴定至亮紫色（此时所消耗硫酸铜标准滴定溶液的体积记为 V_2）。

（3）试样中三氧化二铝、二氧化钛的质量百分数按下式计算：

$$X_{Al_2O_3} = \frac{T_{Al_2O_3}[V - V_{Fe} - (V_1 + V_2)K] \times 10}{m \times 1\ 000} \times 100\%$$

$$X_{TiO_2} = \frac{T_{TiO_2} \times V_2 \times K \times 10}{m \times 1\ 000} \times 100\%$$

式中 $T_{Al_2O_3}$——每毫升 EDTA 标准滴定溶液相当于氧化铝的毫克数，mg/mL；

      T_{TiO_2}——每毫升 EDTA 标准滴定溶液相当于氧化钛的毫克数，mg/mL；

      V——加入 EDTA 标准滴定溶液的体积，mL；

      V_{Fe}——滴定铁时实际消耗 EDTA 标准滴定溶液的体积，mL；

      V_1——苦杏仁酸置换前，消耗的硫酸铜标准滴定溶液的体积，mL；

      V_2——苦杏仁酸置换后，消耗的硫酸铜标准滴定溶液的体积，mL；

      K——每毫升硫酸铜标准滴定溶液相当于 EDTA 标准滴定溶液的体积，mL；

      10——全部试样溶液与所分取试样溶液的体积比；

      m——试样的质量，g。

5. 氧化钙测定

（1）方法：EDTA-配位滴定法。

（2）测定步骤

吸取 25 mL 上述制备的试样溶液（A），放入 400 mL 烧杯中，加 5 mL 的氟化钾溶液（20 g/L），搅拌并放置 2 min 以上。然后用水稀释至约 200 mL。加入 10 mL 三乙醇胺（1+2）及适量的 CMP 混合指示剂，在搅拌下加入氢氧化钾溶液（200 g/L）至出现绿色荧光后再过量 5～6 mL（此时溶液的 pH 应在 13 以上），用 EDTA 标准滴定溶液（0.015 mol/L）滴定至绿色荧光消失并转变为粉红色（耗量为 V_1）。

（3）试样中氧化钙的质量百分数按下式计算：

$$X_{CaO} = \frac{T_{CaO}V_1 \times 10}{m \times 1\ 000} \times 100\%$$

式中 T_{CaO}——每毫升 EDTA 标准滴定溶液相当于氧化钙的毫克数，mg/mL；

      V_1——滴定时消耗的 EDTA 标准滴定溶液的体积，mL；

      10——全部试样溶液与所分取试样溶液的体积比；

      m——试样的质量，g。

（4）注意事项

如吸取分离二氧化硅的试样溶液，则此时不必加氟化钾溶液。

6. 氧化镁

（1）方法：EDTA-配位滴定法

（2）测定步骤

吸取 25 mL 上述制备的试样溶液（A），放入 400 mL 烧杯中。用水稀释至 200 mL，加入 2 mL 的 100 g/L 酒石酸钾钠溶液及 10 mL 三乙醇胺（1+2），搅拌，然后加入 25 mL 氨-氯化铵缓冲溶液（pH10）及适量的酸性铬蓝 K-萘酚绿 B 混合指示剂，用 EDTA 标准滴定溶液（0.015 mol/L）滴定（近终点应缓慢滴定）至溶液呈纯蓝色（耗量 V_2）。此为滴定钙、镁合量。

（3）试样中氧化镁的质量百分数按下式计算：

$$X_{MgO} = \frac{T_{MgO}(V_2 - V_1) \times 10}{m \times 1\ 000} \times 100\%$$

式中 T_{MgO}——每毫升 EDTA 标准滴定溶液相当于氧化镁的毫克数,mg/mL;

V_2——滴定钙、镁合量时消耗的 EDTA 标准滴定溶液的体积,mL;

V_1——滴定钙时消耗的 EDTA 标准滴定溶液的体积,mL;

10——全部试样溶液与所分取试样溶液的体积比;

m——试样的质量,g。

7. 附着水分

同黏土化学分析。

8. 烧失量

铁矿石中含有大量的三氧化二铁,一般还有氧化亚铁存在,特别是磁铁矿。铁矿石在高温下灼烧,失去水分和有机物,硫化物分解。灼烧的氧化条件不同,铁的氧化物会形成不同的状态,氧化亚铁在氧化气氛中灼烧,则氧化成三氧化二铁;而三氧化二铁在高温下(1 000~1 100℃)长时间灼烧也会分解:

$$6Fe_2O_3 === 4Fe_3O_4 + O_2$$

因此,铁矿石不宜反复灼烧,灼烧温度不宜超过1 000℃。一般铁矿石的烧失量往往不易测得一致的结果。

(1)测定步骤

准确称取约1 g试样,放入已灼烧至恒重的瓷坩埚中。将坩埚置于高温炉中,从低温升起,在950~1 000℃的温度下灼烧1 h。取出,于干燥器中冷却至室温,称量。

(2)试样中烧失量的质量百分数按下式计算:

$$X_{LOSS} = \frac{m - m_1}{m} \times 100\%$$

式中 m——灼烧前试样的质量,g;

m_1——灼烧后试样的质量,g。

四、思考题

1. 哪些工业废渣可作为铁质原料用于水泥生产中?

2. 铁矿石的烧失量测定过程中应注意的事项有哪些?

实验 1-6 水泥生料易烧性测定

水泥生料易烧性是指水泥生料按一定的制度煅烧后氧化物的吸收反应程度,它的好坏对熟料的煅烧过程、熟料的质量、燃料的消耗有着重要的影响。

一、实验目的

1. 掌握实验室生料的制备方法。

2. 掌握水泥生料的易烧性的测定方法。

二、实验原理

水泥生料易烧性的测定原理是,按一定的煅烧制度对一种水泥生料进行煅烧后,测定其游离氧化钙(f-CaO)的含量,用该游离氧化钙含量表示该生料的煅烧的难易程度。游离氧化钙含量愈低,易烧性愈好。

三、实验器材

1. 试验球磨机:ϕ305 mm×305 mm。

2. 预烧用高温箱式电阻炉:额定温度不小于1 000℃。

3. 煅烧用高温箱式电阻炉:额定温度1 600℃。

4. 电热鼓风干燥箱。

5. 平底耐高温容器、坩埚、夹钳。

6. 试体成型模具:如图1-4所示,材质为45号钢。

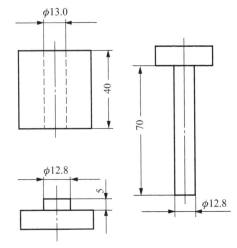

图1-4 成型模具

四、实验步骤

1. 试样制备

(1) 以试验室制备的生料或掺适量煤灰混匀的工业生料作为试验生料。试验室使用ϕ305 mm×305 mm试验球磨机制备生料,一次制备一种生料约1 kg;同一配比生料的细度系列中,应包括80 μm筛筛余(10±1)%的细度;所有生料的200 μm筛筛余不得大于1.5%。

(2) 取同一配比、同一细度的均匀生料100 g,置于洁净容器中,边搅拌边加入20 mL蒸馏水,拌和均匀。

(3) 每次取湿生料(3.6±0.1)g放入试体成型模内,手工锤制成ϕ13 mm×13 mm的小试体。

2. 试验步骤

(1) 将试体在105~110℃的电热干燥箱内烘干1 h以上。

(2) 取相同试体六个为一组,均匀且不重叠地直立于平底耐高温容器内。将盛有试体的容器放入恒温950℃的预热高温炉内,按操作规程恒温预烧30 min。

(3) 将预烧完毕的试体随同容器立即转放到恒温至试验温度的煅烧高温箱式电阻炉内,恒温煅烧30 min,容器尽可能放置在热电偶端点的正下方。煅烧时间从放样开门起计到取样开门止。分别进行1 350℃、1 400℃、1 450℃的实验。

(4) 煅烧后取出的试体置于空气中自然冷却,将冷却后的六个试体一起研磨至全部通过80 μm筛,装入贴有标签的磨口小瓶内。

(5) 按GB176试验方法测定游离氧化钙的含量。

五、实验结果与分析

1. 实验记录

将实验数据记入表1-5。

表1-5　水泥生料易烧性实验记录

原料名称					测定人		测定日期	
试样编号		1	2	3	4	5	6
实验温度	1350℃						
	1400℃						
	1450℃						
易烧性(f-CaO)/%							

将各试验温度煅烧后试样的游离氧化钙含量作为易烧性试验结果。两次对比试验结果的允许绝对误差见下表：

表1-6　水泥生料易烧性试验误差

f-CaO含量/%	允许绝对误差/%
≤3.0	0.30
>3.0	0.40

六、注意事项

1. $\phi 13$ mm×13 mm 的试体较小,成型及脱模放置时均应十分小心,以确保试体的完整无损。

2. 高温炉内温度场的均匀程度对试验结果影响很大,试验时除应注意同组试体均匀分布于热电偶端点的正下方外,还应注意确保不同组试件的放置位置完全相同。

3. 煅烧后试体的冷却与粉磨过程中均应注意防止试体中 f-CaO 受潮消解。冷却可置于干燥器中进行。

4. 耐高温容器不能与试体起反应。

七、思考题

1. 水泥生料的易烧性受哪些因素影响?

2. 如何提高水泥生料的易烧性?

实验1-7　水泥生料中碳酸钙滴定值测定

在普通硅酸盐水泥生产中,为了对生料质量进行快速、准确地控制,除要测定各氧化物的百分含量外,还需要检验其碳酸钙滴定值的合格率是否符合工艺指标,这是生料质量控制的主要项目之一。

一、实验目的

掌握水泥生料中碳酸钙滴定值的测定方法。

二、实验原理

水泥生料中的碳酸盐(包括碳酸钙和碳酸镁),与盐酸标准溶液作用,生成相应的盐和碳酸

（碳酸又分解为 CO_2 与 H_2O），以酚酞为指示剂，用氢氧化钠标准溶液滴定过剩的盐酸，根据消耗标准氢氧化钠溶液的体积和浓度，计算出生料中碳酸钙的滴定值。反应如下：

$$CaCO_3 + 2HCl == CaCl_2 + H_2O + CO_2 \uparrow$$

$$MgCO_3 + 2HCl == MgCl_2 + H_2O + CO_2 \uparrow$$

$$NaOH + HCl == NaCl + H_2O$$

三、实验器材

1. 锥形瓶、滴定管、石棉网等。
2. 10 g/L 酚酞指示剂溶液。
3. 0.250 0 mol/L 的氢氧化钠标准溶液。
4. 0.500 0 mol/L 的盐酸标准溶液。

四、实验步骤

1. 试剂及配制

（1）10 g/L 酚酞指示剂溶液：将 1 g 酚酞溶于 100 mL 无水乙醇中。

（2）0.250 0 mol/L 的氢氧化钠标准溶液：将 100 g 氢氧化钠溶于 10 L 水中，充分摇匀，储存在带胶塞的硬质玻璃瓶或塑料瓶中。

标定方法：准确称取约 1 g 苯二甲酸氢钾，置于 400 mL 烧杯中，加入约 150 mL 新煮沸并已用氢氧化钠溶液中和至酚酞呈微红色的冷水，搅拌使其溶解，然后加入 2～3 滴 10 g/L 酚酞指示剂溶液，用配好的氢氧化钠标准滴定溶液滴定至微红色。

氢氧化钠标准滴定溶液的浓度按下式计算：

$$c_{NaOH} = \frac{m \times 1\,000}{V \times 204.2}$$

式中 c_{NaOH}——氢氧化钠标准滴定溶液的浓度，mol/L；

m——苯二甲酸氢钾的质量，g；

V——滴定时消耗氢氧化钠标准滴定溶液的体积，mL；

204.2——苯二甲酸氢钾的摩尔质量，g/mol。

（3）0.500 0 mol/L 的盐酸标准溶液：将 420 mL 盐酸注入 9 660 mL 水中，充分摇匀。

标定方法：准确吸取 10.00 mL 配制好的盐酸初始溶液，注入 400 mL 烧杯中，加入约 150 mL 煮沸过的蒸馏水和 2～3 滴 10 g/L 的酚酞指示剂溶液，用已知浓度的氢氧化钠标准滴定溶液滴定至微红色出现。

盐酸标准滴定溶液的浓度按下式计算：

$$c = \frac{c_1 V_1}{10}$$

式中 10——吸取盐酸标准滴定溶液的体积，mL；

c——盐酸标准滴定溶液的浓度，mol/L；

c_1——已知氢氧化钠标准滴定溶液的浓度，mol/L；

V_1——滴定时消耗氢氧化钠标准滴定溶液的体积，mL。

2. 测定步骤

准确称取约 0.5 g 试样,置于 250 mL 锥形瓶中。用少量水将试样润湿,然后从滴定管中准确加入 25 mL、0.5 mol/L 的盐酸标准滴定溶液(V_1),用水冲洗瓶口,并用量筒加入 30 mL 水,将锥形瓶放在小电炉上加热,待溶液沸腾后继续在电炉上微沸 1 min 取下,用水冲洗瓶口及瓶壁,加 5 滴 10 g/L 的酚酞指示剂溶液,用 0.25 mol/L 的氢氧化钠标准滴定溶液滴定至微红色为止(消耗量为 V_2)。

五、结果计算

碳酸钙滴定值按下式计算:

$$CaCO_3 = \frac{(c_1 V_1 - c_2 V_2) \times 50}{m \times 1\,000} \times 100\%$$

式中　c_1——盐酸标准滴定溶液的浓度,mol/L;

V_1——加入盐酸标准滴定溶液的体积,mL;

c_2——氢氧化钠标准滴定溶液的浓度,mol/L;

V_2——滴定时消耗氢氧化钠标准滴定溶液的体积,mL;

50——$(1/2)CaCO_3$ 的摩尔质量,g/mol;

m——试样的质量,g。

六、注意事项

1. 所用的酸碱滴定管最好是专供测定碳酸钙滴定值用的滴定管。

2. 为防止溶液在沸腾时溅出,可在锥形瓶中预先加入十余粒小玻璃珠。

3. 用酸碱中和法测定硅酸盐水泥生料中的碳酸钙滴定值,实验中所消耗的酸除了碳酸钙所耗酸以外,实际上还包括了碳酸镁和少量有机物所耗酸。这样计算出来的碳酸钙百分含量称为碳酸钙滴定值。另外,碳酸钙滴定值从理论上讲可以利用分子式 1.789CaO+2.48MgO 计算出来,但由于生料中部分氧化钙和氧化镁是以不溶于盐酸的盐类存在,或者采用石膏作矿化剂,在酸碱滴定时,不能将这部分钙全部测出来,所以实际测定值与理论计算值之间存在一定的差值,在确定碳酸钙滴定值实际控制范围时,要考虑这一因素。

七、思考题

1. 测定水泥生料中碳酸钙滴定值的意义是什么?

2. 测定水泥生料中的碳酸钙与测定水泥生料中的氧化钙有何不同?

实验 1-8　水泥熟料制备

水泥主要是由水泥熟料和部分混合材、少量石膏一起粉磨而成的。因此水泥的质量主要取决于水泥熟料的质量,而熟料的质量除与水泥生料的质量(原料的配料、均匀性)有关外,主要还取决于煅烧设备和熟料的煅烧质量。因此,在水泥研究与生产中往往通过实验来了解和研究熟料的煅烧过程,为优质、高产、低耗提供依据。

一、实验目的

1. 掌握实验室常用高温实验仪器、设备的使用方法。
2. 按照确定的配方和所用原料的化学成分进行配料计算。
3. 掌握水泥烧成实验方法,了解水泥熟料烧成过程。
4. 通过本实验,了解升温速率、保温时间、冷却制度对不同配料熟料煅烧的影响。
5. 通过本实验,进一步理解石灰饱和系数 KH、铝氧率 IM、硅率 SM 对水泥熟料煅烧及性能的影响,提高分析问题和解决问题的能力。

二、实验原理

硅酸盐水泥高温制备的实质,是使以一定化学组成经磨细、混合均匀的水泥生料在从常温到高温的煅烧过程中,随着温度的升高,经过原料水分蒸发、黏土矿物脱水、碳酸盐分解、固相反应等过程。当到达最低共熔温度(约 1300℃)后,物料开始出现(主要由铝酸钙和铁铝酸钙等组成的)液相,进入熟料烧成阶段。随着温度继续升高,液相量增加,黏度降低,物料经过一系列物理、化学、物理化学的变化后,最终生成以硅酸盐矿物(C_3S、C_2S)为主的熟料。

在煅烧过程中出现液相后,贝里特($\beta - C_2S$)和游离石灰都开始溶于液相中,并以 Ca^{2+} 与 SiO_4^{4-} 离子状态进行扩散。通过离子扩散与碰撞,一部分 Ca^{2+} 与 SiO_4^{4-} 离子渗入贝里特的再结晶,另一部分 Ca^{2+} 与 SiO_4^{4-} 离子则参与贝里特吸收游离石灰形成阿里特:

$$C_2S(液) + CaO(液) \longrightarrow C_3S(固)$$

在 1 300 至 1 450℃的升温过程中,阿里特晶核形成、晶体长大,并伴随熟料结粒。阿里特的形成受游离石灰的溶解过程所控制。

在 1 450 至 1 300℃的冷却过程中,阿里特晶体还将继续长大和完善。随着温度的降低,熟料相继进行液相的凝结与矿物的相变。因此,在冷却过程中要根据熟料的组成与性能的关系决定熟料的冷却制度。为了保证熟料的质量,多采用稳定剂和适当快冷的办法来防止阿里特的分解和 $\beta - C_2S$ 向 $\gamma - C_2S$ 的转变。

三、实验器材

1. 天平:称量 500 g,感量 0.001 g。
2. 高温电阻炉:最高温度 ≥ 1 500℃。
3. 球磨罐(或研钵)。
4. 成型模具。
5. 高铝匣钵,垫砂(刚玉砂)。
6. 坩埚钳,石棉手套,长钳,护目镜等。

四、实验步骤

1. 试样制备
① 可采用纯化学试剂,也可用已知化学成分的工业原料配料。
② 确定水泥的品种、熟料的组成和选用的原料。
③ 进行配料计算。求熟料的 KH、SM 和 IM,计算原料配合比、液相量 P,确定煅烧最高温度。

④ 将已配合好的原料在研钵中研磨,或置入球磨罐中充分混磨,直至全部通过 0.080 mm 的方孔筛。

⑤ 按配方称好的粉料加入 5%～7% 的水,放入成型模具中,置于压力机机座上以 30～35 MPa 的压力压制成块,压块厚度一般不大于 25 mm。

⑥ 成块试样在 105～110℃ 下缓慢烘干。

2. 水泥熟料烧成实验

① 检查高温炉是否正常,并在高温炉中垫隔离垫料(刚玉砂等)。

② 将干燥试样置入高温匣钵中,试样与匣钵间以混合均匀的生料粉或煅烧过的 Al_2O_3 粉隔离。

③ 将匣钵放入高温炉中,以 350～400℃/h 的速度升温至 1 450℃ 左右,保温 1～4 h 后停止供电。

水泥烧成温度和保温时间与水泥生料的组分、率值有关。一般工业原料配置的生料在 1 450℃ 左右时需保温 1 h 左右。

④ 保温结束后,戴上石棉手套和护目镜,用坩埚钳从电炉中拖出匣钵,稍冷后取出试样,立即用风扇吹风冷却(在气温较低时在空气中冷却),防止 C_3S 的分解、$\beta\text{-}C_2S$ 向 $\gamma\text{-}C_2S$ 的转变。并观察熟料的色泽等。

⑤ 将冷却至室温的熟料试块砸碎磨细,装在编号的样品袋中,置于干燥器内。

3. 重烧

取一部分样品,用甘油乙醇法测定游离氧化钙,以分析水泥熟料的煅烧程度。若游离氧化钙较高,需将熟料磨细后重烧。

在实验室研究中,为了使矿物充分合成,也需将第一次合成的产物磨细后,再按上述步骤进行第二次合成。

五、实验结果与分析

1. 实验记录

将实验数据和观察情况记录在表 1-7 中。

2. 矿物组成分析

取一部分样品,用 X 射线衍射法或光学显微镜物相分析等方法测定矿物组成情况。

表 1-7　水泥烧成实验记录

试样名称			测试人		实验日期	
加料方式				保温时间		
升温阶段	0～600℃	600～900℃	900～1200℃	1200℃以上		
升温速率						
冷却制度						
熟料观察	色　泽	熔融态	密实性			
产率及液相量	KH	SM	IM	P	KH^{-1}	
分　　析						

六、注意事项

注意记录煅烧过程中制备工作,观察出现的现象:即记录升温速率,最高烧成温度与保温时间、冷却制度,观察煅烧过程中出现的情况,观察出炉熟料冷却后的现象,体会专业理论知识,解释如 $\beta - C_2S \longrightarrow \gamma - C_2S$ 等现象,观察熟料色泽,融熔态,密实性……

七、思考题

1. 熟料率值的控制原则有哪些?
2. 熟料矿物组成和各率值间有什么关系?
3. 如何确定煅烧最高温度?
4. 如何判定水泥烧成质量?
5. 水泥烧成制度对水泥烧成有何影响?

实验 1-9 水泥熟料中游离氧化钙含量测定

在水泥熟料煅烧过程中,没有与 SiO_2、Al_2O_3、Fe_2O_3 等氧化物反应形成矿物,而以生石灰形式存在的氧化钙称之为游离氧化钙,常用 $f - CaO$ 表示。熟料中 $f - CaO$ 含量多少反映了煅烧过程中化学反应的完全程度。$f - CaO$ 越多,煅烧反应越不完全。经高温煅烧而呈致密状态的 $f - CaO$ 称死烧游离钙,其水化很慢,易引起水泥安定性不良。在生产上,$f - CaO$ 的量是判断熟料质量和整个工艺过程是否完善、热工制度是否稳定的重要指标之一。

水泥熟料中游离钙可用化学分析、显微分析方法和电导法进行分析。工厂常用甘油-乙醇法和电导法。本实验采用甘油-乙醇法测定水泥熟料中的游离氧化钙含量。

一、实验目的

1. 了解无水甘油-乙醇法测定水泥熟料中游离氧化钙的原理。
2. 掌握测定水泥熟料中游离氧化钙含量的方法。

二、实验原理

熟料试样与甘油乙醇溶液混合后,熟料中的石灰与甘油化合(MgO 不与甘油发生反应)生成弱碱性的甘油酸钙,并溶于溶液中,酚酞指示剂使溶液呈现红色。用苯甲酸(弱酸)乙醇溶液滴定生成的甘油酸钙至溶液褪色。由苯甲酸的消耗量求出石灰含量。反应式如下:

$$CaO + C_3H_8O_3 \longrightarrow C_3H_6CaO_3 + H_2O$$
$$C_3H_6CaO_3 + 2C_6H_5COOH \longrightarrow C_3H_8O_3 + Ca(C_6H_5COO)_2$$

在甘油-无水乙醇溶液中加入适量的氯化钡、硝酸锶或硝酸锶与氧化铝的混合物作为催化剂,能促使甘油钙更快地生成。

三、实验器材

1. 主要仪器设备

(1) 高温炉:最高温度≥1 000℃。

（2）电子天平：称量 200 g，感量 0.1 mg。

（3）标准方孔筛：80 μm。

（4）玛瑙研钵、磁铁、电炉、回流冷凝管、干燥器、干燥锥形瓶、酸式滴定管等。

2. 所用试剂

（1）氢氧化钠无水乙醇溶液（0.01 mol/L）。

（2）苯甲酸无水乙醇标准溶液（0.1 mol/L）。

（3）甘油无水乙醇溶液。

（4）分析纯无水乙醇、丙三醇、氢氧化钠、硝酸锶、苯甲酸；高纯碳酸钙；酚酞指示剂。

四、实验步骤

1. 试样制备：熟料磨细后，用磁铁吸除样品中的铁屑，然后装入带有磨口塞的广口瓶中，瓶口应密封。分析前将试样混合均匀，以四分法缩减至 25 g，然后取出 5 g 放在玛瑙研钵中研磨至全部通过 0.080 mm 方孔筛，再将样品混合均匀，放入干燥器中备用。

2. 准确称取 0.5 g 试样，放入干燥的锥形瓶中，加入 15 mL 甘油无水乙醇溶液，摇匀。装上回流冷凝管，在有石棉网的电炉上加热煮沸 10 min，至红色时取下锥形瓶，立即以 0.1 mol/L 苯甲酸无水乙醇溶液滴定至微红色消失。再将冷凝管装上，继续加热煮沸至微红色出现，再取下滴定。如此反复操作，直至在加热 10 min 后不再出现微红色为止。

五、实验结果与分析

1. 试样中游离氧化钙的含量按下式计算：

$$\text{f-CaO} = \frac{T_{\text{CaO}}V}{m \times 1\,000} \times 100\%$$

式中　T_{CaO}——每毫升苯甲酸无水乙醇标准滴定溶液相当于氧化钙的毫克数，mg/mL；

　　　V——滴定时消耗苯甲酸无水乙醇标准滴定溶液的体积，mL；

　　　m——试样的质量，g。

2. 每个试样应分别测定两次。当游离氧化钙含量小于 2% 时，两次结果的绝对误差应在 0.20 以内，如超出以上范围，须进行第三次测定，所得结果与前两次或任一次测定的结果之差值，符合上述规定时，则取其平均值作为测定结果。否则应查找原因，重新按上述规定进行测定。

3. 在进行游离氧化钙测定的同时，必须进行空白试验，并对游离氧化钙测定结果加以校正。

六、注意事项

1. 试验所用容器必须干燥，试剂必须是无水的，在试样保存期间，水与 C_3S 等矿物水化反应生成的 $Ca(OH)_2$，会使分析结果偏高。

2. 分析游离氧化钙的试样必须充分磨细至全部通过 0.080 mm 方孔筛。因熟料中游离氧化钙除分布于中间体外，尚有部分以矿物的包裹体存在，被包裹在 A 矿等矿物晶体内部。若试样较粗，这部分游离氧化钙将难以与甘油反应，将使测定时间拉长，测定结果偏低。此外，煅烧温度较低的欠烧熟料，游离氧化钙含量较高，但却较易磨细。因此，制备试样时，应把试样全部磨细过筛并混匀,不能只取其中容易磨细的试样进行分析,而把难磨的试样抛去。

3. 甘油无水乙醇溶液必须用 0.01 mol/L 的 NaOH 溶液中和至微红色,使溶液呈弱碱性,以稳定生成的甘油酸钙。若试剂存放一定时间,吸收了空气中的 CO_2 等使微红色褪去时,必须再用 NaOH 溶液中和至微红色。

4. 甘油与游离石灰反应较慢,在甘油无水乙醇溶液中加入适量的硝酸锶可起催化剂作用。无水氯化钡、无水氯化锶也是有效的催化剂。甘油无水乙醇溶液中的乙醇是助溶剂,促进石灰与甘油酸钙的溶解。

5. 沸煮的目的是加速反应,但加热温度不宜太高,微沸即可,以防试液飞溅。若在锥形瓶中放入几粒玻璃球珠,可减少试液的飞溅。

6. 甘油吸水能力强,沸煮后要抓紧时间进行滴定,防止试剂吸水。每次沸煮尽可能充分些,尽量减少滴定次数。

7. 在工厂的常规控制中,为了简化计算,将试样称量固定(每次称量 0.500 0 g),而每次配制的苯甲酸无水乙醇标准溶液对氧化钙的滴定度 T_{CaO} 是已知值。此时,游离氧化钙含量的计算公式便可简化为

$$f\text{-}CaO = 0.2T_{CaO} \times V$$

在新鲜水泥熟料中,石灰以氧化钙(CaO)状态存在,但在水泥中,部分 CaO 在粉磨过程或储存过程中吸收水汽变成氢氧化钙。用甘油-乙醇法测得的石灰量,实际上是氧化钙与氢氧化钙的总量。

七、思考题

1. 为什么要测定水泥熟料中的游离氧化钙?
2. 举例说明其他测定水泥熟料中游离氧化钙的方法及其原理。
3. 在进行游离氧化钙含量测定的同时为什么要进行空白试验?
4. 在工厂里,水泥熟料中的游离氧化钙含量是怎样控制的?

实验 1-10 水泥熟料岩相分析

普通硅酸盐水泥熟料及其结构不仅直接关系到水泥质量优劣的评定,而且关系到原料、粉磨、均化、烧成、冷却等整个工艺流程是否合理,都能在水泥熟料上有所反映。因此对水泥熟料进行矿物组成及显微结构分析是很重要的。

一、实验目的

1. 了解硅酸盐水泥熟料矿物的岩相特征及影响这些岩相特征的一般工艺因素。
2. 掌握光片浸蚀基本操作。
3. 学会在显微镜上测定矿物粒度及百分含量的方法。

二、实验内容

A 矿、B 矿、中间体(铁相和铝相)是普通硅酸盐水泥中的主要物相组分,次要成分主要是

游离氧化钙(f-CaO)和氧化镁。

1. A矿

又名阿里特,是含有少量 MgO、Al_2O_3 和 Fe_2O_3 的硅酸三钙 $3CaO \cdot SiO_2$(C_3S)固溶体,在正常的普通水泥熟料中其含量一般大于 50%。

A矿的常见外形有以下几种。

(1)六角板状和柱状　在煅烧温度高、冷却速度较快的高质量熟料中较常见。

(2)长柱状　这种晶体在一维方向上伸得特别长,切面上长宽比在 3 以上。这种形态的 A矿往往在中间相特别多的熟料中,尤其是在铁含量高的熔融水泥熟料和碱性钢渣中较为多见。

(3)针状　针状A矿在三维的一个方向特别长,两个方向特别短,往往成凤尾状排列。一般在强还原气氛下存在大量液相时快速生长而成。

(4)含有大量包裹物的A矿　当煅烧含有燧石结构时,特别是含石灰。

(5)熔蚀严重的A矿　由于A矿晶体很大,没有完整的棱角,因而形成像蚕食桑叶形状。在凹缺口旁边有时还出现B矿,这种A矿的形成往往是因为酸性较强的液相,在慢冷的条件下对A矿熔蚀的结果。

(6)具有B矿花环的A矿　在A矿晶体周围有一圈极小的B矿,这种B矿是熟料在慢冷过程中由A矿分解而成。

2. B矿

又名贝里特,是含有少量 Fe_2O_3、Al_2O_3、R_2O 等微量组分的硅酸二钙 $2CaO \cdot SiO_2$(C_2S)固溶体。在正常的普通硅酸盐水泥熟料中其含量为 10%～30%,有时远远超出此范围。

B矿的常见外形有以下几种。

(1)表面光滑的圆粒B矿　在正常情况下,B矿均呈圆粒状,像是圆形的石灰石颗粒的假晶。这种没有条纹的B矿是由氧化物直接化合而成的原始产物,在冷却过程中也没有发生晶型的转变。

(2)具有各种交叉条纹的B矿　它是由几组结晶方位彼此不同的薄片交叉连生而成。细交叉条纹的B矿经常在煅烧温度较高、冷却速度较快的高质量熟料中出现;粗交叉条纹的B矿出现在煅烧温度较高、冷却速度较慢的熟料中。

(3)麻面状B矿　这种B矿表面有许多小麻点,有时还呈规则的定向排列。它们是在B矿液体形成后离析出来的结晶成分(主要是A矿,其次是铁相)。

(4)脑状B矿　表面有许多龟裂纹,貌似脑子,故得此名。它们可能是由于冷却速度较快,由引力作用所引起的裂纹。

(5)骨骼状B矿　这种B矿面积较小,排列成肋骨状,它们多半是在 Ca^{2+} 浓度较低的高温液相中溶解后冷却再结晶的产物。

(6)树叶状B矿　是一种单瓣的,而且互相靠得很近的树叶状的结构。这种B矿,往往是在含有大量液相,尤其是在高铝氧率的熟料中或在还原气氛的熟料中容易看到。

3. 中间相(体)

填充在A矿和B矿中间的物质总称为中间相,其成分主要有铝相、铁相及组成不定的玻璃质和碱质化合物。中间相的含量在正常的普通硅酸盐水泥熟料中占 20% 左右。

(1)铁相(C矿)又名才利特。是 C_2F 和 C_6A_2F 的边界固溶体,主要成分有铁铝酸四钙,因为反射光下有较强的反光能力,呈现白色,故又名白色中间相,常呈叶片状、柱状、圆粒状或其他不规则状,属斜方晶系。

(2)铝相 等轴晶系,普通硅酸盐水泥熟料中的铝相是成分相当于铝酸三钙的化合物,在反光镜下由于其反射能力弱,呈现灰色,故名黑色中间相。熟料中黑色中间相的外形有下面几种。

点滴状:多数存在快冷的高质量熟料中。

长条状:多数存在于碱含量较高的熟料中。

矩形:存在于铝含量高、冷却速度慢的熟料中。

片状:常存在于慢冷熟料中(或用煤过多烧出的熟料)。

4. 次要成分

主要有游离氧化钙(f-CaO)和方镁石。两者都是水泥中的有害成分。

(1)游离氧化钙(f-CaO)呈圆粒状,晶体较大,在$10\sim20\ \mu m$,往往聚集成堆分布,这是由于$CaCO_3$加热分解出来未化合的氧化钙。

二次游离氧化钙是由于慢冷和还原气氛使A矿分解而成的,它们结晶非常细小,在立窑熟料中常见,在回转窑中罕见。

(2)方镁石 是水泥熟料中呈游离状态的MgO,在反光镜下颇易观察,其特点是:突起高,边缘有一黑边,一般呈三角形、四边形等多角形,适当关小视场光栅,则呈粉红色。

5. 孔

任何正常水泥熟料中都含有很多孔,在埋铸试样时孔被埋铸材(树脂、硫黄等)所填充。由于埋铸材反射能力不同,孔会反射得亮些或暗些,但都成光滑的和没有结构的表面,在反光镜下,未被填充的孔呈黑色。这些孔的周缘独特地被弄圆,看起来不鲜明。升降镜筒时,孔的边界有放大或缩小的现象。也有孔只有部分被埋铸材填充,或者可能含有气泡,这时呈圆的黑点。

在磨平过程中,研磨剂也会抹到孔中,在显微镜下呈漫反射,而且着上研磨剂的颜色,氧化铝为白色,氧化铬为绿色。

三、实验器材

1. 4JB-1型金相显微镜。

2. 水泥熟料光片。

3. 抛光粉,无水乙醇,麂皮,电吹风。

4. 浸蚀剂:1%硝酸酒精溶液,蒸馏水,1%氢氧化钾溶液。

四、实验步骤

1. 光片的浸蚀

在水泥熟料光片的表面上,在抛光过程中常形成一层非晶质薄膜覆盖其上。薄膜的厚度为数埃到数十埃。这种薄膜填充于矿物的解理、裂隙和晶粒之间的空隙中,使矿物连成一片,以致看不出晶粒内部的构造与晶粒的界限,在用各种不同的一定浓度的化学试剂与矿物抛光面接触时,将产生破坏光面的反应,首先将非晶质薄膜溶解掉,接着是晶粒边界被腐蚀及矿物表面的反应,使光片内矿物和熟料的显微结构呈现出来,并使矿物着色及溶蚀和产生沉淀,在浸蚀过程中,要注意浸蚀剂种类、浓度和浸蚀时间的选择。

对于普通硅酸盐水泥熟料常用的浸蚀剂和浸蚀条件如表1-8所示。

表 1-8 常用硅酸盐水泥熟料浸蚀剂和浸蚀条件

编号	浸蚀剂名称	浸蚀条件	显形的矿物特征
1	无	不浸蚀直接观察	方镁石:突起较高,周围有一黑边,呈粉红色 金属铁:反射率高,呈亮白色
2	蒸馏水	20℃、3 s	游离氧化钙:呈彩色 黑色中间相:呈蓝色、棕色、灰色
3	1%氯化铵水溶液	20℃、3～5 s	A 矿:呈蓝色,少数呈浅棕色 B 矿:呈浅棕色 游离氧化钙:呈彩色麻面 氧化钙:受轻微浸蚀 黑色中间相:呈灰黑色 白色中间相:呈不受浸蚀
4	1%硝酸酒精溶液	20℃、3 s	A 矿:呈深棕色 B 矿:呈黄褐色 游离氧化钙:受轻微浸蚀 黑色中间相:呈深灰色
5	10%氢氧化钾水溶液	20℃、15 s	黑色中间相(包括高铁玻璃相):呈棕色、蓝色 白色中间相:不受浸蚀
6	10%硫酸镁水溶液	20℃、3 s 后用蒸馏水和酒精各洗 5 次	A 矿:呈天蓝色 B 矿及其他矿物:不受浸蚀

2. 水泥熟料的鉴定

(1)将熟料光片放在显微镜下观察,如光面已风化变为模糊不清,则应重新抛光。注意区别矿物的孔洞。

(2)光片不浸蚀,直接在显微镜上观察金属铁和方镁石晶体。金属若来自熟料则呈圆粒状,分布于熟料内;若来自于机械混入,则呈多角形,填充于裂隙或孔洞内,金属铁反射率较强,呈亮白色。方镁石晶体呈圆粒状或多角形,其硬度大,突起高,周围有小黑边,呈粉红色。

(3)用蒸馏水浸蚀光片 2～3 min,可见到粉红色圆粒状游离氧化钙,有的成堆聚集,有的成包裹体存在 A 矿中,有的成细分散状态,还可见到呈蓝色或棕色的黑色中间相 C_3A,它们呈点滴状、片状或点线状等。

(4)用 1%硝酸酒精溶液浸蚀 2～3 s,在显微镜下观察 A 矿、B 矿,浸蚀适中时,A 矿呈深棕色,板状、柱状的白形晶;B 矿呈黄褐色,粒状,有时有双晶纹;白色中间相呈亮黄白色,若浸蚀过度必须重新抛光再进行浸蚀。

3. 矿物颗粒直径分析测定

(1)选择有代表性的颗粒。

(2)移动光片或转动目镜,使欲测的颗粒直径对准目镜尺,读出与颗粒直径相当的刻度格数,再乘以目镜微尺每小格的实际长度,即得出矿物颗粒的直径的大小。

分别测定指定的水泥熟料光片中 A 矿、B 矿的颗粒。如遇形状不规则颗粒,粒径大小可取平均值表示,若长短大小悬殊,如针状或长柱状晶体以长×宽表示,对每一种颗粒尺寸的测量,需进行数十次,同时要记录其最大、最小以及颗粒级配情况。

4. 矿物百分含量的测定

在镜下测定矿物百分含量总的原理是:先测该矿物所占面积(在某一区域内)的百分数,由于试片的厚度均匀(注意:光片中各矿物的厚度是假定为相同的),所以,面积百分数与体积百分数成正比。然后,再乘以矿物的比重,换算成百分数。

随着现代科学技术的发展,测定矿物的百分含量的方法也愈来愈先进,如电动求积仪、电子计算机、面积法、油浸法、直线法、计点法,目前仍在广泛应用。但是在科研和生产的实际工作中,广大科技工作者更多的还是采用简便的目估方法(目估法)。

(1)面积法

用带有网格板的目镜,观察视域中各矿物所占的方格数,记录下来,后将薄片或光片再移动一个位置,连续测定,直至光片或薄片全部(或某一区域)测完为止,将同一矿物所占的方格数相加与总的表面积相比,以百分数表示便是该矿物的面积百分数。

据面积百分数与体积百分数成正比的原理,体积百分数的计算公式是

$$V = \frac{\rho}{\sum \rho} \times 100\%$$

式中 V——欲测矿物的体积百分数,%;

$\sum \rho$——试样中各种矿物格子数总和;

ρ——欲测矿物在各视域中所占格子数总和。

(2)目估法

用已知百分数的标准图册来进行比较,估计矿物的百分含量。

百分数标准图册的制作原理:将一个圆形的纸分别剪取1%、2%、…、10%、20%、…,并剪成各种形状贴在与原来圆形纸同样大小的圆内即成。

与面积法相同。根据面积百分数与体积百分数成正比的原理,将体积百分数换算成质量百分数。其公式是

$$D_1 = \frac{d_1 V_1}{d_1 V_1 + d_2 V_2 + \cdots + d_n V_n} \times 100\%$$

式中 D_1——相1的质量百分数;

d_1、d_2、d_n——相1、相2、相n的比重;

V_1、V_2、V_n——相1、相2、相n的百分数。

(3)用目估法测定指定的水泥熟料光片中A矿、B矿的百分含量。

五、实验结果与分析

将实验结果填入表1-9。

表1-9 实验结果记录

熟料名称	观察结果							
	A矿	B矿	黑色中间相	白色中间相	f-CAO	方镁石	孔洞	其他
视域编号	矿物体积分数				
	A矿	B矿	中间体	f-CAO	其他
1					
2					
3					
4					
5					
…					
平均					

六、思考题

1. 如何利用显微镜鉴定硅酸盐水泥熟料中的主要物相？
2. 为什么矿物的面积百分数与体积百分数成正比？
3. 慢冷、还原气氛的熟料矿物各有何特征？

实验 1-11　水泥密度测定

　　粉体真密度是粉体材料的基本物性之一，是粉体粒度与空隙率测试中不可缺少的基本物性参数。此外，在测定粉体的比表面积时也需要粉体真密度的数据进行计算。许多无机非金属材料都采用粉状原料来制造，因此在科研或生产中经常需要测定粉体的真密度。对于水泥材料，其最终产品就是粉体，测定水泥的真密度对生产单位和使用单位都具有很大的实用意义。

一、实验目的

1. 了解粉体真密度的概念及其在科研与生产中的作用。
2. 掌握比重瓶法测定水泥真密度的原理及方法。

二、实验原理

　　材料密度分为真密度和体积密度。真密度的测定是依据阿基米得定律，测出材料的真实体积(材料的总体积减去气孔所占体积)，用干燥状态的材料质量与材料的真实体积之比即为材料的真密度，其单位常用 g/cm^3 表示。

　　粉体的真实密度测定即将一定质量的粉体，装入盛有与粉体不起反应液体的比重瓶内，根据粉体排开液体的体积即为粉体的真体积，除粉体的质量，即得粉体密度。

三、实验器材

1. 李氏比重瓶：如图 1-5 所示。

李氏比重瓶容积为 $220\sim250\ cm^3$，带有长 $18\sim20\ cm$、直径约 $1\ cm$ 的细颈，下面有鼓形扩大颈，颈部有体积刻度，颈部为喇叭形漏斗并有玻璃磨口塞。

2. 电热鼓风干燥箱：能使温度控制在烘$(105\pm5)℃$。
3. 电子天平：称量 $200\ g$，感量 $0.01\ g$。

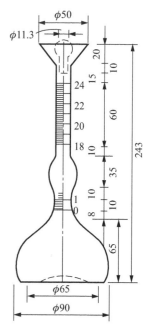

图 1-5　李氏比重瓶

四、实验步骤

1. 将待测水泥试样置于干燥箱中，于$(105\pm5)℃$烘干 $1\ h$，取出置于干燥器中冷却至室温。

2. 洗净比重瓶并烘干，将无水煤油注入比重瓶内至零点刻度线(以弯月面下弧为准)，将比重瓶放入恒温水槽内，使整个刻度部分浸入水中(水温必须控制与比重瓶刻度时的温度相同),恒温 0.5 h,记下第一次液面体积读数 V_1。

3. 取出比重瓶,用滤纸将比重瓶内液面上部瓶壁擦干。

4. 称取干燥水泥试样 60 g(准确至 0.01 g),用小勺慢慢装入比重瓶内,防止堵塞,试样加完后将比重瓶绕竖轴摇动几次,排除气泡,盖上瓶塞后放入恒温水槽内,在相同温度下恒温 0.5 h,记下第二次液面的体积刻度 V_2。

五、实验结果计算与分析

1. 实验结果计算如下:

$$\gamma = \frac{m}{V_2 - V_1}$$

式中　γ——水泥密度,g/cm^3;

　　　m——水泥试样质量,g;

　　　V_1——装入水泥试样前比重瓶内液面读数,mL;

　　　V_2——装入水泥试样后比重瓶内液面读数,mL。

2. 密度值应以两次实验结果的平均值为准,精确至 0.01 g/cm^3,两次试验结果误差不得超过 0.02 g/cm^3。

六、注意事项

1. 测定前一定要将比重瓶洗净并烘干。

2. 在加样过程中,如发生堵塞等现象,不准用铁丝等任何尖状物伸入瓶中。

3. 在加样过程中不得将样品散落到瓶外。

七、思考题

1. 密度试验时,为什么两次读数前要将比重瓶在恒温水槽中恒温半小时?

2. 水泥密度试验时为什么要用无水煤油? 能否采用其他液体?

实验 1-12　水泥细度测定

水泥细度检验按照 GB/T 1345—2005《水泥细度检验方法——筛析法》进行。该标准适用于硅酸盐水泥、普通水泥、矿渣水泥、火山灰质水泥、粉煤灰水泥、复合水泥以及指定采用该标准的其他品种的水泥。

一、实验目的

1. 了解水泥细度检验方法的国家标准。

2. 测定水泥的 80 μm、45 μm 方孔筛筛余量。

二、实验原理

采用 45 μm 方孔筛和 80 μm 方孔筛对水泥试样进行筛析试验,用筛上筛余物的质量百分数来表示水泥样品的细度。

水泥细度检验有负压筛析法、水筛法和手工筛法三种。负压筛析法是用负压筛析仪,通过负压源产生的恒定气流,在规定筛析时间内使试验筛内的水泥达到筛分;水筛法是将试验筛放在水筛座上,用规定压力的水流,在规定时间内使试验筛内的水泥达到筛分;手工筛法是将试验筛放在接料盘上,用手工按照规定的拍打速度和转动角度,对水泥进行筛析试验。当三种检验方法结果发生争议时,以负压筛析法为准。

为保证筛孔的标准度,在用试验筛时,应用已知筛余的标准样品来标定。

三、实验器材

1. 电子天平:称量 100 g,感量 0.01 g。

2. 试验筛,有负压筛、水筛和手工筛三种。负压筛:总高 38 mm,筛布至上口高 25 mm,筛布处直径 142 mm,外径 160^{+0}_{-2} mm。有透明筛盖,筛盖和筛上口应有良好的密封性。水筛:总高 90 mm,上口至筛布距离 80 mm,内径 125 mm,外径 135 mm。手工筛:筛框高度 50 mm,筛子直径 150 mm。

3. 负压筛析仪由筛座、负压筛、负压源及收尘器组成。其中筛座由转速为 (30 ± 2) r/min 的喷气嘴、负压表、控制板、微电极及壳体等构成,如图 1-6 所示。筛析仪负压可调范围为 4 000～6 000 Pa,喷气嘴上口平面与筛网之间距离为 2～8 mm,负压源和收尘器由功率≥600 W 的工业收尘器和小型旋风收尘筒组成或用其他具有相当功能的设备。

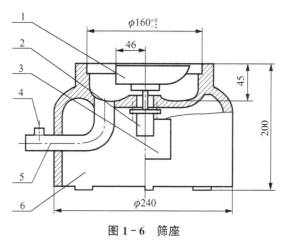

图 1-6 筛座
1—喷气嘴;2—微电机;3—控制板开口;4—负压表接口;5—负压源及收尘器接口;6—壳体

4. 水筛架和喷头。水筛架,用于支承筛子,并能带动筛子转动,转速为 50 r/min,筛座内径为 140^{+0}_{-3} mm。喷头直径 55 mm,面上均匀分布 90 个孔,孔径 0.5～0.7 mm。安装高度以离筛布 50 mm 为宜。

四、实验步骤

1. 试验准备:试验前所用试验筛应保持清洁,负压筛和手工筛应保持干燥。80 μm 筛试验,称取试样 25 g,45 μm 筛析试验,称取试样 10 g,精确至 0.01 g。

2. 负压筛析法

(1)把负压筛放在筛座上,盖上筛盖,接通电源,检查控制系统调节负压至 4 000～

6 000 Pa 范围内。

（2）称量试样：精确至 0.01 g。

（3）试样置于洁净的负压筛中，盖上筛盖，放在筛座上，开动筛析仪连续筛析 2 min，在此期间如有试样附着在筛盖上，可轻轻敲击，使试样落下。筛毕，用天平称量筛余物，计算筛余的质量百分数。

3．水筛法

（1）筛析前应检查水中无泥、砂，调整好水压及水筛架的位置，使其能正常运转，并控制喷头和筛网之间距离为 35～75 mm。

（2）准确称取试样精确至 0.01 g 置于洁净的水筛中，立即用淡水冲洗至大部分细粉通过（冲洗时要将筛子倾斜摆动，既要避免放水过大，将水泥溅出筛外，又要防止水泥铺满筛网，使水不能通过筛子）放在水筛架上，用水压为（0.05±0.02）MPa 的喷头连续冲洗 3 min。筛毕，用少量水把筛余物冲到蒸发皿（或烘样盘）中，等水泥颗粒全部沉淀后，小心倒出清水，烘干，并用天平称量筛余物，然后计算出筛余的质量百分数。

4．手工干筛法

（1）准确称取试样，精确至 0.01 g，倒入手工筛内。

（2）用一只手执筛往复摇动，另一只手轻轻拍打，往复摇动和拍打过程中应保持近于水平。拍打速度每分钟约 120 次，每 40 次向同一方向转动 60°，使试样均匀分布在筛网上，直至每分钟通过试样量不超过 0.03 g 为止。称量筛余物，计算出筛余的质量百分数。

五、实验结果与分析

1．水泥试样筛余质量百分数按下式计算：

$$F = \frac{R_s}{W} \times 100\%$$

式中　F——水泥试样筛余质量百分数，%；

　　　　R_s——水泥试样筛余物质量，g；

　　　　W——水泥试样质量，g。

2．计算结果精确至 0.1%。

3．为了使试验结果具有可比性，可用试验筛修正系数 C 乘以试样筛余量 F 之积作为结果。

修正系数的测定须按 GB/T 1345—2005 中规定的方法进行。即称标准试样两份，精确至 0.01 g，进行筛析，取结果平均值作为结果 F_1。如两个结果相差大于 0.3% 时应称第三个样品，并取接近的两个结果进行平均，作为最终结果。修正系数 C 按下式计算：

$$C = F_a / F_1$$

式中　C——试验筛修正系数；

　　　　F_a——标准样品筛余标准值，%；

　　　　F_1——标准样品在试验筛上筛余值，%。

六、注意事项

1．负压筛析仪工作时，应保持水平，避免外界振动和冲击。

2. 试验前要检查被测样品，不得受潮、结块或混有其他杂质。

3. 试验筛应经常保持洁净，筛孔通畅，使用 10 次后要进行清洗。应用专门清洗剂，不可用弱酸浸泡。

4. 由于物料会对筛网产生磨损，试验筛每使用 100 次后需重新标定。

5. 如连续使用时间过长时(一般超过 30 个样品时)应检查负压值是否正常，如不正常，可将吸尘器卸下，打开吸尘器将筒内灰尘和过滤布袋附着的灰尘等清理干净，使负压恢复正常。

6. 要防止水喷头孔堵塞。

7. 水泥样品应充分拌均匀，通过 0.9 mm 方孔筛，记录筛余物情况，要防止过筛时混进其他水泥。

七、思考题

1. 水泥的细度对于水泥的水化有何影响？

2. 水泥的细度对水泥的生产有何影响？

3. 通用硅酸盐水泥标准中对水泥细度有什么要求？

实验 1-13 水泥比表面积测定

每单位质量的粉体所具有的表面积总和，称为比表面积(m^2/kg 或 cm^2/g)。比表面积是粉体的基本物性之一。测定水泥比表面积可以检验水泥细度以保证水泥的强度。粉体比表面积的测定方法有勃氏透气法、低压透气法、动态吸附法三种。勃莱恩(Blaine)透气法是许多国家用于测定粉体试样比表面积的一种方法。国际标准化组织也推荐这种方法作为测定水泥比表面积的方法。

一、实验目的

1. 了解透气法测定粉体比表面积的原理。

2. 掌握勃氏法测定水泥比表面积的方法。

3. 掌握利用实验结果如何计算试样的比表面积。

二、实验原理

根据气体透过含有一定空隙率和规定厚度的试样层时所受到的阻力来计算。粉料越细，空气透过时阻力越大，则一定量空气透过同样厚度的料层所需的时间就越长，比表面积值就越大。反之测定的比表面积就越小。

三、实验器材

1. Blaine 透气仪：它由透气圆筒、穿孔板、捣器、U 形管压差计、抽气装置(小型电磁泵或抽气球组成)。图 1-7 给出各部件的尺寸及其允许偏差。

2. 电热鼓风干燥箱：能使温度控制在烘(105±5)℃。

3. 电子天平：称量 100 g，感量 0.001 g。

4. 秒表:精确至 0.05 s。

5. 中速定量滤纸。

6. 压力计液体:采用带有颜色的蒸馏水。

7. 标准试样和待测水泥试样。

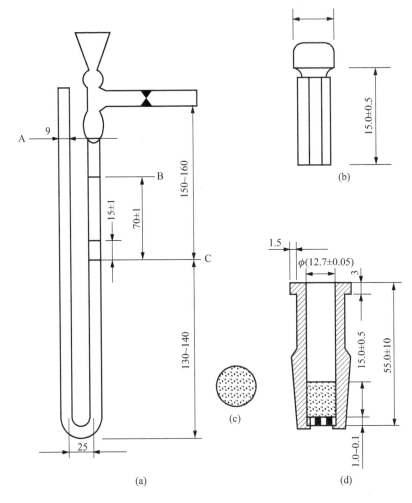

图 1-7　勃氏(Blaine)透气仪结构及主要尺寸(mm)

(a)U 形压差计;(b)捣器;(c)穿孔板;(d)透气圆筒

四、实验步骤

1. 仪器校正

(1)校准物料

使用比表面积接近 2 800~4 000 cm^2/g 的标准物料对试验仪器进行校正,使用前应与室温保持一致。

(2)粉料层体积的测定

用水银排代法。

① 将两片滤纸沿筒壁放入透气圆筒内,用一直径比透气圆筒略小的送板棒往下按,直到滤纸平整地放在穿孔板上,然后装满水银,用一薄玻璃板轻压水银表面,使水银面与圆筒上口平齐,并保证玻璃板和水银面之间没有气泡或空洞存在,然后倒出水银,称量,记录水银质量(W_A)。

② 从圆筒中取出一片滤纸,加入适量粉料,再盖上一层滤纸压实,直到捣器支持环与圆筒顶边接触为止。再在圆筒上部空间加入水银,用上述方法使水银面与圆筒上口平齐,再倒出水银称量,记录水银质量(W_B)。

③ 试样层占有体积按下式计算:

$$V = (W_A - W_H)/\gamma_H$$

式中　V——试料层体积,应精确至 $0.005\ \mathrm{cm}^3$;

　　　W_A——圆筒内未装有试样时,装满水银的质量,g;

　　　W_H——圆筒中装有试样后,空隙部分装满水银质量,g;

　　　γ_H——试验温度下的水银密度(见表 1-10),$\mathrm{g/cm}^3$。

表 1-10　不同温度下的空气黏度和水银密度值

温度/℃	空气黏度 μ/(Pa·s)	$\sqrt{\dfrac{1}{\mu}}$	水银密度 γ_H/(g/cm³)
8	0.000 017 49	239.05	13.58
10	0.000 017 59	238.37	13.57
12	0.000 017 68	237.69	13.57
14	0.000 017 78	237.02	13.56
16	0.000 017 88	236.36	13.56
18	0.000 017 98	235.70	13.56
20	0.000 018 08	235.05	13.55
22	0.000 018 18	234.40	13.54
24	0.000 018 28	233.76	13.54
26	0.000 018 37	233.12	13.53
28	0.000 018 47	232.50	13.53
30	0.000 018 57	231.87	13.52
32	0.000 018 67	231.25	13.52
34	0.000 018 76	230.63	13.51

(3)漏气检查

在仪器下端锥形体部分,抹上一薄层活塞油脂,并将圆筒插入压差计上口端部,旋转两周,使圆筒与压差计严密接触,然后用胶皮塞塞紧圆筒上口,抽气使压差计内液面上升到上面刻度线,关闭活塞,观察 5 min 内,液面不下降,说明仪器不漏气。

2. 测定步骤

(1)试样质量:

$$G = \gamma \times V(1-m)$$

式中　G——试样质量,g;

　　　γ——试样密度,$\mathrm{g/cm}^3$;

V——试样层体积，cm^3；

m——试样层空隙率，不同 m 所对应的 $\sqrt{\dfrac{m^3}{(1-m)^2}}$ 和 $\sqrt{m^3}$ 值见表 1-11 和表 1-12。

表 1-11　不同 m 值对应的 $\sqrt{\dfrac{m^3}{(1-m)^2}}$ 值

m	$\sqrt{\dfrac{m^3}{(1-m)^2}}$	m	$\sqrt{\dfrac{m^3}{(1-m)^2}}$	m	$\sqrt{\dfrac{m^3}{(1-m)^2}}$	m	$\sqrt{\dfrac{m^3}{(1-m)^2}}$	m	$\sqrt{\dfrac{m^3}{(1-m)^2}}$
0.450	0.549	0.456	0.566	0.462	0.584	0.468	0.602	0.474	0.620
0.451	0.552	0.457	0.569	0.463	0.587	0.469	0.605	0.475	0.624
0.452	0.554	0.458	0.572	0.464	0.590	0.470	0.608	0.476	0.627
0.453	0.557	0.459	0.575	0.465	0.593	0.471	0.611	0.477	0.630
0.454	0.560	0.460	0.578	0.466	0.596	0.472	0.614	0.478	0.633
0.455	0.563	0.461	0.581	0.467	0.599	0.473	0.617	0.479	0.636
0.480	0.639	0.495	0.690	0.509	0.739	0.523	0.793	0.537	0.850
0.481	0.643	0.496	0.693	0.510	0.743	0.524	0.797	0.538	0.854
0.482	0.646	0.497	0.697	0.511	0.747	0.525	0.801	0.539	0.858
0.483	0.649	0.498	0.700	0.512	0.751	0.526	0.805	0.540	0.863
0.484	0.652	0.499	0.704	0.513	0.755	0.527	0.809	0.541	0.867
0.485	0.656	0.500	0.707	0.514	0.758	0.528	0.813	0.542	0.871
0.486	0.659	0.501	0.711	0.515	0.762	0.529	0.817	0.543	0.875
0.487	0.662	0.502	0.714	0.516	0.766	0.530	0.821	0.544	0.880
0.488	0.666	0.503	0.718	0.517	0.770	0.531	0.825	0.545	0.884
0.489	0.669	0.504	0.721	0.518	0.774	0.532	0.829	0.546	0.889
0.490	0.672	0.505	0.725	0.519	0.777	0.533	0.833	0.547	0.893
0.491	0.676	0.506	0.729	0.520	0.781	0.534	0.837	0.548	0.898
0.492	0.679	0.507	0.733	0.521	0.785	0.535	0.842	0.549	0.902
0.493	0.683	0.508	0.736	0.522	0.789	0.536	0.845	0.550	0.906
0.494	0.687								

（2）试样层制备

按上面公式计算试样质量，称量，将试样倒入已装有穿孔板和一片滤纸的透气圆筒中，轻轻摇平，再盖上一片滤纸，用捣器压实到规定高度，轻轻取出捣器。

表 1-12　不同 m 值对应的 $\sqrt{m^3}$ 值

m	$\sqrt{m^3}$	m	$\sqrt{m^3}$	m	$\sqrt{m^3}$	m	$\sqrt{m^3}$
0.450	0.302	0.492	0.345	0.505	0.359	0.529	0.385
0.455	0.307	0.494	0.347	0.506	0.360	0.530	0.386
0.460	0.312	0.495	0.348	0.507	0.361	0.531	0.387
0.465	0.317	0.496	0.349	0.508	0.362	0.532	0.388
0.470	0.322	0.497	0.350	0.509	0.363	0.533	0.389

m	$\sqrt{m^3}$	m	$\sqrt{m^3}$	m	$\sqrt{m^3}$	m	$\sqrt{m^3}$
0.475	0.327	0.498	0.351	0.510	0.364	0.534	0.390
0.480	0.333	0.499	0.352	0.515	0.370	0.535	0.391
0.482	0.335	0.500	0.354	0.520	0.375	0.540	0.397
0.484	0.337	0.501	0.355	0.525	0.380	0.545	0.402
0.486	0.339	0.502	0.356	0.526	0.381	0.550	0.408
0.488	0.341	0.503	0.357	0.527	0.383		
0.490	0.343	0.504	0.358	0.528	0.384		

（3）透气试验

按上述步骤把透气圆筒连接到压差计上，应保证严密，不漏气（液面不下降）。

（4）测定时间

开动抽气泵，慢慢从U形管压差计一臂中抽出空气，直到液面上升至上面第一条刻度线A处，然后关闭活塞，当压力计液体的凹月面到达从上数第二条刻度线B时，开始计时，当凹月面到达第三条刻度线C时，记时（秒表）停止。此时记录液体通过第二条刻度线B到第三条刻度线C时所需的时间，以秒为单位计算，并记下此时的温度（℃）。

五、实验结果与分析

1. 比表面积按下式计算：

$$S=\frac{S_e \gamma_e \sqrt{\mu_e}(1-m_e)\sqrt{t}\sqrt{m^3}}{\gamma \sqrt{\mu}(1-m)\sqrt{t_e}\sqrt{m_e^3}}$$

式中　S——待测试样的比表面积，cm^2/g；

　　　S_e——标准石英粉（标样）的比表面积，cm^2/g；

　　　γ——待测试样的密度，g/cm^3；

　　　γ_e——标准石英粉（标样）的密度，g/cm^3；

　　　μ——待测试样操作温度下的空气黏度，见表1-10，$Pa \cdot s$；

　　　μ_e——标准试样（标准石英粉）操作温度下的空气黏度 $Pa \cdot s$；

　　　t——空气通过待测试样层所需的时间，s；

　　　t_e——空气通过标准石英粉（标样）料层所需的时间，s；

　　　m——待测试样层的空隙率，试样为水泥时 $m=0.500\pm0.005$；

　　　m_e——标准石英粉（标样）料层的空隙率，若标准试样为标准石英粉时 $m_e=0.48\pm0.02$。

2. 结果分析

透气法测比表面积的优点是仪器构造简单、操作容易、测定方便、节省时间、复现性好，但由于颗粒间相对运动、表面性质、形状、排列及气体分子在颗粒孔壁间滑动等对比表面积测定的影响均没考虑，在计算中公式推导中引用假定和实验常数，故用此法测定的水泥比表面积大于 6 000 cm^2/g 时，误差较大。

六、注意事项

1. 穿孔板上的滤纸,应是与圆筒内径相同,边缘光滑的圆片,每次测定需用新的滤纸。

2. 在试样层制备过程中,一定要将捣器压实到规定高度,即捣器支持环与圆筒顶边接触为止。

七、思考题

1. $S=S_e\sqrt{t}/\sqrt{t_e}$ 适用的条件是什么?

2. 透气法测定比表面积的影响因素有哪些? 如何影响?

实验 1-14　水泥标准稠度、凝结时间及安定性测定

水泥加水拌和后可形成塑性浆体。拌和时的用水量对浆体的凝结时间及硬化后体积变化的稳定性有较大的影响。通过实验测定水泥净浆达到标准稠度时的用水量,作为水泥的凝结时间、安定性试验用水量的标准。测定水泥的凝结时间和安定性对水泥的质量评定和建筑工程具有重要的意义。

水泥标准稠度、凝结时间、安定性按照最新 GB/T 1346—2011《水泥标准稠度用水量、凝结时间、安定性检验方法》进行检验。该标准适用于硅酸盐水泥、普通硅酸盐水泥、矿渣硅酸盐水泥、火山灰硅酸盐水泥、粉煤灰硅酸盐水泥、复合硅酸盐水泥以及指定采用本方法的其他品种水泥。

一、实验目的

了解影响水泥凝结时间和安定性的因素,掌握水泥标准稠度用水量、凝结时间和安定性检验方法。

二、实验原理

1. 标准稠度:具有一定质量和规格的圆柱体在不同稠度的水泥浆体中自由沉落时,由于浆体阻力不同,圆柱体沉入深度也不同。当圆柱体沉入达到标准值时,对应的浆体稠度即为水泥标准稠度。

2. 凝结时间:以试针沉入水泥标准稠度净浆至一定深度所需的时间表示。

3. 安定性

(1) 雷氏法:观测由两个试针的相对位移所指示的水泥标准稠度净浆经沸煮后体积膨胀的程度。

(2) 试饼法:观察水泥标准稠度净浆试饼经沸煮后的外形变化程度。

三、实验器材

1. 水泥净浆搅拌机。

2. 标准维卡仪(水泥标准稠度、凝结时间测定仪)。

3. 恒温恒湿养护箱:温度控制在(20±1)℃,相对湿度不低于90%。

4. 雷氏夹。

5. 雷氏夹膨胀值测定仪。

6. 沸煮箱。

7. 电子天平:称量1 000 g,感量1 g。

8. 量水器:最小刻度0.1 mL,精度1%。

四、实验步骤

1. 标准稠度用水量的测定

试验前的准备工作:维卡仪的滑动杆能自由滑动;试模和玻璃板用湿布擦试,将试模放在底板上;调整维卡仪试杆接触玻璃板时指针对准零点;搅拌机运转应正常。

水泥净浆的拌制:用挤不出水的湿抹布擦搅拌锅和搅拌叶片,将拌和水倒入搅拌锅内,然后在5~10 s内小心将称好的500 g水泥加入水中,防止水和水泥溅出;拌和时,先将锅放在搅拌的锅座上,升至搅拌位置,启动搅拌机,低速搅拌120 s,停15 s,同时将叶片和锅壁上的水泥浆刮入锅中间,接着高速搅拌120 s后停机。

稠度测定:搅拌结束后,立即取适量水泥浆一次性将其装入已置于玻璃底板上的试模中,浆体超过试模上端,用宽约25 mm的直边刀轻轻拍打超出试模部分的浆体5次以排除浆体中的空气,然后在试模上表面约1/3处,略倾斜于试模分别向外轻轻锯掉多余净浆,再从试模边沿轻抹顶部一次,使净浆表面平滑。在锯掉多余净浆和抹平的操作过程中,注意不要压实净浆;抹平后迅速将试模和底板移到维卡仪上,并将其中心定在试杆下,降低试杆直至与水泥净浆表面接触,拧紧螺丝1~2 s后,突然放松,使试杆垂直自由地沉入水泥净浆中。在试杆停止沉入或释放试杆30 s时记录试杆距底板之间距离,升起试杆后,立即擦净;整个操作应在搅拌后1.5 min内完成,以试杆沉入净浆并距底板(6±1)mm的水泥净浆为标准稠度净浆。其拌和水量为该水泥的标准稠度用水量(P),按水泥质量的百分比计。

2. 标准稠度净浆的制备

若上述试验的试杆沉入净浆深度距底板的距离不在(6±1)mm之内,这时应重新称取水泥试样,并视沉入的深度大小,适当增减加水量,直至试杆沉入净浆深度距底板的距离在(6±1)mm之内,此时的水泥拌和水量即为该水泥的标准稠度用水量(P),按水泥质量的百分比计。

3. 水泥凝结时间的测定

以标准稠度用水量制成标准稠度净浆,按上述标准稠度的测定方法装模和刮平后,立即放入湿气养护箱内。记录水泥全部加入水中的时间作为凝结时间的起始时间。

(1)初凝时间的测定

试件在恒温恒湿养护箱中养护至加水后30 min进行第一次测定。测定时,从湿气养护箱中取出圆模放到试针下,降低试针,与水泥净浆表面接触,拧紧螺丝后突然放松,试针垂直自由地沉入水泥净浆。观察试针停止下沉或释放试针30 s时指针的读数,试针沉至距离底板(4±1)mm时,水泥达到初凝状态,水全部加入水泥中至初凝状态的时间为水泥的初凝时间,用min来表示。

(2)终凝时间的测定

为了准确观察试针沉入的状况,在终凝针上安装了一个环形附件。在完成初凝时间测定后,立即将试模连同浆体以平移的方法从玻璃板取下翻转 180°,直径大端向上、小端向下放在玻璃板上,再放入恒温恒湿养护箱中继续养护,临近终凝时间时每隔 15 min 测定一次,当试针沉入试体 0.5 mm 时,即环形附件开始不能在试体上留下痕迹时,为水泥达到终凝的状态。到达终凝时,需要在试体另外两个不同点测试,结论相同时才能确定到达终凝状态。由水全部加入水泥中至终凝状态的时间为水泥终凝时间,用 min 来表示。

4. 水泥体积安定性的测定

水泥体积安定性测定方法可用试饼法也可用雷氏法,有争议时以雷氏法为准。

(1) 试饼的制备方法

将制备好的标准稠度净浆取出一部分分成两等份,使之成球形,放在预先涂过油的玻璃板上,轻轻振动玻璃板,并用湿布擦过的小刀由边缘向中央抹动,做成直径 70～80 mm、中心厚为 10 mm、边缘渐薄、表面光滑的试饼,立即放入湿气养护箱内养护(24±2)h。

(2) 雷氏夹试件的制作方法

将预先准备好的雷氏夹放在已涂油的玻璃板上,并将刚搅拌好的标准稠度净浆装满试模,用宽约 25 mm 的直边刀在浆体表面轻轻插捣 3 次,然后抹平,盖上稍涂油的玻璃板,立即放入恒温恒湿养护箱内养护(24±2)h。

(3) 试件的沸煮

试件在恒温恒湿养护箱内养护(24±2)h 以后,脱去玻璃板,检查试饼是否完整;测量雷氏夹两指针尖端间的距离(A),精确到 0.5 mm,并记录。接着将试件放入沸煮箱内水中算板上,然后在(30±5)min 内加热至沸,并恒沸 3 h±5 min。

沸煮结束后,立即放掉箱中热水,打开箱盖,待箱体冷却至室温,取出试件进行判别。

(4) 安定性的判别方法

若为试饼,目测未发现裂缝,用直尺检查也没有弯曲的试饼为安定性合格,反之为不合格。当两个试饼判别结果有矛盾时,该水泥的安全性为不合格。

若为雷氏夹,测量试件两指针尖端间的距离(C),准确至 0.5 mm,当两个试件煮后增加距离(C−A)的平均值不大于 5.0 mm 时,即认为水泥安定性合格;当(C−A)的值相差 4 mm 时,应用同一样品立即重做一次试验。

五、注意事项

1. 测定之前水泥试样、拌和水、仪器和用具的温度应与试验室一致。

2. 试验室的温度应保持在(20±2)℃,相对湿度不低于 50%;湿气养护箱的温度应保持在(20±1)℃,相对湿度不低于 90%。

3. 试验用水必须是洁净的饮用水,如有争议时应以蒸馏水为准。

4. 每次测完凝结时间后,应擦净试针。

六、思考题

1. 水泥国家标准中并未规定标准稠度,而水泥检测时为什么要测定其标准稠度?

2. 影响水泥凝结时间的因素有哪些?

3. 水泥沸煮法安定性试验测出水泥安定性不良是何种原因引起的? 为什么?

七、单项选择题

1. 沸煮法只适用于检验_____对水泥体积安定性的影响。

A. 游离氧化钙　　　　B. 游离氧化镁　　　　C. 石膏　　　　　　　D. 三氧化硫

2. 测定水泥凝结时间时,对放置待测试件养护箱的温度和湿度的要求分别为_____。

A. $(20\pm2)℃,\geqslant 90\%$　　　　　　　　B. $(20\pm1)℃,\geqslant 95\%$

C. $(20\pm1)℃,\geqslant 90\%$　　　　　　　　D. $(20\pm2)℃,\geqslant 95\%$

3. 测定水泥凝结时间时,若试针可沉至距底板_____处,则认为水泥达到初凝状态。

A. 2 mm$\pm$1 mm　　　B. 4 mm$\pm$1 mm　　　C. 5 mm$\pm$1 mm　　　D. 6 mm$\pm$1 mm

4. 在进行水泥凝结时间测定中,临近初凝时间时,每隔_____测定一次;临近终凝时间时,每隔_____测定一次。

A. 15 min;30 min　　　　　　　　B. 10 min;20 min

C. 5 min;10 min　　　　　　　　 D. 5 min;15 min

5. 测定水泥初凝时间时,试件在湿气养护箱中应养护至加水_____后进行第一次测定。

A. 50 min　　　　　　B. 45 min　　　　　　C. 30 min　　　　　　D. 15 min

6. 某水泥样品的安定性测定中,沸煮前 A、B 两雷氏夹的两指针尖端间的距离分别为 12.0 mm 和 12.5 m,沸煮后 A、B 两雷氏夹的两指针尖端间的距离分别为 13.0 mm 和 17.5 mm,则该水泥样品的安定性评测结果为_____。

A. 合格　　　　　　B. 基本合格　　　　　　C. 不合格　　　　　　D. 重做

实验 1-15　水泥压蒸安定性测定

氧化镁是水泥安定性的影响因素之一。当水泥中含有较多的方镁石时,其水化后产生的体积变化将降低水泥石或混凝土的质量,轻则导致建筑物强度下降,重则造成建筑物开裂和崩溃。这种造成水泥石或混凝土内部产生的不均匀体积变化,称为水泥安定性不良。测定水泥的安定性对建筑工程具有重要的意义。

一、实验目的

1. 分析氧化镁影响水泥安定性的原因。
2. 掌握水泥压蒸安定性实验原理和方法。

二、实验原理

水泥熟料中的 MgO 经高温灼烧后,大多数形成结构致密的方镁石。方镁石在已硬化水泥中水化极慢,其水化反应式为

$$MgO+H_2O \Longrightarrow Mg(OH)_2$$

方镁石水化生成 $Mg(OH)_2$ 时,固相体积约增大至 2.48 倍,使已经硬化的水泥石内产生很大的破坏应力,造成水泥石或混凝土体积安定性不良。

由于熟料中方镁石比游离氧化钙更难水化,用试饼100℃沸煮 3 h 不能使熟料中 MgO 大

量水化,而高温高压的条件能加速熟料中方镁石的水化。为了控制水泥质量和保证混凝土工程经久耐用,必须用压蒸法检测水泥熟料中 MgO 对水泥安定性的影响。

压蒸是指在温度大于 100℃ 的饱和水蒸气条件下的处理工艺。为了使水泥中的方镁石在短时间里水化,在饱和水蒸气条件下提高温度(为 215.7℃)和压力(为 2.0 MPa),使水泥中的方镁石在较短的时间(3 h)内绝大部分水化,然后根据试件的形变来判断水泥浆体积安定性。

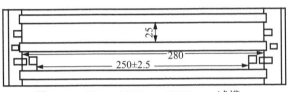

图 1-8　25 mm×25 mm×280 mm 试模

三、实验器材

1. 水泥净浆搅拌机。

2. 试模:如图 1-8 所示;顶头:如图 1-9 所示。

3. 比长仪:如图 1-10 所示。

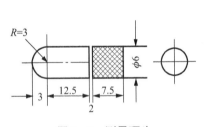

图 1-9　测量顶头

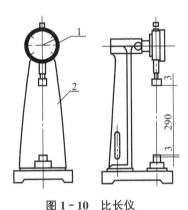

图 1-10　比长仪

1—百分表;2—支架;3—校正杆

四、实验步骤

1. 试样要求

(1) 试样应通过 0.9 mm 的方孔筛。

(2) 试样的沸煮安定性必须合格。为减少 f-CaO 对压蒸结果的影响,允许试样摊开在空气中存放不超过一周再进行压蒸试件的成型。

2. 试验条件

成型试验室温度:17～25℃;相对湿度大于 50%;养护水:(20±2)℃;湿气养护箱:(20±3)℃,相对湿度大于 90%;成型试件前试样的温度应在 17～25℃。压蒸试验室应不与其他试验共用,并备有通风设备和自来水源。

试件长度测量应在成型试验室或温度恒定的试验室里进行,比长仪和校正杆都应与试验室的温度一致。

3. 试件的成型

(1) 试模的准备:试验前在试模内涂上一薄层机油,并将钉头装入磨槽两端的圆孔内,注意钉头外露部分不要沾染机油。

（2）水泥标准稠度净浆的制备：每个水泥样应成型两条试件，需称取水泥800 g，用标准稠度水量拌制，拌和时，将800 g水泥放入用湿布擦过的净浆搅拌锅内，将锅放到搅拌机锅座上，升至搅拌位置，开动机器，同时徐徐加入拌和水，慢速搅拌120 s，停拌15 s，接着快速搅拌120 s后停机，取下搅拌锅。

（3）试件的成型：将已拌和均匀的水泥浆体，分两层装入已准备好的试模内。第一层浆体装入高度约为试模高度的五分之三，先以小刀划实，尤其钉头两侧应多插几次，然后用23 mm×23 mm捣棒由钉头内侧开始，即在两钉头尾部之间，从一端向另一端顺序地捣压10次，往返共捣压20次，再用缺口捣棒在钉头两侧各捣压2次，然后再装入第二层浆体，浆体装满试模后，用刀划匀，刀划之深度应透过第一层胶砂表面，再用捣棒在浆体上顺序地捣压12次，往返共捣压24次。每次捣压时，应先将捣棒接触浆体表面，再用力捣压。捣压必须均匀，不得打击。捣压完毕将剩余浆体装到模上，用刀抹平，放入湿气养护箱中养护3～5 h后，将模上多余浆体刮去，使浆体面与模型边平齐。然后记上编号，放入湿气养护箱中养护至成型后24 h脱模。

4. 试件的沸煮

（1）初长的测量：试件脱模后即测其初长（L_0）。测量前要用校正杆校正比长仪百分表零读数，测量完毕也要核对零读数，如有变动，试件应重新测量。

试件在测长前应将钉头擦干净，为减少误差，试件在比长仪中的上下位置在每次测量时应保持一致，读数前应左右旋转，待百分表指针稳定时读数（L_0），结果记录至0.001 mm。

（2）沸煮试验：将测初长后的试件放入已调整好水位的沸煮箱的试架上，沸煮3 h±5 min。沸煮箱中水量必须保证整个沸煮过程中都浸没过试件，不需中途添补试验用水，同时保证能在（30±5）min内升至沸腾。沸煮结束后，放掉箱中热水，打开箱盖，待箱体冷至室温，取出试件。如果需要，沸煮后的试件也可进行测长（L_1）。

5. 试件的压蒸

（1）沸煮后的试件应在四天内完成压蒸。试件在沸煮后压蒸前这段时间里应放在（20±2）℃的水中养护。压蒸前将试件在室温下放在试件支架上，试件间应留有间隙。为了保证压蒸时压蒸釜内始终保持饱和水蒸气压，必须加入足量的蒸馏水，加入量一般为锅容积的7%～10%，但试件应不接触水面。

（2）在加热初期应打开放气阀，让釜内空气排出直至看见有蒸气放出后关闭，接着提高釜内温度，使其从加热开始经45～75 min达到表压（2.0±0.05）MPa，在该压力下保持3 h后切断电源，让压蒸釜在90 min内冷却至釜内压力低于0.1 MPa。然后微开放气阀排出釜内剩余蒸气。

压蒸釜的操作应严格按有关规程和本标准附录（安全注意事项）进行。

（3）打开压蒸釜，取出试件立即置于90℃以上的热水中，然后在热水中均匀地注入冷水，在15 min内使水温降至室温，注入的冷水不要直接冲向试件表面。再经15 min取出试件擦净，测量试件的长度L_2。如发现试件弯曲、过长、龟裂等应作记录。

五、实验结果与分析

1. 结果计算

水泥净浆试件的膨胀率以百分数表示，取两条试件的平均值，当试件的膨胀率与平均值相差超过±10%时应重做。

试件压蒸膨胀率按下式计算：

$$L_{沸}=\frac{L_1-L_0}{L}\times100\%$$

$$L_{压}=\frac{L_2-L_0}{L}\times100\%$$

式中　$L_{沸}$——试件沸煮膨胀率,%；

　　　$L_{压}$——试件压蒸膨胀率,%；

　　　L——试件有效长度,250 mm；

　　　L_0——试件脱模后初长读数,mm；

　　　L_1——试件沸煮后长度读数,mm；

　　　L_2——试件压蒸后长度读数,mm。

2. 结果计算至0.01%。

3. 结果评定

当普通硅酸盐水泥、矿渣硅酸盐水泥、火山灰质硅酸盐水泥、粉煤灰硅酸盐水泥的压蒸膨胀率不大于0.50%,硅酸盐水泥压蒸膨胀率不大于0.80%时,为体积安定性合格,反之为不合格。

水泥净浆试体的沸煮膨胀率,用以观察游离氧化钙对安定性的影响,沸煮膨胀率数值仅供参考。

六、注意事项

压蒸釜属于高压设备,使用时应特别注意以下几点。

1. 在压蒸试验过程中将温度计与压力表同时使用,因为温度和饱和蒸气压力具有一定的关系,同时使用就可及时发现压力表发生的故障,以及试验过程中由于压蒸釜内水分损失而造成的不正常的情况。

2. 安全阀应调节至高于压蒸试验工作压力的10%,即约为2.2 MPa,此时安全阀应立即被顶开。注意安全阀放气方向应背向操作者。

3. 在实际操作中,有可能同时发生以下故障:自动控制器失灵,安全阀不灵敏,压力指针骤然指示为零,实际上已超过最大刻度从反方向返至零点,如发现这些情况,不论釜内压力有多大,应立即切断电源,并采取安全措施。

4. 当压蒸试验结束放气时,操作者应站在背离放气阀的方向,打开釜盖时,应戴上石棉手套,以免烫伤。

5. 在使用中的压蒸釜,有可能发生压力表表针折回试验的初始位置或开始点,此时未必表示压力为零,釜内可能仍然保持有一定的压力,应找出原因采取措施。

七、思考题

1. 为什么要做水泥压蒸安定性测定?

2. 在压蒸试验过程中,为什么要求将温度计和压力表同时使用?

3. 试模准备有哪些要求? 为什么?

实验 1-16　水泥胶砂强度测定

水泥强度是指水泥试体在单位面积上所能承受的外力,它是水泥的主要性能指标。水泥又是混凝土的重要胶结材料,故水泥强度也是水泥胶结力的体现,是混凝土强度的主要来源。用不同方法检验,水泥强度值也不同。水泥强度是水泥质量分级标准和水泥强度等级划分的主要依据。

水泥强度目前按照 GB/T 17671—1999《水泥胶砂强度检验方法(ISO 法)》进行检验。该标准适用于硅酸盐水泥、普通硅酸盐水泥、矿渣硅酸盐水泥、粉煤灰硅酸盐水泥、复合硅酸盐水泥、火山灰质硅酸盐水泥的抗折与抗压强度检验。

一、实验目的

1. 了解水泥强度等级的划分情况。
2. 掌握水泥胶砂强度检验方法。

二、实验原理

水泥强度是一个相对值,同一试样用不同方法检验,强度值不同,砂浆法能在一定程度上反映出水泥对集料的黏结能力,随着水化反应不断进行,和水后的水泥浆体逐渐失去可塑性和流动性,并与集料黏结形成具有一定强度的固体。

三、实验器材

1. JJ-5 型水泥胶砂搅拌机:如图 1-11 所示。
2. ZS-15 型水泥胶砂振实台。
3. DKZ-5000 型电动抗折试验机。
4. NYL-3000 型压力试验机及抗压夹具。
5. 恒温恒湿养护箱:温度控制在 (20 ± 1)℃,相对湿度不低于 90%。
6. 电子天平:称量 1 000 g,感量 1 g。
7. 水泥标准试模、水泥、标准砂、水、量水器、浅盘、勺子等。

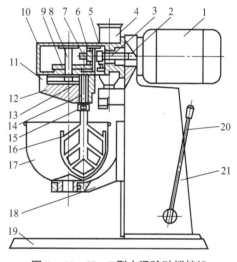

图 1-11　JJ-5 型水泥胶砂搅拌机

1—电机;2—联轴套;3—涡杆;4—砂罐;
5—传动箱盖;6—涡轮;7—齿轮Ⅰ;8—主轴;
9—齿轮Ⅱ;10—传动箱;11—内齿轮;
12—偏心座;13—行星齿轮;14—搅拌叶轴;
15—调节螺母;16—搅拌叶;17—搅拌锅;
18—支座;19—底座;20—手柄;21—立柱

四、实验步骤

1. 胶砂制备

(1) 胶砂配合比

胶砂质量配合比应为一份水泥、三份标准砂和半份水(水灰比为 0.5),一锅胶砂成型三条试体,每锅材料需要量如表 1-13 所示。

表 1-13 每锅胶砂所需材料量

水泥品种	水泥/g	标准砂/g	水/mL
硅酸盐水泥			
普通硅酸盐水泥			
矿渣硅酸盐水泥	450±2	1350±5	225±1
粉煤灰硅酸盐水泥			
复合硅酸盐水泥			
火山灰质硅酸盐水泥			

(2) 配料

水泥、砂、水和试验用具的温度与试验室相同,称量用的天平精度应为±1 g,当用自动滴定管加 225 mL 水时,滴定管精度应达到±1 mL。

(3) 搅拌

量取 225 mL 水倒入胶砂搅拌锅里,再加入 450 g 水泥,把搅拌锅放在固定架上,上升至固定位置。然后立即开动机器,低速搅拌 30 s 后,在第二个 30 s 开始的同时均匀地将标准砂加入。当各级砂是分装时,从最粗粒级开始,依次将所需的每级砂量加完。把机器转至高速再拌 30 s。

停拌 90 s,在第一个 15 s 内用一胶皮刮具将叶片和锅壁上的胶砂刮入锅中间。在高速下继续搅拌 60 s。各个搅拌阶段,时间误差应在±1 s 以内。

2. 试件的制备

胶砂制备后立即进行成型[试体成型室的温度应保持在(20±2)℃,相对湿度应不低于 50%]。将空试模和模套固定在振实台上,用一个勺子直接从搅拌锅里将胶砂分两层装入模中。第一层每个槽里约装 300 g 胶砂,用大播料器垂直架在模套顶部沿每个模槽来回一次将料层播平,接着振实 60 下。再装第二层胶砂,用小播料器播平,再振实 60 下。移走模套,从振实台上取下试模,用一金属直尺以近似 90°的角度架在试模模顶的一端,然后沿试模长度方向以横向锯割动作慢慢向另一端移动,一次将过试模部分的胶砂刮去,并用同一直尺以近乎水平的情况下将试体表面抹平。记好标记,放入湿气养护箱[(20±1)℃,相对湿度应不低于 90%]中养护 24 h 后脱模。

3. 试件的脱模

脱模前用防水墨汁或颜料笔对试体进行编号和做其他标记,两个龄期以上的试体,在编号时应将同一试模中的三条试体分在两个以上的龄期内。脱模前应非常小心,对于 24 h 龄期的,应在试验前 20 min 内脱模;对于 24 h 以上龄期的,应在成型后 20~24 h 脱模。如经 24 h 养护,会因脱模对强度造成损坏时,可以延迟 24 h 后脱模,但在试验报告中应予说明。

4. 试件的水中养护

脱模后的试体应立即水平或竖直放在(20±1)℃的水中养护,水平放置时刮平面应朝上。试件放在不易腐烂的篦子上,并彼此间保持一定间距,以让水与试体的六个面接触。养护期间试件之间间隔或试体上表面的水深不得小于 5 mm,并随时加水以保持适当的恒定水位,但不允许在养护期间全部换水。

5. 强度测定

除 24 h 龄期或延迟至 48 h 脱模的试体外,任何到龄期的试体应在试验(破型)前 15 min

从水中取出,揩去试体表面沉积物,并用湿布覆盖至试验为止。

（1）抗折强度测定

将试体一个侧面放在水泥抗折试验机支撑圆柱上,试体长轴垂直于支撑圆柱,通过加荷圆柱以（50±10）N/s 的速率均匀地将荷载垂直地加在棱柱体相对侧面上,直至折断（保持两个半截棱柱体处于潮湿状态直至抗压试验）。

（2）抗压强度测定

将六个半截棱柱体分别放在压力机中夹具上,以（2 400±200）N/s 的速率均匀地加荷直至破坏。

五、实验结果与分析

1. 抗折强度 R_f 以牛顿每平方毫米（MPa）表示,计算公式如下:

$$R_f = \frac{1.5 F_f L}{b^3}$$

式中　R_f——抗折强度,MPa;

　　　　F_f——折断时施加于棱柱体中部的荷载,N;

　　　　L——支撑圆柱之间的距离,mm;

　　　　b——棱柱体正方形截面边长,mm。

2. 抗压强度 R_c 以牛顿每平方毫米（MPa）表示,计算公式如下:

$$R_c = \frac{F_c}{A}$$

式中　R_c——抗压强度,MPa;

　　　　F_c——破坏时的最大荷载,N;

　　　　A——受压部分面积,mm^2。

3. 实验结果的评定

（1）抗折强度:以一组三个棱柱体抗折结果的平均值作为试验结果,计算精确至 0.1 MPa。当三个强度值中有超出平均值±10%时应剔除后再取平均值作为抗折强度试验结果。

（2）抗压强度:以一组三个棱柱体上得到的六个抗压强度测定值的算术平均值为试验结果,计算精确至 0.1 MPa。如六个测定值中有一个超出六个平均值的±10%,就应剔除这个试验结果,而以剩下五个的平均值为结果。如果五个测定值中再有超出它们平均值 10%的,则此组结果作废。

（3）试验报告中应包括所有各单个强度结果（包括被舍去的试验结果）和计算出的平均值。

六、注意事项

实验过程中应规范操作,严格控制试验人员、环境、仪器三方面产生的误差。

七、思考题

1. 测定水泥胶砂强度的试件为什么要采用标准砂来制备?
2. 测定水泥胶砂强度的试件养护时为什么要规定标准养护条件?

八、单项选择题

1. 水泥胶砂强度试件制备时,应分_____层装模,每层振实_____次。

A. 三;30　　　　　B. 二;60　　　　　C. 三;60　　　　　D. 二;30

2. 用水泥胶砂强度检验方法测得的一组试块 3 d 龄期抗折强度的数据分别为 4.1 MPa、3.5 MPa 和 4.3 MPa,则该组试块 3 d 的抗折强度为_____。

A. 4.0 MPa

C. 4.2 MPa

B. 4.1 MPa

D. 该组结果作废,应重做实验

3. 用水泥胶砂强度检验方法测得的一组试块 28 d 龄期抗压强度的数据分别为 77.8 kN、73.5 kN、75.0 kN、76.2 kN、75.6 kN 和 74.5 kN,则该组试块 28 d 的抗压强度为_____。

A. 46.1 MPa

C. 47.1 MPa

B. 46.7 MPa

D. 该组结果作废,应重做实验

实验 1－17　水泥胶砂流动度测定

胶砂流动度是水泥胶砂可塑性的反映,用流动度来控制胶砂加水量,能使胶砂物理性能的测试建立在准确可比的基础上。用流动度来控制水泥胶砂强度成型加水量,所测得的水泥强度与混凝土强度间有较好的相关性,即更能反映实际使用效果。胶砂流动度以胶砂在跳桌上按规定操作进行跳动试验后,用扩散直径的大小表示流动性好坏。测定水泥胶砂流动度是检验水泥需水性的一种方法。GB/T 2419—2005 详细规定了水泥胶砂流动度的测定方法。

一、实验目的

1. 测定水泥胶砂流动度,比较水泥的需水性。

2. 用水泥达规定流动度时的需水量来确定其他品种水泥胶砂强度成型的加水量和水泥胶砂干缩性试验胶砂加水量。

二、实验原理

水泥胶砂流动度是水泥胶砂可塑性的反映,它是通过测量一定配比水泥胶砂在规定振动状态下的扩散范围来衡量其流动性。水泥胶砂流动度用跳桌法测定,胶砂流动度以胶砂在跳桌上按规定进行跳动试验后,底部扩散直径的毫米数表示。扩散直径越大,表示胶砂流动性越好。胶砂达到规定流动度所需的水量较大时,则认为该水泥需水性较大;反之,需水性较小。

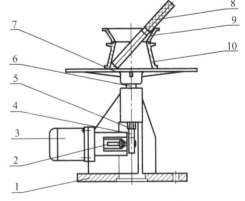

图 1－12　电动跳桌结构示意图

1—机架;2—接触开关;3—电机;
4—凸轮;5—轴承;6—推杆;7—圆盘桌面;
8—捣棒;9—模套;10—截锥圆模

三、实验器材

1. JJ－5 型水泥胶砂搅拌机。

2. 水泥胶砂流动度测定仪(简称跳桌):如图

1-12所示。跳桌有手动轮和电动轮(自动控制跳桌转动)两种。其转动轴转速为 60 r/min,无外带减速装置的电机或手动轮连接,其转动机构能保证跳桌在(25±1)s内完成 25 次跳动。跳桌落距(10.0±0.2)mm。

3. 试模:用金属材料制成,由截锥圆模和模套组成,配合使用。截锥圆模内壁应光滑,尺寸为高度(60±0.5)mm,上口内径(70±0.5)mm,下口内径(100±0.5)mm,下口外径120 mm。

4. 捣棒:用金属材料制成,直径为(20±0.5)mm,长度约 200 mm。捣棒底面与侧面成直角,其下部光滑,上部手柄滚花。

5. 卡尺:量程为 300 mm,分度值不大于 0.5 mm。

6. 小刀:刀口平直,长度大于 80 mm。

7. 天平:量程不小于 1 000 g,分度值不大于 1 g。

8. 水泥试样、标准砂和洁净的水。

四、实验步骤

1. 调试胶砂流动度测定仪:如胶砂流动度测定仪在 24 h 内未被使用,先空跳一个周期(25次)。

2. 胶砂制备:按 GB/T 17671 有关规定进行操作。在制备胶砂的同时,用潮湿棉布擦拭跳桌台面、试模内壁、捣棒以及与胶砂接触的用具,将试模放在跳桌台面中央并用潮湿棉布覆盖。

3. 将拌好的胶砂分两层迅速装入流动试模,第一层装至截锥圆模高度约三分之二处,用小刀在相互垂直的两个方向各划 5 次,用捣棒由边缘至中心均匀捣压 15 次,捣压深度为胶砂高度的二分之一,如图 1-13 所示。随后,装第二层胶砂装至高出截锥圆模约 20 mm,用小刀划 10 次再用捣棒由边缘至中心均匀捣压 10 次,如图 1-14 所示。第二层捣实深度不超过已捣实底层表面。捣压力量应恰好足以使胶砂充满截锥圆模。装胶砂和捣压时,用手扶稳试模,不要使其移动。

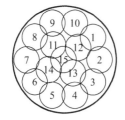

图 1-13　第一层捣压位置示意图

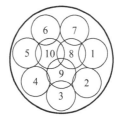

图 1-14　第二层捣压位置示意图

4. 捣压完毕,取下模套,用小刀由中间向边缘分两次将高出截锥圆模的胶砂刮去并抹平,擦去落在桌面上的胶砂。将截锥圆模垂直向上轻轻提起。立刻开动跳桌,约每秒钟一次,在(25±1)s内完成 25 次跳动。

5. 跳动完毕,用卡尺测量胶砂底面最大扩散直径与其垂直的直径,计算平均值,取整数,用毫米为单位表示,即为该水量的水泥胶砂流动度。水泥胶砂流动度试验,从胶砂拌和开始到测量扩散直径结束,应在 6 min 内完成。

五、注意事项

1. 跳桌质量必须符合 GB/T 2419—2005 的有关规定。跳桌要经常保持清洁。滑动部分阻力要小。跳桌需用地脚螺丝固定在实心工作台上,安放要水平。工作台与跳桌底座之间不能垫橡胶等材料。

2. 胶砂搅拌结束后应立即进行流动度测定。装模、压捣等制样工作应在 2 min 内完成。若不及时进行检测,流动度将随时间延长而减小。

3. 压捣时用力要均匀,力量大小要适当,捣棒应垂直。

4. 电动跳桌与手动跳桌测定的试验结果发生争议时,以电动跳桌为准。

六、思考题

1. 测定水泥胶砂流动度时,装模、压捣等制样工作要求多少时间内完成? 为什么?

2. 测定水泥胶砂流动度有何意义?

七、单项选择题

1. 水泥胶砂流动度试验从胶砂拌和开始到测量扩散直径结束,应在_____内完成。

A. 2 min   B. 4 min   C. 6 min   D. 时间不限

2. 测定水泥胶砂流动度时,应分_____层装模,每层振实_____次。

A. 三;60   B. 二;60   C. 三;25   D. 二;25

实验 1－18 水泥膨胀性测定

水泥和水后,在水化硬化中产生一定的膨胀,这种水泥为膨胀水泥。根据膨胀值和用途的不同,膨胀水泥可用于收缩补偿膨胀和产生自应力。前者膨胀能较低,限制膨胀时所产生的压应力能大致抵消干缩所引起的拉应力,主要用以减小或防止混凝土的干缩裂缝。而后者所具有的膨胀性能较高,足以使干缩后的混凝土仍有较大的自应力,用于配制各种自应力钢筋混凝土。因此,了解水泥的膨胀性能,对于指导水泥的生产与使用有着重要的意义。

一、实验目的

1. 了解检测水泥膨胀率的实际意义。
2. 掌握测试水泥膨胀率的原理和方法。

二、实验原理

膨胀水泥调水后即进行水化反应。在常温水中或潮湿空气中养护时,因水泥浆体中逐渐形成钙矾石、石膏晶体、$Ca(OH)_2$、$Mg(OH)_2$、$Fe(OH)_3$ 晶体以及其他可以使水泥硬化浆体膨胀的化学反应等,使水泥试件体积膨胀。用比长仪测量两端装有球形顶头的 25 mm×25 mm×280 mm 水泥净浆试体不同龄期的长度变化,求得各龄期的线膨胀率,以此评价膨胀水泥的膨胀性能。

三、实验器材

1. 双转叶片式胶砂搅拌机:搅拌净浆用。
2. 25 mm×25 mm×280 mm 三联试模及钉头:如图 1-15 及图 1-16 所示。
3. 捣棒:如图 1-17 所示。
4. 比长仪:如图 1-18 所示。
5. 水泥试样、试验用水。

以上各仪器与"水泥胶砂干缩试验"用的相同。

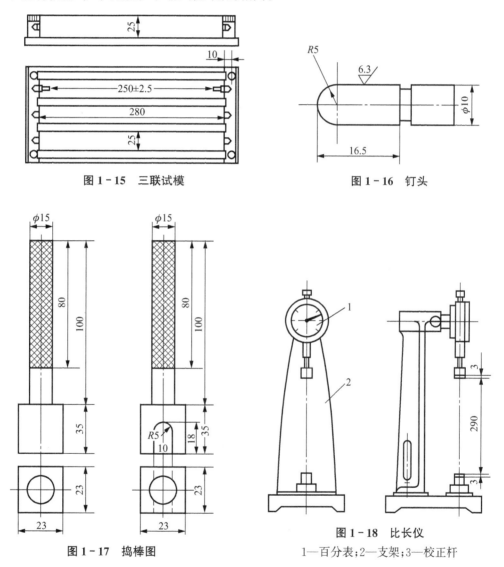

图 1-15　三联试模　　　　　图 1-16　钉头

图 1-17　捣棒图

图 1-18　比长仪
1—百分表;2—支架;3—校正杆

四、实验步骤

1. 试验条件:试验室温度、湿度与水泥力学性能实验要求相同。
2. 测定水泥净浆标准稠度与凝结时间:按 GB 1346—92 进行。

3. 试体成型

(1) 成型前将试模擦净并装配好,内壁均匀涂一薄层机油,然后将钉头插入试模端板上的小孔中。钉头插入小孔的深度不小于 10 mm,松紧要适宜。

(2) 水泥膨胀试体需制作两组,每组三条。一组在水中养护,一组在湿空气中或采用联合养护(即水中养护 3 d 后再放入湿气养护箱中养护)。每组试体成型时,称取水泥 1 000 g,置于搅拌锅内,加入标准稠度用水量,开动搅拌机,搅拌 3 min,用餐刀刮下粘在叶片上的水泥浆后,取下搅拌锅。

(3) 将搅拌好的水泥浆全部均匀装入试模内,用餐刀在钉头两侧插实 3~5 次,然后用餐刀以 45°角由试模的一端向另一端压实水泥浆 10~15 次,这一操作反复进行 2~3 遍后将水泥浆抹平,用手将试模一端向上提起 3~5 cm,使其自由落下,振动 10 次,用同一操作将试模另一端振动 10 次,立即刮平并编号。从加水时起 10 min 内完成成型工作。

4. 试体养护与初始长度测量

(1) 编号后,将试模放入养护箱养护。脱模时间详见表 1-14。脱模后将钉头擦净,立即测量试体的初始长度 L_1。

表 1-14　各种膨胀水泥试体脱模时间

水泥名称	脱模时间
石膏矾土膨胀水泥	终凝后 1 h
硅酸盐膨胀水泥	终凝后 2 h
明矾石膨胀水泥	终凝后 1.5~2 h
快凝膨胀水泥	终凝后 30 min

对于凝结硬化较慢的水泥,可以适当延长在养护箱的养护时间,但延长时间不应过长,以脱模时试体完整无损为限,延长时间应记录。

(2) 初始长度测量完后,将试体分别放入水中和空气中养护,至下次测量时取出。各种膨胀水泥的养护要求见表 1-15。

表 1-15　膨胀水泥试体养护要求

水泥名称	养护要求
石膏矾土膨胀水泥	水中养护和联合养护
硅酸盐膨胀水泥	水中养护和湿气养护 水中养护时,测量初始长度 1 h 后下水
明矾石膨胀水泥	水中养护和湿气养护
快凝膨胀水泥	水中养护 湿气养护原则上不做,如用户要求可照常试验

(3) 试体养护龄期为 1 d、3 d、7 d、14 d、28 d,测量时间是从测量初始长度时算起。快凝膨胀水泥还增加 6 h 龄期。测量龄期可以根据需要做必要的增减。

(4) 试体测量完毕后即放入水槽(湿气养护时则放入养护箱)中养护。试体之间应留有间隙,水面至少高出试体 2 cm。养护水每两周更换一次。

5. 测长与计算

(1) 每次测量前,比长仪必须放平并校正表针零点位置。

（2）测量时,应将试体和钉头擦净。试体放入比长仪的上下位置应固定(将试体记编号的一端向上)。

（3）测量读数时应旋转试体,使试体钉头与比长仪正确接触。如表针跳动时,可取跳动范围内的平均值,测量应精确至 0.01 mm。

五、试验结果与分析

1. 试体各龄期的膨胀率 E_x（%）按下式计算：

$$E_x = \frac{L_2 - L_1}{L} \times 100\%$$

式中　E_x——试体各龄期的膨胀率;

　　　L_1——试体初始长度读数,mm;

　　　L_2——试体各龄期长度读数,mm;

　　　L——试体有效长度,250 mm。

2. 从三条试体膨胀率中,取膨胀率接近的两个数值的平均值作为膨胀率测定结果,计算应精确至 0.1%。

六、注意事项

1. 膨胀水泥的膨胀与钙矾石的生成速度和数量密切相关。钙矾石的形成必须有水分,当养护环境过于干燥时,将影响钙矾石的形成,直接影响膨胀率。因此,试体养护必须在水中或相对湿度大于 90% 的养护箱中进行。

2. 钉头装入试模时不应染上机油,以免水泥与钉头黏结不牢而影响测长。测长的操作注意事项与"水泥胶砂干缩试验"相同。

3. 本方法适用于石膏矾土膨胀水泥、硅酸盐膨胀水泥、明矾石膨胀水泥、快凝膨胀水泥以及指定采用本方法的其他品种水泥。

七、思考题

1. 膨胀水泥试体脱模时间应如何考虑?

2. 膨胀率如何确定?

实验 1-19　水泥中三氧化硫含量测定

水泥中的三氧化硫(SO_3)是由石膏、熟料(特别是以石膏作矿化剂煅烧的熟料)或混合材料引入,在水泥制造时加入适量石膏可以调节凝结时间,还具有增强、减缩等作用。制造膨胀水泥时,石膏还是一种膨胀组分,赋予水泥以膨胀等性能。但水泥中的三氧化硫含量过多会导致水泥体积安定性不良等问题。因此,在水泥生产过程中必须严格控制水泥中的三氧化硫含量。

由于水泥中石膏的存在形态及其性质不同,测定水泥中三氧化硫的方法有很多种,如硫酸钡重量法、离子交换法、磷酸溶样-氯化亚锡还原-碘量滴定法、燃烧法(与全硫的测定相同)、分光光度法、离子交换分离-EDTA 配位滴定法等。目前多采用硫酸钡重量法、离子交换法、磷酸溶样-氯化亚锡还原-碘量滴定法(碘量法)进行测定。本实验采用硫酸钡重量法、离子交换法测定三氧化硫含量。

Ⅰ 硫酸钡重量法

硫酸钡重量法不仅在准确性方面,而且在适应性和测量范围方面都优于其他方法。但其最大缺点是手续烦琐、费时。

一、实验目的

1. 了解硫酸钡重量法测定 SO_3 的原理。

2. 掌握硫酸钡重量法测定 SO_3 的方法。

二、基本原理

硫酸钡重量法是通过氯化钡使硫酸根结合成难溶的硫酸钡沉淀,以硫酸钡的重量折算水泥中的三氧化硫含量。

由于在磨制水泥中,需加入一定量石膏,加入量的多少主要反映在水泥中 SO_4^{2-} 离子的数量上。所以可采用 $BaCl_2$ 作沉淀剂,用盐酸分解,控制溶液浓度在 $0.2 \sim 0.4$ mol/L 的条件下,用 $BaCl_2$ 沉淀 SO_4^{2-} 离子,生成 $BaSO_4$ 沉淀。$BaSO_4$ 的溶解度很小($K_{sp} = 1.1 \times 10^{-10}$),其化学性质非常稳定,灼烧后的组分与分子式符合。反应式为:

$$Ba^{2+} + SO_4^{2-} =\!=\!= BaSO_4 \downarrow (白色)$$

三、实验器材

1. 电子天平:称量 100 g,感量 0.000 1 g。

2. 磁力搅拌器:200~300 r/min。

3. 高温箱式电阻炉:800℃。

4. 盐酸溶液:体积浓度 1+1。

5. 氯化钡溶液:质量浓度 10%。

6. 硝酸银溶液:质量浓度 10%。

7. 其他:盘式电炉、坩埚、烧杯、量筒、干燥器、快速定性滤纸、过滤漏斗等。

四、实验步骤

1. 准确称取约 0.5 g 水泥试样,置于 300 mL 烧杯中,加入 30~40 mL 水及 10 mL 盐酸溶液[1+1],加热至微沸,并保持微沸 5 min,在搅拌下滴加 10 mL 氯化钡溶液[10%],并将溶液煮沸数分钟,然后移至温热处静置 4 h 或过夜(此溶液体积应保持在 200 mL),用慢速滤纸过滤,以温水洗至无氯根反应(用硝酸银溶液检验)。

2. 将沉淀及滤纸一并移入已灼烧至恒重的瓷坩埚中,灰化后,在 800℃ 的高温炉中灼烧 30 min。

3. 取出坩埚,置于干燥器中冷却至室温,称量。如此反复灼烧,直至恒重。

五、实验结果计算与分析

1. 三氧化硫的百分含量按下式计算：

$$X_{SO_3} = \frac{m_1 \times 0.343}{m} \times 100\%$$

式中　m_1——灼烧后沉淀的质量，g；

　　　m——试样质量，g；

　　0.343——硫酸钡对 SO_3 的换算系数。

2. 两次测量的绝对误差应在 0.1% 以内。如果超出此范围时，需进行第三次测定，所得结果与前两次或任一次测定结果之差符合以上规定时，则取其平均值作为测定结果。否则应查找原因，重新按上述规定进行分析。

3. 用空白试验数值对三氧化硫测定结果加以校正。

六、思考题

1. 在过滤沉淀操作时应注意的事项是什么？
2. 能否提高沉淀在高温炉中的灼烧温度？为什么？

Ⅱ　离子交换法

离子交换法是采用强酸性阳离子交换的树脂与硫酸钙进行离子交换，生成硫酸，用氢氧化钠标准溶液滴定生成的硫酸，从而推算出三氧化硫的含量。按操作方法不同，又可分为静态离子交换法和动态离子交换法。将过量的离子交换树脂放在交换溶液中搅拌，待交换反应达平衡后，滤出树脂，这种交换方法称为静态离子交换法。使交换溶液不断流往交换柱内的离子交换树脂，在流动过程中进行离子交换，此法称为动态离子交换法。离子交换法属快速方法。二次静态离子交换法还被列为 GB 176—76《水泥化学分析方法》中测定三氧化硫的标准方法之一。实践表明，它对掺加二水石膏的水泥是适用的。然而不少工厂使用硬石膏、混合石膏（二水石膏与硬石膏的混合物）作缓凝剂，由于硬石膏溶解速度较慢，静态离子交换往往不够完全，使分析结果偏低。用动态法虽能提高离子交换率，但分离手续将增加，时间也较长。此外，使用含氟、氯、磷的石膏（如工业副产石膏、盐用石膏等）或含有其他可被交换盐类的石膏作缓凝剂，以及使用萤石和石膏作复合矿化剂时，水泥中将含 F^-、PO_4^{3-}、Cl^- 等离子，它们将与回滴生成硫酸的 NaoH 作用，使三氧化硫分析结果偏高。离子交换法适应性较差。

一、实验目的

1. 了解离子交换法测定 SO_3 的原理。
2. 掌握离子交换法测定 SO_3 的方法。

二、实验原理

水泥中的三氧化硫主要来自石膏。在强酸性阳离子交换树脂 $R-SO_3 \cdot H$ 的作用下，石膏在水中迅速溶解,离解成 Ca^{2+} 和 SO_4^{2-} 离子,Ca^{2+} 离子迅速与树脂酸性基团的 H^+ 离子进行交换,析出 H^+ 离子,H^+ 与石膏离解所得 SO_4^{2-} 生成硫酸 H_2SO_4,直至石膏全部溶解,其离子交换反应式为:

$$CaSO_4(固体) \Longrightarrow Ca^{2+} + SO_4^{2-}$$
$$+$$
$$2(R-SO_3 \cdot H)$$
$$\Downarrow$$
$$(R-SO_3)_2 \cdot Ca + 2H^+$$

或
$$CaSO_4 + 2(R-SO_3 \cdot H) \Longrightarrow (R-SO_3)_2 \cdot Ca + H_2SO_4$$

在石膏与树脂发生离子交换的同时,水泥中的 C_3S 等矿物将水解,生成氢氧化钙与硅酸:

$$3CaO \cdot SiO_2 + nH_2O \Longrightarrow Ca(OH)_2 + SiO_2 \cdot nH_2O$$

所得 $Ca(OH)_2$,一部分与树脂发生离子交换,另一部分与 H_2SO_4 作用,生成 $CaSO_4$,再与树脂交换,反应式为:

$$Ca(OH)_2 + 2(R-SO_3 \cdot H) \Longrightarrow (R-SO_3)_2 \cdot Ca + H_2O$$
$$Ca(OH)_2 + H_2SO_4 \Longrightarrow CaSO_4 + H_2O$$
$$CaSO_4 + 2(R-SO_3 \cdot H) \Longrightarrow (R-SO_3)_2 \cdot Ca + H_2SO_4$$

由此可见,熟料矿物水解的水解产物参与离子交换达到平衡时,并不影响石膏与树脂进行交换生成的 H_2SO_4 量,但使树脂消耗量增加,同时溶液中硅酸含量的增多,使溶液 pH 值减小,用 NaOH 滴定滤液时,所用指示剂必须与进入溶液的硅酸量相适应。

当石膏全部溶解后,将树脂及残渣滤除所得滤液,由于 C_3S 等水解的影响,使其中尚含 $Ca(OH)_2$ 和 $CaSO_4$。为使存在于滤液中的 $Ca(OH)_2$ 中和,并使滤液中尚未转化的 $CaSO_4$ 全部转化为等当量的 H_2SO_4,必须在滤除树脂和残渣后的滤液中再加入树脂进行第二次交换,反应式按上述三式进行,经过第二次交换后,溶液中生成与 $CaSO_4$ 等量的 H_2SO_4,然后滤除树脂,用已知浓度的氢氧化钠标准滴定溶液滴定生成的硫酸,根据消耗氢氧化钠标准滴定溶液的毫升数,按下式计算试样中的三氧化硫百分含量:

$$2NaOH + H_2SO_4 \Longrightarrow Na_2SO_4 + 2H_2O$$

在强酸性阳离子交换树脂中,若含钠型树脂时,它提供交换的阳离子为 Na^+,与石膏交换的结果将生成 Na_2SO_4,使交换产物 H_2SO_4 量减少,由 NaOH 溶液滴定算得的 SO_3 含量偏低。强酸性阳离子交换树脂出厂时一般为钠型,使用时须预先用酸处理成氢型。用过的树脂(主要是钙型)也需要用酸进行再生,使其重新转变为氢型以便继续使用。

三、实验器材

1. 电子天平:称量 100 g,感量 0.0001 g。

2. 磁力搅拌器:200～300 r/min。

3. 离子交换柱:长约 70 cm,直径 5 cm。

4. 氢氧化钠标准溶液:0.05 mol/L。

5. 酚酞指示剂溶液:1%。

6. H 型 732 苯乙烯强酸性阳离子交换树脂(1×12)或类似性能的树脂。

7. 其他:烧杯、量筒、快速定性滤纸、过滤漏斗、磁铁、玛瑙研钵等。

四、实验步骤

1. 试样和试剂的制备

（1）水泥试样的制备

熟料磨细后,用磁铁吸除样品中的铁屑装入带有磨口塞的广口玻璃瓶中,瓶口应密封。试样质量不得少于200 g。

分析前将试样混合均匀,以四分法缩减至25 g,然后取出5 g左右放在玛瑙研钵中研磨至全部通过0.080 mm方孔筛,再将样品混合均匀。储存在带有磨口塞的小广口瓶中,放在干燥器内备用。

（2）交换树脂的处理

将250 g 732苯乙烯强酸性阳离子交换树脂(1×12)用250 mL(95％)乙醇浸泡过夜。然后倾除乙醇,再用水浸泡6～8 h。将树脂装入离子交换住(直径约5 cm,长约70 cm)中,用1 500 mL(3 mol/L)盐酸溶液以5 mL/min的流速进行淋洗,然后用蒸馏水逆洗交换柱中的树脂,直至流出液中的氯根反应消失为止(用1％硝酸银溶液校验)。将树脂倒出,用布氏漏斗以抽气泵或抽气管抽滤,然后储存于广口瓶中备用。树脂在放置过程中将析出游离酸,会使测定结果偏高。故使用时应再用水清洗数次。

树脂的再次处理:将用过的带有水泥残渣的树脂放入烧杯中,用水冲洗数次以除去水泥残渣。将树脂浸泡在稀盐酸中。当积至一定数量后倾出其中夹带的残渣,再按钠型树脂转变为H型树脂的方法进行再生。

（3）氢氧化钠标准溶液(0.05 mol/L)的配制与标定

将20 g氢氧化钠溶于l0 L水中,充分摇匀后,储存于带胶塞(装有钠石灰干燥管)的硬质玻璃瓶内。

标定方法:准确称取约0.3 g苯二甲酸氢钾置于400 mL烧杯中,加入约150 mL新煮沸过的并已用氢氧化钠溶液中和至酚酞呈微红色的冷水中,搅拌使其溶解,然后加2～3滴1％酚酞指示剂溶液,用配好的氢氧化钠溶液滴定至微红色。

氢氧化钠标准溶液对三氧化硫的滴定度按下式计算:

$$T_{SO_3} = \frac{G \times 0.04 \times 1\,000}{V \times 0.204\,2}$$

式中　T_{SO_3}——每毫升氢氧化钠标准溶液相当于三氧化硫的毫克数;

　　　　G——苯二甲酸氢钾的质量,g;

　　　　V——测定时消耗氢氧化钠标准溶液的体积,mL;

　　　　0.2042——每毫克当量苯二甲酸氢钾的克数;

　　　　0.04——每毫克当量三氧化硫的克数。

（4）1％酚酞指示剂溶液的配制

将1 g酚酞溶于100 mL(95％)乙醇中即可。

2. 分析步骤

（1）准确称取0.5 g试样,置于100 mL烧杯中(预先放入2 g树脂、10 mL热水及一根封闭的磁力搅拌棒)。摇动烧杯使试样分散,加入40 mL沸水,立即置于磁力搅拌器上搅拌2 min。取下,以快速定性滤纸过滤。用热水洗涤树脂与残渣2～3次(每次洗涤用水不超过

15 mL)。滤液及洗液收集于预先放置 2 g 树脂及一根封闭的磁力搅拌棒的 150 mL 烧杯中。保存滤纸上的树脂,以备再生。

(2) 将烧杯再置于磁力搅拌器上搅拌 3 min,取下,以快速定性滤纸将溶液过滤于 300 mL 烧杯中,用热水倾泻洗涤 4～5 次(尽量不把树脂倾出),保存树脂,供下次分析时第一次交换用。

(3) 向溶液中加入 7～8 滴酚酞指示剂溶液,用 0.05 mol/L 氢氧化钠标准溶液滴定至微红色。

五、实验结果与分析

三氧化硫的百分含量按下式计算:

$$X_{SO_3} = \frac{T_{SO_3} \times V}{m \times 1\ 000} \times 100\%$$

式中　T_{SO_3}——每毫升氢氧化钠标准溶液相当于三氧化硫的毫克数,mg/mL;

　　　　V——滴定时消耗氢氧化钠标准溶液的体积,mL;

　　　　m——试样的质量,g。

六、注意事项

1. 应注意所用氢型树脂一定要确保其中不含有其他的盐型树脂(如 Na 型),交换过程中产生下述交换反应:

$$CaSO_4 + 2R-SO_3Na \rightleftharpoons (R-SO_3)_2Ca + Na_2SO_4$$

生成的硫酸钠为中性盐,滴定时不与氢氧化钠反应,从而导致结果偏低。为此,在处理树脂时,不应使用静态交换法,而必须使用动态交换法,这样才能确保获得纯的氢型树脂。

2. 已处理好的氢型树脂在放置的过程中,往往会逐渐析出游离酸。因此,在使用之前应将所用的树脂以水洗净,不然会由此而给分析结果造成一定的偏高误差。

3. 应用离子交换法测定水泥中的三氧化硫时,最重要的是必须把试样中的硫酸钙完全提取到溶液中。当水泥中的石膏是硬石膏或混合石膏时,由于有些(不是全部)硬石膏溶解速度较慢,用本方法测定时因离子交换时间较短,在此期间往往不能完全提取到溶液中去,使测定结果偏低,可适当延长搅拌时间,也可适当增加树脂的用量以及将试样研磨得更细一些。

4. 由于 F^-、Cl^-、PO_4^{3-} 酸性物质将与 NaOH 反应,使滴定结果偏高,故本方法对含有 F^-、Cl^-、PO_4^{3-} 等工业副产品石膏及氟铝酸盐矿物的水泥是不适用的。但可以将离子交换后的溶液再用硫酸钡重量法(控制溶液的酸度在 0.2～0.4 mol/L)测定三氧化硫,可简化分析手续。

七、思考题

1. 用重量法测定水泥中的 SO_3 含量时,为什么要进行加热和陈化处理?

2. 用重量法测定水泥中的 SO_3 含量时,为什么要将溶液酸度定为 0.2～0.4 mol/L?

3. 用离子交换法测定水泥中的 SO_3 含量时,为什么要在滤除残渣所得的滤液中第二次加入树脂进行交换?

4. 重量法、离子交换法的优缺点各是什么?

实验1-20　水泥中混合材(粉煤灰)掺加量测定

粉煤灰是火力发电厂燃烧煤粉时从烟气中收集下来的微细烟灰,属火山灰质材料。由于其比表面积较其他火山灰质混合材大,加之用粉煤灰配制的水泥比其他火山灰水泥干缩性小、抗裂性好、和易性好等特点,因此,粉煤灰作为水泥混合材的开发和利用,愈来愈受到众多厂家的青睐,尤其是中小型水泥企业。在生产过程中对掺入水泥中粉煤灰的含量进行检验和控制,是保证水泥产品性能和质量的根本措施。

一、实验目的

测定水泥中火山灰质混合材料或粉煤灰(以下简称混合材料)掺加量。

二、实验原理

利用纯硅酸盐水泥熟料、水泥(普通硅酸盐水泥、火山灰质硅酸盐水泥、粉煤灰硅酸水泥、矿渣硅酸盐水泥)、火山灰质混合材料或粉煤灰经稀盐酸处理,滤出不溶残渣,经高温灼烧、冷却、称量,得酸不溶物。根据它们三者酸不溶物含量大小的区别,从而计算出水泥中火山灰质混合材料或粉煤灰的掺加量。该法参考GB/T 12961—91,适用于掺加单一火山灰质混合材料或粉煤灰的普通硅酸盐水泥、火山灰质硅酸盐水泥、粉煤灰硅酸盐水泥和矿渣硅酸盐水泥中火山灰质混合材料或粉煤灰掺加量的测定。(注:掺入水泥中的火山灰质混合材料、粉煤灰应分别符合GB 2847、GB 1596的规定。)

三、实验器材

1. 电子天平:称量100 g,感量0.1 mg。
2. 烘干箱:可控制温度105~110℃。
3. 电动磁力搅拌器。
4. 高温炉:可控制温度950~1 000℃。
5. 盐酸:密度为1.19 g/cm³。
6. 盐酸溶液:体积浓度1+10。
7. 硝酸银溶液:将1 g硝酸银溶于90 mL水中,加入10 mL硝酸(密度1.42 g/cm³),储存在棕色瓶中。
8. 待测水泥及火山灰质混合材料或粉煤灰试样。各试样应具有代表性和均匀性,制备好后分别装入密封瓶中,供分析用。

四、实验步骤

1. 水泥酸不溶物的测定

(1) 分析步骤

① 准确称取0.5 g水泥试样,精确到0.2 mg,置于150 mL干燥烧杯中。加入5 mL水,摇动使试料完全分散。然后放入一个磁力搅拌子,加入100 mL(70±2)℃盐酸溶液(1+10),

置于磁力搅拌器上搅拌 20 min(搅拌过程不加热),加入少量滤纸浆,用双层慢速定量滤纸过滤,以热水洗涤至氯根反应消失为止(用硝酸银溶液检验)。

②将残渣及滤纸一并移入已灼烧恒重瓷坩埚中,灰化后在 950～1 000℃的高温炉内灼烧 30 min。取出坩埚,置于干燥器中,冷至室温,称量。如此反复灼烧,直至恒重。

(2)水泥酸不溶物的百分含量按下式计算:

$$R_1 = \frac{m_2 - m_1}{m_3} \times 100\%$$

式中　R_1——水泥酸不溶物的百分含量,%;

　　　m_1——瓷坩埚的质量,g;

　　　m_2——瓷坩埚和灼烧后的不溶残渣质量,g;

　　　m_3——水泥试样的质量,g。

所得结果应表示至两位小数。

2. 混合材料酸不溶物的测定

(1)分析步骤

准确称取 0.5 g 已在 105～110℃烘干过 2 h 的混合材料试样,精确至 0.2 mg,置于 150 mL 干燥烧杯中。按上述第一步骤进行测定。

(2)混合材料酸不溶物的百分含量按下式计算:

$$R_2 = \frac{m_5 - m_4}{m_6} \times 100\%$$

式中　R_2——混合材料酸不溶物的百分含量,%;

　　　m_4——瓷坩埚的质量,g;

　　　m_5——瓷坩埚和灼烧后的不溶残渣质量,g;

　　　m_6——混合材料试样的质量,g。

所得结果应表示至两位小数。

五、实验结果与分析

1. 水泥中混合材料掺加量 P 按下式计算:

$$P = \frac{R_1 - R_3}{R_2 - R_3} \times 100\%$$

式中　P——水泥中火山灰质混合材料或粉煤灰的掺加量,%;

　　　R_1——水泥酸不溶物的百分含量,%;

　　　R_2——混合材料酸不溶物的百分含量,%;

　　　R_3——纯硅酸盐水泥酸不溶物的统计平均值(回转窑煅烧的熟料按 0.70%计算,立窑煅烧的熟料按 1.20%计算)。

2. 所得结果应表示至一位小数。

3. 分析结果及允许差如表 1-16 所示。

表 1-16　分析结果的允许差(绝对值)

测定项目	允许差/%
火山灰质混合材料掺加量	0.8
粉煤灰掺加量	0.8

4. 同一分析人员采用本方法同一试样时应分别进行两次测定,所得结果应符合允许差规定。如超出允许范围,须进行第三次测定,所得分析结果与前任一次分析结果之差符合允许差规定时,则取其平均值。

5. 同一试验室的两名分析人员,采用本方法对同一试样分别进行分析时,所得分析结果之差应符合允许差规定。如超出允许范围,经第三者验证后与前两者任一分析结果之差符合允许差规定时,则取其平均值。

6. 两个试验室的分析人员采用本方法对同一试样分别进行分析时,所得分析结果之差应符合允许差规定。如有争议,应由国家指定的检验机关按标准进行仲裁分析,以仲裁结果为准。

六、思考题

1. 为什么要进行水泥中火山灰质混合材料或粉煤灰掺入量的测定?
2. 火山灰质混合材料或粉煤灰掺入量的测定原理是什么?
3. 水泥中火山灰质混合材料或粉煤灰掺入量的测定结果为什么要规定允许差?

实验 1-21　硅酸盐水泥熟料化学分析

一、实验目的

1. 掌握水泥熟料化学成分测定的方法。
2. 通过熟料化学成分分析来验证生料配比组成。

二、实验器材

1. 电子天平:称量 100 g,感量 0.1 mg。
2. 烘干箱:可控制温度 105~110℃。
3. 电动磁力搅拌器。
4. 高温炉:可控制温度 950~1 000℃。
5. 分析纯试剂:氢氧化钠、氯化钾、盐酸、硝酸等。
6. 氟化钾溶液(150 g/L)。
7. 氟化钾溶液(20 g/L)。
8. 氯化钾溶液(50 g/L)。
9. 氯化钾-乙醇溶液(50 g/L)。
10. 氢氧化铵溶液(1+1)。
11. 盐酸溶液(1+1)及(1+5)。

12. 乙酸-乙酸钠缓冲溶液(PH4.3)。

13. 三乙醇胺溶液(1+2)。

14. 氢氧化钾溶液(200 g/L)。

15. 氨-氯化铵缓冲溶液(pH10)。

16. 苦杏仁酸溶液(50 g/L)。

17. 酒石酸钾钠溶液(100 g/L)。

18. 氢氧化钠标准滴定溶液(0.15 mol/L)。

19. 硫酸铜标准滴定溶液(0.015 mol/L)。

20. EDTA 标准滴定溶液(0.015 mol/L)。

21. 酚酞指示剂溶液(10 g/L)。

22. 磺基水杨酸钠指示剂溶液(100 g/L)。

23. PAN 指示剂溶液(2 g/L)。

24. CMP 混合指示剂。

25. 酸性铬蓝 K-萘酚绿 B(1+2.5)混合指示剂。

26. 银或瓷坩埚:带盖,容量 15~30 mL;滴定管、容量瓶、移液管、滤纸等。

三、测定步骤

1. 试样溶液的制备

(1) 方法提要

以银坩埚-NaOH 熔融试样,然后以沸水和浓酸提取熔融物。由于大量 Cl^- 的存在,Ag^+ 主要形成$[AgCl_2]^-$ 配位离子,防止了 AgCl 的沉淀。在大体积中,一次快速加入浓酸,使硅酸钠形成了可溶性硅酸,防止了硅酸的凝聚析出。因此,所得到的溶液是澄清透明的。

(2) 分析步骤

称取约 0.5 g 试样置于银坩埚中,加入 6~7 g 氢氧化钠,在 650℃左右的马弗炉中熔融 15~20 min,取出冷却,将坩埚放入已盛有 100 mL 沸水的烧杯中,盖上表面皿,于电炉上加热。待熔块完全浸出后,取出坩埚,用热盐酸(1+5)和水洗净坩埚和盖,搅拌下一次加入 25 mL 浓盐酸,加入 1 mL 浓硝酸,加热至沸,冷却,转移至 250 mL 容量瓶中,加水稀释至标线,摇匀,该试样溶液可供测定二氧化硅、三氧化二铁、三氧化二铝、氧化钙、氧化镁。

(3) 注意事项

① 熔样需在带有温度控制器的马弗炉内进行,以便控制熔融温度。

② 熔块提取后,经酸化、煮沸,一般均能获得澄清溶液,但有时在底部也会出现海绵状沉淀,或在冷却、稀释过程中溶液变浑。这对以下各成分测定并无影响。

③ 熔块以水浸出后,呈强碱性,久放会对玻璃烧杯有一定的侵蚀,因此需及时酸化。

2. 二氧化硅的测定

(1) 方法提要

在氟离子和钾离子的酸性溶液中,使硅酸形成氟硅酸钾沉淀,经过滤、洗涤、中和残余酸后,用热水使氟硅酸钾水解产生等物质量的 HF,然后以 NaOH 滴定。

(2) 分析步骤

吸取 50 mL 上述已制备好的试样溶液置于 300 mL 的塑料杯中,加入 10~15 mL 浓硝酸,冷却至室温,加入 10 mL 氟化钾溶液(150 g/L),搅拌,加入固体氯化钾,仔细搅拌至氯化钾饱和并有少量析出,并放置 15～20 min,用中速滤纸过滤,塑料杯及沉淀用氯化钾溶液(50 g/L)洗涤 3 次,将滤纸连同沉淀取下置于原塑料杯中,沿杯壁加入 10 mL 的氯化钾-乙醇溶液(50 g/L)及 1 mL 酚酞指示剂(10 g/L),用氢氧化钠溶液(0.15 mol/L)中和未洗尽的酸,仔细挤压滤纸及沉淀直至酚酞变红(不用记氢氧化钠消耗数),加入 200 mL 沸水(煮沸并用氢氧化钠中和至酚酞变微红),搅拌,用氢氧化钠标准滴定溶液(0.15 mol/L)滴定至微红色。

（3）二氧化硅质量百分数按下式计算:

$$X_{SiO_2} = \frac{T_{SiO_2} \times V \times 5}{m \times 1\,000} \times 100\%$$

式中　T_{SiO_2}——每毫升氢氧化钠标准滴定溶液相当于二氧化硅的毫克数,mg/mL;

　　　　V——滴定时消耗氢氧化钠标准滴定溶液的体积,mL;

　　　　5——全部试样溶液与所分取试样溶液的体积比;

　　　　m——试料的质量,g。

（4）注意事项

① 在加入氯化钾时,一定要仔细搅拌,使其达到真正饱和析出。这是准确测定二氧化硅的关键。

② 氟化钾和氯化钾加入次序对测定并无影响。

③ 中和残余酸时,可将滤纸捣碎。

④ 在室温低于30℃时,沉淀放置可不需冷却。室温高于30℃时,沉淀放置并同时冷却。

3. 三氧化二铁的测定

（1）方法提要

用 EDTA 配位滴定铁时,必须避免共存铝离子的干扰。控制 pH1.8～2.0 用 EDTA 直接滴定铁,铝基本上不影响测定。为加速铁的配位,溶液应加热至 60～70℃。

（2）分析步骤

吸取 25 mL 已制备好的试样溶液于 300 mL 烧杯中,用水稀释至约 100 mL,以氨水(1+1)调节 pH 至 1.8~2.0(用精密 pH 试纸检验),将溶液加热至 60～70℃,加入 10 滴磺基水杨酸钠溶液(100 g/L),在不断搅拌下,用 EDTA 标准滴定溶液(0.015 mol/L)缓慢滴定至溶液呈亮黄色。

（3）三氧化二铁的质量百分数按下式计算:

$$X_{Fe_2O_3} = \frac{T_{Fe_2O_3} \times V \times 10}{m \times 1\,000} \times 100\%$$

式中　$T_{Fe_2O_3}$——每毫升 EDTA 标准滴定溶液相当于三氧化二铁的毫克数,mg/mL;

　　　　V——滴定时消耗的 EDTA 标准滴定溶液体积,mL;

　　　　10——全部试样溶液与所分取试样溶液的体积比;

　　　　m——试料的质量,g。

（4）注意事项

用磺基水杨酸钠作指示剂,终点时将有少量铁残留于溶液中,但对低含量铁的测定影响不大,且这一方法已沿用多年,快速、简易,所以除了可用在水泥、生料、熟料中,还可用在黏土类样品中。但如为铁矿石一类样品,应用铋盐回滴定法。

4. 三氧化二铝和二氧化钛的测定

(1) 方法提要

在 pH4 时,过量的 EDTA 可定量配位铝和钛,然后用铜盐回滴剩余的 EDTA。再加入苦杏仁酸,将 EDTA-Ti 络合物中的钛取代配位,用铜盐滴定释放的 EDTA。

(2) 分析步骤

在滴定铁后的溶液中,加入 EDTA 标准滴定溶液(0.015 mol/L)至过量 10～15 mL(V)(对铝、钛合量而言),加热至 60～70℃,用氨水(1＋1)调节溶液 pH 至 3～3.5,加入 15 mL 乙酸-乙酸钠缓冲溶液(pH4.3),煮沸 1～2 min,取下稍冷,加入 4～5 滴 PAN 指示剂(2 g/L),用硫酸铜标准滴定溶液(0.015 mol/L)滴定至溶液呈现亮紫色,记下消耗硫酸铜标准滴定溶液的毫升数(V_1)。然后加入 10 mL 的 50 g/L 苦杏仁酸溶液继续煮沸 1 min,补加 1 滴 PAN 指示剂(2 g/L),用硫酸铜标准滴定溶液滴定至溶液呈亮紫色,记下消耗的硫酸铜标准滴定溶液的毫升数(V_2)。

(3) 三氧化二铝的质量百分数按下式计算:

$$X_{Al_2O_3} = \frac{T_{Al_2O_3}[V-(V_1+V_2)K]\times 10}{m\times 1\,000}\times 100\%$$

(4) 二氧化钛的质量百分数按下式计算:

$$X_{TiO_2} = \frac{T_{TiO_2}\times V_2\times K\times 10}{m\times 1\,000}\times 100\%$$

式中　$T_{Al_2O_3}$——每毫升 EDTA 标准滴定溶液相当于三氧化二铝的毫克数,mg/mL;

T_{TiO_2}——每毫升 EDTA 标准滴定溶液相当于二氧化钛的毫克数,mg/mL;

K——每毫升硫酸铜标准滴定溶液相当于 EDTA 标准滴定溶液的体积,mL;

V——加入 EDTA 标准滴定溶液的体积,mL;

V_1——苦杏仁酸置换前,消耗的硫酸铜标准滴定溶液的体积,mL;

V_2——苦杏仁酸置换后,消耗的硫酸铜标准滴定溶液的体积,mL;

10——全部试样溶液与所分取试样溶液的体积比;

m——试料的质量,g。

(5) 注意事项

① 以铜盐回滴时,终点颜色与 EDTA 及指示剂的量有关,因此需作适当调整,以最后突变为亮紫色为宜。EDTA 过量 10～15 mL 为宜,即回滴定硫酸铜溶液$[c(CuSO_4)＝0.015\ mol/L]$应大于 10 mL。

② 苦杏仁酸置换钛,以钛含量不大于 2 mg 为宜。

③ 当钛含量较低,生产中又不需要测定钛时,可不用苦杏仁酸置换,全以铝量计算亦可。

5. 氧化钙的测定

(1) 方法提要

在强碱性溶液中,硅酸与钙生成硅酸钙影响钙的测定,在酸性溶液中加入少量氟离子,可消除硅的干扰。

(2) 分析步骤

吸取 25 mL 上述已制备好的试样溶液于 300 mL 烧杯中,加入 20 g/L 的氟化钾溶液 5～7 mL,搅拌并放置 2 min 以上,用水稀释至 200 mL,加入 5 mL 三乙醇胺(1＋2),搅拌,加入少许 CMP 指示剂,搅拌下加入 200 g/L 氢氧化钾溶液至出现绿色荧光后再过量 5～8 mL(pH13

以上),用 0.015 mol/L 的 EDTA 标准滴定溶液滴定至溶液荧光消失并呈现红色。

（3）氧化钙质量百分数按下式计算：

$$X_{CaO} = \frac{T_{CaO} \times V_1 \times 10}{m \times 1\,000} \times 100\%$$

式中　T_{CaO}——每毫升 EDTA 标准滴定溶液相当于氧化钙的毫克数,mg/mL;

　　　　V_1——滴定时消耗的 EDTA 标准滴定溶液的体积,mL;

　　　　10——全部试样溶液与所分取试样溶液的体积比;

　　　　m——试料的质量,g。

（4）注意事项

① 氟化钾的加入量视硅含量而定,按下述规定量加入较为适宜。

SiO_2/mg	20 g/L KF 加入量/mL
>25	15
15～25	10
<15	5～7
<2	可不加

② 加入指示剂量不宜过多,否则终点变化不敏锐。

6. 氧化镁的测定

（1）分析步骤

吸取 25 mL 已制备好的试样溶液于 300 mL 烧杯中,稀释至 150～200 mL,加 100 g/L 酒石酸钾钠 1 mL,三乙醇胺(1+2)5 mL,搅拌,加入 25 mL 氨-氯化铵缓冲溶液(pH10),再加入适量 K-B 指示剂,用 0.015 mol/L EDTA 标准滴定溶液滴定至溶液呈纯蓝色。

（2）氧化镁的质量百分数按下式计算：

$$X_{MgO} = \frac{T_{MgO}(V_2 - V_1) \times 10}{m \times 1\,000} \times 100\%$$

式中　T_{MgO}——每毫升 EDTA 标准滴定溶液相当于氧化镁的毫克数,mg/mL;

　　　　V_2——滴定钙、镁合量时消耗的 EDTA 标准滴定溶液的体积,mL;

　　　　V_1——滴定钙时消耗的 EDTA 标准滴定溶液的体积,mL;

　　　　m——试料的质量,g。

（3）注意事项

酸性铬蓝 K 与萘酚绿 B 的配比视不同情况可适当选择,以取得明显终点为宜。

7. 其他组分的测定

烧失量、不溶物、三氧化硫、氧化钾和氧化钠、硫化物、游离钙的测定参见本章"硅酸盐类水泥化学分析方法"。

实验 1-22　硅酸盐类水泥化学分析

本方法参照 GB/T 176—2008《水泥化学分析方法》编写。

一、实验目的

1. 了解硅酸盐类水泥化学成分测定的原理。

2. 掌握硅酸盐类水泥化学成分测定的方法。

二、实验器材

1. 电子天平:称量 100 g,感量 0.1 mg。

2. 烘干箱:可控制温度 105～110℃。

3. 电动磁力搅拌器。

4. 高温炉:可控制温度 950～1 000℃。

5. 分光光度计:可在 400～700 nm 内测定溶液的吸光度,并带有 10 nm 及 10 mm 比色皿。

6. 火焰光度计:带有 768 nm 及 589 nm 的干涉滤光片。

7. 原子吸收光谱仪:带有铁、锰、镁、钾、钠等元素的空心阴极灯。

8. 酸度计:带有氟离子选择性电极及饱和氯化钾甘汞电极。

9. 测定硫化物及硫酸盐的仪器装置。

10. 盐酸溶液(1+1)、(1+2)、(1+10)、(3+97)。

11. 硝酸溶液(1+9)。

12. 硫酸溶液(1+1)、(1+2)、(5+95)。

13. 磷酸溶液(1+1)。

14. 氢氧化铵溶液(1+1)。

15. 氢氧化钠溶液(10 g/L)。

16. 三乙醇胺溶液(1+2)。

17. 乙醇溶液(95%)。

18. 钼酸铵溶液(50 g/L)。

19. 碳酸铵溶液(100 g/L)。

20. 明胶(20 g/L)。

21. 淀粉溶液(10 g/L)。

22. 氢氧化钾溶液(200 g/L)。

23. 氯化锶溶液(50 g/L)。

24. 氯化钡溶液(100 g/L)

25. 无水乙酸钠缓冲溶液(pH3.0)。

26. 碳酸钠-硼酸混合溶剂(2+1)。

27. 甲基红溶液(2 g/L)。

28. 磺基水杨酸钠指示剂溶液(100 g/L)。

29. EDTA - Cu 溶液。

30. PAN 指示剂溶液(2 g/L)。

31. 溴粉蓝溶液(2 g/L)。

32. CMP 混合指示剂。

33. 抗坏血酸溶液(5 g/L)。

34. 二安替比林甲烷(30 g/L)。

35. EDTA 标准滴定溶液(0.015 mol/L)。

36. 碘酸钾标准滴定溶液(0.03 mol/L)。

37. 硫代硫酸钠标准滴定溶液(0.03 mol/L)。

38. 二氧化硅标准溶液(0.02 mg/mL)。

39. 氧化镁标准溶液(0.02 mg/mL)。

40. 氧化钾标准溶液(0.05 mg/mL)。

41. 氧化钠标准溶液(0.05 mg/mL)。

42. 一氧化锰标准溶液(0.05 mg/mL)。

43. 分析纯氢氧化钠、无水碳酸钠、氯化铵、焦硫酸钾、高碘酸钾、氯化亚锡、盐酸、硝酸、硫酸、高氯酸等。

44. 铂、银或瓷坩埚:带盖,容量 15～30 mL;瓷蒸发皿:容量 150～200 mL;滴定管、容量瓶、移液管、滤纸等。

三、测定步骤

1. 烧失量的测定

(1) 方法提要

试样在(950±25)℃的高温炉中灼烧,驱除水分和二氧化碳,同时将存在的易氧化元素氧化。通常矿渣硅酸水泥应对由硫化物的氧化引起的烧失量的误差进行校正,而其他元素氧化引起的误差一般可忽略不计。

(2) 分析步骤

称取约 1 g 试样,精确至 0.000 1 g,置于已灼烧恒重的瓷坩埚中,将盖斜置于坩埚上,放在高温炉内从低温开始逐渐升高温度,在(950±25)℃下灼烧 15～20 min,取出坩埚,置于干燥器中,冷却至室温,称量,反复灼烧,直至恒重。

(3) 烧失量的质量百分数 X_{LOSS} 按下式计算:

$$X_{LOSS} = \frac{m - m_1}{m} \times 100\%$$

式中　m——试料的质量,g;

　　　m_1——灼烧后试料的质量,g。

(4) 矿渣硅酸盐水泥和掺入大量矿渣的其他水泥烧失量的校正

称取两份水泥试样,一份用来直接测定其中的三氧化硫含量;另一份则按测定烧失量的条件于(950±25)℃下灼烧 15～20 min,然后测定灼烧后的试样中的三氧化硫含量。

根据灼烧前后三氧化硫含量的变化,矿渣硅酸盐水泥在灼烧过程中由于硫化物氧化引起烧失量的误差可按下式进行校正:

$$X'_{LOSS} = X_{LOSS} + 0.8 \times (W_{后} - W_{前})$$

式中　X'_{LOSS}——校正后烧失量的质量分数,%;

　　　X_{LOSS}——实际测定的烧失量的质量分数,%;

　　　$W_{前}$——灼烧前试样中三氧化硫的质量分数,%;

$W_{后}$——灼烧后试样中三氧化硫的质量分数，%；

0.8——S^{2-}氧化为SO_4^{2-}时增加的氧与SO_3的摩尔质量比，即$(4×16)/80=0.8$。

2. 不溶物的测定

(1) 方法提要

试样先以盐酸溶液处理，尽量避免可溶性二氧化硅的析出，滤出的不溶渣再以氢氧化钠溶液处理，进一步溶解可能已沉淀的痕量二氧化硅，以盐酸中和、过滤后，残渣经高温下灼烧后称量。

(2) 分析步骤

称取约1 g试样，精确至0.000 1 g，置于150 mL烧杯中，加25 mL水，搅拌使其分散。在不断搅拌下加入5 mL盐酸，用平头玻璃棒压碎块状物使其分解完全（如有必要可将溶液稍稍加温几分钟），用近沸的热水稀释至50 mL，盖上表面皿，将烧杯置于蒸汽水浴中加热15 min。用中速滤纸过滤，用热水充分洗涤10次以上。

将残渣和滤纸一并移入原烧杯中，加入100 mL近沸的氢氧化钠溶液（10 g/L），盖上表面皿，将烧杯置于蒸汽水浴中加热15 min，加热期间搅动滤纸及残渣2～3次。取下烧杯，加入1～2滴甲基红指示剂溶液（2 g/L），滴加盐酸（1+1）至溶液呈红色，再过量8～10滴。用中速定量滤纸过滤，用热的硝酸铵溶液（20 g/L）充分洗涤14次以上。

将残渣和滤纸一并移入灼烧恒重的瓷坩埚中，灰化后在$(950±25)$℃的高温炉内灼烧30 min，取出坩埚，置于干燥器中，冷却至室温，称量，反复灼烧，直至恒重。

(3) 不溶物的质量百分数X_{IR}按下式计算：

$$X_{IR}=\frac{m_3}{m_2}×100\%$$

式中 m_2——试料的质量，g；

m_3——灼烧后不溶物的质量，g。

3. 二氧化硅的测定

(1) 方法提要

试样以无水碳酸钠烧结，盐酸溶解，加入固体氯化铵于蒸汽水浴上加热蒸发，使硅酸凝聚。经过滤灼烧后称量。滤出的沉淀用氢氟酸处理后，失去的质量即为胶凝性二氧化硅含量，加上从滤液中比色回收的可溶性二氧化硅量即为总二氧化硅含量。

(2) 分析步骤

① 胶凝性二氧化硅的测定（碳酸钠烧结—氯化铵重量法）。

称取约0.5 g试样，精确至0.0001 g，置于铂坩埚中，将盖斜置于坩埚上，在950～1 000℃下灼烧5 min，取出坩埚冷却。用玻璃棒仔细压碎块状物，加入$(0.30±0.01)$g已磨细的无水碳酸钠，仔细混匀，再将坩埚置于950～1 000℃下灼烧10 min，取出坩埚冷却。

将烧结块移入瓷蒸发皿中，加少量水润湿，用平头玻璃棒压碎块状物，盖上表面皿，从皿口慢慢加入5 mL盐酸及2～3滴硝酸，待反应停止后取下表面皿，用平头玻璃棒压碎块状物使分解完全，用热盐酸（1+1）清洗坩埚数次，洗液合于蒸发皿中。将蒸发皿置于蒸汽水浴上，皿上放一玻璃三脚架，再盖上表面皿。蒸发至糊状后，加入约1 g氯化铵，充分搅匀，在蒸汽沸水浴上蒸发至干后继续蒸发10～15 min。蒸发期间用平头玻璃棒仔细搅拌并压碎大颗粒。

取下蒸发皿，加入10～20 mL热盐酸（3+97），搅拌使可溶性盐类溶解。用中速定量滤纸过滤,用胶头扫棒擦洗玻璃棒及蒸发皿,用热盐酸(3+97)洗涤沉淀 3～4 次。然后用热水充分洗涤沉淀,直至检验无氯离子为止。滤液及洗液收集于 250 mL 容量瓶中。

将沉淀连同滤纸一并移入铂坩埚中,将盖斜置于坩埚上,在电炉上干燥、灰化完全后,放入 950～1 000℃的高温炉内灼烧 1 h。取出坩埚,置于干燥器中,冷却至室温,称量,反复灼烧,直至恒重(m_5)。

向坩埚中慢慢加入数滴水润湿沉淀,加入 3 滴硫酸(1+4)和 10 mL 氢氟酸,放入通风橱内电热板上缓慢加热,蒸发至干,升高温度继续加热至三氧化硫白烟完全驱尽。将坩埚放入 950～1 000℃的高温炉内灼烧 30 min。取出坩埚,置于干燥器中,冷却至室温,称量,反复灼烧,直至恒重(m_6)。

胶凝性二氧化硅的质量百分数按下式计算:

$$X_{胶SiO_2} = \frac{m_5 - m_6}{m_4} \times 100\%$$

式中　m_5——灼烧后未经氢氟酸处理的沉淀及坩埚的质量,g;

　　　m_6——用氢氟酸处理并经灼烧后的残渣及坩埚的质量,g;

　　　m_4——试料的质量,g。

② 可溶性二氧化硅的测定(硅钼蓝分光光度法)。

在上述经过氢氟酸处理后得到的残渣中加入 0.5 g 焦硫酸钾,熔融,熔块用热水和数滴盐酸(1+1)溶解,溶液并入分离二氧化硅后得到的滤液和洗液中。用水稀释至标线,摇匀。此溶液 A 供滴定溶液残留的可溶性二氧化硅、三氧化二铁、三氧化二铝、氧化钙、氧化镁、二氧化钛用。

从溶液 A 中吸取 25.00 mL 放入 100 mL 容量瓶中,用水稀释至 40 mL,依次加入 5 mL 盐酸(1+10)、8mL 乙醇(95%)、6mL 钼酸铵溶液(50 g/L),放置 30 min 后,加入 20 mL 盐酸(1+1)、5 mL 抗坏血酸溶液(5 g/L),用水稀释至标线,摇匀。放置 1 h 后,使用分光光度计,10 mm 比色皿,以水作参比,于波长 660nm 处测定溶液的吸光度。在工作曲线上查出二氧化硅的含量(m_7)。

可溶性二氧化硅的质量百分数按下式计算:

$$X_{可溶性SiO_2} = \frac{m_7 \times 250}{m_4 \times 25 \times 1\,000} \times 100\%$$

式中　m_7——按上述方法测定的 100 mL 溶液中二氧化硅的含量,mg;

　　　m_4——试料的质量,g。

(3) 结果表示

$$X_{总SiO_2} = X_{胶SiO_2} + X_{可溶性SiO_2}$$

4. 三氧化二铁的测定

(1) 方法提要

在 pH1.8～2.0 及 60～70℃的溶液中,以磺基水杨酸钠为指示剂,用 EDTA 标准滴定溶液滴定。

(2) 分析步骤

从溶液 A 中吸取 25.00 mL 放入 300 mL 烧杯中,加水稀释至约 100 mL,用氨水(1+1)和盐酸(1+1)调节溶液 pH 在 1.8～2.0(用精密 pH 试纸或酸度计检验)。将溶液加热至

70℃,加入 10 滴磺基水杨酸钠指示剂溶液(100 g/L),用 EDTA 标准滴定溶液(0.015 mol/L)缓慢地滴定至亮黄色(终点时溶液温度应不低于 60℃,如终点前溶液温度降至近 60℃时,应再加热到 65～70℃)。保留此溶液供测定三氧化二铁用。

(3) 三氧化二铁的质量百分数按下式计算:

$$X_{Fe_2O_3} = \frac{T_{Fe_2O_3} \times V \times 10}{m_4 \times 1\ 000} \times 100\%$$

式中　$T_{Fe_2O_3}$——每毫升 EDTA 标准滴定溶液相当于三氧化二铁的毫克数,mg/mL;

V——滴定时消耗的 EDTA 标准滴定溶液体积,mL;

10——全部试样溶液与所分取试样溶液的体积比;

m_4——试料的质量,g。

5. 三氧化二铝的测定

(1) 方法提要

将滴定铁后的溶液的 pH 调节至 3.0,在煮沸下用 EDTA-铜和 PAN 为指示剂,用 EDTA 标准滴定溶液滴定。

(2) 分析步骤

将测完铁的溶液加水稀释至约 200 mL,加入 1～2 滴溴酚蓝指示剂溶液(2 g/L),滴加氨水(1+1)至溶液出现蓝紫色,再滴加盐酸(1+1)至黄色,加入 15 mL pH3.0 的无水乙酸钠缓冲溶液,加热煮沸并保持微沸 1 min,加入 10 滴 EDTA-铜溶液及 2～3 滴 PAN 指示剂溶液(2 g/L)。用 EDTA 标准滴定溶液(0.015 mol/L)滴定至红色消失,继续煮沸,滴定,直至溶液经煮沸后红色不再出现并呈稳定的亮黄色为止。

(3) 三氧化二铝的质量百分数按下式计算:

$$X_{Al_2O_3} = \frac{T_{Al_2O_3} \times V_1 \times 10}{m_4 \times 1\ 000} \times 100\%$$

式中　$T_{Al_2O_3}$——每毫升 EDTA 标准滴定溶液相当于氧化铝的毫克数,mg/mL;

V_1——滴定时消耗 EDTA 标准滴定溶液的体积,mL;

10——全部试样溶液与所分取试样溶液的体积比;

m_4——试料的质量,g。

6. 氧化钙的测定

(1) 方法提要

在 pH13 以上强碱性溶液中,以三乙醇胺为掩蔽剂,用钙黄绿素-甲基百里香酚蓝-酚酞混合指示剂(简称 CMP 混合指示剂),用 EDTA 标准滴定溶液滴定。

(2) 分析步骤

从溶液 A 中吸取 25.00 mL 放入 300 mL 烧杯中,加水稀释至约 200 mL,加入 5 mL 三乙醇胺(1+2)及少许的钙黄绿素-甲基百里香酚蓝-酚酞混合指示剂,在搅拌下加入 200 g/L 氢氧化钾溶液,至出现绿色荧光后再过量 5～8 mL,此时溶液在 pH13 以上。用 EDTA 标准滴定溶液(0.015 mol/L)滴定至绿色荧光完全消失并呈现红色。

(3) 氧化钙的质量百分数按下式计算:

$$X_{CaO} = \frac{T_{CaO} \times V_2 \times 10}{m_4 \times 1\ 000} \times 100\%$$

式中　T_{CaO}——每毫升 EDTA 标准滴定溶液相当于氧化钙的毫克数,mg/mL;

　　　V_2——滴定时消耗的 EDTA 标准滴定溶液的体积,mL;

　　　10——全部试样溶液与所分取试样溶液的体积比;

　　　m_4——试料的质量,g。

7. 氧化镁的测定(原子吸收光谱法)

(1) 方法提要

以氢氟酸-高氯酸分解或用氢氧化钠熔融-盐酸分解试样的方法制备溶液,分取一定量的溶液,用锶盐消除硅、铝、钛等对镁的抑制干扰,在空气-乙炔火焰中,于波长 285.2 nm 处测定吸光度。

(2) 分析步骤

① 氢氟酸-高氯酸分解试样

称取约 0.1 g 试样,精确至 0.0001 g,置于铂坩埚(或铂皿)中,用 0.5~1 mL 水润湿,加入 5~7 mL 氢氟酸和 0.5 mL 高氯酸,放入通风橱的低温电热板上加热。近干时摇动铂坩埚以防溅失,待白色浓烟完全驱尽后,取下放冷。加入 20 mL 盐酸(1+1),温热至溶液澄清,冷却后,转移到 250 mL 容量瓶中,加入 5 mL 氯化锶溶液(50 g/L),用水稀释至标线,摇匀。此溶液 B 供原子吸收光谱法测定氧化镁、三氧化二铁、一氧化锰、氧化钾和氧化钠用。

② 氢氧化钠熔融-盐酸分解试样

称取约 0.1 g 试样,精确至 0.0001 g,置于银坩埚中,加入 3~4 g 氢氧化钠,盖上坩埚盖(留有缝隙),放入高温炉中,在 750℃ 的高温下熔融 10 min,取出冷却,将坩埚放入已盛有 100 mL 沸水的 300 mL 烧杯中,盖上表面皿,待熔融物完全浸出后(必要时适当加热),取出坩埚,用水冲洗坩埚和盖,搅拌下一次加入 35 mL 盐酸(1+1),用热盐酸(1+9)洗净坩埚及盖,洗液并入烧杯中,将溶液加热煮沸。冷却后,移入 250 mL 容量瓶中,用水稀释至标线,摇匀。此溶液 C 供原子吸收光谱法测定氧化镁、三氧化二铁、氧化锰,氧化钾和氧化钠用。

③ 氧化镁的测定

从溶液 B 或溶液 C 中吸取一定量的溶液放入容量瓶中(试样溶液的分取量及容量瓶的容积视氧化镁的含量而定),加入盐酸(1+1)及氯化锶溶液(50 g/L),使测定溶液中盐酸的浓度为 6%(体积分数),锶浓度为 1 mg/mL。用水稀释至标线,摇匀。用原子吸收光谱仪,在空气-乙炔火焰中,用镁空心阴极灯,于 285.2 nm 处在与制备工作曲线相同的仪器条件下测定溶液的吸光度,在工作曲线上查出氧化镁的浓度(c)。

(3) 氧化镁的质量百分数按下式计算:

$$X_{MgO} = \frac{c \times V_3 \times n}{m_8 \times 1\ 000} \times 100\%$$

式中　c——测定溶液中氧化镁的浓度,mg/mL;

　　　V_3——测定溶液的体积,mL;

　　　m_8——①或②中试料的质量,g;

　　　n——全部试样溶液与所分取试样溶液的体积比。

8. 三氧化硫的测定(硫酸钡重量法)

参见水泥中三氧化硫的测定。

9. 二氧化钛的测定

（1）方法提要

在酸性溶液中钛氧基离子（TiO^{2+}）与二安替比林甲烷生成黄色络合物，于波长 420nm 处测定其吸光度。用抗坏血酸消除三价铁离子的干扰。

（2）分析步骤

从溶液 A 中吸取 25.00 mL 溶液放入 100 mL 容量瓶中，加入 10 mL 盐酸（1＋2）及 10 mL 抗坏血酸溶液（5 g/L），放置 5 min。加入 5 mL 乙醇（95％）、20 mL 二安替比林甲烷溶液（30 g/L），用水稀释至标线，摇匀，放置 40 min 后，使用分光光度计，10 mm 比色皿，以水作参比，于 420 nm 处测定溶液的吸光度。在工作曲线上查出二氧化钛的含量（m_{11}）。

（3）二氧化钛的质量百分数按下式计算：

$$X_{TiO_2} = \frac{m_{11} \times 10}{m_4 \times 1\,000} \times 100\%$$

式中　m_{11}——100 mL 测定溶液中二氧化钛的含量，mg；

　　　m_4——试料的质量，g。

10. 一氧化锰的测定

（1）方法提要

在硫酸介质中，用高碘酸钾将锰氧化成高锰酸根，于波长 530nm 处测定溶液的吸光度。用磷酸掩蔽三价铁离子的干扰。

（2）分析步骤

称取约 0.5 g 试样，精确至 0.000 1g，置于铂坩埚中，加 3 g 碳酸钠-硼砂（2＋1）混合熔剂，混匀，在 950～1 000℃下熔融 10 min，用坩埚钳夹持坩埚旋转，使熔融物均匀地附着于坩埚内壁，放冷。将坩埚放入已盛有 50 mL 硝酸（1＋9）及 100 mL 硫酸（5＋95）并加热至微沸的 400 mL 烧杯中，并继续保持微沸状态，直至熔融物全部溶解。用水冲洗净坩埚及盖，用快速滤纸将溶液过滤至 250 mL 容量瓶中，并用热水洗涤数次。将溶液冷却至室温后，用水稀释至标线，摇匀。此溶液为 D。

从溶液 D 中吸取 50.00 mL 放入 150 mL 烧杯中，依次加入 5 mL 磷酸（1＋1）、10 mL 硫酸（1＋1）及 0.5～1 g 高碘酸钾，加热微沸 10～15 min，至溶液达到最大的颜色深度，冷却至室温后，移入 100 mL 容量瓶中，用水稀释至标线，摇匀。使用分光光度计，10 mm 比色皿，以水作参比，于 530nm 处测定溶液的吸光度。在工作曲线上查出一氧化锰的含量（m_{13}）。

（3）一氧化锰的质量百分数按下式计算：

$$X_{MnO} = \frac{m_{13} \times 5}{m_{12} \times 1\,000} \times 100\%$$

式中　m_{13}——100 mL 测定溶液中一氧化锰的含量，mg；

　　　m_{12}——试料的质量，g。

11. 氧化钾和氧化钠的测定

（1）方法提要

试样经氢氟酸-硫酸蒸发处理除去硅，用热水浸取残渣。以氨水和碳酸铵分离铁、铝、钙、镁。滤液中的钾、钠用火焰光度计进行测定。

（2）分析步骤

称取约 0.2 g 试样，精确至 0.000 1 g，置于铂皿中，加入少量水润湿，加入 5～7 mL 氢氟酸及 15～20 滴硫酸(1+1),放入通风橱内低温电热板上加热,近干时摇动铂皿,以防溅失。待氢氟酸驱尽后逐渐升高温度,继续将三氧化硫白烟驱尽。取下放冷,加入 40～50 mL 热水,压碎残渣使其溶解,加入 1 滴甲基红指示剂溶液（2 g/L）,用氨水(1+1)中和至黄色,再加入 10 mL 碳酸铵溶液(100 g/L),搅拌,然后放入通风橱内电热板上加热至沸后继续微沸 20～30 min。用快速滤纸过滤,以热水洗涤,滤液及洗液盛于 100 mL 容量瓶中,冷却至室温。用盐酸(1+1)中和至溶液呈微红色,用水稀释至标线,摇匀。在火焰光度计上,按仪器使用规程进行测定。在工作曲线上分别查出氧化钾和氧化钠的含量(m_{15})和(m_{16})。

（3）氧化钾和氧化钠的质量百分数按下式计算:

$$X_{K_2O} = \frac{m_{15}}{m_{14} \times 1\,000} \times 100\%$$

$$X_{Na_2O} = \frac{m_{16}}{m_{14} \times 1\,000} \times 100\%$$

式中　m_{15}——100 mL 测定溶液中氧化钾的含量,mg;

　　　m_{16}——100 mL 测定溶液中氧化钠的含量,mg;

　　　m_{14}——试料的质量,g。

12. 硫化物的测定(碘量法)

（1）方法提要

在还原条件下,试样用盐酸分解,产生的硫化氢收集于氨性硫酸锌溶液中,然后用碘量法测定,见图 1－19。如试样中除硫化物 S^{2-} 和硫酸盐外,还有其他状态硫存在时,将给测定结果带来误差。

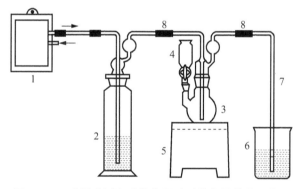

图 1－19　碘量法测定硫化物及硫酸盐仪器装置示意图

1—微型空气泵;2—洗气瓶(250 mL)[内盛 100 mL 硫酸铜溶液(50 g/L)];3—反应瓶(100 mL);
4—加液漏斗(20 mL);5—电炉(600W,与 1～2 kVA 调压变压器相联接);6—吸收杯(400 mL),
内盛 300 mL 蒸馏水及 20 mL 氨性硫酸锌溶液(100 g/L);7—导气管;8—硅橡胶管

（2）分析步骤

使用规定的仪器装置。称取约 1.0 g 试样,精确至 0.000 1 g,置于 100 mL 的干燥反应瓶中,轻轻摇动使试样均匀地分散于反应瓶底部,加入 2 g 固体氯化亚锡,按图 1－19 仪器装置图连接各部件。由分液漏斗向反应瓶中加入 20 mL 盐酸(1+1),迅速关闭活塞。开动空气泵,在保持通气速度为 4～5 个气泡/分钟的条件下,加热反应瓶,当吸收杯中刚出现氯化铵白色烟雾时(一般约在加热后 5 min)停止加热,再继续通气 5 min。

取下吸收杯,关闭空气泵,用水冲洗插入吸收液内的玻璃管,加入 10 mL 明胶溶液(5 g/L),用滴定管准确加入 5.00 mL 的碘酸钾标准滴定溶液(0.03 mol/L),在搅拌下一次性迅速加入 30 mL 硫酸(1+2),用硫代硫酸钠标准滴定溶液(0.03 mol/L)滴定至淡黄色,加入约 2 mL 淀粉溶液(10 g/L),再继续滴定至蓝色消失。

(3) 硫化物硫的质量百分数 X_S 按下式计算:

$$X_S = \frac{T_S \times (V_4 - KV_5)}{m_{17} \times 1\,000} \times 100\%$$

式中　T_S——每毫升碘酸钾标准滴定溶液相当于硫的毫克数,mg/mL;

　　　　V_4——加入碘酸钾标准滴定溶液的体积,mL;

　　　　V_5——滴定时消耗硫代硫酸钠标准滴定溶液的体积,mL;

　　　　K——每毫升硫代硫酸钠标准滴定溶液相当于碘酸钾标准滴定溶液的毫升数,mL;

　　　　m_{17}——试料的质量,g。

实验 1 – 23　水泥水化热测定

水泥加水后发生一系列物理与化学变化,并与水反应中放出大量热,称为水化热,以焦/克(J/g)表示。水泥的水化热和放热速度都直接关系到混凝土工程质量。由于混凝土的热传导率低,水泥的水化热较易积聚,从而引起大体积混凝土工程内外有几十度的温差和巨大温度应力,致使混凝土开裂,腐蚀加速。为了保证大体积混凝土工程质量,必须将所用水泥的水化热控制在一定范围内。因此水泥的水化热测试对水泥生产、使用、理论研究都是非常重要的,尤其是对大坝水泥,水化热的控制更是必不可少的。测试水泥水化热的方法较多,常用的有直接法和间接法。

Ⅰ　用直接法测定水泥水化热

在实际应用中,通常更重要的是直接知道水泥在一定水化龄期下所放出的热量。其测量方法有"直接法"和"混凝土绝热温升法",也称蓄热法。

一、实验目的

1. 了解用直接法测定水泥水化热的基本原理。
2. 掌握直接法测定水泥水化热的方法。

二、实验原理

水泥胶砂加水后,水泥即发生水化反应,放出水化热。将胶砂置于热量计中,在热量计周围温度不变条件下,直接测定热量计内水泥胶砂温度的变化,计算热量计内积蓄和散失热量的总和,从而求得水泥水化 7 d 龄期的水化热。

三、实验器材

测水泥水化热所用的仪器及装置如图 1 – 20 所示。

1. 热量计

(1) 保温瓶：可用备有软木塞的 5b 广口保温瓶，内深约 22 cm，内径为 8.5 cm。

(2) 截锥形圆筒：用厚约 0.5 mm 的铜皮或白铁皮制成，高 17 cm，上口径 7.5 cm，底径为 6.5 cm。

(3) 长尾温度计：0～50℃，刻度精确至 0.1℃。

2. 恒温水槽

水槽容积可根据安放热量计的数量及温度易于控制的原则而定，水槽内水的温度应准确控制在 (20±0.1)℃。水槽应装有下列附件。

(1) 搅拌器。

(2) 温度控制装置：可用低压电热丝及电子继电器等自动控制。

(3) 温度计：精度±0.1℃。

(4) 固定热量计用的支架与夹具。

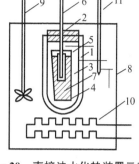

图 1-20 直接法水化热装置示意图
1—保温瓶；2—软木塞；3—玻璃套管；
4—锥形圆筒；5—塑料薄膜；6—温度计；
7—水泥胶砂；8—恒温水槽；9—搅拌器；
10—电热丝；11—水槽温度计

四、实验步骤

1. 准备工作

(1) 温度计：需在 15℃、20℃、25℃、30℃、35℃及 40℃范围内，用标准温度计进行校核。

(2) 软木塞盖：为防止热量计的软木塞渗水或吸水，其上、下表面及周围应用蜡涂封。较大孔洞可先用胶泥堵封，然后再涂蜡。封蜡前先将软木塞中心钻一插温度计用的小孔并称重，底面封蜡后再称其重以求得蜡重，然后在小孔中插入温度计。温度计插入的深度应为热量计中心稍低一些，离软木塞底面约 12 cm，最后再用蜡封软木塞上表面以及其与温度计间的空隙。

(3) 套管：温度计在插入水泥胶砂中时，必须先插入一端封口的薄玻璃套管或铜套管，其内径较温度计大约 2 mm，长约 12 cm，以免温度计与水泥胶砂直接接触。

(4) 保温瓶、软木塞、截锥形圆筒、温度计等均需编号并称重，每个热量计的部件不宜互换，否则需重新计算热量的平均热容量。

(5) 水泥试样：应充分拌匀，通过 0.9 mm 方孔筛；标准砂：应符合国标要求；试验用水：必须是洁净的淡水。

2. 热量计热容量的计算

热量计的平均热容量 C，按下式计算：

$$C = 0.8040 \times g/2 + 1.882 \times g_1/2 + 0.0480 \times g_2 + 0.397 \times g_3$$
$$+ 3.303 \times g_4 + 1.670 \times g_5 + 1.924 \times V \qquad (1-23-1)$$

式中　C——不装水泥胶砂时热量计的热容量，J/℃；

　　g——保温瓶重，g；

　　g_1——软木塞重，g；

　　g_2——玻璃管重，g（如用铜管时系数改为 0.095）；

g_3——铜截锥形圆筒重,g(如用白铁皮制时系数改为 0.46);

g_4——软木塞底面的蜡重,g;

g_5——塑料薄膜重,g;

V——温度计伸入热量计的体积,cm³;

1.924——玻璃的容积比热,J/(cm³·℃),其他各系数分别为所用材料的比热,J/(cm³·℃)。

3. 热量计散热常数 K 的测定

(1) 试验前热量计各部件和试验用品应预先在(20±2)℃下恒温 24 h;首先在截锥形圆筒上面,盖一块 16 cm×16 cm、中心带有圆孔的塑料薄膜,边缘向下折,用橡皮筋箍紧,移入热量计中,用漏斗向圆筒内注入 550 mL 约 45℃的温水,然后用备好的插有温度计(带有玻璃或铜套管)的软木塞盖紧。在保温瓶与软木塞之间用蜡或胶泥密封以防止渗水,然后将热量计垂直固定于恒温水槽内进行试验。

(2) 恒温水槽内的水温应始终保持(20±0.1)℃,试验开始经 6 h 测定第一次温度 T_1(一般为 35℃左右),经 44 h 后测定第二次温度 T_2(一般为 21℃左右)。

(3) 热量计散热常数的计算

热量计散热常数 K 按下式计算:

$$K=(C+W)\frac{\lg\Delta T_1-\lg\Delta T_2}{0.434\Delta t} \tag{1-23-2}$$

式中 K——散热常数,J/(h·℃)。

W——水的热当量,J;$W=4.2m$,m 为水的质量,g;

C——热量计的平均热容量,J/℃;

ΔT_1——试验开始 6 h 后热量计与恒温水槽的温度差,℃;

ΔT_2——试验经过 44 h 后热量计与恒温水槽的温度差,℃;

Δt——自 T_1~T_2 时所经过的时间,h。

此公式是根据测定过程中,热量计散失的热量 Q 与该测定过程中的平均温度差 ΔT 和时间间隔 Δt 成正比推算,其比例常数为散热常数 K。

$$Q=K\Delta T\Delta t \tag{1-23-3}$$

$$K=Q/(\Delta T\cdot\Delta t) \tag{1-23-4}$$

式中 $Q=(C+W)(T_1-T_2)$ $\Delta T=(\Delta T_1-\Delta T_2)/\ln\dfrac{\Delta T_1}{\Delta T_2}$ $\tag{1-23-5}$

热量计散热常数应测定两次,取其平均值。两次相差应小于 4.2 J/(h·℃)。热量计散热常数 K 应小于 167 J/(h·℃),热量计每年必须重新测定散热常数。

4. 水泥胶砂水化热的测定

(1) 为了保证热量计温度均匀,采用胶砂进行试验。砂子采用 ISO 标准砂,水泥与砂子配比根据水泥品种与标号选定,配比的选择宜参照表 1-17;胶砂在试验过程中,温度最高值应在(30~38)℃范围内(即比恒温水槽的温度高 10~18℃)。试验中胶砂温度的最大上升值小于 10℃或大于 18℃,则须改变配比,重新进行试验。

表 1-17　水泥与标准砂的配比选择

水 泥 品 种	水泥与砂子配比	
	42.5 等级	52.5 等级
硅酸盐大坝水泥、普通硅酸盐大坝水泥、硅酸盐水泥、普通硅酸盐水泥、抗硫酸盐水泥	1 : 2.5	1 : 3.0
矿渣大坝水泥、粉煤灰大坝水泥、矿渣硅酸盐水泥、火山灰质硅酸盐水泥、粉煤灰硅酸盐水泥	1 : 1.5	1 : 2.0

（2）胶砂的加水量。以水泥净浆的标准稠度（％）加系数 B（％）作为水泥用水量（％）。B 值根据胶砂配比而不同,见表 1-18。胶砂的加水量为胶砂配比中水泥的质量乘以水泥用水量（％）。即按下式计算。

$$W = G \times (P + B) \qquad (1-23-6)$$

式中　W——胶砂加水量,mL;

　　　　G——胶砂中水泥的质量,g;

　　　　P——水泥标准稠度加水量,％;

　　　　B——系数。

表 1-18　胶砂配比与 B 值

胶砂配比	1 : 1.0	1 : 1.5	1 : 2.0	1 : 2.5	1 : 3.0	1 : 3.5
$B/\%$	0	0.5	1.0	3.0	5.0	6.0

（3）试验前,水泥、砂子、水等材料和热量计各部件均应预先在（20±2）℃下恒温。试验时,水泥与砂子干混合物总重量为 800 g,按选择的胶砂配比,计算水泥与标准砂用量。分别称量后,倒入拌和锅内干拌 1 min,移入已用湿布擦过的拌和锅内,按表 1-18 规定计算的胶砂加水量加水。湿拌 3 min 后,迅速将胶砂装入内壁已衬有牛皮纸的截锥形圆筒内,粘在锅和勺上的胶砂,用小块棉花擦净,一起放入截锥形圆筒中,并在胶砂中心钻一个深约 12 cm 的孔,放入玻璃管或铜管以备插入温度计。然后盖上中心带有圆孔的塑料薄膜,用橡皮筋捆紧,将其置于热量计中,用插有温度计的软木塞盖紧。从加水时算起至软木塞盖紧应在 5 min 内完成,至 7 min 时（自加水时算起）,记录初始温度及时间。然后在软木塞与热量计接缝之间封蜡或胶泥,封好后即将热量计放于恒温水槽中加以固定。水槽内水面应高出软木塞顶面 2 cm。

注:牛皮纸衬的热容量可忽略不计。

（4）热量计放入恒温水槽后,在温度上升过程中,应每小时记录温度一次;在温度下降过程中,改为每 2 h 记录温度一次,温度继续下降或变化不大时改为 4 h 或 8 h 记录一次。试验进行到七昼夜为止。

五、试验结果计算与分析

1. 根据所记录各时间与水泥胶砂的对应温度,以时间为横坐标（1 cm 为 5 h）,温度为纵坐标（1 cm 为 1℃）在坐标纸上作图。并画出 20℃ 水槽温度恒温线。

恒温线与胶砂温度曲线间总面积（恒温线以上的面积为正面积,恒温线以下的面积为负面积）$\sum F_{0 \sim x}$（h・℃）可按下列计算方法求得。

（1）用求积仪求得。

（2）把恒温线与胶砂温度曲线间的面积按几何形状划分为较小的三角形、抛物线、梯形面积 F_x、F_2、F_3、…（h·℃）等。分别计算，然后将其相加，因为 1cm² 等于 5 h·℃，所以总面积乘 5 即得 $\sum F_{0\sim x}$（h·℃）。

（3）近似矩形法。参照图 1-21，以每 5 h（1 cm）作为一个计算单位，并作为矩形的宽度。矩形的长度（温度值）是通过面积补偿确定。如图 1-21 所示，在补偿的面积中间选一点，这一点如能使一个计算单位的画实线面积与空白面积相等，那么这一点的高度便可作为矩形的长度，然后与宽度相乘即得矩形面积。

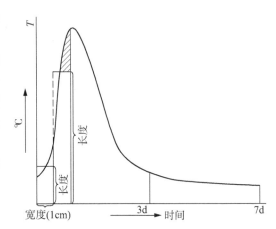

图 1-21 近似矩形法图例

将每一个矩形面积相加，再乘以 5 即得 $\sum F_{0\sim x}$（h·℃）的数值。

（4）用电子仪器自动记录和计算。

（5）其他方法。

2. 根据水泥与砂子质量、水量及热量计平均热容量 C，按下式计算装水泥胶砂后热量计的热容量 C_p（J/℃）。

$$C_p = (0.840 \times 水泥质量) + (0.840 \times 砂质量) + 4.180 \times 水质量 + C \qquad (1-23-7)$$

3. 在一定龄期 x 时，水泥水化放出的总热量为热量计中积蓄热量和散失热量的总和 Q_x（J），按下式求得：

$$Q_x = C_p(t_x - t_0) + K \cdot \sum F_{0\sim x} \qquad (1-23-8)$$

式中　C_p——装水泥胶砂后热量计的热容量，J/℃；

　　　t_x——水泥胶砂在龄期为 x h 的温度，℃；

　　　t_0——水泥胶砂的初始温度，℃；

　　　K——热量计的散热常数，J/(h·℃)；

　　　$\sum F_{0\sim x}$——在 0~x h 间恒温水槽温度直线与胶砂温度曲线间的面积，h·℃。

4. 在一定龄期 x 时水泥水化热 q_x（J/g），按下式计算：

$$q_x = Q_x/G \qquad (1-23-9)$$

式中　Q_x——龄期为 x 时水泥放出的总热量，J；

　　　G——试验用水泥质量，g。

5. 水泥水化热试验结果必须采取两次试验的平均值并取整数，两次结果相差应小于 12.6 J/g。

6. 根据 GB/T 2022—80 规定，水泥水化 7 d 龄期的水化热，可以测定水泥水化 3 d 龄期的水化热，推算 7 d 的水化热，但试验结果有争议时，以实测 7 d 的方法为准。在此不作介绍。

六、注意事项

1. 热量计散热常数 K 是从大约 35℃ 降温至 21℃，始末温差约 14℃ 的条件下测得的，根据式（1-23-2），K 值随始末温度不同而异。为使 K 值能符合热量计在实测水化热过程中的散热情况,应保证胶砂最高温度值达 30～38℃,使胶砂最高温度与恒温水槽水温 20℃相差 (14±4)℃。为此,应根据水泥品种与标号按表 1-18 选择不同的胶砂比,调节水泥用量,以调整水泥水化放出的总热量。

2. 自胶砂拌水起至第 7 min 时的胶砂初始温度 T_0 应严格控制。初始温度太低,胶砂最高温度可能达不到 30℃;初始温度太高,胶砂最高温度又可能超过 38℃,容易造成试验返工。胶砂初始温度 T_0 主要受试验材料及热量计温度的影响。因此,试验前,水泥、标准砂、拌和水及热量计各部件均应预先在(20±2)℃下恒温,使胶砂初始温度 T_0 尽量接近恒温水槽温度。

胶砂初始温度 T_0 规定为自加水时起 7 min 时读取,而且应该使温度计能正确地表示出水泥胶砂的温度。这一点在试验操作中往往容易被忽视,常在温度计刚插入就读取初始温度 T_0,使 T_0 读数不能正确表示当时胶砂的温度。如果 T_0 读数相差(0.5～1)℃(这在一般情况下很容易产生),按式(1-23-7)和式(1-23-8)计算所得的水化热就可能相差 4.18 J/g 左右。

3. 恒温水槽温度必须严格控制在(20±0.1)℃内,若水槽温度控制不严,会带来较大的误差。水化热是根据式(1-23-8)、式(1-23-9)计算出来的,式(1-23-8)中的 $F_{0～x}$ 是代表 (0～x) h 内胶砂温度曲线与恒温水槽温度线之间的总面积。计算实验结果时,恒温水槽温度线以 20℃画出。若恒温水槽实际温度比 20℃高 0.1℃,则画出的 $F_{0～x}$ 要比实际的胶砂温度曲线与水槽温度线之间的面积大 $0.1 \times \frac{x}{5}$ cm²,即相当于增大 $0.1 \times \frac{x}{5} \times 5 = 0.1x$ (h·℃),按式(1-23-8)、式(1-23-9)算出的水泥 7 d 水化热要比实际水化热偏高 8.4 J/g 左右;反之,若恒温水槽实际温度为 19.9℃时,算出的 7 d 水化热要比实际水化热偏低 8.4 J/g 左右。据此,若恒温水槽水温经常为(20±0.2)℃,则算得的 7 d 水化热值的误差就可高达 16.8 J/g 左右。

4. 热量计及恒温水槽所使用的温度计都需经过校正,尤其需要确定两者之间的相对关系。如果热量计的温度计与水槽温度计存在 0.1℃ 误差时,和上述情况一样,将使 7 d 的 $F_{0～166}$ 值相差 168×0.1(h·℃),计算的 7 d 水化热将相差 8.4 J/g 左右。

5. $F_{0～x}$ 面积的计算应很细致。若用划分小方块方法计算 $F_{0～x}$ 时,小块面积越小,计算结果越正确。为了避免计算上的误差,可以通过坐标方格的计数以校核计算的面积是否正确。如果计算面积相差 1～2 cm²,则 $F_{0～x}$ 值会相差 5～10(h·℃),计算的水化热将相差 4.2 J/g 左右。

6. 依式(1-23-8),热量计散热常数 K 测定正确与否,将直接影响到水泥水化热计算结果。如果测得的 K 值与实际相差 4.2 J/(h·℃),算得 7 d 水化热就可能相差 8.4 J/g 左右。因此,热量计散热常数务必严格按照 GB 2022—80 的有关规定准确测定。

7. 试验操作中必须注意将水泥胶砂搅拌均匀,并保证热量计严密封口,以防漏水。

Ⅱ　用间接法测定水泥水化热

间接法也称溶解热法。溶解热法在国际上具有较大的通用性和可比性。它与直接法相比,具有明显的优越性,尤其适用于测定水泥长龄期水化热。

一、实验目的

1. 了解间接法测定水泥水化热的基本原理。

2. 掌握间接法测定水泥水化热的方法。

二、实验原理

溶解热法是根据热化学的盖斯定律,即化学反应的热效应只与体系的初态和终态有关而与反应的途径无关提出的。它是在热量计周围温度一定的条件下,用未水化的水泥与水化一定龄期的水泥分别在一定浓度的标准酸中溶解,测得溶解热之差,即为该水泥在规定龄期内所放出的热。

三、实验器材

1. 仪器设备

(1) 热量计:如图 1-22 所示。由保温水槽、内筒、广口保温瓶、贝克曼差示温度计、搅拌装置等主要部件组成。另配一个曲颈玻璃漏斗和一个直颈装酸漏斗。

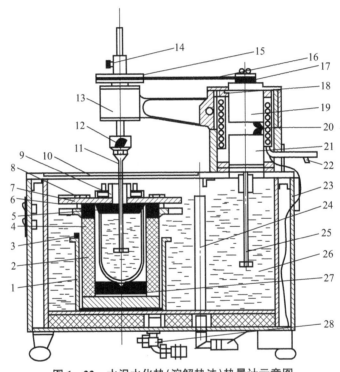

图 1-22 水泥水化热(溶解热法)热量计示意图

1—内筒固定杯;2—保温瓶;3—软木层;4—内筒;5—保温瓶软木盖;6—止水胶圈;
7—内筒盖子;8—元宝螺丝;9—止水堰;10—水槽盖;11—酸液搅拌器;12—搅拌夹头;
13—轴承;14—搅拌升降钮;15—大三角皮带盘;16—传动皮带;17—小三角皮带盘;
18—旋围悬臂;19—酸液搅拌电机;20—冷却水套;21—水槽搅拌电机;22—冷却水进出管;
23—输出输入电源箱;24—溢流管;25—水槽搅拌器;26—保温水槽;27—泡沫塑料垫;28—水阀

① 保温水槽:水槽内外壳之间装有隔热层,内壳模断面为椭圆形的金属筒,横断面长轴450 mm,短轴300 mm,深310 mm,容积约30 L。并装有控制水位的溢流管。溢流管高度距底部约270 mm,水槽上装有两个搅拌器,分别用于搅拌水槽中的水和保温瓶中的酸液。

② 内筒:筒口为带法兰的不锈钢圆筒,内径 150 mm,深 210 mm,筒内衬有软木层或泡沫塑料。筒盖内镶嵌有橡胶圈以防漏水,盖上有三个孔,中孔安装酸液搅拌器,两侧的孔分别安装加料漏斗和贝克曼差示温度计。

③ 广口保温瓶:容积约为 600 mL,当盛满比室温高约 5℃的水,静置 30 min 时,其冷却速度不得超过 0.001℃/min。

④ 贝克曼差示温度计(以下简称贝氏温度计):精度为 0.01℃,最大差示温度为 5～6℃,插入酸液部分须涂以石蜡或其他耐氢氟酸的涂料。

⑤ 搅拌装置:分为酸液搅拌器和水槽搅拌器。酸液搅拌器用玻璃或耐酸尼龙制成。直径 6.0～6.5 mm,总长约 280 mm,下端装有两片略带轴向推进作用的叶片,插入酸液部分必须涂以石蜡或其他耐氢氟酸涂料。

⑥ 曲颈玻璃漏斗:漏斗口与漏斗管的中轴线夹角约为 30°,口径约 70 mm,深 100 mm,漏斗管外径 7.5 mm,长 95 mm,供装试样用。

⑦ 直颈装酸漏斗:由玻璃漏斗涂蜡或用耐氢氟酸塑料制成,上口直径约 80 mm,管长 120 mm,外径 7.5 mm。

(2) 天平:称量 200 g,分度值 0.001 g 和称量 500 g,分度值为 0.1 g 天平各一台。

(3) 高温炉:使用温度不低于 900℃,并带有恒温控制装置。

(4) 恒温室:温度应能控制在(20±1)℃。

(5) 通风橱。

(6) 冰箱:用于降低硝酸溶液的温度。

(7) 试验筛:方孔边长 0.15 mm 和 0.60 mm 筛各一个。

(8) 水泥水化试样瓶:由不与水泥作用的材料制成,具有水密性,容积约 15 mL。

(9) 铂坩埚或瓷坩埚:容量约 30 mL。

(10) 其他:磨口称量瓶、最小分度 0.1℃的温度计、时钟、秒表、干燥器、容量瓶、移液管、研钵、石蜡等。

2. 试剂及配制

(1) 氧化锌:分析纯,用于标定热量计热容量。使用前应预先进行如下处理。将氧化锌放入坩埚内,在 900～950℃高温下灼烧 1 h,取出,置于干燥器中冷却后,用玛瑙研钵研磨至全部通过 0.15 mm 筛,储存于干燥器中备用,在标定试验前还应在 900～950℃下灼烧 5 min,并在干燥器中冷却至室温。

(2) 氢氟酸:分析纯,48%(或密度 1.15 g/cm³)。

(3) 硝酸溶液 $c(HNO_3) = (2.00 \pm 0.02)$ mol/L,应用分析纯硝酸进行配制。配制时可将不同密度的浓硝酸按表 1-19 的采取量,用蒸馏水稀释至 1 L。

表 1-19　硝酸密度与采取量

硝酸密度/(g/cm³)	采取量(20℃)/mL
1.42	127
1.40	138
1.38	149

硝酸溶液的标定:用移液管吸取 25 mL 上述已配制好的硝酸溶液,移入 250 mL 的容量瓶中,用水稀释至标线,摇匀。接着用已知浓度(约 0.2 mol/L)的氢氧化钠标准溶液标定容量瓶

中硝酸溶液的浓度,该浓度乘以 10 即为上述已配制好的硝酸溶液的浓度。

四、实验步骤

1. 标定热量计的热容量

(1) 试验前保温瓶内壁用石蜡或其他耐氢氟酸的涂料涂覆。

(2) 在标定热量计热容量前一天将热量计放在试验室内,保温瓶放入内筒中,酸液搅拌器放入保温瓶内,盖紧内筒盖,接着将内筒放入保温水槽的环形套内。移动酸液搅拌器悬臂夹头使其对准内筒中心孔,并将搅拌器夹紧。在保温水槽内加水使水面高出内筒盖(由溢流管控制高度)。开动保温水槽搅拌器。把水槽内的水温调到(20±1)℃,然后关闭搅拌器备用。

(3) 确定 2.00 mol/L 硝酸溶液的用量,将 48% 的氢氟酸 8 mL 加入已知质量的耐氢氟酸量杯内,然后慢慢加入低于室温 6～7℃ 的 2.00 mol/L 的硝酸溶液(约 393 mL),使两种混合物总量达到(425.0±0.1)g,记录 2.00 mol/L 硝酸溶液加入的总量,该量即为试验时所需的 2.00 mol/L 硝酸溶液的用量。

(4) 在标定试验前,先将贝氏温度计的零点调为 14.5℃ 左右,再开动保温水槽内的搅拌器,并将水温调到(20±0.1)℃。

(5) 从安放贝氏温度计的孔插入加酸液用的漏斗,按已确定的用量量取低于室温 6～7℃ 的 2.00 mol/L 的硝酸溶液,先向保温瓶内注入约 150 mL,然后加入 8 mL 48% 的氢氟酸,再加入剩余的硝酸溶液,加毕,取出漏斗,插入贝氏温度计(中途不许拔出,以免影响精度),开动保温水槽搅拌器,接通冷却搅拌器电机的循环水,5 min 后观察水槽温度,使其保持(20±0.1)℃。从水槽搅拌器开动算起,连续搅拌 20 min。

(6) 水槽搅拌器连续搅拌 20 min 后停止,开动保温瓶中的酸液搅拌器,连续搅拌 20 min 后,在贝氏温度计上读出酸液温度,隔 5 min 后再读一次酸液温度,此后每隔 1 min 读一次酸液温度,直至连续 5 min 内,每分钟上升的温度差值相等时为止,记录最后一次酸液温度,此温度值即为初读数 θ_0,初测期结束。

(7) 初测期结束后,立即将事先称量好的(7±0.001)g 氧化锌通过加料漏斗徐徐加入保温瓶酸液中(酸液搅拌器继续搅拌),加料过程需在 2 min 内完成,然后用小毛刷把粘在称量瓶和漏斗上的氧化锌全部扫入酸混合物中。

(8) 从读出初测读数 θ_0 起分别测读 20 min、40 min、60 min、80 min、90 min、120 min 时贝氏温度计的读数。这一过程为溶解期。

(9) 热量计在各时间区间内的热容量按式(1-23-10)计算,精确到 0.5 J/℃。

$$C = G_0[1\,072.0 + 0.4 \times (30 - t_a) + 0.5 \times (T - t_a)] \qquad (1-23-10)$$

式中　C——热量计热容量,J/℃;

　1 072.0——氧化锌在 30℃ 时的溶解热,J/g;

　　G_0——氧化锌的质量,g;

　　T——氧化锌加入热量计时的室温,℃;

　　0.4——溶解热负温比热容,J/(℃·g);

　　0.5——氧化锌比热容,J/(℃·g);

　　t_a——溶解期第一次测读数 θ_0 时贝氏温度计 0℃ 时相应的摄氏温度,℃。

R_0 值按式(1-23-11)计算:

$$R_0 = (\theta_a - \theta_0) - \frac{a}{b-a}(\theta_b - \theta_a) \qquad (1-23-11)$$

式中　θ_0——初测期结束时(即开始加氧化锌时)的贝氏温度计读数,℃;

　　　θ_a——溶解期第一次测读的贝氏温度计的读数,℃;

　　　θ_b——溶解期结束时测读的贝氏温度计的读数,℃;

　　　a、b——分别为测读 θ_a 或 θ_b 时距离测初读数 θ_0 时所经过的时间,min。

　　为了保证试验结果的精度,热量计热容量对应 θ_a、θ_b 的测读时间 a、b 应分别与不同品种水泥所需要的溶解期测读时间对应。不同水泥的具体溶解期测读时间按表 1-20 中规定。

表 1-20　各品种水泥测读温度的时间

水泥品种	距初测期温度 θ'_0 的相隔时间/min	
	θ'_a	θ'_b
硅酸盐水泥、中热硅酸盐水泥、普通硅酸盐水泥	20	40
矿渣硅酸盐水泥、低热矿渣硅酸盐水泥	40	60
火山灰硅酸盐水泥	60	90
粉煤灰硅酸盐水泥	80	120

　　注:1. 在普通水泥、矿渣水泥、低热矿渣水泥中掺有火山灰或粉煤灰时,可按火山灰水泥或粉煤灰水泥规定。

　　2. 如在规定的测读期结束时,温度的变化没有达到均匀一致,应适当延长测读期至每隔 10 min 的温度变化均匀为止,此时需要知道测读期延长后热量计的热容量,用于计算溶解热。

　　(10) 热量计热容量应标定两次,以两次标定值的平均值作为标定结果。如两次标定值相差大于 5 J/℃时,必须重新标定。

　　在下列情况下,热容量需重新标定:重新调整贝氏温度计时;温度计、保温瓶、搅拌器重新更换或涂覆涂料时;当新配制的酸液与标定热量计热容量的酸液浓度变化超过 0.02 mol/L 时;对试验结果有疑问时。

　　2. 未水化水泥溶解热的测定

　　(1) 按上述标定热量计的比热容第(1)~(6)条进行准备工作和初测期试验,并记录初测温度 θ'_0。

　　(2) 读出初测温度 θ'_0 后,立即将预先称好的三份(3±0.001) g 未水化水泥试样中的一份在 2 min 内通过加料漏斗徐徐加入热量计内,漏斗、称量瓶及毛刷上均不得残留试样,然后按表 1-20 规定的各品种水泥测读温度的时间,准时读记贝氏温度计读数 θ'_a 和 θ'_b。第二份试样重复第一份的操作。第三份试样置于 900~950℃下灼烧 90 min,在干燥器中冷却至室温后称其质量 G_1。

　　3. 部分水化水泥溶解热的测定

　　(1) 在测定未水化水泥试样溶解热的同时,制备部分水化水泥试样。测定两个龄期水化热时,用 100 g 水泥加 40 mL 蒸馏水,充分搅拌 3 min 后分成 3 等份,分别装入 3 个符合实验要求的水泥水化试样瓶中,置于(20±1)℃的水中养护至规定的龄期。

　　(2) 按实验要求标定热量计的比热容第(1)~(6)条进行准备工作和初测期试验,并记录初测温度 θ''_0。

　　(3) 从养护水中取出达到试验龄期的试样瓶,取出试样,迅速用研钵将水泥石捣碎,并全部通过 0.60 mm 方孔筛,然后混合均匀,放入磨口称量瓶中,并称出(4.20 ± 0.05) g(精确至 0.001 g)试样三份,两份放在称量瓶内供作溶解热测定,另一份放在坩埚内置于 $900 \sim 950 \, ℃$ 下灼烧 90 min,在干燥器中冷却至室温后称其质量,求出灼烧量 G_2,从开始捣碎至放入称量瓶中的全部时间不得超过 10 min。

(4)读出初测期结束时贝氏温度计读数 θ''_0,并立即将称量好的1份试样在 2 min 内由加料漏斗徐徐加入热量计内,漏斗、称量瓶、毛刷上均不得残留试样,然后按表 1-20 规定的不同水泥品种的测读时间,准时读记贝氏温度计读数 θ''_a 和 θ''_b。

五、试验结果计算与分析

1. 未水化水泥的溶解热按式(1-23-12)计算,精确到 0.5 J/g:

$$q_1 = \frac{R_1 C}{G_1} - 0.8(T' - t'_a) \qquad (1-23-12)$$

式中　q_1——未水化水泥的溶解热,J/g;

　　　C——热量计的热容量,J/℃;

　　　G_1——未水化水泥试样灼烧后的质量,g;

　　　T'——未水化水泥试样装入热量计时的室温,℃;

　　　t'_a——溶解期第一次贝氏温度计读数换算成普通温度计的度数,℃;

　　　R_1——经校正的温度上升值,℃;

　　　0.8——未水化水泥的比热容,J/(℃·g)。

R_1 值按式(1-23-13)计算:

$$R_1 = (\theta'_a - \theta'_0) - a'(\theta'_b - \theta'_a)/(b' - a') \qquad (1-23-13)$$

式中　θ'_0、θ'_a、θ'_b——分别为初测期结束时的贝氏温度计读数、溶解期第一次和第二次测读时的贝氏温度计读数,℃;

　　　a'、b'——分别为溶解期第一次测读时 θ'_a 与第二次测读时 θ'_b 距初读数 θ'_0 的时间,min。

以两次测定值的平均值作为试样测定结果。如两次测定值相差大于 10 J/g 时,需重做试验。

2. 经水化某一龄期后水泥石的溶解热按式(1-23-14)计算,精确到 0.5 J/g:

$$q_2 = \frac{R_2 C}{G_2} - 1.7(T'' - t''_a) + 1.3(t''_a - t'_a) \qquad (1-23-14)$$

式中　q_2——经水化某一龄期后水泥石的溶解热,J/g;

　　　C——热量计的热容量,J/℃;

　　　G_2——某一龄期水化水泥试样换算成灼烧后的质量,g;

　　　T''——水化水泥试样装入热量计时的室温,℃;

　　　t''_a——水化水泥试样溶解期的第一次贝氏温度计读数换算成普通温度计的度数,℃;

　　　t'_a——未水化水泥试样溶解期第一次贝氏温度计读数换算成普通温度计的度数,℃;

　　　R_2——经校正的温度上升值,℃;

　　　1.7——水化水泥的比热容,J/(℃·g);

　　　1.3——温度校正比热容,J/(℃·g)

R_2 值按式(1-23-15)计算：

$$R_2 = (\theta''_a - \theta''_0) - a''(\theta''_b - \theta''_0)/(b'' - a'') \tag{1-23-15}$$

式中 θ''_0、θ''_a、θ''_b——分别为初测期结束时的贝氏温度计读数、溶解期第一次和第二次测读时的贝氏温度计读数，℃；

$\qquad$ a''、b''——分别为溶解期第一次测读时 θ''_a 与第二次测读时 θ''_b 距初读数 θ''_0 的时间，min。

以两次测定值的平均值作为试样测定结果。如两次测定值相差大于 10 J/g 时，需重做试验。每次试验结束后，将保温瓶取出，倒出瓶内废液，温度计冲洗干净，并用干净纱布抹去水分，供下次试验用。涂蜡部分如有损伤，如松裂、脱落现象应重新处理。部分水化水泥试样溶解测定应在规定龄期±2 h 内进行，以试样进入酸液为准。

3. 水泥水化热结果计算

水泥在某一水化龄期前放出的水化热按式(1-23-16)计算，精确到 0.5 J/g：

$$q = q_1 - q_2 + 0.4(20 - t'_a) \tag{1-23-16}$$

式中 q_1——水泥在某一水化龄期前放出的水化热，J/g；

$\qquad$ q_2——水化至某一龄期时水泥石的溶解热，J/g；

$\qquad$ t'_a——未水化水泥试样在溶解期的第一次贝氏温度计读数，换算成普通温度计的温度，℃；

$\qquad$ 0.4——溶解热的负温比热容，J/(℃·g)；

$\qquad$ 20——要求实验的温度，℃。

六、注意事项

1. CO_2 与水化水泥作用的影响

本试验造成误差最大的因素是在于水化的水泥样品处理过程中吸收了 CO_2，使部分水化的水泥试样溶解热降低，导致水化热结果偏高。其主要原因是碳酸钙的溶解热比氢氧化钙的溶解热小，一般水化的水泥试样在碾碎时很有可能吸收 0.1% 的 CO_2，水化的水泥试样的溶解热约减少 2.0 J/g，干水泥粉几乎不受 CO_2 的影响，所以试验中要注意防止水化的水泥试样在空气中吸收 CO_2 的作用，以减少误差。

2. 试样灼烧后重量(烧失量)的影响

溶解热计算是以灼烧后的重量为基准的，在进行灼烧测重的试样与测定溶解热的试样必须一致，在试验过程中，由于两者试样的称量，试验有先有后，要特别注意这一点。另外从试验中发现有个别水化水泥在 900℃ 温度下灼烧时，与瓷坩埚起作用，使一部分试样粘在坩埚上，影响结果的准确性，如灼烧量差 2‰，所测溶解热约差 2.0 J/g。

3. 仪器热容量的影响

热量计的热容量是作为校正用的，必须正确测定，方法中规定热量计的条件如有改变，热容量必须另行测定。例如重新涂蜡配制新的酸液或更换贝氏温度计等都需重新标定热容量，否则会影响溶解热结果，热容量相差 1 J/g，则溶解热要差 1 J/g，在测定热容量时，必须采用同一种氧化锌。

4. 测读温度数的误差

贝克曼差示温度计精度 0.01℃，配有放大镜可读至 0.001℃，如在测读温度过程中，人为读数相差 0.005℃,则溶解热相差约 2.0 J/g。

5. 称水化试样的影响

水化试样与空气换触时间越长,水分越易蒸发,致使称样偏多,称样若带进 0.1 g 的误差,溶解热差 4 J/g 左右。

6. 室温的影响

溶解热法要求试验在恒温室(20±1)℃中进行,因为室温的变化能影响上升温度校正值。

7. 水灰比的影响

方法规定在制备水泥浆体时,采用 0.4 的水灰比,这是比较大的,在搅拌 3 min 后,水泥颗粒即开始往下沉,以致在倒入不同玻璃瓶内时会发生浓稀不匀现象,由于水化热是随着水灰比的增加而增加,因此应注意尽量使水泥浆均匀一致。

七、思考题

1. 水泥水化热测定为什么利用胶砂进行? 胶砂配比应按什么来确定? 为什么?

2. 用直接法测定水泥水化热时,如何确定胶砂加水量?

3. 为什么恒温水槽温度要严格控制在(20±0.1)℃内? 如何保证?

4. 用溶解法测定水泥水化热时,有哪些因素影响测试的准确性?

5. 试比较溶解法与直接法的优越性。

实验 1-24 水泥工艺综合性实验

改革开放的形势要求大学毕业生要具有较强的动脑和动手能力。为了提高这些能力,学生在实验教学环节中不仅要做验证性的实验,还要做综合性的实验。

一、实验目的和要求

综合性实验是根据选题的需要,将各个孤立的实验通过课题内容的需求有机地贯穿起来,成为一体。它也可称为设计性实验或研究性实验,即由教师指定一种无机非金属材料(可以是现有材料,也可是拟研制的新材料)或学生自选的一种感兴趣的材料为对象,让学生自己设计材料的成分与性质,制定制备(试验)工艺制度(技术路线),自己动手制备材料,确定要测试的性能和性能测试方法。一般来讲,如果所选材料是一种现有材料,则属于设计性实验;如果所选材料为拟研制的新材料(或现有材料的原料、性能、工艺等方面的改进),则属于研究性实验。

综合性实验不仅打破了目前实验项目简单罗列、条块分割、孤立进行的状况,有利于调动和发挥学生的积极性及个性的培养,理论联系实际,培养学生的能力,同时也建立了一种新型的实验教学形式和方法。通过综合性实验使学生受到科学家和工程师的基本训练,加深对专业理论知识的理解掌握和记忆,重点是培养和提高学生的自觉学习、独立思考、综合运用知识、独立分析解决问题的能力和创新能力以及动手能力。

开展综合性实验工作一定要有充分的准备和合理的组织安排。学生要严格按指导教师和实验的要求进行实验。指导教师要做好选题、指导、检查、考核工作。选题尽可能早准备,最好能在无机非金属材料工(艺)学课开课的同时让每个学生确定自己的课题(可以 3~5 人一组,既有独立又有合作),让学生带着课题的问题学习,一边学习一边设计自己的课题,实验阶段最好安排在理论课结束后,集中时间做,也可以在后半学期分期做。综合性实验对指导教师提出了更高的要求,指导教师一定要认真准备,严格要求,精心指导,及时解决各阶段所出现的问题,使综合性实验安全、顺利完成,达到实验的目的,同时,亦要求实验室给予积极的协助和配合,共同完成对学生的培养。

二、水泥工艺综合性实验的课题选择

水泥综合性实验课题的内容以水泥材料制备(或研制)为主,如:普通硅酸盐水泥的制备、新型抗硫酸盐水泥的研制。实验课题以加深学生对专业知识的理解和掌握,培养学生能力为主要原则来确定。在此原则基础上,考虑课题的灵活性,使课题多样化。它可以是教师的命题;教学方面有关理论探讨的课题;教师的科研课题,生产中待解决的实际课题,也可以是学生创造性自选的感兴趣的课题。

三、水泥工艺综合性实验的准备阶段

1. 阅读、翻译大量中外文献资料。

2. 题目的选定

(1)立题依据:如理论基础,现实意义,预期的社会效益和经济效益,实验的可行性等。要通过有关指导教师答辩,经批准方可立题。

(2)立题报告:包括题目名称、具体方案、实施手段、测试方法、工作计划与日程安排等。

3. 原料的准备

(1)选用天然矿物原料及工业废渣或化学试剂作原料

① 石灰石。

② 黏土。

③ 铁粉。

④ 校正与辅助原料:要根据主要原料成分是否满足要求决定取舍,包括制备特种水泥所需原料。

(2)石膏与混合材料

① 石膏。

② 混合材料:包括粒状高炉矿渣、火山灰质混合材、粉煤灰等。

(3)燃料

各种原材料根据需要进行烘干、破碎、粉磨等前期处理,处理过的原材料要用桶或塑料袋等封存,并编号贴上标签。各种原材料一般都需作化学全分析,需要时还应作某些物理性质检验。固体燃料要作工业分析、水分与热值分析。

四、水泥工艺综合性实验的课题阶段

1. 制备合格的生料

(1)根据各原材料的分析数据,进行配料计算,要考虑如下问题:

① 生料化学组成与原料配合是否协调。

② 原料的易碎性与易磨性试验效果。

③ 生料化学组成与其反应活性的影响因素、细度最佳范围与生料均化措施。

④ 生料率值的选择与确定原则。

⑤ 根据试验项目与组数预先计划好生料用量。

（2）制备合格生料要作如下试验工作：

① 生料粉磨及细度检验（需要时还应检验生料的易磨性）。

② 生料碳酸钙滴定值测定。

③ 生料化学成分全分析（包括烧失量）。

④ 生料易烧性试验。

⑤ 立窑生料还要作可塑性试验以及料球水分、料球强度、炸裂温度及含煤量等检验。

（3）生料的成型：为便于固相反应—液相扩散以获得优质熟料必须将生料制成料饼或料球。料饼可在压力机上一定压力下用圆试模加压成型；料球可在成球盘上成球或用人工成球。制成的料饼或料球均应干燥后再入炉煅烧，以免在高温炉内炸裂。

2. 熟料的制备与质量检验

（1）燃烧熟料用仪器、设备及器具

① 放置生料饼（或球）的器具一般可根据生料易烧性确定最高煅烧温度及范围，选用坩埚或耐火匣钵。煅烧温度：刚玉坩埚可耐 1350～1480℃；高铝坩埚可耐 1350℃。坩埚在烧成过程中不应与熟料起反应，如起反应时，须将反应处的局部熟料弃除。耐火器具的选择应确保在煅烧温度下不会破裂，以免高温液相渗出损坏炉子。

② 高温电炉：根据最高烧成温度选用。常用电炉的发热元件为硅钼棒或硅碳棒或电阻丝，煅烧温度以硅钼棒为最高，可耐 1500℃以上；电阻丝最低，一般在 1 000℃以下使用。

③ 热电偶：用标准热电偶在一定条件下校正。

④ 供熟料冷却、炉子降温和散热用的吹风装置或电风扇及取熟料用的长柄钳子、石棉手套、防护眼镜或面具，以及干燥器或料桶等。

（2）正确选择热工制度，为获得优质高产低消耗的熟料要考虑如下问题：

① 熟料的矿物组成与生料化学成分的关系。

② 熟料反应机制和反应动力学有关理论知识。

③ 固相反应的活化能及固相反应扩散系数等。

④ 熟料液相烧结与相平衡的关系。

⑤ 微量元素对熟料烧成的影响，矿化剂与助熔剂的作用和效果。

⑥ 生料易烧性与熟料烧成制度的关系。

⑦ 熟料煅烧的热工制度对熟料质量的影响。

⑧ 热料的冷却制度对其质量的影响。

（3）熟料质量检验

① 熟料化学成分全分析，并根据分析数据计算熟料的矿物组成。

② 熟料岩相检验。

③ 熟料游离氧化钙的测定。

④ 熟料易磨性检验。

⑤ 掺适量石膏于熟料中，磨细至要求的细度后，做全套的物理检验，包括标准稠度用水量、凝结时间和安定性及强度检验，并确定熟料标号。

3. 水泥品种及水泥性能检验

(1) 将煅烧所得熟料,按所设计的水泥品种,根据有关标准进行试验,以确定水泥品种和标号,适宜的添加物(如石膏和混合材等)掺量和粉磨细度等。如是硅酸盐水泥熟料,则除了可单掺适量石膏制成Ⅰ型硅酸盐水泥外,还可通过掺加混合材的类别与数量不同,制成Ⅱ型硅酸盐水泥、普通硅酸盐水泥、矿渣硅酸盐水泥、火山灰质硅酸盐水泥、粉煤灰硅酸盐水泥、复合硅酸盐水泥和石灰石硅酸盐水泥等。硫铝酸盐熟料则可通过调节外掺石膏数量制成膨胀硫铝酸盐水泥、自应力硫铝酸盐水泥或快硬硫铝酸盐水泥。同一种熟料可根据不同的需求研制同系列不同品种的水泥。

(2) 除按有关标准检验外,也可根据课题性质,自行设计试验检测水泥性能,这尤其适用于进行科学研究和开发新品种水泥。

(3) 一些特种水泥除常规检验项目外,还需进行特性检验。如中热水泥和低热矿渣水泥需测定水泥的水化热;道路水泥需检验水泥的耐磨性;膨胀水泥需测定水泥净浆的膨胀率等,必要时还应作微观测试项目的检测。

五、水泥工艺综合性实验的结束阶段

1. 有针对性地进一步查阅资料、文献以充实理论与课题。

2. 将实验得到的数据进行归纳、整理与分类并进行数据处理与分析,找出规律性、得出结论。如果认为某些数据不可靠,可补做若干实验或采用平行验证实验,对比后决定数据取舍。

3. 根据拟题方案及课题要求写出总结性实验报告。

一般来说,报告内容包括所制备(研制)水泥的特点、国内外水泥生产(研究)的现状、课题的目的和意义、原理、原料化学组成、配料计算结果、制备工艺、技术路线、工艺制度、测试方法及有关数据、常规与微观特性检验的数据、图片或图表、试制经过及结论,并提出存在的问题。

如果是论文或科研课题,要对某一专题研究的深度提出观点、论点,尽可能按科研论文的要求写出论文。在论文最后应按发表论文的要求列出参考文献。

第2章　普通混凝土制备及性能测试

实验 2 - 1　细集料性能测定

混凝土用细集料主要为砂子,根据建筑用砂 GB/T 14684—2011,混凝土用砂主要检测项目有:颗粒级配、泥和泥块含量、石粉含量、有害物质含量、坚固性、表观密度、堆积密度和空隙率、碱集料反应等,通过这些项目的检测为混凝土配合比设计提供原材料参数。

Ⅰ　颗粒级配测定

一、实验目的

1. 掌握砂的颗粒级配的测定方法。

2. 评定砂的颗粒级配是否合格。

二、实验器材

1. 电热鼓风干燥箱:能使温度控制在(105±5)℃。

2. 天平:称量 1 000 g,感量 1 g。

3. 摇筛机:振幅(0.5±0.1) mm,频率(50±3)Hz。

4. 砂筛:孔径为 9.50 mm、4.75 mm、2.36 mm、1.18 mm、0.60 mm、0.30 mm、0.15 mm、0.075 mm 的方孔筛,并附有筛底和筛盖。

5. 浅盘、毛刷等。

三、实验步骤

1. 按规定进行取样,并将试样缩分至约 1 100 g,放在烘箱中于(105±5)℃烘干至恒重,待冷却至室温后,筛除大于 9.5 mm 的颗粒(并算出其筛余百分率),分为大致相等的两份备用。

注:恒重系指试样在烘干 1～3 h 情况下,其前后质量之差不大于该项试验所要求的称量精度(下同)。

2. 准确称取试样 500 g,精确至 1 g,将试样倒入按孔径大小从上到下组合的套筛(附筛底)上,然后进行筛分。

3. 将整个套筛置于摇筛机上并固紧,摇筛 10 min。也可用手筛,但时间不少于 10 min。

4. 将整套筛自摇筛机上取下,按筛孔大小顺序再逐个在清洁的浅盘中进行手筛,筛至每分钟通过量小于试样总量的 0.1% 为止。通过的试样并入下一号筛中,并和下一号筛中的试样一起过筛,这样顺序进行,直至各号筛全部筛完为止。

5. 称出各号筛上的筛余量,精确至 1 g,试样在各号筛上的筛余量不得超过按下式计算出的量,超过时按下列方法之一进行处理。

$$G = \frac{A \times d^{1/2}}{200}$$

式中　G——在一个筛上的筛余量,g;

　　　A——筛面面积,mm²;

　　　d——筛孔尺寸,mm。

① 将该试验分成少于按上式计算出的量,分别筛分,并以筛余之和作为该号筛的筛余量。

② 将该粒级及以下各粒级的筛余混合均匀,称出其质量,精确至 1 g。再用四分法缩分为大致相等的两份,取其中一份,称出其质量,精确至 1 g,继续筛分。计算该粒级及以下各粒分计筛余量时应根据缩分比例进行修正。

四、实验结果计算与评定

1. 将每号筛上的筛余量与筛底盘上的剩余量相加,如其之和同原试样质量之差超过 1% 时,须重新试验。

2. 计算分计筛余百分率:各号筛的筛余量与试样总量之比,计算精确至 0.1%。

3. 计算累计筛余百分率:每号筛的筛余百分率加上该号筛以上各筛余百分率之和,精确至 0.1%。

4. 根据各号筛的累计筛余百分率,在砂的级配区曲线图上绘制筛分曲线,按照标准规定的级配区范围,评定该砂的颗粒级配是否合格。

5. 按下式计算砂的细度模数:

$$M_x = \frac{(A_2 + A_3 + A_4 + A_5 + A_6) - 5A_1}{100 - A_1}$$

式中　　　M_x——细度模数,精确至 0.01;

$A_1 \, , A_2 \, , \cdots , A_6$——分别为 4.75 mm、2.36 mm、1.18 mm、0.60 mm、0.30 mm、0.15 mm 筛的累计筛余百分率。

6. 累计筛余百分率取两次试验结果的算术平均值,精确至 1%。细度模数取两次试验结果的算术平均值,精确至 0.1。如两次试验的细度模数超过 0.20 时,须重新试验。

7. 砂按细度模数(M_x)分为粗、中、细和特细四种规格,由所测细度模数来评定该砂样的粗细程度。

五、思考题

1. 砂的颗粒级配测定过程中应注意哪些事项?

2. 某批次砂的筛分试验结果如下表,试求:

(1) 砂的分计筛余百分率和累计筛余百分率。

(2) 砂的细度模数。

(3) 砂的粗细等级。

(4)砂的级配区。

(5)砂的颗粒级配情况。

方孔筛尺寸/mm	分计筛余/g	分计筛余/%	累计筛余/%
4.75	40		
2.36	31		
1.18	89		
0.6	122		
0.3	161		
0.15	45		
<0.15	12		

Ⅱ 表观密度测定

一、实验目的

1. 掌握砂子表观密度的测定方法。
2. 了解砂子表观密度的控制要求。

二、实验器材

1. 电热鼓风干燥箱:能使温度控制在(105±5)℃。
2. 天平:称量 10 kg 或 1 000 g,感量 1 g。
3. 容量瓶:500 mL。
4. 干燥器、料勺、搪瓷盘、滴管、毛刷等。

三、实验步骤

1. 按规定取样,并将试样缩分至 660 g,放在烘箱中于(105±5)℃下烘至恒重,待冷却至室温后,分为大致相等的两份备用。

2. 称取烘干试样 300 g,精确至 1 g。将试样装入容量瓶中,注入冷开水至接近 500 mL 刻度处,用手旋转摇动容量瓶,使砂样充分搅动,以排除气泡,塞紧瓶塞,静置 24 h。

3. 打开瓶塞,用滴管小心添加水至容量瓶 500 mL 刻线处,塞紧瓶塞,擦干瓶外水分,称出其质量,精确至 1 g。

4. 倒出瓶中的水和试样,洗净容量瓶,再向容量瓶内注水(应与上项水温相差不超过 2℃,并在 15~25℃内)至 500 mL 刻度处,塞紧瓶塞,擦干瓶外水分,称其质量,精确至 1 g。

四、实验结果计算与评定

1. 按下式计算砂的表观密度:

$$\rho_0 = \left(\frac{G_0}{G_0 + G_2 - G_1} \right) \times \rho_{水}$$

式中 ρ_0 ——砂的表观密度,精确至 10 kg/m³;

$\rho_{水}$——水的密度,取 1 000 kg/m³;

G_0——烘干试样的质量,g;

G_1——试样、水及容量瓶的总质量,g;

G_2——水及容量瓶的总质量,g。

2. 砂的表观密度以两次试验结果的算术平均值作为测定值,如两次结果之差大于20 kg/m³,须重新试验。

五、思考题

1. 砂子表观观密度测定过程中应注意哪些事项?

2. 砂子表观密度的测定原理是什么?

Ⅲ　堆积密度与空隙率测定

一、实验目的

1. 掌握砂子堆积密度与空隙率的测定方法。

2. 了解砂子堆积密度与空隙率的控制要求。

二、实验器材

1. 电热鼓风干燥箱:能使温度控制在(105±5)℃。

2. 天平:称量 10 kg,感量 1 g。

3. 容量筒:圆柱形金属筒,内径 108 mm,净高 109 mm,壁厚 2 mm,筒底厚约 5 mm,容积为 1 L。

4. 孔径为 4.75 mm 方孔筛一只。

5. 漏斗、料勺、直尺、搪瓷盘、毛刷、垫棒(直径 10 mm,长 500 mm 的圆钢)等。

三、实验步骤

1. 按规定进行取样,用搪瓷盘装取试样约 3 L,放在烘箱中于(105±5)℃下烘干至恒重,待冷却后,筛除大于 4.75 mm 的颗粒,分为大致相等的两份备用。

2. 称容量筒质量 G_2。

3. 松散堆积密度:取试样一份,用漏斗或料勺将试样从容量筒中心上方 50 mm 处徐徐倒入,让试样以自由落体落下,当容量筒上部试样呈锥体,且容量筒四周溢满时,即停止加料。然后用直尺沿筒口中心线向两边刮平(试验过程应防止触动容量筒),称出试样和容量筒总质量 G_1,精确至 1 g。

4. 紧密堆积密度:取试样一份分两次加入容量筒。装完第一层后,在筒底垫放一根直径为 10 mm 的圆钢,将筒按住,左右交替击地面各 25 次。然后装入第二层,第二层装满后用同样方法颠实(但筒底所垫钢筋的方向与第一层时的方向垂直)后,再加试样直至超过筒口,然后用直尺沿筒口中心线向两边刮平,称出试样和容量筒总质量,精确至 1 g。

5. 容量筒容积校正:将温度为(20±2)℃的饮用水装满容量筒,用一玻璃板沿筒口推移,

使其紧贴水面。擦干筒外水分,然后称出其质量,精确至 1 g。容量筒的容积 V 按下式计算,精确至 1 mL:

$$V=(G_5-G_4)/\rho_{水}$$

式中　V——容量筒容积,cm^3;

　　G_5——容量筒、玻璃板和水的总质量,g;

　　G_4——容量筒和玻璃板质量,g。

四、实验结果计算与评定

1. 砂的松散或紧密堆积密度按下式计算:

$$\rho_1=(G_1-G_2)/V$$

式中　ρ_1——松散堆积密度或紧密堆积密度,精确至 10 kg/m^3;

　　G_1——容量筒和试样总质量,g;

　　G_2——容量筒质量,g;

　　V——容量筒容积,L。

2. 砂的空隙率按下式计算:

$$V_0=\left(1-\frac{\rho_1}{\rho_2}\right)\times100\%$$

式中　V_0——空隙率,精确至 1%;

　　ρ_1——试样的松散堆积(或紧密)堆积密度,kg/m^3;

　　ρ_2——试样表观密度,kg/m^3。

3. 取两次试验的算术平均值作为试验结果,并评定该试样的表观密度、堆积密度与空隙率是否满足标准规定值。

Ⅳ　含水率测定

一、实验目的

掌握砂子含水率的测定方法。

二、实验器材

1. 电热鼓风干燥箱:能使温度控制在(105±5)℃。

2. 天平:称量 1 kg,感量 1 g。

3. 浅盘、毛刷等。

三、实验步骤

1. 按规定进行取样,将试样缩分至约 500 g,装入已称质量的浅盘中,称出试样连同浅盘的总质量。然后摊开试样置于温度为(105±5)℃的烘箱中烘至恒重。

2. 称量烘干后的砂试样与浅盘的总质量。

四、实验结果计算与评定

1. 按下式计算砂的含水率,精确至 0.1%:

$$W = \frac{G_2 - G_3}{G_3 - G_1} \times 100\%$$

式中　　W——砂的含水率,%;

　　　　G_1——浅盘质量,g;

　　　　G_2——烘干前砂试样与浅盘的总质量,g;

　　　　G_3——烘干后砂试样与浅盘的总质量,g。

2. 以两次试验结果的算术平均值作为测定结果。通常也可采用炒干法代替烘干法测定砂的含水率。

Ⅴ　含泥量测定

一、实验目的

1. 掌握砂子含泥量的测定方法。
2. 了解各类砂含泥量的控制标准。

二、实验器材

1. 电热鼓风干燥箱:能使温度控制在(105±5)℃。
2. 方孔筛:孔径为 75 μm 及 1.18 mm 的筛各 1 只。
3. 天平:称量 1 000 g,感量 0.1 g。
4. 容器:要求淘洗试样时,保持试样不溅出(深度大于 250 mm)。
5. 搪瓷盘、毛刷等。

三、实验步骤

1. 按规定取样,并将试样缩分至约 1 100 g,放在烘箱中于(105±5)℃烘干至恒重,待冷却至室温后,分为大致相等的两份备用。

2. 称取试样 500 g,精确至 0.1 g。将试样倒入淘洗容器中,注入清水,使水面高于试样面约 150 mm,充分搅拌均匀后,浸泡 2 h,然后用手在水中淘洗试样,使尘屑、淤泥和黏土与砂粒分离,把浑水缓缓倒入 1.18 mm 及 75 μm 的套筛上(1.18 mm 的筛放在 75 μm 筛上面),滤去小于 75 μm 的颗粒。试验前筛子的两面应先用水润湿,在整个过程中应小心防止砂粒流失。

3. 再向容器中注入清水,重复上述操作,直至容器内的水目测清澈为止。

4. 用水淋洗剩余在筛上的细粒,并将 75 μm 筛放在水中(使水面略高出筛中砂粒的上表面)来回摇动,以充分洗掉小于 75 μm 的颗粒,然后将两只筛的筛余颗粒和清洗容器中已经洗净的试样一并倒入搪瓷盘,放在烘箱中于(105±5)℃下烘干至恒重,待冷却至室温后,称出其质量,精确至 0.1 g。

四、实验结果计算与评定

1. 按下式计算砂的含泥量：

$$Q_a = \frac{G_0 - G_1}{G_0} \times 100\%$$

式中　Q_a——含泥量，精确至 0.1%；

　　　G_0——试验前烘干试样的质量，g；

　　　G_1——试验后烘干试样的质量，g。

2. 含泥量取两个试样的试验结果的算术平均值作为测定值。

Ⅵ　氯化物含量测定

一、实验目的

1. 掌握砂子氯化物含量的测定方法。
2. 了解各类砂氯化物含量控制标准。

二、实验器材

1. 电热鼓风干燥箱：能使温度控制在(105±5)℃。
2. 天平：称量 1 000 g，感量 0.1 g。
3. 带塞磨口瓶：1 L；三角烧瓶：300 mL；移液管：50 mL；酸滴定管：10 mL 或 25 mL，精度 0.1 mL；容量瓶：500 mL；烧杯：1 000 mL。
4. 滤纸、搪瓷盘、毛刷等。
5. 氯化钠标准溶液 $c(NaCl) = 0.01$ mol/L。
6. 硝酸银标准溶液 $c(AgNO_3) = 0.01$ mol/L。
7. 5% 铬酸钾指示剂溶液。

氯化钠、硝酸银及铬酸钾溶液的配制及标定方法参照 GB/T 601—2002、GB/T 602—2002 规定进行。

三、实验步骤

1. 按规定取样，并将试样缩分至约 1 100 g，放在烘箱中于(105±5)℃下烘干至恒重，待冷却至室温后，分为大致相等的两份备用。

2. 称取试样 500 g，精确至 0.1 g。将试样倒入磨口瓶中，用容量瓶量取 500 mL 蒸馏水，注入磨口瓶，盖上塞子，摇动一次后，放置 2 h，然后，每隔 5 min 摇动一次，共摇动三次，使氯盐充分溶解。将磨口瓶上部已澄清的溶液过滤，然后用移液管吸取 50 mL 滤液，注入三角烧瓶中，再加入 5% 铬酸钾指示剂 1 mL，用 0.01 mol/L 硝酸银标准溶液滴定至呈现砖红色为终点。记录消耗的硝酸银标准溶液的毫升数，精确至 0.1 mL。

3. 空白试验：用移液管移取 50 mL 蒸馏水注入三角瓶中，加入 5% 铬酸钾指示剂 1 mL，并用 0.01 mol/L 硝酸银标准溶液滴定至呈现砖红色为止，记录此点消耗的硝酸银标准溶液的毫升数，精确至 0.1 mL。

四、实验结果计算与评定

1. 按下式计算砂中氯离子含量:

$$X=\frac{c(V-V_0)M\times10}{m\times1\,000}\times100\%$$

式中　X——氯离子含量,精确至 0.01%;

　　　c——硝酸银标准溶液的实际浓度,mol/L;

　　　V——样品滴定时消耗的硝酸银标准溶液的体积,mL;

　　　V_0——空白试验时消耗的硝酸银标准溶液的体积,mL;

　　　M——氯离子的摩尔质量,g/mol($M=35.5$ g/mol);

　　　10——全部试样溶液与所分取试样溶液的体积比;

　　　m——试样质量,g。

2. 氯离子含量取两次试验结果的算术平均值,精确至 0.01%。

五、思考题

1. 氯离子测定过程中应注意哪些事项?
2. 硝酸银标准溶液的实际浓度是如何确定的?

Ⅶ　机制砂 MB 值测定

一、实验目的

1. 了解石粉亚甲蓝试验的原理。
2. 掌握石粉亚甲蓝试验的方法。

二、实验器材

1. 电热鼓风干燥箱:能使温度控制在(105±5)℃。
2. 电子天平:称量 1 000 g、感量 0.1 g 及称量 100 g、感量 0.01 g 各一台。
3. 三片或四片式叶轮搅拌器:转速可调[最高达(600±60)r/min],直径(75±10)mm。
4. 移液管:5 mL、2 mL 各一支。
5. 亚甲蓝:($C_{16}H_{18}N_3SCI\cdot3H_2O$)含量≥95%。

亚甲蓝溶液制备:称量亚甲蓝粉末[[(100+w)/10] g±0.01 g(相当于干粉 10 g,式中 w 为亚甲蓝粉末含水率),精确至 0.01 g。倒入盛有约 600 mL 蒸馏水(水温加热至 35~40℃)的烧杯中,用玻璃棒持续搅拌 40 min,直至亚甲蓝粉末完全溶解,冷却至 20℃。将溶液倒入 1 L 容量瓶中,用蒸馏水淋洗烧杯数次,使所有亚甲蓝溶液全部移入容量瓶。容量瓶内溶液的温度应保持在(20±1)℃,加蒸馏水至容量瓶 1 L 刻度处。振荡容量瓶以保证亚甲蓝粉末完全溶解。将容量瓶中溶液移入深色储藏瓶中,标明制备日期、失效日期(亚甲蓝溶液保质期应不超过28 d),并置于阴暗处保存。

三、实验步骤

1. 按规定取样,并将试样缩分至约 400 g,放在干燥箱中于(105±5)℃下烘干至恒重,待冷却至室温后,筛除大于 2.36mm 的颗粒备用。

2. 称取试样 200 g,精确至 0.1 g。将试样倒入盛有(500±5)mL 蒸馏水的烧杯中,用叶轮搅拌器以(600±60)r/min 转速搅拌 5min,使成悬浮液,然后持续以(400+40)r/min 转速搅拌,直至试验结束。

3. 向悬浮液中加入 5 mL 亚甲蓝溶液,以(400±40)r/min 转速搅拌至少 1 min 后,用玻璃棒蘸取一滴悬浮液(所取悬浮液滴应使沉淀物直径在 8~12 mm 内),滴于滤纸上(置于空烧杯或其他合适的支撑物上,以使滤纸表面不与任何固体或液体接触)。若沉淀物周围未出现色晕,再加入 5 mL 亚甲蓝溶液,继续搅拌 1 min,再用玻璃棒蘸取一滴悬浮液,滴于滤纸上。若沉淀物周围仍未出现色晕,重复上述步骤,直至沉淀物周围出现约 1 mm 的稳定浅蓝色色晕。此时,应继续搅拌,不加亚甲蓝溶液,每 1 min 进行一次沾染试验。若色晕在 4 min 内消失,再加入 5 mL 亚甲蓝溶液;若色晕在第 5 min 内消失,再加入 2 mL 亚甲蓝溶液。两种情况下,均应继续进行搅拌和沾染试验,直至色晕可持续 5 min。

4. 记录色晕持续 5 min 时所加入的亚甲蓝溶液总体积,精确至 1 mL。

四、实验结果计算

石粉亚甲蓝 MB 值按下列公式计算:

$$MB = \frac{V}{G} \times 10$$

式中 MB——亚甲蓝值,表示每千克 0~2.36 mm 粒级试样所消耗的亚甲蓝质量,g/kg;

   G——试样质量,g;

   V——所加入的亚甲蓝溶液的总量,mL;

   10——用于每千克试样消耗的亚甲蓝溶液体积换算成亚甲蓝质量。

五、思考题

1. 什么叫色晕?亚甲蓝试验的原理是什么?
2. 砂当量试验和亚甲蓝试验有何区别?

实验 2-2   粗集料性能测定

混凝土用粗集料为石子(包括卵石和碎石),根据建筑用卵石、碎石标准 GB/T 14685—2011,混凝土用卵石、碎石主要检测项目有:颗粒级配、泥和泥块含量、针片状含量、有害物质含量、坚固性、压碎指标值、表观密度、堆积密度和空隙率、碱集料反应等。通过这些项目的检测为混凝土配合比设计提供原材料参数。

Ⅰ　颗粒级配测定

一、实验目的

1. 掌握卵石和碎石颗粒级配的测定方法。
2. 了解卵石和碎石的颗粒级配要求。

二、实验器材

1. 电热鼓风干燥箱:能使温度控制在(105±5)℃。
2. 台秤:称量 10 kg,感量 1 g。
3. 摇筛机。
4. 方孔筛:孔径为 2.36 mm、4.75 mm、9.50 mm、16.0 mm、19.0 mm、26.5 mm、31.5 mm、37.5 mm、53.0 mm、63.0 mm、75.0 mm 及 90.0 mm 的筛各一只,并附有筛底和筛盖(筛框内径为 300 mm)。
5. 搪瓷盘、毛刷等。

三、实验步骤

1. 按规定取样,并将试样缩分至略大于表 2-1 规定的数量,烘干或风干后备用。

表 2-1　石子筛分析试验所需试样数量

最大公称粒径/mm	10.0	16.0	20.0	26.5	31.5	40.0	63.0	80.0
最少试样质量/kg	2.0	3.2	4.0	5.0	6.3	8.0	12.6	16.0

2. 称取按表 2-1 规定数量的试样一份,精确到 1 g。将试样倒入按孔径大小从上到下组合的套筛(附筛底)上,然后进行筛分。

3. 将套筛置于摇筛机上,摇 10 min。取下套筛,按筛孔大小顺序再逐个用手筛,筛至每分钟通过量小于试样总量 0.1% 为止。通过的颗粒并入下一号筛中,并和下一号筛中的试样一起过筛,这样顺序进行,直至各号筛全部筛完为止。

注:当筛余颗粒的粒径大于 19.0 mm 时,在筛分过程中,允许用手指拨动颗粒。

4. 称出各号筛的筛余量,精确至 1 g。

四、实验结果计算与评定

1. 将每号筛的筛余量与筛底的筛余量相加,其之和同原试样质量之差超过 1% 时,须重新试验。
2. 计算分计筛余百分率,计算精确至 0.1%。
3. 计算累计筛余百分率,计算精确至 0.1%。
4. 根据各号筛的累计筛余百分率,评定该试样的颗粒级配。

五、思考题

1. 石子颗粒级配测定过程中应注意哪些事项?
2. 石子颗粒级配是如何评定的?

Ⅱ 针片状颗粒含量测定

一、实验目的

1. 掌握卵石和碎石的针片状含量的测定方法。
2. 了解各类卵石和碎石针片状含量的控制指标。

二、实验器材

1. 针状规准仪与片状规准仪,见图 2-1 和图 2-2。

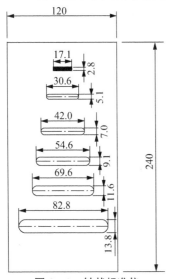

图 2-1　针状规准仪

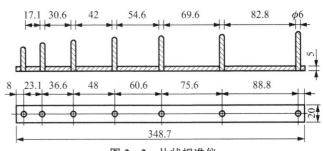

图 2-2　片状规准仪

2. 台秤:称量 10 kg,感量 1 g。

3. 方孔筛:孔径为 4.75 mm、9.50 mm、16.0 mm、19.0 mm、26.5 mm、31.5 mm 及 37.5 mm 的筛各一只。

三、实验步骤

1. 按规定取样,并将试样缩分至略大于表 2-2 规定的数量,烘干或风干后备用。

表 2-2　针、片状颗粒含量试验所需试样数量

最大公称粒径/mm	10.0	16.0	20.0	26.5	31.5	40.0	63.0	80.0
最少试样质量/kg	0.3	1.0	2.0	3.0	5.0	10.0	10.0	10.0

2. 称取按表 2-2 规定数量的试样一份,精确到 1 g,然后按表 2-3 规定的粒级按颗粒级配规定的方法进行筛分。

表 2-3　针、片状颗粒含量试验的粒级划分及其相应的规准仪孔宽或间距

石子粒级/mm	5.0～10.0	10.0～16.0	16.0～20.0	20.0～25.0	25.0～31.5	31.5～40.0
片状规准仪相对应孔宽/mm	2.8	5.1	7.0	9.1	11.6	13.8
针状规准仪相对应间距/mm	17.1	30.6	42.0	54.6	69.6	82.8

3. 按表 2 - 3 规定的粒级分别用规准仪逐粒检验,凡颗粒长度大于针状规准仪上相应间距者,为针状颗粒。颗粒厚度小于片状规准仪上相应孔宽者,为片状颗粒。称出其总质量,精确至 1 g。

4. 石子粒径大于 37.5 mm 的碎石或卵石可用卡尺检验针片状颗粒,卡尺卡口的设定宽度应符合表 2 - 4 的规定。

表 2 - 4　大于 37.5 mm 颗粒针、片状颗粒含量试验的粒级划分及其相应的卡尺卡口设定宽度

石子粒级/mm	40.0～53.0	53.0～63.0	63.0～80.0	80.0～100.0
检验片状颗粒的卡尺卡口设定宽度/mm	18.1	23.2	27.6	33.0
检验针状颗粒的卡尺卡口设定宽度/mm	108.6	139.2	165.6	198.0

四、实验结果计算与评定

针片状颗粒含量按下式计算:

$$Q_c = \frac{G_2}{G_1} \times 100\%$$

式中　Q_c——针、片状颗粒含量,精确至 1%;

　　　G_1——试样的质量,g;

　　　G_2——试样中所含针、片状颗粒的总质量,g。

五、思考题

工程中为什么要控制卵石和碎石中的针片状含量?

Ⅲ　压碎指标值测定

一、实验目的

1. 掌握卵石和碎石压碎指标值的测定方法。
2. 了解各类卵石和碎石压碎指标值的控制标准。

二、实验器材

1. 压力试验机:量程 300 kN,示值相对误差 2%。

2. 压碎值测定仪(受压试模):如图 2 - 3 所示。

3. 台秤:称量 10 kg,感量为 10 g;天平:称量 1 000 g,感量为 1 g。

4. 方孔筛:孔径为 2.36 mm、9.50 mm 及 19.0 mm 方孔筛各一只。

5. 垫棒:$\phi 10$ mm × 500 mm 圆钢;搪瓷盘;小勺;毛刷等。

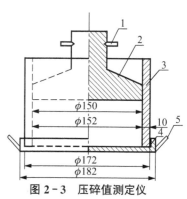

图 2 - 3　压碎值测定仪

1—把手;2—加压头;
3—圆模;4—底盘;5—手把

三、实验步骤

1. 按规定取样,风干后筛除大于 19.0 mm 及小于 9.50 mm 的颗粒,并去除针、片状颗粒,分为大致相等的三份备用。

2. 称取试样 3 000 g,精确至 1 g。将试样分两层装入试模内,每装完一层试样后,在底盘下面垫放一直径 10 mm 的圆钢,用手按住试模手把,左右交替颠击地面 25 次,两层颠实后,整平试模内试样表面,盖上压头。

注1:当试样中粒径在 9.50~19.0 mm 之间的颗粒不足时,允许将粒径大于 19.0 mm 的颗粒破碎成粒径在 9.50~19.0 mm 之间的颗粒用作压碎指标值试验。

注2:当试模装不下 3 000 g 试样时,以装至距圆模上口 10 mm 为准。

3. 将装好试样的试模置于压力机上,对准压板中心后,开动压力试验机,以 1 kN/s 速度均匀加荷至 200 kN 并稳定 5 s,然后卸荷。取下受压试模,移去压头,倒出试样,用孔径 2.36 mm 的筛筛除被压碎的细粒,称出留在筛上的试样质量,精确至 1 g。

四、实验结果计算与评定

1. 压碎指标值按下式计算:

$$Q_e = \frac{G_1 - G_2}{G_1} \times 100\%$$

式中　Q_e——压碎指标值,精确至 0.1%;

　　　G_1——试样的质量,g;

　　　G_2——压碎试验后筛余的试样质量,g。

2. 压碎指标值取三次试验结果的算术平均值,精确至 1%。

五、思考题

1. 工程中为什么要控制卵石和碎石的压碎指标值?

2. 如果送检单位所送的卵石和碎石样品颗粒粒径较大时,如何测定压碎指标值?

Ⅳ　表观密度测定

A. 表观密度(液体比重天平法)

一、实验目的

1. 掌握用液体比重天平法测定卵石和碎石的表观密度。

2. 了解卵石和碎石表观密度控制要求。

二、实验器材

1. 烘箱:能使温度控制在(105±5)℃。

2. 台秤:称量 5 kg,感量 5 g。其型号尺寸应能允许在臂上悬挂盛试样的吊篮,并能将吊篮放在水中称量。

3. 吊篮:直径和高度均为 150 mm,由孔径为 1～2 mm 的筛网或钻有 2～3 mm 孔洞的耐锈蚀金属板制成。

4. 方孔筛:孔径为 4.75 mm 的筛一只。

5. 盛水容器:有溢流孔。

6. 温度计、搪瓷盘、毛巾等。

三、实验步骤

1. 按规定取样,并缩分至略大于表 2－5 规定的数量,风干后筛除小于 4.75 mm 的颗粒,然后洗刷干净,分为大致相等的两份备用。

2. 取试样一份装入吊篮,并浸入盛水的容器中,液面至少高出试样表面 50 mm。浸水 24 h 后,移放到称量用的盛水容器中,并用上下升降吊篮的方法排除气泡(试样不得露出水面)。吊篮每升降一次约 1 s,升降高度为 30～50 mm。

表 2－5 表观密度试验所需试样数量

最大公称粒径/mm	＜25.0	31.5	40.0	63.0	80.0
最少试样质量/kg	2.0	3.0	4.0	6.0	6.0

3. 测定水温后(此时吊篮应全浸在水中),准确称出吊篮及试样在水中的质量,精确至 5 g。称量时盛水容器中水面的高度由容器的溢流孔控制。

4. 提起吊篮,将试样倒入浅盘,放在烘箱中于(105±5)℃下烘干至恒重,待冷却至室温后,称出其质量,精确至 5 g。

5. 称出吊篮在同样温度的水中的质量,精确至 5 g。称量时盛水容器的水面高度仍由溢流孔控制。

注:试验时各项称量可以在 15～25℃范围内进行,但从试样加水静置的 2 h 起至试验结束,其温度变化不应超过 2℃。

四、实验结果计算与评定

1. 表观密度按下式计算:

$$\rho_0 = \left(\frac{G_0}{G_0 + G_2 - G_1}\right) \times \rho_{水}$$

式中 ρ_0——表观密度,精确至 10 kg/m^3;

$\rho_{水}$——水的密度,取 1 000 kg/m^3;

G_0——烘干后试样的质量,g;

G_1——吊篮及试样在水中的质量,g;

G_2——吊篮在水中的质量,g。

2. 表观密度取两次试验结果的算术平均值,两次试验结果之差大于 20 kg/m^3,须重新试验。对颗粒材质不均匀的试样,如两次试验结果之差大于 20 kg/m^3,可取 4 次试验结果的算术平均值。

B. 表观密度(广口瓶法)

本方法不宜用于测定最大粒径大于 37.5 mm 的碎石或卵石的表观密度。

一、实验目的

1. 掌握用广口瓶法测定卵石和碎石的表观密度。
2. 了解卵石和碎石表观密度控制要求。

二、实验器材

1. 电热鼓风干燥箱:能使温度控制在(105±5)℃。
2. 天平:称量2 kg,感量1 g。
3. 广口瓶:1 000 mL,磨口,带玻璃片。
4. 方孔筛:孔径为4.75 mm的筛一只。
5. 温度计、搪瓷盘、毛巾等。

三、实验步骤

1. 按规定取样,并缩分至略大于表2-5规定的数量,风干后筛除小于4.75 mm的颗粒,然后洗刷干净,分为大致相等的两份备用。

2. 将试样浸水饱和,然后装入广口瓶中。装试样时,广口瓶应倾斜放置,注入饮用水,用玻璃片覆盖瓶口,以上下左右摇晃的方法排除气泡。

3. 气泡排尽后,向瓶中添加饮用水,直至水面凸出瓶口边缘。然后用玻璃片沿瓶口迅速滑行,使其紧贴瓶口水面。擦干瓶外水分后,称出试样、水、瓶和玻璃片总质量,精确至1 g。

4. 将瓶中试样倒入浅盘,放在烘箱中于(105±5)℃下烘干至恒重,待冷却至室温后,称出其质量,精确至1 g。

5. 将瓶洗净并重新注入饮用水,用玻璃片紧贴瓶口水面,擦干瓶外水分后,称出水、瓶和玻璃片总质量,精确至1 g。

注:试验时各项称量可以在15～25℃范围内进行,但从试样加水静置的2 h起至试验结束,其温度变化不应超过2℃。

四、实验结果计算与评定

1. 表观密度按下式计算:

$$\rho_0 = \left(\frac{G_0}{G_0 + G_2 - G_1}\right) \times \rho_{水}$$

式中　　ρ_0——表观密度,精确至10 kg/m³;

　　　　$\rho_{水}$——水的密度,取1 000 kg/m³;

　　　　G_0——烘干试样的质量,g;

　　　　G_1——试样、水、广口瓶和玻璃片的总质量,g;

　　　　G_2——水、广口瓶和玻璃片的总质量,g。

2. 表观密度取两次试验结果的算术平均值,两次试验结果之差大于20 kg/m³,须重新试验。对颗粒材质不均匀的试样,如两次试验结果之差大于20 kg/m³,可取4次试验结果的算术平均值。

Ⅴ　堆积密度与空隙率测定

一、实验目的

1. 掌握卵石和碎石堆积密度与空隙率的测定方法。
2. 了解卵石和碎石堆积密度与空隙率的控制要求。

二、实验器材

1. 台秤：称量 10 kg，感量 10 g。
2. 磅秤：称量 50 kg 或 100 kg，感量 50 g。
3. 容量筒：容量筒规格见表 2-6。
4. 垫棒：直径 16 mm、长 600 mm 的圆钢。
5. 直尺、小铲等。

表 2-6　容量筒的规格要求

最大公称粒径/mm	容量筒容积/L	容量筒规格		
		内径/mm	净高/mm	壁厚/mm
10.0,16.0,20.0,25.0	10	208	294	2
31.5,40.0	20	294	294	3
53.0,63.0,80.0	30	360	294	4

三、试验步骤

1. 按规定取样，烘干或风干后，拌匀并把试样分为大致相等的两份备用。

2. 松散堆积密度

取试样一份，用小铲将试样从容量筒口中心上方 50 mm 处徐徐倒入，让试样以自由落体落下，当容量筒上部试样呈锥体，且容量筒四周溢满时，即停止加料。除去凸出容量筒口表面的颗粒，并以合适的颗粒填入凹陷部分，使表面稍凸起部分和凹陷部分的体积大致相等（试验过程应防止触动容量筒），称出试样和容量筒总质量，精确至 10 g。

3. 紧密堆积密度

取试样一份分为三次装入容量筒。装完第一层后，在筒底垫放一根直径为 16 mm 的圆钢，将筒按住，左右交替颠击地面各 25 次，再装入第二层，第二层装完后用同样方法颠实（但筒底所垫钢筋的方向与第一层时的方向垂直），然后装入第三层，如法颠实。试样装填完毕，再加试样直至超过筒口，用钢尺沿筒口边缘刮去高出的试样，并用合适的颗粒填平凹处，使表面稍凸起部分和凹陷部分的体积大致相等。称出试样和容量筒总质量，精确至 10 g。

四、实验结果计算与评定

1. 松散或紧密堆积密度按下式计算：

$$\rho_1 = (G_1 - G_2)/V$$

式中　ρ_1——松散堆积密度或紧密堆积密度，精确至 10 kg/m³；

G_1——容量筒和试样总质量,g;

G_2——容量筒质量,g;

V——容量筒容积,L。

2. 空隙率按下式计算:

$$V_0 = \left(1 - \frac{\rho_1}{\rho_2}\right) \times 100\%$$

式中 V_0——空隙率,精确至1%;

ρ_1——试样的松散堆积(或紧密堆积)密度,10 kg/m³;

ρ_2——试样表观密度,10 kg/m³。

3. 堆积密度取两次试验结果的算术平均值,精确至10 kg/m³。空隙率取两次试验结果的算术平均值,精确至1%。

4. 容量筒容积的校准方法

将温度为(20±2)℃的饮用水装满容量筒,用一玻璃板沿筒口推移,使其紧贴水面。擦干筒外壁水分,然后称出其质量,精确至10 g。容量筒容积按下式计算,精确至1 mL:

$$V = (G_1 - G_2)/\rho_{水}$$

式中 V——容量筒容积,cm³;

G_1——容量筒、玻璃板和水的总质量,g;

G_2——容量筒、玻璃板的质量,g。

Ⅵ 碱集料反应

在碱集料反应试验前,应先用岩相法鉴定岩石种类及所含的活性矿物种类。

A. 碱-硅酸反应法

本方法适用于检验硅质集料与混凝土中的碱发生潜在碱-硅酸反应的危害性,不适用于碳酸盐类集料。

一、实验目的

1. 掌握用碱-硅酸反应法测定碱集料反应的方法。

2. 了解碱集料反应机理。

二、实验器材

1. 电热鼓风干燥箱:能使温度控制在(105±5)℃。

2. 天平:称量1 000 g,感量为0.1 g。

3. 方孔筛:孔径为4.75 mm、2.36 mm、1.18 mm、600 μm、300 μm及150 μm的筛各一只。

4. 比长仪:由百分表和支架组成,百分表量程为10 mm,精度0.01 mm。

5. 水泥胶砂搅拌机:符合GB/T 177要求。

6. 恒温养护箱或养护室:温度(40±2)℃,相对湿度95%以上。

7. 养护筒：由耐腐蚀材料制成，应不漏水，筒内设有试件架。

8. 试模：规格为 25 mm×25 mm×280 mm，试模两端正中有小孔，装有不锈钢质膨胀端头。

9. 跳桌、秒表、干燥器、搪瓷盘、毛刷等。

三、实验环境条件

1. 材料与成型室的温度应保持在 20.0～27.5℃，拌和水及养护室的温度应保持在（20±2）℃。

2. 成型室、测试室的相对湿度不应小于 80%。

3. 恒温养护箱或养护室温度应保持在（40±2）℃。

四、实验步骤

1. 按规定取样，并将试样缩分至约 5 000 g，将试样破碎后筛分成 150～300 μm、300～600 μm、600 μm～1.18 mm、1.18～2.36 mm、2.36～4.75 mm 五个粒级。每一个粒级在相应筛上用水淋洗干净后，放在烘箱中于（105±5）℃下烘干至恒重，分别存放在干燥器内备用。

2. 采用碱含量（以 Na_2O 计，即 $K_2O×0.658+Na_2O$）大于 1.2% 的高碱水泥。低于此值时，掺浓度为 10% 的 Na_2O 溶液，将碱含量调至水泥量的 1.2%。

3. 水泥与集料的质量比为 1:2.25，一组三个试件共需水泥 440 g，精确至 0.1 g，集料 990 g（各粒级的质量按表 2-7 分别称取，精确至 0.1 g）。用水量按 GB/T 2419 确定，跳桌跳动频率为 6 s 跳动 10 次，流动度以 105～120 mm 为准。

4. 砂浆搅拌应按 GB/T 177 规定完成。

表 2-7　碱集料反应用破碎集料各粒级的质量

筛孔尺寸	4.75～2.36 mm	2.36～1.18 mm	1.18 mm～600 μm	600～300 μm	300～150 μm
质量/g	99.0	247.5	247.5	247.5	148.5

5. 搅拌完成后立即将砂浆分两次装入已装有膨胀测头的试模中，每层捣 40 次，注意膨胀测头四周应小心捣实，浇捣完毕后用镘刀刮除多余砂浆，抹平、编号并表明测长方向。

6. 试件成型完毕后，立即带模放入标准养护室内，养护（24±2）h 后脱模，立即测量试件的长度，此长度为试件的基准长度。测长应在（20±2）℃的恒温室中进行。每个试件至少重复测量两次，其算术平均值作为长度测定值，待测的试件须用湿布覆盖，以防止水分蒸发。

7. 测完基准长度后，将试件垂直立于养护筒的试件架上，架上放水，但试件不能与水接触（一个养护筒内的试件品种应相同），加盖后放入（40±2）℃的养护箱或养护室内。

8. 测长龄期自测定基准长度之日起计算，14 d、1 个月、2 个月、3 个月、6 个月，如有必要还可适当延长。在测长前一天，应把养护筒从（40±2）℃的养护箱或养护室内取出，放到（20±2）℃的恒温室内。测长方法与测基准长度的方法相同，测量完毕后，应将试件放入养护筒中，加盖后放回到（40±2）℃的养护箱或养护室继续养护至下一个测试龄期。

9. 每次测长后，应对每个试件进行挠度测量和外观检查。

挠度测量：把试件放在水平面上，测量试件与平面间的最大距离应不大于 0.3 mm。

外观检查：观察有无裂缝、表面沉积物或渗出物，特别注意在空隙中有无胶体存在，并作详细记录。

五、实验结果计算与评定

1. 试件膨胀率按下式计算：

$$\Sigma_t = \frac{L_t - L_0}{L_0 - 2\Delta} \times 100\%$$

式中　Σ_t——试件在 t 龄期的膨胀率，精确至 0.001%；

L_t——试件在 t 龄期的长度，mm；

L_0——试件的基准长度，mm；

Δ——膨胀端头的长度，mm。

2. 膨胀率以 3 个试件膨胀值的算术平均值作为试验结果，精确至 0.01%。一组试件中任何一个试件的膨胀率与平均值相差不大于 0.01%，则结果有效。而对膨胀率平均值大于 0.05% 时，每个试件的测定值与平均值之差小于平均值的 20%，也认为结果有效。

3. 结果判定

当半年膨胀率小于 0.10% 时，判定为无潜在碱-硅酸反应危害。反之，则判定为有潜在碱-硅酸反应危害。

B. 快速碱-硅酸反应法

一、实验目的

1. 掌握用快速碱-硅酸反应法测定碱集料反应的方法。

2. 了解快速碱-硅酸反应法机理。

二、实验器材

1. 电热鼓风干燥箱：能使温度控制在 (105 ± 5)℃。

2. 天平：称量 1 000 g，感量为 0.1 g。

3. 方孔筛：孔径为 4.75 mm、2.36 mm、1.18 mm、600 μm、300 μm 及 150 μm 的筛各一只。

4. 比长仪：由百分表和支架组成，百分表量程为 10 mm，精度 0.01 mm。

5. 水泥胶砂搅拌机：符合 GB/T 177 要求。

6. 高温恒温养护箱或水浴：温度保持在 (80 ± 2)℃。

7. 养护筒：由可耐碱长期腐蚀的材料制成，应不漏水，筒内设有试件架，筒的容积可以保证试件分离地浸没在体积为 (2208 ± 276)mL 水中或 1 mol/L 的氢氧化钠溶液中，且不能与容器壁接触。

8. 试模：规格为 25 mm×25 mm×280 mm，试模两端正中有小孔，装有不锈钢质膨胀端头。

9. 干燥器、搪瓷盘、毛刷等。

10. 氢氧化钠：分析纯。

11. 蒸馏水或去离子水。

12. 氢氧化钠溶液：将 40 g NaOH 溶于 900 mL 水中，然后加水到 1 L，所需氢氧化钠溶液总体积为试件总体积的(4±0.5)倍(每一个试件的体积约为 184 mL)。

三、实验环境条件

1. 材料与成型室的温度应保持在 20.0～27.5℃，拌和水及养护室的温度应保持在(20±2)℃。

2. 成型室、测试室的相对湿度不应少于 80%。

3. 高温恒温养护箱或水浴应保持在(80±2)℃。

四、实验步骤

1. 按规定取样，并将试样缩分至约 5 000 g，将试样破碎后筛分成 150～300 μm、300～600 μm、600 μm～1.18 mm、1.18～2.36 mm、2.36～4.75 mm 五个粒级。每一个粒级在相应筛上用水淋洗干净后，放在烘箱中于(105±5)℃下烘干至恒重，分别存放在干燥器内备用。

2. 采用符合 GB 175 技术要求的硅酸盐水泥，水泥中不得有结块，并在保质期内。

3. 水泥与集料的质量比为 1∶2.25，水灰比为 0.47。一组三个试件共需水泥 440 g，精确至 0.1 g，集料 990 g(各粒级的质量按表 2-7 分别称取，精确至 0.1 g)。

4. 砂浆搅拌应按 GB/T 177 规定完成。

5. 搅拌完成后，立即将砂浆分两次装入已装有膨胀端头的的试模中，每层插捣 40 次，注意膨胀头四周应小心捣实，浇捣完毕后用镘刀刮除多余砂浆，抹平、编号并标明测长方向。

6. 试件成型完毕后，立即带模放入标准养护室内，养护(24±2) h 后脱模，立即测量试件的初始长度。待测的试件须用湿布覆盖，以防止水分蒸发。

7. 测完初始长度后，将试件浸没于养护筒(一个养护筒内的试件品种应相同)内的水中，并保持水温在(80±2)℃的范围内(加盖放在高温恒温养护箱或水浴中)，养护(24±2) h。

8. 从高温恒温养护箱或水浴中拿出一个养护筒，从养护筒内取出试件，用毛巾擦干表面，立即读出试件的基准长度[从取出试件至完成读数应在(15±5) s 时间内]，在试件上覆盖湿毛巾，全部试件测完基准长度后，再将所有试件分别浸没于养护筒内的 1 mol/L 氢氧化钠溶液中，并保持溶液温度在(80±1)℃的范围内(加盖放在高温恒温养护箱或水浴中)。

9. 测长龄期自测定基准长度之日起计算，在测基准长度后第 3 d、7 d、10 d、14 d 再分别测长，每次测长时间安排在每天近似同一时刻内，测长方法与测基准长度的方法相同，每次测长完毕后，应将试件放入原养护筒中，加盖后放回(80±1)℃的高温恒温养护箱或水浴中继续养护至下一个测试龄期。14 d 后如需继续测长，可安排每过 7 d 一次测长。

五、实验结果计算与评定

1. 试件膨胀率按下式计算：

$$\Sigma_t = \frac{L_t - L_0}{L_0 - 2\Delta} \times 100\%$$

式中　Σ_t——试件在 t 龄期的膨胀率，精确至 0.001%；

L_t——试件在 t 龄期的长度，mm；

L_0——试件的基准长度，mm；

Δ——膨胀端头的长度,mm。

2. 膨胀率以3个试件膨胀值的算术平均值作为试验结果,精确至0.01%。一组试件中任何一个试件的膨胀率与平均值相差不大于0.01%,则结果有效。而对膨胀率平均值大于0.05%时,每个试件的测定值与平均值之差小于平均值的20%,也认为结果有效。

3. 结果判定

① 当14 d膨胀率小于0.10%时,在大多数情况下可以判定为无潜在碱-硅酸反应危害。

② 当14 d膨胀率大于0.20%时,可以判定为有潜在碱-硅酸反应危害。

③ 当14 d膨胀率在0.10%~0.20%时,不能最终判定有潜在碱-硅酸反应危害,可以按碱-硅酸反应再进行试验来判定。

C. 碱-碳酸盐反应

本方法适用于检验碳酸盐类集料与混凝土中的碱发生潜在碱-碳酸盐反应的危害性,不适用于硅质集料。

一、实验目的

1. 掌握用碱-碳酸盐反应法测定碱集料反应的方法。

2. 了解碱-碳酸盐反应机理。

二、实验器材

1. 圆筒钻机:$\phi 9$ mm。

2. 测长仪:量程25 mm~50 mm,精度0.01 mm。

3. 养护瓶:由耐碱材料制成,能盖严以避免溶液变质。

4. 锯石机、磨片机。

5. 氢氧化钠:化学纯。

6. 蒸馏水或去离子水。

7. 氢氧化钠溶液 $c(NaOH)=1$ mol/L:将(40 ± 1)g NaOH溶解于1 L蒸馏水中。

三、实验步骤

1. 将一块岩石按其层理方向水平放置(如岩石层理不清,可任意放置),再按三个互相垂直的方向钻切三个岩石圆柱体[$\phi(9\pm1)$mm,长(35 ± 5)mm]试件,试件两端面应磨光,互相平行且垂直于圆柱体主轴,并保持干净,显露岩面本色。

2. 试件编号后,放入盛有蒸馏水的养护瓶中,置于(20 ± 2)℃的恒温室内,每隔24 h取出擦干表面,进行测长,直到前后两次测得的长度变化率之差≤0.02%为止,以最后一次测得的长度为基准长度。

3. 再将试件浸入盛有1 mol/L氢氧化钠溶液的养护瓶中,液面高出岩石柱不少于10 mm,且每个试件的平均需液量应不少于50 mL,同一容器中不得浸泡不同品种的试件。盖严养护瓶,置于(20 ± 2)℃的恒温室内。溶液每六个月更换一次。

4. 将试件从氢氧化钠溶液中取出,用蒸馏水洗净,擦干表面,在(20 ± 2)℃恒温室内测长,测定的周期为7 d、14 d、21 d、28 d、56 d、84 d,如有需要,以后每4周测长一次。注意观察在碱液浸泡过程中,试件的开裂、弯曲、断裂等变化,并及时记录。

四、实验结果计算与评定

1. 膨胀率计算同碱-硅酸反应。

2. 同块岩石所取的试件,取膨胀率最大的一个测值作为岩样的膨胀率。

3. 结果判定:试件浸泡 84 d 的膨胀率,如超过 0.10%,则判定该岩石样品具有潜在碱-碳酸盐反应危害。

实验 2-3　用于水泥和混凝土中粉煤灰性能测定

目前大量用于混凝土掺合料的有粉煤灰和粒化高炉矿渣粉,国标 GB/T 1596—2017 规定用于水泥活性混合材料的粉煤灰其主要检测项目有:烧失量、含水率、三氧化硫、游离氧化钙、硅铁铝总质量分数、安定性、密度、强度活性指数等。而用于混凝土掺合料的粉煤灰其主要检测项目有:细度、需水量比、烧失量、含水率、三氧化硫、游离氧化钙、硅铁铝总质量分数、安定性、密度、强度活性指数等。

Ⅰ　细度测定

一、实验目的

1. 掌握用负压筛析法测定粉煤灰细度的实验方法。

2. 掌握拌制砂浆和混凝土用各级粉煤灰的细度要求。

二、实验原理

利用气流作为筛分的动力和介质,通过旋转的喷嘴喷出的气流作用使筛网里的待测粉状物料呈流态化,并在整个系统负压的作用下,将细颗粒通过筛网抽走,从而达到筛分的目的。

三、实验器材

1. 负压筛析仪:负压筛析仪主要由筛座、真空源和收尘器等组成。

2. 电热鼓风干燥箱:能使温度控制在 (105 ± 5)℃。

3. 天平:称量 100 g,感量 0.01 g。

4. 45 μm 方孔筛。

三、实验步骤

1. 将测试用粉煤灰样品置于温度为 105～110℃电热鼓风干燥箱内烘至恒重,取出放在干燥器中冷却至室温。

2. 称取试样约 10 g,精确至 0.01 g,倒入 45 μm 方孔筛筛网上,将筛子置于筛座上,盖上筛盖。

3. 接通电源,将定时开关固定在 3 min,开始筛析。

4. 开始工作后,观察负压表,使负压稳定在 4 000～6 000 Pa。若负压小于 4 000 Pa,则应停机,清理收尘器中的积灰后再进行筛析。

5. 在筛析过程中,可用轻质木棒或硬橡胶棒轻轻敲打筛盖,以防吸附。

6. 3 min 后筛析自动停止,停机后观察筛余物,如出现颗粒成球、粘筛或有细颗粒沉积在筛框边缘,用毛刷将细颗粒轻轻刷开,将定时开关固定在手动位置,再筛析 1～3 min 直至筛分彻底为止。将筛网内的筛余物收集并称量,精确至 0.01 g。

四、实验结果计算与评定

1. 45 μm 方孔筛筛余按下式计算:

$$F = (G_1/G) \times 100\%$$

式中　F——45 μm 方孔筛筛余,计算精确至 0.1%;

　　　G_1——筛余物的质量,g;

　　　G——称取试样的质量,g。

2. 筛网的校正

筛网的校正采用粉煤灰细度标准样品或其他同等级标准样品,按上述操作步骤测定标准样品的细度,筛网校正系数按下式计算,精确至 0.1。

$$K = m_0/m$$

式中　K——筛网校正系数;

　　　m_0——标准样品筛余标准值,%;

　　　m——标准样品筛余实测值,%。

注:1. 筛网校正系数范围为 0.8～1.2。2. 筛析 150 个样品后进行筛网的校正。

Ⅱ　需水量比测定

一、实验目的

1. 掌握粉煤灰需水量比的测定方法。
2. 掌握拌制砂浆和混凝土用各级粉煤灰需水量比的技术指标要求。

二、实验原理

按 GB/T 2419 测定试验胶砂和对比胶砂的流动度,二者达到规定流动度范围时的加水量之比确定粉煤灰的需水量比。

三、实验器材

1. 搅拌机:符合 GB/T 17671—1999 规定的行星式水泥胶砂搅拌机。
2. 流动度跳桌符合 GB/T 2419 规定。
3. 天平:称量 1 000 g,感量 1 g。
4. 对比水泥:符合 GSB14—1510 规定,或符合 GB 175 规定的强度等级为 42.5 的硅酸盐水泥或普通硅酸盐水泥且按表 2-8 配制的对比胶砂流动度(L_0)在 145～150 mm。
5. 试验样品:对比水泥和被检验粉煤灰按质量 7∶3 混合。

6. 标准砂:符合 GB/T 17671—1999 规定的 0.5～1.0 mm 的中级砂。

7. 水:洁净的饮用水。

四、实验步骤

1. 胶砂配比:如表 2-8 所示。

表 2-8　粉煤灰需水量比试验胶砂配比

胶砂种类	对比水泥/g	粉煤灰/g	标准砂/g	加水量/mL
对比胶砂	250	—	750	125
试验胶砂	175	75	750	试验胶砂流动度达到对比胶砂流动度(L_0)±2 mm 时的加水量

2. 对比胶砂和试验胶砂分别按 GB/T 17671 规定进行搅拌。

3. 搅拌后的对比胶砂和试验胶砂分别按 GB/T 2419 测定流动度。当试验胶砂流动度达到对比胶砂流动度(L_0)±2 mm 时,记录此时的加水量(mL);当试验胶砂流动度超出对比胶砂流动度(L_0)±2 mm 时,重新调整加水量,直至试验胶砂流动度达到对比胶砂流动度(L_0)±2 mm 为止。

五、实验结果计算与评定

需水量比按下式计算:

$$X = (L_1/125) \times 100\%$$

式中　X——需水量比,计算至 1%;

　　　L_1——试验胶砂流动度达到 130～140 mm 时的加水量,mL;

　　　125——对比胶砂的加水量,mL。

六、思考题

1. 当试验胶砂流动度超出对比胶砂流动度(L_0)±2 mm 时,如何调整加水量?

2. 当对比胶砂流动度不在 130～140 mm 时,如何确定需水量比?

Ⅲ　强度活性指数测定

一、实验目的

1. 掌握粉煤灰活性指数的测定方法。

2. 了解用于水泥活性混合材粉煤灰活性指数的指标要求。

二、试验原理

按 GB/T 17671—1999 测定试验胶砂和对比胶砂的 28 d 抗压强度,以两者抗压强度之比确定试验胶砂的活性指数。

三、实验器材

1. 水泥胶砂搅拌机:符合 GB/T 17671—1999 规定的行星式水泥胶砂搅拌机。

2. 水泥胶砂振实台:符合 JC/T 682 要求。

3. 压力试验机及抗压夹具,抗压夹具应符合 JC/T 683 要求。

4. 天平:称量 2 000 g,感量 1 g。

5. 水泥胶砂试模:其材质和制造尺寸应符合 JC/T 726 要求。

6. 对比水泥:符合 GSB14—1510 规定,或符合 GB 175 规定的强度等级为 42.5 的硅酸盐水泥或普通硅酸盐水泥。

7. 试验样品:对比水泥和被检验粉煤灰按质量 7:3 混合。

8. 标准砂:符合 GB/T 17671—1999 规定的 ISO 标准砂。

9. 水:洁净的淡水。

10. 其他:自动滴管,金属直尺,大、小播料器,胶皮刮具等。

四、实验步骤

1. 胶砂配比:如表 2-9 所示。

表 2-9　粉煤灰活性指数测定用胶砂配比

胶砂种类	水泥/g	粉煤灰/g	标准砂/g	加水量/mL
对比胶砂	450	—	1350	225
试验胶砂	315	135	1350	225

2. 将对比胶砂和试验胶砂分别按 GB/T 17671 规定进行搅拌、试体成型和养护。

3. 试体养护至 28 d,按 GB/T 17671 规定分别测定对比胶砂和试验胶砂的抗压强度。

五、试验结果计算

活性指数按下式计算:

$$R_{28} = (R/R_0) \times 100\%$$

式中　R_{28}——活性指数,计算至 1%;

　　　R——试验胶砂 28 d 抗压强度,MPa;

　　　R_0——对比胶砂 28 d 抗压强度,MPa。

六、思考题

1. 活性指数测定过程中应注意哪些事项?

2. 如何根据活性指数的大小评定粉煤灰的活性?

七、单项选择题

1. 粉煤灰的强度活性指数是指_____。

A. 对比胶砂 28 d 抗压强度与试验胶砂 28 d 抗压强度的比值

B. 对比胶砂 28 d 抗折强度与试验胶砂 28 d 抗折强度的比值

C. 试验胶砂 28 d 抗压强度与对比胶砂 28 d 抗压强度的比值

D. 试验胶砂 28 d 抗折强度与对比胶砂 28 d 抗折强度的比值

2. 用于拌和砂浆和混凝土中的 Ⅱ 级粉煤灰其需水量比应为_____。

A. ≤95%　　　　　B. ≤105%　　　　　C. ≤115%　　　　　D. 不作要求

Ⅳ　含水量测定

一、实验目的

掌握粉煤灰含水量的测定方法。

二、实验原理

将粉煤灰放入规定温度的烘干箱内烘至恒重,以烘干前和烘干后的质量之差与烘干前的质量之比确定粉煤灰的含水量。

三、实验器材

1. 电热鼓风干燥箱:能使温度控制在(105±5)℃。
2. 天平:称量 100 g,感量 0.01 g。

四、实验步骤

1. 称取粉煤灰试样约 50 g,准确至 0.01 g,倒入蒸发皿中。
2. 将烘干箱温度调整并控制在 105～110℃。
3. 将粉煤灰试样放入烘干箱内烘至恒重,取出放在干燥器中冷却至室温后称量,精确至 0.01 g。

五、实验结果计算

含水量按下式计算:

$$W = [(w_1 - w_0)/w_0] \times 100\%$$

式中　W——含水量,计算精确至 0.1%;

　　　w_1——烘干前试样的质量,g;

　　　w_0——烘干后试样的质量,g。

实验 2-4　用于水泥和混凝土中粒化高炉矿渣粉性能测定

用于混凝土掺合料的粒化高炉矿渣粉根据 GB/T 18046—2008 规定,其检测项目主要有:密度、比表面积、活性指数、流动度比、三氧化硫、烧失量、氯离子、玻璃体含量、含水率及放射性等。

Ⅰ　活性指数测定

一、实验目的

1. 掌握粒化高炉矿渣粉活性指数的测定方法。
2. 了解用于水泥和混凝土中的粒化高炉矿渣粉活性指数的指标要求。

二、实验原理

分别测定试验样品和对比样品的抗压强度,两种样品同龄期的抗压强度之比即为活性指数。

三、实验器材

1. 水泥胶砂搅拌机,符合 JC/T 681 要求。
2. 水泥胶砂振实台,符合 JC/T 682 要求。
3. 压力试验机及抗压夹具,抗压夹具应符合 JC/T 683 要求。
4. 水泥标准试模。
5. 天平:称量 2 000 g,感量 1 g。
6. 其他:自动滴管、金属直尺、胶皮刮具等。
7. 对比水泥:符合 GB 175 规定的强度等级为 42.5 的硅酸盐水泥或普通硅酸盐水泥,且 7 d 抗压强度 35~45 MPa,28 d 抗压强度 50~60 MPa,比表面积 300~400 m^2/kg,SO_3 含量 2.3%~2.8%(质量分数),碱含量($Na_2O+0.658K_2O$)0.5%~0.9%(质量分数)。
8. 试验样品:由对比水泥和矿渣粉按质量比 1:1 组成。

四、实验步骤

1. 砂浆配比:如表 2-10 所示。

表 2-10 粒化高炉矿渣粉活性指数及流动度比测定用砂浆配比

砂浆种类	水泥/g	矿渣粉/g	中国 ISO 标准砂/g	水/mL
对比砂浆	450	—	1 350	225
试验砂浆	225	225		

2. 砂浆搅拌:搅拌按 GB/T 17671 进行。
3. 抗压强度试验:按 GB/T 17671 进行试验,分别测定试验样品 7 d、28 d 抗压强度 R_7、R_{28} 和对比样品 7 d、28 d 抗压强度 R_{07}、R_{028}。

五、实验结果计算与评定

矿渣粉各龄期的活性指数按下式计算:

$$A_7=(R_7/R_{07})\times100\%$$
$$A_{28}=(R_{28}/R_{028})\times100\%$$

式中　A_7——7 d 活性指数,计算至 1%;

　　R_{07}——对比样品 7 d 抗压强度,MPa;

　　R_7——试验样品 7 d 抗压强度,MPa;

　　A_{28}——28 d 活性指数,计算至 1%;

　　R_{028}——对比样品 28 d 抗压强度,MPa;

　　R_{28}——试验样品 28 d 抗压强度,MPa。

六、思考题

1. 粒化高炉矿渣粉的活性是如何评定的?
2. 粒化高炉矿渣粉的活性大小与什么因素有关?

Ⅱ　矿粉流动度比测定

一、实验目的

1. 掌握粒化高炉矿渣粉流动度比的测定方法。
2. 了解用于水泥和混凝土中的粒化高炉矿渣粉流动度比的指标要求。

二、实验原理

分别测定试验样品和对比样品的流动度,两者之比即为流动度比。

三、实验器材

1. 水泥胶砂搅拌机。
2. 水泥胶砂流动度测定仪。
3. 天平:称量 2 000 g,感量 1 g。
4. 对比水泥:符合 GB 175 规定的强度等级为 42.5 的硅酸盐水泥或普通硅酸盐水泥,且 7 d 抗压强度 35～45 MPa,28 d 抗压强度 50～60 MPa,比表面积 300～400 m^2/kg,SO_3 含量 2.3%～2.8%(质量分数),碱含量($Na_2O+0.658K_2O$)0.5%～0.9%(质量分数)。
5. 试验样品:由对比水泥和矿渣粉按质量比 1:1 组成。

四、实验步骤

1. 砂浆配比:见表 2-10。
2. 砂浆搅拌:搅拌按 GB/T 17671 进行。
3. 流动度试验:按 GB/T 2419 进行试验,分别测定试验样品和对比样品的流动度 L、L_0。

五、实验结果计算与评定

矿渣粉的流动度比按下式计算:

$$F=L/L_0\times100\%$$

式中　F——流动度比,计算至1%;
　　　L——试验样品流动度,mm;
　　　L_0——对比样品流动度,mm。

实验 2-5　混凝土外加剂性能测定

Ⅰ　固体含量测定

一、实验目的

掌握混凝土外加剂固体含量的测定方法。

二、实验器材

1. 天平:精度 0.1 mg。
2. 电热鼓风恒温干燥箱:温度范围 0～200℃。
3. 带盖称量瓶:$\phi 25$ mm$\times$65 mm。
4. 干燥器。

三、实验步骤

1. 将洁净带盖称量瓶放入烘箱内,于 100～105℃烘 30 min,取出置于干燥器内,冷却 30 min 后称量,重复上述步骤直至恒重,其质量为 m_0。

2. 将被测试样装入已经恒重的称量瓶内,盖上盖称出试样及称量瓶的总质量为 m_1。试样称量:固体产品 1.000 0～2.000 0 g;液体产品 3.000 0～5.000 0 g。

3. 将盛有试样的称量瓶放入烘箱内,开启瓶盖,升温至 100～105℃(特殊品种除外)烘干,盖上盖,置于干燥器内冷却 30 min 后称量,重复上述步骤直至恒重,其质量为 m_2。

四、实验结果计算与评定

1. 固体含量 $X_固$ 按下式计算:

$$X_固 = \frac{m_2 - m_0}{m_1 - m_0} \times 100\%$$

式中 $X_固$——固体含量,%;

m_0——称量瓶的质量,g;

m_1——称量瓶加试样的质量,g;

m_2——称量瓶加试样烘干后试样的质量,g。

2. 实验允许差:重复性允许差为 0.30%;再现性允许差为 0.50%。

Ⅱ 密度测定(比重瓶法)

一、实验目的

掌握用比重瓶法测定混凝土外加剂密度的方法。

二、实验器材

1. 比重瓶:25 mL 或 50 mL。
2. 天平:精度 0.1 mg。
3. 干燥器。
4. 超级恒温器或同等条件的恒温设备。

三、实验条件

1. 液体样品直接测试。
2. 固体样品溶液的浓度为 10 g/L。

3. 被测溶液的温度为(20±1)℃。

4. 被测溶液必须清澈,如有沉淀应滤去。

三、实验步骤

1. 比重瓶容积的校正

比重瓶依次用水、乙醇、丙酮和乙醚洗涤并吹干,塞子连瓶一起放入干燥器内,取出,称量比重瓶之质量为 m_0,直至恒重。然后将预先煮沸并经冷却的水装入瓶内,塞上塞子,使多余的水分从塞子毛细管流出,用吸水纸吸干瓶外的水。注意不能让吸水纸吸出塞子毛细管里的水,水要保持与毛细管上口相平,立即在天平上称出比重瓶装满水后的质量 m_1。

容积 V 按下式计算:

$$V = \frac{m_1 - m_0}{0.9982}$$

式中　V——比重瓶在 20℃时的容积,mL;

　　　m_0——干燥的比重瓶质量,g;

　　　m_1——比重瓶盛满 20℃水的质量,g;

　0.998 2——20℃时纯水的密度,g/mL。

2. 将已校正 V 值的比重瓶洗净、干燥、灌满被测溶液,塞上塞子后浸入(20±1)℃超级恒温器内,恒温 20 min 后取出,用吸水纸吸干瓶外的水及由毛细管溢出的溶液后,在天平上称出比重瓶装满外加剂溶液后的质量为 m_2。

四、实验结果表示与评定

1. 外加剂溶液的密度 ρ 按下式计算:

$$\rho = \frac{m_2 - m_0}{V} = \frac{m_2 - m_0}{m_1 - m_0} \times 0.998\ 2$$

式中　ρ——20℃时外加剂溶液密度,g/mL;

　　　m_2——比重瓶装满 20℃外加剂溶液后的质量,g。

2. 试验结果允许差:室内允许差为 0.001 g/mL;室间允许差为 0.002 g/mL。

Ⅲ　细度测定

一、实验目的

掌握混凝土外加剂细度的测定方法。

二、实验器材

1. 天平:称量 100 g,精度 0.1 g。

2. 试验筛:采用孔径为 0.315 mm 的铜丝网筛布。筛框有效直径 150 mm、高 50 mm。筛布应紧绷在筛框上,接缝必须严密,并附有筛盖。

三、实验步骤

1. 将外加剂试样充分拌匀并经 100～105℃(特殊品种除外)烘干。

2. 称取烘干试样 10 g 倒入筛内,用人工筛样,将近筛完时,必须一手执筛往复摇动,一手拍打,摇动速度约在 120 次/分钟。其间,筛子应向一定方向旋转数次,使试样分散在筛布上,直至每分钟通过质量不超过 0.05 g 时为止。称量筛余物,精确到 0.1 g。

四、实验结果计算与评定

1. 细度用筛余(%)表示,按下式计算:

$$筛余 = \frac{m_1}{m_0} \times 100\%$$

式中　m_1——筛余物质量,g;

　　　m_0——试样质量,g。

2. 试验允许差:重复性允许差为 0.40%;再现性允许差为 0.60%。

Ⅳ　pH 测定

一、实验目的

1. 掌握用酸度计检测混凝土外加剂 pH 的测定方法。
2. 了解奈斯特(Nemst)方程测量 pH 的原理。

二、实验原理

根据奈斯特(Nemst)方程 $E = E_0 + 0.059\ 151\ g[H^+]$,$E = E_0 - 0.059\ 15pH$,利用一对电极在不同 pH 溶液中能产生不同电位差,这一对电极由测试电极(玻璃电极)和参比电极(饱和甘汞电极)组成,在 25℃时每相差一个单位 pH 时产生 59.15 mV 的电位差,pH 可在仪器的刻度表上直接读出。

三、实验器材

1. 酸度计。
2. 甘汞电极、玻璃电极、复合电极。

四、实验条件

1. 液体样品直接测试。
2. 固体样品溶液的浓度为 10 g/L。
3. 被测溶液的温度为(20±3)℃。

五、实验步骤

1. 按仪器的出厂说明书校正仪器。
2. 当仪器校正好后,先用蒸馏水,再用测试溶液冲洗电极,然后再将电极浸入被测溶液中轻轻摇动试杯,使溶液均匀。待到酸度计的读数稳定 1 min,记录读数。测量结束后,用水冲洗电极,以待下次测量。

六、实验结果表示与评定

1. 酸度计测出的结果即为溶液的 pH。
2. 允许差：室内允许差为 0.2；室间允许差为 0.5。

Ⅴ　氯离子含量测定

一、实验目的

1. 掌握用电位滴定法检测混凝土外加剂中氯离子含量的测定方法。
2. 了解电位滴定法测量氯离子的原理。

二、实验原理

用电位滴定法，以银电极或氯电极为指示电极，其电势随 Ag^+ 浓度而变化。以甘汞电极为参比电极，用电位计或酸度计测定两电极在溶液中组成原电池的电势，银离子与氯离子反应生成溶解度很小的氯化银白色沉淀。在等当点前滴入硝酸银生成氯化银沉淀，两电极间电势变化缓慢，等当点时氯离子全部生成氯化银沉淀，这时滴入少量硝酸银引起电势急剧变化，指示出滴定终点。

三、实验器材

1. 电位测定仪或酸度仪。
2. 电磁搅拌器。
3. 甘汞电极、银电极或氯电极。
4. 滴定管：25 mL；移液管：10 mL。
5. 硝酸（1+1）。
6. 硝酸银溶液（17 g/L）：准确称取约 17 g 硝酸银（$AgNO_3$），用水溶解，放入 1 L 棕色容量瓶中稀释至刻度，摇匀，用 0.100 0 mol/L 氯化钠标准溶液对硝酸银溶液进行标定。
7. 氯化钠标准溶液[c(NaCl)＝0.100 0 mol/L]：称取约 10 g 氯化钠（基准试剂），盛在称量瓶中，于 130～150℃ 烘干 2 h，在干燥器内冷却后精确称取 5.844 3 g，用水溶解并稀释至 1 L，摇匀。标定硝酸银溶液（17 g/L）：

用移液管吸取 10 mL 0.100 0 mol/L 的氯化钠标准溶液于烧杯中，加水稀释至 200 mL，加 4 mL 硝酸（1+1），在电磁搅拌下，用硝酸银溶液以电位滴定法测定终点，过等当点后，在同一溶液中再加入 0.100 0 mol/L 氯化钠标准溶液 10 mL，继续用硝酸银溶液滴定至第二个终点，用二次微商法计算出体积 V_{01}、V_{02}。

体积 V_0 按下式计算：

$$V_0 = V_{02} - V_{01}$$

式中　V_0——10 mL 0.100 0 mol/L 的氯化钠消耗硝酸银溶液的体积，mL；

　　　V_{01}——空白试验中 200 mL 水，加 4 mL 硝酸（1+1）加 10 mL 0.100 0 mol/L 的氯化钠标准溶液所消耗的硝酸银溶液的体积，mL；

　　　V_{02}——空白试验中 200 mL 水，加 4 mL 硝酸（1+1）加 20 mL 0.100 0 mol/L 的氯化

钠标准溶液所消耗的硝酸银溶液的体积,mL。

浓度 c 按下式计算:

$$c = \frac{c'V'}{V_0}$$

式中 c——硝酸银溶液的浓度,mol/L;

      c'——氯化钠标准溶液的浓度,mol/L;

      V'——氯化钠标准溶液的体积,mL。

四、实验步骤

1. 准确称取外加剂试样 0.500 0～5.000 0 g,放入烧杯中,加 200 mL 水和 4 mL 硝酸 (1+1),使溶液呈酸性,搅拌至完全溶解,如不能完全溶解,可用快速定性滤纸过滤,并用蒸馏水洗涤残渣至无氯离子为止。

2. 用移液管加入 10 mL 0.100 0 mol/L 的氯化钠标准溶液,烧杯内加入电磁搅拌子,将烧杯放在电磁搅拌器上,开动搅拌器并插入银电极(或氯电极)及甘汞电极,两电极与电位计或酸度计相连接,用硝酸银溶液缓慢滴定,记录电势和对应的滴定管读数。

由于接近等当点时,电势增加很快,此时要缓慢滴加硝酸银溶液,每次定量加入 0.1 mL,当电势发生突变时,表示等当点已过,此时继续滴入硝酸银溶液,直至电势趋向变化平缓。得到第一个终点时硝酸银溶液消耗的体积 V_1。

3. 在同一溶液中,用移液管再加入 10 mL 0.100 0 mol/L 氯化钠标准溶液(此时溶液电势降低),继续用硝酸银溶液滴定,直至第二个等当点出现,记录电势和对应的 0.1 mol/L 硝酸银溶液消耗的体积 V_2。

4. 空白试验   在干净的烧杯中加入 200 mL 水和 4 mL 硝酸(1+1)。用移液管加入 10 mL 0.100 0 mol/L 氯化钠标准溶液,在不加入试样的情况下,在电磁搅拌下,缓慢滴加硝酸银溶液,记录电势和对应的滴定管读数,直至第一个终点出现。过等当点后,在同一溶液中,再用移液管加入 0.100 0 mol/L 氯化钠标准溶液 10 mL,继续用硝酸银溶液滴定至第二个终点,用二次微商法计算出硝酸银溶液消耗的体积 V_{01}、V_{02}。

五、实验结果计算与评定

用二次微商法计算结果。通过电压对体积二次导数(即 $\Delta^2 E/\Delta V^2$)变成零的办法来求出滴定终点。假如在邻近等当点时,每次加入的硝酸银溶液是相等的,此函数($\Delta^2 E/\Delta V^2$)必定会在正负两个符号发生变化的体积之间的某一点变成零,对应这一点的体积即为终点体积,可用内插法求得。

1. 外加剂中氯离子所消耗的硝酸银体积 V 按下式计算:

$$V = \frac{(V_1 - V_{01}) + (V_2 - V_{02})}{2}$$

式中 V_1——试样溶液加 10 mL 0.100 0 mol/L 氯化钠标准溶液所消耗的硝酸银溶液体积,mL;

      V_2——试样溶液加 20 mL 0.100 0 mol/L 氯化钠标准溶液所消耗的硝酸银溶液体积,mL。

2. 外加剂中氯离子含量 X_{Cl^-} 按下式计算：

$$X_{Cl^-} = \frac{c \cdot V \times 35.45}{m \times 1\,000} \times 100\%$$

式中　X_{Cl^-}——外加剂氯离子含量，%；

　　　m——外加剂样品质量，g。

用 1.565 乘氯离子的含量，即获得无水氯化钙 X_{CaCl_2} 的含量，按下式计算：

$$X_{CaCl_2} = 1.565 \times X_{Cl^-} \times 100\%$$

式中　X_{CaCl_2}——外加剂中无水氯化钙的含量，%。

3. 允许差：重复性允许差为 0.05%，再现性允许差为 0.08%。

Ⅵ　硫酸钠含量测定（重量法）

一、实验目的

1. 掌握用硫酸钡重量法检测混凝土外加剂中硫酸钠含量的测定方法。

2. 了解硫酸钡重量法测定的原理。

二、实验原理

氯化钡溶液与外加剂试样中的硫酸盐生成溶解度极小的硫酸钡沉淀，称量经高温灼烧后的沉淀来计算硫酸钠的含量。

三、实验器材

1. 电阻高温炉：最高使用温度不低于 900℃。

2. 电子天平：称量 100 g，感量 0.1 mg。

3. 电磁电热式搅拌器。

4. 盐酸溶液：1+1；氯化铵溶液：50 g/L；氯化钡溶液：100 g/L；硝酸银溶液：1 g/L。

5. 瓷坩埚：18～30 mL；烧杯：400 mL；长颈漏斗；慢速定量滤纸及快速定性滤纸。

四、实验步骤

1. 准确称取试样约 0.5 g 于 400 mL 烧杯中，精确至 0.1 mg，加入 200 mL 水搅拌溶解，再加入氯化铵溶液 50 mL，加热煮沸后，用快速定性滤纸过滤，用水洗涤数次后，将滤液浓缩至 200 mL 左右，滴加盐酸（1+1）至浓缩滤液显示酸性，再多加 5～10 滴盐酸，煮沸后在不断搅拌下趁热滴加氯化钡溶液 10 mL，继续煮沸 15 min，取下烧杯，置于加热板上，保持 50～60℃ 静置 2～4 h 或常温静置 8 h。

2. 用两张慢速定量滤纸过滤，烧杯中的沉淀用 70℃ 水洗净，使沉淀全部转移到滤纸上，用温热水洗涤沉淀至无氯根为止（用硝酸银溶液检验）。

3. 将沉淀与滤纸移入预先灼烧恒重的坩埚中，小火烘干，灰化。

4. 在 800℃ 电阻高温炉中灼烧 30 min，然后在干燥器里冷却至室温（约 30 min），取出称量，再将坩埚放回高温炉中，灼烧 20 min，取出冷却至室温称量，如此反复直至恒重（连续两次称量之差小于 0.000 5 g)。

五、实验结果表示与评定

1. 硫酸钠含量 $X_{Na_2SO_4}$ 按下式计算：

$$X_{Na_2SO_4} = \frac{(m_2 - m_1) \times 0.608\ 6}{m} \times 100\%$$

式中　$X_{Na_2SO_4}$——外加剂中硫酸钠含量,%；

　　　　m——试样质量,g；

　　　　m_1——空坩埚质量,g；

　　　　m_2——灼烧后滤渣加坩埚质量,g；

　　0.608 6——硫酸钡换算成硫酸钠的系数。

2. 允许差:重复性允许差为 0.50%；再现性允许差为 0.80%。

六、思考题

1. 硫酸钠含量测定过程中应注意哪些事项？
2. 如何减小测定过程中产生的误差？

Ⅶ　水泥净浆流动度测定

一、实验目的

掌握水泥净浆流动度的测定方法。

二、实验原理

在水泥净浆搅拌机中,加入一定量的水泥、外加剂和水进行搅拌。将搅拌好的净浆注入截锥圆模内,提起截锥圆模,测定水泥净浆在玻璃平面上自由流淌的最大直径。

三、实验器材

1. 水泥净浆搅拌机。
2. 截锥圆模:上口直径 36 mm,下口直径 60 mm,高度为 60 mm,内壁光滑无接缝的金属制品。
3. 天平:称量 100 g,精度 0.1 g。天平:称量 1 000 g,精度 1 g。
4. 玻璃板:400 mm×400 mm×5 mm。
5. 秒表;钢直尺:300 mm;刮刀等。

四、实验步骤

1. 将玻璃板放置在水平位置,用湿布抹擦玻璃板、截锥圆模、搅拌器及搅拌锅,使其表面湿而不带水渍。将截锥圆模放在玻璃板的中央,并用湿布覆盖待用。
2. 称取水泥 300 g,倒入搅拌锅内。加入推荐掺量的外加剂及 87 g 或 105 g 水,搅拌 3 min。
3. 将拌好的净浆迅速注入截锥圆模内,用刮刀刮平,将截锥圆模按垂直方向提起,同时开启秒表计时,任水泥净浆在玻璃板上流动,至 30 s,用直尺量取流淌部分互相垂直的两个方向的最大直径,取平均值作为水泥净浆流动度。

五、实验结果表示与评定

1. 表示净浆流动度时,需注明用水量,所用水泥的强度等级标号、名称、型号及生产厂家和外加剂掺量。

2. 允许差:重复性允许差为 5 mm;再现性允许差为 10 mm。

Ⅷ 水泥砂浆工作性测定

本方法适用于测定外加剂对水泥的分散效果,以水泥砂浆减水率表示其工作性,当水泥净浆流动度试验不明显时可用此法。

一、实验目的

掌握水泥砂浆工作性的测定方法。

二、实验原理

先测定基准砂浆流动度的用水量,再测定掺外加剂砂浆流动度的用水量,然后,测定加入基准砂浆流动度的用水量时的砂浆流动度。以水泥砂浆减水率表示其工作性。

三、实验器材

1. 胶砂搅拌机:符合 JC/T 681 的要求。
2. 跳桌、截锥圆模及模套、圆柱捣棒、卡尺均应符合 GB/T 2419 的规定。
3. 电子天平:称量 100 g,精度 0.1 g。
4. 台秤:称量 5 kg,精度 1 g。
5. 抹刀等。
6. 52.5 级硅酸盐水泥、ISO 标准砂、外加剂。

四、实验步骤

1. 基准砂浆流动度用水量的测定

(1) 先使搅拌机处于待工作状态,然后按以下程序进行操作:把水加入锅里,再加入水泥 450 g,把锅放在固定架上,上升至固定位置,然后立即开动机器,低速搅拌 30 s 后,在第二个 30 s 开始的同时均匀地将标准砂加入,机器转至高速再拌 30 s。停拌 90 s,在第一个 15 s 内用一抹刀将叶片和锅壁上的胶砂刮入锅中间,在高速下继续搅拌 60 s,各个阶段搅拌时间误差应在 ±1 s 以内。

(2) 在拌和砂浆的同时,用湿布抹擦跳桌的玻璃台面、捣棒、截锥圆模及模套内壁,并把它们置于玻璃台面中心,盖上湿布,备用。

(3) 将拌好的砂浆迅速地分两次装入模内,第一次装至截锥圆模的三分之二处,用抹刀在相互垂直的两个方向各划 5 次,并用捣棒自边缘向中心均匀捣 15 次,接着装第二层砂浆,装至高出截锥圆模约 20 mm,用抹刀划 10 次,同样用捣棒捣 10 次,在装胶砂与捣实时,用手将截锥圆模按住,不要使其产生移动。

(4) 捣好后取下模套,用抹刀将高出截锥圆模的砂浆刮去并抹平,随即将截锥圆模垂直向上提起置于台上,立即开动跳桌,以每秒一次的频率使跳桌连续跳动 30 次。

(5) 跳动完毕用卡尺量出砂浆底部流动直径,取互相垂直的两个直径的平均值为该用水量时的砂浆流动度,用 mm 表示。

(6) 重复上述步骤,直到流动度达到(180±5)mm。当砂浆流动度为(180±5)mm 时的用水量即为基准砂浆流动度的用水量 M_0。

2. 将水和外加剂加入锅里搅拌均匀,按上述基准砂浆流动度用水量的操作步骤测出掺外加剂砂浆流动度达(180±5)mm 时的用水量 M_1。

3. 将外加剂和基准砂浆流动度的用水量加入锅中,人工搅拌均匀,再按上述基准砂浆流动度用水量的操作步骤,测定加入基准砂浆流动度的用水量时的砂浆流动度,以 mm 表示。

五、实验结果计算与评定

1. 砂浆减水率(%)按下式计算:

$$砂浆减水率 = \frac{M_0 - M_1}{M_0} \times 100\%$$

式中　M_0——基准砂浆流动度为(180±5)mm 时的用水量,g;

　　　M_1——掺外加剂的砂浆流动度为(180±5)mm 时的用水量,g。

2. 允许差:重复性允许差为砂浆减水率 1.0%,再现性允许差为砂浆减水率 1.5%。

六、思考题

1. 水泥砂浆工作性测定过程中应注意哪些事项?

2. 测定砂浆减水率有何意义?

Ⅸ　碱含量测定

一、实验目的

掌握混凝土外加剂中碱含量的测定方法。

二、实验原理

试样用约 80℃的热水溶解,以氨水分离铁、铝,以碳酸铵分离钙、镁。滤液中的碱(钾和钠),采用相应的滤光片,用火焰光度计进行测定。

三、实验器材

1. 火焰光度计。

2. 盐酸:1+1;氨水:1+1;碳酸铵溶液:100 g/L;甲基红指示剂:2 g/L 乙醇溶液。

3. 氧化钾、氧化钠标准溶液:精确称取已在 130～150℃烘过 2 h 的氯化钾(KCl 光谱纯)0.792 0 g 及氯化钠(NaCl 光谱纯)0.943 0 g,置于烧杯中,加水溶解后,移入 1 000 mL 容量瓶中,用水稀释至标线,摇匀,转移至干燥的带盖塑料瓶中。此标准溶液每毫升相当于氧化钾及氧化钠 0.5 mg。

四、实验步骤

1. 工作曲线的绘制

分别向 100 mL 容量瓶中注入 0.00 mL、1.00 mL、2.00 mL、4.00 mL、8.00 mL、12.00 mL 的氧化钾、氧化钠标准溶液(分别相当于氧化钾、氧化钠各 0.00 mg、0.50 mg、1.00 mg、2.00 mg、4.00 mg、6.00 mg),用水稀释至标线,摇匀,然后分别于火焰光度计上按仪器使用规程进行测定,根据测得的检流计读数与溶液的浓度关系,分别绘制氧化钾及氧化钠的工作曲线。

2. 准确称取一定量的试样置于 150 mL 的瓷蒸发皿中,用 80℃ 左右的热水润湿并稀释至 30 mL,置于电热板上加热蒸发,保持微沸 5 min 后取下,冷却,加 1 滴甲基红指示剂,滴加氨水(1+1),使溶液呈黄色。加入 10 mL 碳酸铵溶液,搅拌,置于电热板上加热并保持微沸 10 min,用中速滤纸过滤,以热水洗涤,滤液及洗液盛于容量瓶中,冷却至室温,以盐酸(1+1)中和至溶液呈红色,然后用水稀释至标线,摇匀,以火焰光度计按仪器使用规程进行测定。称样量及稀释倍数见表 2-11。

表 2-11 称样量及稀释倍数

总碱量/%	称样量/g	稀释体积/mL	稀释倍数/n
1.00	0.2	100	1
1.00~5.00	0.1	250	2.5
5.00~10.00	0.05	250 或 500	2.5 或 5.0
>10.00	0.05	500 或 1 000	5.0 或 10.0

五、实验结果计算与评定

1. 氧化钾含量 X_{K_2O} 按下式计算:

$$X_{K_2O} = \frac{C_1 \cdot n}{m \times 1\,000} \times 100\%$$

式中 X_{K_2O}——外加剂中氧化钾含量,%;

C_1——在工作曲线上查得每 100 mL 被测溶液中氧化钾的含量,mg;

n——被测溶液的稀释倍数;

m——试样质量,g。

2. 氧化钠含量 X_{Na_2O} 按下式计算:

$$X_{Na_2O} = \frac{C_2 \cdot n}{m \times 1\,000} \times 100\%$$

式中 X_{Na_2O}——外加剂中氧化钠含量,%;

C_2——在工作曲线上查得每 100 mL 被测溶液中氧化钠的含量,mg。

3. 总碱量 $X_{总碱量}$ 按下式计算:

$$X_{总碱量} = 0.658 \times X_{K_2O} + X_{Na_2O}$$

式中 $X_{总碱量}$——外加剂中的总碱量,%。

4. 允许差,见表 2 - 12。

表 2 - 12　总碱量的允许差

总碱量/%	室内允许差/%	室间允许差/%
1.00	0.10	0.15
1.00～5.00	0.20	0.30
5.00～10.00	0.30	0.50
＞10.00	0.50	0.80

注:1. 矿物质的混凝土外加剂:如膨胀剂等,不在此范围之内。

2. 总碱量的测定亦可采用原子吸收光谱法,参见 GB/T 176 —1996 中 3.11.2。

实验 2 - 6　普通混凝土配合比设计及拌和试验

Ⅰ　普通混凝土配合比设计

混凝土配合比设计是根据工程要求、结构形式、施工条件和采用的原材料,确定经济合理的混凝土组分,即粗细集料、水、水泥、掺合料和外加剂的比例。

混凝土配合比设计的基本要求是保证工程结构设计所要求的强度等级要求;混凝土混合料应当满足施工要求的工作性;满足载荷特性以及气候环境特征对工程结构提出的抗疲劳、抗冻、抗渗、抗侵蚀等耐久性能要求;满足经济性原则。

混凝土配合比设计的三个基本参数是水灰比、单位用水量和砂率。三个基本参数确定的原则是在满足混凝土强度和耐久性要求的基础上,决定混凝土的水灰比;在满足混凝土混合料工作性要求的基础上,按粗骨料种类和规格决定混凝土的单位用水量;以填充粗骨料空隙后略有富余的原则来决定砂率。

混凝土配合比设计以计算 1 m³ 混凝土中各材料用量为基准,计算时,骨料以干燥状态(粗骨料含水率＜0.2%,细骨料含水率＜0.5%)为基准,如需要以饱和面干状态的骨料为基准进行计算,应当相应作出调整。

计算混凝土的体积和表观密度时,混凝土外加剂的体积和质量可忽略不计(掺量甚微)。

普通混凝土配合比设计的一般步骤如下。

一、确定配制强度

1. 当混凝土的设计强度等级小于 C60 时,配制强度按下式确定:

$$f_{cu,o} \geqslant f_{cu,k} + 1.645\sigma \qquad (2-6-1)$$

式中　$f_{cu,o}$——混凝土配制强度,MPa;

　　　$f_{cu,k}$——混凝土立方体抗压强度标准值,这里取混凝土的设计强度等级值,MPa;

　　　σ——混凝土强度标准差,MPa。

2. 当混凝土强度等级不小于 C60 时,配制强度按下式确定:

$$f_{cu,o} \geqslant 1.15 f_{cu,k} \qquad (2-6-2)$$

混凝土强度标准差宜根据同类混凝土统计资料计算确定,并符合有关规定。

(1) 当具有近 1 个月~3 个月的同一品种、同一强度等级混凝土的强度资料,且试件组数不小于 30 时,其混凝土强度标准差 σ 应按下式计算:

$$\sigma = \sqrt{\frac{\sum_{i=1}^{n} f_{cu,i}^2 - n m_{fcu}^2}{n-1}} \qquad (2-6-3)$$

式中　　σ——混凝土强度标准差,MPa;

　　　　$f_{cu,i}$——第 i 组的试件强度,MPa;

　　　　m_{fcu}——n 组试件的强度平均值,MPa;

　　　　n——试件组数。

(2) 对于强度等级不大于 C30 的混凝土,当混凝土强度标准差计算值不小于 3.0 MPa 时,应按式(2-6-3)的计算结果取值;当混凝土强度标准差计算值小于 3.0 MPa 时,应取 3.0 MPa。

(3) 对于强度等级大于 C30 且小于 C60 的混凝土,当混凝土强度标准差计算值不小于 4.0 MPa 时,应按式(2-6-3)的计算结果取值;当混凝土强度标准差计算值小于 4.0 MPa 时,应取 4.0 MPa。

(4) 当没有近期的同一品种、同一强度等级混凝土强度资料时,其强度标准值 σ 可按表 2-13 取值。

表 2-13　标准差 σ 值/MPa

混凝土强度标准值	≤C20	C20~C45	C50~C55
σ	4.0	5.0	6.0

二、确定水胶比

1. 当混凝土强度等级小于 C60 时,混凝土水胶比宜按下式计算:

$$W/B = \frac{\alpha_a f_b}{f_{cu,0} + \alpha_a \alpha_b f_b} \qquad (2-6-4)$$

式中　　W/B——混凝土水胶比;

　　　　$\alpha_a、\alpha_b$——回归系数;按表 2-14 的规定取值;

　　　　f_b——胶凝材料 28 d 胶砂抗压强度,MPa,可实测,且试验方法应按现行《水泥胶砂强度检验方法(ISO 法)》GB/T 17671 执行,也可按规定计算。

2. 回归系数(α_a、α_b)宜按下列规定确定:

(1) 根据工程所使用的原材料,通过试验建立的水胶比与混凝土强度关系式来确定;

(2) 当不具备上述试验统计资料时,可按表 2-14 选用。

表 2-14　回归系数(α_a、α_b)取值

系数 ＼ 粗骨料品种	碎石	卵石
α_a	0.53	0.49
α_b	0.20	0.13

3. 当胶凝材料 28 d 胶砂抗压强度值(f_b)无实测值时,可按下式计算:

$$f_b = \gamma_f \gamma_s f_{ce} \qquad (2-6-5)$$

式中　γ_f、γ_s——粉煤灰影响系数和粒化高炉矿渣粉影响系数,可按表 2-15 选用;

f_{ce}——水泥 28 d 胶砂抗压强度,MPa,可实测,也可按规定计算。

表 2-15　粉煤灰影响系数(γ_f)和粒化高炉矿渣粉影响系数(γ_s)

种类 掺量/%	粉煤灰影响系数 γ_f	粒化高炉矿渣粉影响系数 γ_s
0	1.00	1.00
10	0.85~0.95	1.00
20	0.75~0.85	0.95~1.00
30	0.65~0.75	0.90~1.00
40	0.55~0.65	0.80~0.90
50	—	0.70~0.85

注:1. 采用Ⅰ级、Ⅱ级粉煤灰宜取上限值。

2. 采用 S75 级粒化高炉矿渣粉宜取下限值,采用 S95 级粒化高炉矿渣粉宜取上限值,采用 S105 级粒化高炉矿渣粉可取上限值加 0.05。

3. 当超出表中的掺量时,粉煤灰和粒化高炉矿渣粉影响系数应经试验确定。

4. 当水泥 28 d 胶砂抗压强度(f_{ce})无实测值时,可按下式计算:

$$f_{ce} = \gamma_c f_{ce,g} \qquad (2\text{-}6\text{-}6)$$

式中　γ_c——水泥强度等级值的富余系数,可按实际统计资料确定;当缺乏实际统计资料时,也可按表 2-16 选用;

$f_{ce,g}$——水泥强度等级值,MPa。

表 2-16　水泥强度等级值的富余系数(γ_c)

水泥强度等级值	32.5	42.5	52.5
富余系数	1.12	1.16	1.10

三、确定用水量和外加剂用量

1. 每立方米干硬性或塑性混凝土的用水量(m_{w0})应符合下列规定:

(1) 混凝土水胶比在 0.40~0.80 时,可按表 2-17 和表 2-18 选取;

(2) 混凝土水胶比小于 0.40 时,可通过试验确定。

表 2-17　干硬性混凝土的用水量　　　　　　　　　　　　单位:kg/m³

拌合物稠度		卵石最大公称粒径			碎石最大公称粒径		
项目	指标	10.0 mm	20.0 mm	40.0 mm	16.0 mm	20.0 mm	40.0 mm
维勃稠度	16~20 s	175	160	145	180	170	155
	11~15 s	180	165	150	185	175	160
	5~10 s	185	170	155	190	180	165

表 2-18 塑性混凝土的用水量　　　　　　　单位:kg/m³

拌合物稠度		卵石最大公称粒径				碎石最大公称粒径			
项目	指标	10.0 mm	20.0 mm	31.5 mm	40.0 mm	16.0 mm	20.0 mm	31.5 mm	40.0 mm
坍落度	10~30 mm	190	170	160	150	200	185	175	165
	35~50 mm	200	180	170	160	210	195	185	175
	55~70 mm	210	190	180	170	220	205	195	185
	75~90 mm	215	195	185	175	230	215	205	195

注:1. 本表用水量系采用中砂的取值。采用细砂时,每立方米混凝土用水量可增加5~10 kg;采用粗砂时,可减少5~10 kg。

　　2. 掺用矿物掺合料和外加剂时,用水量应相应调整。

2. 掺外加剂时,每立方米流动性或大流动性混凝土的用水量(m_{w0})可按下式计算。

$$m_{w0} = m'_{w0}(1-\beta) \qquad (2-6-7)$$

式中　m_{w0}——计算配合比每立方米混凝土的用水量,kg/m³;

　　　m'_{w0}——未掺外加剂时推定的满足实际坍落度要求的每立方米混凝土的用水量,kg/m³,以表2-18中90 mm坍落度的用水量为基础,按每增大20 mm坍落度相应增加5 kg/m³用水量来计算,当坍落度增大到180 mm以上时,随坍落度相应增加的用水量可减少;

　　　β——外加剂的减水率,%,应经混凝土试验确定。

3. 每立方米混凝土中外加剂用量(m_{a0})应按下式计算。

$$m_{a0} = m_{b0}\beta_a \qquad (2-6-8)$$

式中　m_{a0}——计算配合比每立方米混凝土中外加剂用量,kg/m³;

　　　m_{b0}——计算配合比每立方米混凝土中胶凝材料用量,kg/m³;

　　　β_a——外加剂掺量,%,应经混凝土试验确定。

四、确定胶凝材料、矿物掺合料和水泥用量

1. 每立方米混凝土的胶凝材料用量(m_{b0})应按下式计算,并应进行试拌调整,在拌合物性能满足的情况下,取经济合理的胶凝材料用量。

$$m_{b0} = \frac{m_{w0}}{W/B} \qquad (2-6-9)$$

式中　m_{b0}——计算配合比每立方米混凝土中胶凝材料用量,kg/m³;

　　　m_{w0}——计算配合比每立方米混凝土的用水量,kg/m³;

　　　W/B——混凝土水胶比。

2. 每立方米混凝土的矿物掺合料用量(m_{f0})应按下式计算:

$$m_{f0} = m_{b0}\beta_f \qquad (2-6-10)$$

式中　m_{f0}——计算配合比每立方米混凝土中矿物掺合料用量,kg/m³;

　　　β_f——矿物掺合料掺量,%。

3. 每立方米混凝土的水泥用量(m_{c0})应按下式计算:

$$m_{c0} = m_{b0} - m_{f0} \qquad (2-6-11)$$

式中 m_{c0}——计算配合比每立方米混凝土中水泥用量，kg/m^3。

五、确定砂率

1. 砂率（β_s）应根据骨料的技术指标、混凝土拌合物性能和施工要求，参考既有历史资料确定。

2. 当缺乏砂率的历史资料时，混凝土砂率的确定应符合下列规定：

（1）坍落度小于 10 mm 的混凝土，其砂率应经试验确定；

（2）坍落度为 10～60 mm 的混凝土，其砂率可根据粗骨料品种、最大公称粒径及水胶比按表 2-19 选取；

（3）坍落度大于 60 mm 的混凝土，其砂率可经试验确定，也可在表 2-19 的基础上，按坍落度每增大 20 mm 砂率增大 1% 的幅度予以调整。

表 2-19　混凝土的砂率

单位：%

水胶比	卵石最大公称粒径			碎石最大公称粒径		
	10.0 mm	20.0 mm	40.0 mm	16.0 mm	20.0 mm	40.0 mm
0.40	26～32	25～31	24～30	30～35	29～34	27～32
0.50	30～35	29～34	28～33	33～38	32～37	30～35
0.60	33～38	32～37	31～36	36～41	35～40	33～38
0.70	36～41	35～40	34～39	39～44	38～43	36～41

注：1. 本表数值系中砂的选用砂率，对细砂或粗砂，可相应地减少或增大砂率。

2. 采用人工砂配制混凝土时，砂率可适当增大。

3. 只用一个单粒级粗骨料配制混凝土时，砂率应适当增大。

六、确定粗、细骨料用量

1. 当采用质量法计算混凝土配合比时，粗、细骨料用量应按式（2-6-12）计算；砂率应按式（2-6-13）计算。

$$m_{f0}+m_{c0}+m_{g0}+m_{s0}+m_{w0}=m_{cp} \qquad (2-6-12)$$

$$\beta_s=\frac{m_{s0}}{m_{g0}+m_{s0}}\times100\% \qquad (2-6-13)$$

式中 m_{g0}——计算配合比每立方米混凝土的粗骨料用量，kg/m^3；

m_{s0}——计算配合比每立方米混凝土的细骨料用量，kg/m^3；

β_s——砂率，%；

m_{cp}——每立方米混凝土拌合物的假定质量，kg，可取 2 350～2 450 kg/m^3。

2. 当采用体积法计算混凝土配合比时，砂率应按式（2-6-13）计算，粗、细骨料用量应按式（2-6-14）计算。

$$\frac{m_{c0}}{\rho_c}+\frac{m_{f0}}{\rho_f}+\frac{m_{g0}}{\rho_g}+\frac{m_{s0}}{\rho_s}+\frac{m_{w0}}{\rho_w}+0.01\alpha=1 \qquad (2-6-14)$$

式中 ρ_c——水泥密度，kg/m^3，可按 GB/T 208《水泥密度测定方法》测定，也可取 2 900～

$3\ 100\ \text{kg/m}^3$；

ρ_{f}——矿物掺合料密度，kg/m^3，可按 GB/T 208《水泥密度测定方法》测定；

ρ_{g}——粗骨料的表观密度，kg/m^3，应按 JGJ 52《普通混凝土用砂、石及检验方法标准》测定；

ρ_{s}——细骨料的表观密度，kg/m^3，应按 JGJ 52《普通混凝土用砂、石及检验方法标准》测定；

ρ_{w}——水的密度，kg/m^3，可取 $1\ 000\ \text{kg/m}^3$；

α——混凝土的含气量百分数，在不使用引气剂或引气型外加剂时，α 可取 1。

Ⅱ 普通混凝土混合料拌和试验

一、实验目的

掌握普通混凝土混合料的试验室拌和方法。

二、主要仪器设备

1. 混凝土搅拌机：容量 50～100 L，转速 18～22 r/min。

2. 台秤：称量 50 kg，感量 50 g。

3. 其他用具：量筒（500 mL、100 mL）、天平、拌铲与拌板等。

三、普通混凝土混合料试拌的一般规定

1. 拌制混凝土的原材料应符合技术要求，并与实际施工材料相同，在拌和前材料的温度应与室温相同［宜保持（20±5）℃］，水泥如有结块，应用 0.9 mm 筛过筛后方可使用。

2. 配料时以质量计，称量精度要求：砂、石为±0.5%，水、水泥及外加剂为±0.3%。

3. 砂、石骨料质量以干燥状态为基准。

4. 在计算配合比的基础上进行试拌。计算水胶比宜保持不变，并应通过调整配合比其他参数使混凝土拌合物性能符合设计和施工要求，然后修正计算配合比，提出试拌配合比。

5. 在试拌配合比的基础上应进行混凝土强度试验，并应符合下列规定：

（1）应采用三个不同的配合比，其中一个应为确定的试拌配合比，另外两个配合比的水胶比宜较试拌配合比分别增加和减少 0.05，用水量应与试拌配合比相同，砂率可分别增加和减少 1%；

（2）进行混凝土强度试验时，拌合物性能应符合设计和施工要求；

（3）进行混凝土强度试验时，每个配合比应至少制作一组试件，并应标准养护到 28 d 或设计规定龄期时试压。

四、实验步骤

1. 人工拌和

（1）按所定配合比称取各材料用量。每组材料的用量根据粗骨料最大粒径按表 2-20 选用。

试件尺寸/(mm×mm×mm)	骨料最大粒径/mm	制模每组用料/kg
100×100×100	26.5	9
150×150×150	37.5	30
200×200×200	53.0	65

（2）将拌板和拌铲用湿布润湿后，把称好的砂倒在铁拌板上，然后加水泥，用铲自拌板一端翻拌至另一端，如此重复，拌至颜色均匀，再加入石子翻拌混合均匀。

（3）将干混合料堆成堆，在中间作一凹槽，将已称量好的水倒一半左右在凹槽中，仔细翻拌，注意勿使水流出。然后再加入剩余的水，继续翻拌，其间每翻拌一次，用拌铲在拌合物上铲切一次，直至均匀为止。

（4）拌和时力求动作敏捷，拌和时间自加水时算起，应符合标准规定，拌合物体积为 30 L 时拌 4～5 min，30～50 L 时拌 5～9 min，51～75 L 时拌 9～12 min。

2．机械搅拌

（1）按所定配合比称取各材料用量。每盘混凝土试配的最小搅拌量应符合表 2－21 的规定，并不应小于搅拌机公称容量的 1/4 且不应大于搅拌机公称容量。

表 2－21　混凝土试配的最小搅拌量

粗骨料最大公称粒径/mm	拌合物数量/L
≤31.5	20
40	25

（2）用按配合比称量的水泥、砂、水及少量石子在搅拌机中预拌一次，使水泥砂浆部分黏附在搅拌机的内壁及叶片上，并刮去多余砂浆，以免影响正式搅拌时的配合比。

（3）依次向搅拌机内加入石子、砂和水泥，开动搅拌机干拌均匀后，再将水徐徐加入，全部加料时间不超过 2 min，加完水后再继续搅拌 2 min。

（4）将拌合物自搅拌机卸出，倾倒在铁板上，再经人工拌和 2～3 次，即可做拌合物的各项性能试验或成型试件。从开始加水起，全部操作必须在 30 min 内完成。

五、混凝土配合比的调整与确定

1．配合比调整应符合下列规定。

（1）根据混凝土强度试验结果，宜绘制强度和胶水比的线性关系图或插值法确定略大于配制强度对应的胶水比；

（2）在试拌配合比的基础上，用水量（m_w）和外加剂用量（m_a）应根据确定的水胶比作调整；

（3）胶凝材料用量（m_b）应以用水量乘以确定的胶水比计算得出；

（4）粗骨料和细骨料用量（m_g 和 m_s）应根据用水量和胶凝材料用量进行调整。

2．混凝土拌合物表观密度和配合比校正系数的计算应符合下列规定。

（1）配合比调整后的混凝土拌合物的表观密度应按下式计算：

$$\rho_{c,c} = m_c + m_f + m_g + m_s + m_w \qquad (2-6-15)$$

式中　$\rho_{c,c}$——混凝土拌合物的表观密度计算值，kg/m^3；

　　　m_c——每立方米混凝土的水泥用量，kg/m^3；

　　　m_f——每立方米混凝土的矿物掺合料用量，kg/m^3；

　　　m_g——每立方米混凝土的粗骨料用量，kg/m^3；

　　　m_s——每立方米混凝土的细骨料用量，kg/m^3；

　　　m_w——每立方米混凝土的用水量，kg/m^3。

（2）混凝土配合比校正系数应按下式计算：

$$\delta = \frac{\rho_{c,t}}{\rho_{c,c}} \qquad\qquad (2-6-16)$$

式中　δ——混凝土配合比校正系数；

　　　$\rho_{c,t}$——混凝土拌合物的表观密度实测值，kg/m^3。

3. 当混凝土拌合物的表观密度实测值与计算值之差的绝对值不超过计算值的 2% 时，调整的配合比可保持不变；当两者之差超过 2% 时，应将配合比中每项材料用量均乘以校正系数（δ）。

六、普通混凝土试件的成型

1. 制作试件前应将试模清理、擦干净，并在其内壁涂上一层矿物油脂或其他脱模剂。

2. 将配制好的混凝土拌合物装入试模并使其密实。当拌合物坍落度不大于 70 mm，宜用振动台振实，坍落度大于 70 mm 的用捣棒人工捣实。

3. 用振动台振实时，将拌合物一次装满，振动时随时准备添料，振至表面出现水泥浆，没有气泡向上冒为止。用捣棒捣实时，混凝土分两层装入，对于边长 100 mm 的试件每层均匀插捣 12 次；对于边长 150 mm 的试件每层均匀插捣 25 次。振捣结束后，用镘刀将多余料浆刮去并抹平。

4. 采用标准养护的试件成型后应覆盖表面，以防止水分蒸发，并在室温为（20±5）℃情况下至少静置一昼夜（不超过两昼夜），然后编号拆模。

如属于检验现浇混凝土工程或预制构件中混凝土强度，则可与工程、构件同条件养护，也可用非 28 d 龄期测定混凝土强度，以确定混凝土何时能拆模、起吊或施加预应力或承受工程荷载。

5. 拆模后的试件立即放在温度为（20±2）℃、相对湿度 95% 以上的标准养护室中养护或不流动的水中养护。试件应放在架上，彼此之间间隔为 1~2 cm，并应避免用水直接冲淋试件。

七、计算题

某工程剪力墙，设计强度等级为 C40，现场泵送浇筑施工，要求坍落度为 190~210 mm，请设计混凝土配合比。施工所用原材料如下：

水泥：P. O42.5R，表观密度 $\rho_c = 3.1$ g/cm³；

细骨料：天然中砂，细度模数为 2.8，表观密度 $\rho_s = 2.7$ g/cm³；

粗骨料：石灰石碎石 5~25 mm 连续粒级、级配良好，表观密度 $\rho_g = 2.7$ g/cm³；

掺合料：Ⅱ粉煤灰，掺量为胶凝材料的 15%，表观密度 $\rho_g = 2.2$ g/cm³；S95 级矿渣粉，掺量为胶凝材料的 15%，表观密度 $\rho_g = 2.8 \text{ g/cm}^3$；

外加剂：萘系泵送剂，含固量 30%，推荐掺量为胶凝材料的 2%，减水率为 20%，密度为 $\rho_m = 1.1 \text{ g/cm}^3$；

拌和水：饮用自来水。

八、单项选择题

1. _____是指混凝土拌合物在自重或机械力作用下，能产生流动并均匀地填满模板的性能。

　　A. 泌水性　　　　　B. 黏聚性　　　　　C. 保水性　　　　　D. 流动性

2. 在混凝土用砂量不变的条件下，砂的细度模数减小，说明_____。

　　A. 该混凝土细骨料的总表面积减小，可节约水泥

　　B. 该混凝土细骨料的总表面积增大，水泥用量提高

　　C. 该混凝土用砂的颗粒级配不良

　　D. 该混凝土用砂的颗粒级配良好

3. 将混凝土制品在温度为 (20 ± 2)℃，相对湿度大于 95% 的条件下进行的养护，称为_____。

　　A. 自然养护　　　　B. 标准养护　　　　C. 蒸汽养护　　　　D. 压蒸养护

4. 欲设计 C35 普通混凝土，其试配强度为_____ MPa。

　　A. 43.2　　　　　　B. 41.6　　　　　　C. 44.9　　　　　　D. 40

5. 混凝土质量配合比为水泥：砂：碎石 = 1：2.13：4.31，W/C = 0.58，水泥用量为 310 kg/m³，则 1 m³ 混凝土用水量为_____ kg。

　　A. 185　　　　　　B. 180　　　　　　C. 175　　　　　　D. 170

实验 2-7　混凝土混合料稠度测定

该试验分坍落度法和维勃稠度法两种，前者适用于坍落度值不小于 10 mm 的塑性和流动性混凝土混合料的稠度测定，后者适用于维勃稠度在 5～30 s 的干硬性混凝土混合料的稠度测定。要求骨料最大粒径均不得大于 40 mm。

Ⅰ　坍落度测定

一、实验目的

掌握混凝土混合料坍落度的测定方法。

二、实验器材

1. 坍落度筒：截头圆锥形，由薄钢板或其他金属板制成。

2. 捣棒（端部应磨圆）、装料漏斗、小铁铲、钢直尺、镘刀等。

三、实验步骤

1. 首先用湿布润湿坍落度筒及其他用具,将坍落度筒置于铁板上,漏斗置于坍落度筒顶部并用双脚踩紧踏板。

2. 用铁铲将拌好的混凝土拌合物分三层装入筒内,每层高度约为筒高的 1/3。每层用捣棒沿螺旋方向由边缘向中心插捣 25 次。插捣底层时应贯穿整个深度,插捣其他两层时应插至下一层的表面。

3. 插捣完毕后,除去漏斗,用镘刀刮去多余拌合物并抹平,清除筒四周拌合物,在 5~10 s 内垂直平稳地提起坍落度筒。随即量测筒高与坍落后的混凝土试体最高点之间的高度差,即为混凝土拌合物的坍落度值。见图 2 - 4。

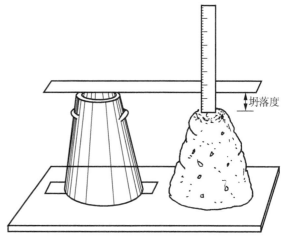

图 2 - 4　坍落度测定方法示意图

4. 从开始装料到坍落度筒提起整个过程应在 150 s 完成。当坍落度筒提起后,混凝土试体发生崩坍或一边剪坏现象,则应重新取样测定坍落度,如第二次仍出现这种现象,则表示该拌合物和易性不好。

5. 在测定坍落度过程中,应注意观察黏聚性与保水性。

四、实验结果评定

1. 稠度。以坍落度表示,单位 mm,精确至 5 mm。

2. 黏聚性。以捣棒轻敲混凝土锥体侧面,如锥体逐渐下沉,表示黏聚性良好。如锥体倒坍、崩裂或离析,表示黏聚性不好。

3. 保水性。提起坍落度筒后如底部有较多稀浆析出,骨料外露,表示保水性不好。如无稀浆或少量稀浆析出,表示保水性良好。

五、思考题

1. 坍落度测定过程中应注意哪些事项?

2. 如坍落度不能满足施工要求时,应如何进行调整?

Ⅱ　维勃稠度测定

一、实验目的

掌握混凝土混合料维勃稠度的测定方法。

二、实验器材

1. 维勃稠度仪：其振动频率为(50±3)Hz，装有容器时台面振幅应为(0.5±0.1)mm。见图2-5。

2. 秒表，其他仪器同坍落度试验。

三、实验步骤

1. 将维勃稠度仪放置在坚实水平的基面上。用湿布将容器、坍落度筒、喂料斗内壁及其他用具擦湿。就位后将测杆、喂料斗和容器调整在同一轴线上，然后拧紧固定螺丝。

2. 将混凝土混合料经喂料斗分三层装入坍落度筒，装料与捣实方法同坍落度试验。

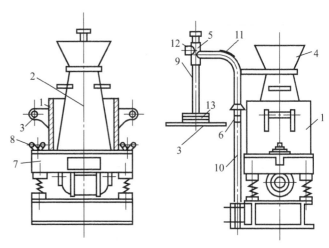

图2-5 维勃稠度仪

1—容器；2—坍落度筒；3—透明圆盘；4—喂料斗；5—套筒；
6—旋转架；7—振动台；8—荷重；9—测杆；
10—旋转架支柱；11、13—固定螺丝；12—测杆螺丝

3. 将喂料斗转离，垂直平稳地提起坍落度筒，应注意不使混凝土试体产生横向扭动。

4. 将圆盘转到混凝土试体上方，放松测杆螺丝，降下透明圆盘，使其轻轻接触到混凝土试体表面，拧紧定位螺丝。

5. 开启振动台，同时用秒表计时，当振至透明圆盘的底面被水泥浆布满的瞬间关闭振动台，并停表计时。

四、实验结果表示

由秒表读出的时间(s)即为该混凝土混合料的维勃稠度值。

五、思考题

1. 维勃稠度测定过程中应注意哪些事项？

2. 维勃稠度与坍落度有何区别？

实验2-8 混凝土混合料表观密度测定

一、实验目的

掌握混凝土混合料表观密度的测定方法。

二、实验器材

1. 容量筒：筒为金属刚性圆筒，两侧有把手，筒壁坚固且不漏水。对于集料公称最大粒径

不大于 31.5 mm 的混合料采用 5 L 的容量筒,其内径与内高均为(186±2)mm,筒厚为 3 mm。对于集料公称粒径大于 31.5 mm 的拌合物所采用容量筒,其内径与内高均应大于集料公称最大粒径的 4 倍。另外,试验前对空容量筒的体积应予标定。

2. 台秤:称量 100 kg,感量 50 g。

3. 振动台:频率为(3000±200)次/分钟,空载振幅为(0.5±0.1)mm。

4. 其他:金属直尺、镘刀、玻璃板等。

三、实验步骤

1. 试验前用湿布将容量筒内外擦拭干净,称其质量 W_1,精确至 50 g。

2. 将配制好的混凝土混合料装入容量筒并使其密实。当混合料坍落度不小于 70 mm 时,宜用人工捣实。当混合料坍落度小于 70 mm,宜用振动台振实。

3. 用振动台振实时,应将容量筒在振动台上夹紧,一次将混合料装满容量筒,混合料装满后,立即开始振动,振动过程中如混合料低于筒口,应随时添加混合料,振动至混合料表面出现水泥浆为止。

采用捣棒捣实时,应根据容量筒的大小决定分层与混凝土混合料每层插捣次数:采用 5 L 容量筒时,混凝土混合料应分两层装入,每层插捣 25 次。用大于 5 L 的容量筒时,每层混凝土混合料的高度不应大于 100 mm,每次插捣次数应按每 1 000 mm² 截面不小于 12 次计算。每次插捣应由边缘向中心均匀地插捣,插捣底层时应贯穿整个深度,插捣第二层时,捣棒应插透本层下一层的表面。每一层插捣完后用橡皮锤轻轻沿容量外壁敲打 5~10 次进行振实,直至混合料表面插捣孔消失并不见大气泡为止。

4. 用金属直尺齐筒口刮去多余的混凝土混合料,用镘刀抹平表面,而后擦净容量筒外部并称其质量 W_2,精确至 50 g。

四、实验结果计算与评定

按下式计算混凝土拌合物的表观密度:

$$\gamma_b = \frac{W_2 - W_1}{V} \times 1\ 000$$

式中　γ_b——拌合物表观密度,精确至 10 kg/m³;

W_1——容量筒质量,kg;

W_2——捣实或振实后混凝土和容量筒总质量,kg;

V——容量筒容积,L。

五、思考题

1. 混凝土拌合物表观密度测定有何作用?

2. 实验前为什么要对空容量筒的体积进行标定?如何标定?

实验 2-9　混凝土混合料含气量测定

本方法适于骨料最大粒径不大于 40 mm 的混凝土拌合物含气量测定。

一、实验目的

掌握混凝土拌合物含气量的测定方法。

二、实验器材

1. 含气量测定仪:如图 2-6 所示,由容器及盖体两部分组成。容器:应由硬质、不易被水泥浆腐蚀的金属制成,其内表面粗糙度不应大于 3.2 μm,内径应与深度相等,容积为 7 L。盖体:应用与容器相同的材料制成。盖体部分应包括有气室、水找平室、加水阀、排水阀、操作阀、进气阀、排气阀及压力表。压力表的量程为 0~0.25 MPa,精度为 0.01 MPa。容器及盖体之间应设置密封垫圈,用螺栓连接,连接处不得有空气存留,并保证密闭。

2. 振动台:应符合《混凝土试验室用振动台》JG/T 3020 中技术要求的规定。

3. 台秤:称量 50 kg,感量 50 g。

4. 橡皮锤:应带有质量约 250 g 的橡皮锤头。

5. 捣棒等。

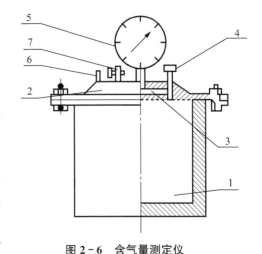

图 2-6　含气量测定仪
1—容器;2—盖体;3—气室;4—操作阀;
5—压力表;6—进气阀;7—排气阀

三、实验前的准备工作

1. 按下列步骤测定混合料所用骨料的含气量:

(1) 应按下式计算每个试样中粗、细骨料的质量:

$$m_g = \frac{V}{1\ 000} \times m_g'$$

$$m_s = \frac{V}{1\ 000} \times m_s'$$

式中　m_g、m_s——分别为每个试样中的粗、细骨料质量,kg;

　　　　m_g'、m_s'——分别为每立方米混凝土拌合物中粗、细骨料质量,kg;

　　　　V——含气量测定仪容器容积,L。

(2) 在容器中先注入 1/3 高度的水,然后把通过 40 mm 网筛的质量为 m_g、m_s 的粗、细骨料称好、拌匀,慢慢倒入容器。水面每升高 25 mm 左右,轻轻插捣 10 次,并略予搅动,以排除夹杂进去的空气,加料过程中应始终保持水面高出骨料的顶面。骨料全部加入后,应浸泡约 5 min,再用橡皮锤轻敲容器外壁,排净气泡,除去水面泡沫,加水至满,擦净容器上口边缘。装好密封圈,加盖拧紧螺栓。

(3) 关闭操作阀和排气阀,打开排水阀和加水阀,通过加水阀,向容器内注入水。当排水阀流出的水流不含气泡时,在注水的状态下,同时关闭加水阀和排水阀。

(4) 开启进气阀,用气泵向气室内注入空气,使气室内的压力略大于 0.1 MPa,待压力表显示值稳定。微开排气阀,调整压力至 0.1 MPa,然后关紧排气阀。

（5）开启操作阀,使气室里的压缩空气进入容器,待压力表显示值稳定后记录示值 p_{g1},然后开启排气阀,压力仪表示值应回零。

（6）重复以上（4）（5）步操作试验,对容器内的试样再检测一次记录表值 p_{g2}。

（7）若 p_{g1} 和 p_{g2} 的相对误差小于 0.2% 时,则取 p_{g1} 和 p_{g2} 的算术平均值,按压力与含气量关系曲线查得骨料的含气量（精确 0.1%）。若不满足则应进行第三次试验。测得压力值 p_{g3}（MPa）。当 p_{g3} 与 p_{g1}、p_{g2} 中较接近一个值的相对误差不大于 0.2% 时,则取此二值的算术平均值。当仍大于 0.2% 时,则此次试验无效,应重做。

2. 含气量测定仪容器容积的标定及率定应按下列规定进行:

（1）擦净容器,并将含气量测定仪全部安装好,测定含气量测定仪的总质量,测量精确至 50 g。

（2）往容器内注水至上缘,然后将盖体安装好,关闭操作阀和排气阀,打开排水阀和加水阀,通过加水阀,向容器内注入水。当排水阀流出的水流不含气泡时,在注水的状态下,同时关闭加水阀和排水阀,再测定其总质量。测量精确至 50 g。

（3）容器的容积按下式计算:

$$V=\frac{m_2-m_1}{\rho_w}\times1\ 000$$

式中　V——含气量仪的容积,L,计算应精确至 0.01L。

　　m_1——干燥含气量仪的总质量,kg。

　　m_2——水、含气量仪的总质量,kg。

　　ρ_w——容器内水的密度,kg/m³。

3. 含气量测定仪的率定

含气量测定仪的率定按下列步骤进行:

（1）测得含气量为 0 时的压力值。

（2）开启排气阀,压力示值器示值回零。关闭操作阀和排气阀,打开排水阀,在排水阀口用量筒接水。用气泵缓缓地向气室内打气,当排出的水恰好是含气量仪体积的 1% 时,测得含气量为 1% 时的压力值。

（3）如此继续测取含气量分别为 2%、3%、4%、5%、6%、7%、8% 时的压力值。

（4）以上试验均应进行两次,各次所测压力值均应精确至 0.01 MPa。

（5）对以上的各次试验均应进行检验,其相对误差均应小于 0.2%。否则应重新率定。

（6）据此检验以上含气量 0、1%、2%、…、8% 共 9 次的测量结果,绘制含气量与气体压力之间的关系曲线。

四、实验步骤

1. 用湿布擦净容器和盖的内表面,装入混凝土混合料试样。

2. 捣实可采用手工或机械方法。当混合料坍落度大于 70 mm 时,宜采用手工插捣;当混合料坍落度不大于 70 mm 时,宜采用机械振捣,如振动台或插入式振动器等。

用捣棒捣实时,应将混凝土混合料分 3 层装入,每层捣实后高度约为 1/3 容器高度。每层装料后由边缘向中心均匀地插捣 25 次,捣棒应插透本层高度,再用木槌沿容器外壁重击 10～15 次,使插捣留下的插孔填满。最后一层装料应避免过满。表面出浆即止,不得过度振捣。

若使用插入式振动器捣实,应避免振动器触及容器内壁和底面。

在施工现场测定混凝土混合料含气量时,应采用与施工振动频率相同的机械方法捣实。

3. 捣实完毕后立即用刮尺刮平,表面如有凹陷应予填平抹光。

如需同时测定混合料表观密度时,可在此时称量和计算。然后在正对操作阀孔的混凝土混合料表面贴一小片塑料薄膜,擦净容器上口边缘,装好密封垫圈,加盖并拧紧螺栓。

4. 关闭操作阀和排气阀,打开排水阀和加水阀,通过加水阀,向容器内注入水。当排水阀流出的水流不含气泡时,在注水的状态下,同时关闭加水阀和排水阀。

5. 然后开启进气阀,用气泵注入空气至气室内压力略大于 0.1 MPa,待压力示值仪表示值稳定后,微微开启排气阀,调整压力至 0.1 MPa,关闭排气阀。

6. 开启操作阀,待压力示值仪稳定后,测得压力值 p_{01}(MPa)。

7. 开启排气阀,压力仪示值回零。重复上述 5、6 的步骤,对容器内的试样再测一次压力值 p_{02}(MPa)。

8. 若 p_{01} 和 p_{02} 的相对误差小于 0.2% 时,则取 p_{01}、p_{02} 的算术平均值,按压力与含气量关系曲线查得含气量 A_0(精确至 0.1%)。若不满足,则应进行第三次试验,测得压力值 p_{03}(MPa)。当 p_{03} 与 p_{01}、p_{02} 中较接近一个值的相对误差不大于 0.2% 时,则取此二值的算术平均值查得 A_0。若仍大于 0.2%,此次试验无效。

五、实验结果计算

混凝土拌合物含气量应按下式计算。

$$A = A_0 - A_g$$

式中　A——混凝土拌合物含气量,%,计算精确至 0.1%;

　　A_0——两次含气量测定的平均值,%;

　　A_g——骨料含气量,%。

实验 2-10　混凝土混合料凝结时间测定

本方法适用于从混凝土混合料中筛出的砂浆用贯入阻力法来确定坍落度值不为零的混凝土混合料凝结时间的测定。

一、实验目的

1. 掌握混凝土混合料凝结时间的测定方法。

2. 掌握用线性回归方法和绘图拟合方法确定混凝土混合料的凝结时间。

二、实验器材

贯入阻力仪:由加荷装置、测针、砂浆试样筒和标准筛组成,可以是手动的,也可以是自动的,贯入阻力仪应符合下列要求。

(1)加荷装置:最大测量值应不小于 1 000 N,精度为 ±10 N。

(2)测针:长为 100 mm,承压面积为 100 mm²、50 mm² 和 20 mm² 三种测针。在距贯入

端 25 mm 处刻有一圈标记。测针选用如表 2 - 22 所示。

（3）砂浆试样筒：上口径为 160 mm,下口径为 150 mm,净高为 150 mm 的刚性不透水的金属圆筒,并配有盖子。

（4）标准筛：筛孔为 5 mm 的符合 GB/T 6005《试验筛》规定的金属圆孔筛。

表 2 - 22　测针选用规定

贯入阻力/MPa	0.2～3.5	3.5～20	20～28
测针面积/mm²	100	50	20

三、实验步骤

1. 按规定取混凝土混合料试样,用 5 mm 标准筛筛出砂浆,每次应筛净,然后将其拌和均匀。将砂浆一次分别装入三个试样筒中,做三个试验。取样混凝土坍落度不大于 70 mm 的混凝土宜用振动台振实砂浆。取样混凝土坍落度大于 70 mm 的宜用捣棒人工捣实。用振动台振实砂浆时,振动应持续到表面出浆为止,不得过振。用捣棒人工捣实时,应沿螺旋方向由外向中心均匀插捣 25 次,然后用橡皮锤轻轻敲打筒壁,直至插捣孔消失为止。振实或插捣后,砂浆表面应低于砂浆试样筒口约 10 mm。砂浆试样筒应立即加盖。

2. 砂浆试样制备完毕,编号后应置于温度为(20±2)℃的环境中或现场同条件下待测,并在以后的整个测试过程中,环境温度应始终保持在(20±2)℃。现场同条件测试时,应与现场条件保持一致。在整个测试过程中,除在吸取泌水或进行贯入试验外,试样筒应始终加盖。

3. 凝结时间测定从水泥与水接触瞬间开始计时。根据混凝土混合料的性能,确定测针试验时间,以后每隔 30 min 测试一次,在临近初、终凝时可增加测定次数。

4. 在每次测试前 2 min,将一片 20 mm 厚的垫块垫入筒底一侧使其倾斜,用吸管吸去表面的泌水,吸水后平稳地复原。

5. 测试时将砂浆试样筒置于贯入阻力仪上,测针端部与砂浆表面接触,然后在(10±2)s 内均匀地使测针贯入砂浆(25±2)mm 深度,记录贯入压力,精确至 10 N。记录测试时间,精确至 1 min。记录环境温度,精确至 0.5℃。

6. 各测点的间距应大于测针直径的两倍且不小于 15 mm。测点与试样筒壁的距离应不小于 25 mm。

7. 贯入阻力测试在 0.2～28 MPa 之间应至少进行 6 次,直至贯入阻力大于 28 MPa 为止。

8. 在测试过程中应根据砂浆凝结状况,适时更换测针,更换测针宜按规划表选用。

四、实验结果计算与评定

1. 贯入阻力按下式计算:

$$f_{PR} = \frac{p}{A}$$

式中　f_{PR}——贯入阻力,MPa;

　　　p——贯入压力,N;

　　　A——测针面积,mm²。

计算应精确至 0.1 MPa。

2. 凝结时间宜通过线性回归方法确定。

将贯入阻力 f_{PR} 和时间 t 分别取自然对数 $\ln(f_{PR})$ 和 $\ln(t)$，然后把 $\ln(f_{PR})$ 当作自变量，$\ln(t)$ 当作因变量作线性回归得到回归方程式：

$$\ln(t) = A + B\ln(f_{PR})$$

式中　t——时间，min；

　　　f_{PR}——贯入阻力，MPa；

　　A、B——线性回归系数。

根据式 $\ln(t) = A + B\ln(f_{PR})$ 求得当贯入阻力为 3.5 MPa 时为初凝时间 t_s，贯入阻力为 28 MPa 时为终凝时间 t_e：

$$t_s = e^{(A + B\ln3.5)}$$

$$t_e = e^{(A + B\ln28)}$$

式中　t_s——初凝时间，min；

　　　t_e——终凝时间，min；

　　A、B——式 $\ln(t) = A + B\ln(f_{PR})$ 中的线性回归系数。

3. 凝结时间也可用绘图拟合方法确定，是以贯入阻力为纵坐标，经过的时间为横坐标，精确至 1 min，绘制出贯入阻力与时间之间的关系曲线，以 3.5 MPa 和 28 MPa 划两条平行于横坐标的直线，分别与曲线相交的两个交点的横坐标即为混凝土混合料的初凝和终凝时间。

4. 用三个试验结果的初凝和终凝时间的算术平均值作为此次试验的初凝和终凝时间。如果三个测值的最大值或最小值中有一个与中间值之差超过中间值的 10%，则以中间值为试验结果。如果最大值和最小值与中间值之差均超过中间值的 10% 时，则此次试验无效。

5. 凝结时间用 h:min 表示，并修约至 5 min。

实验 2-11　混凝土混合料泌水与压力泌水测定

Ⅰ　泌水测定

本方法适用于骨料最大粒径不大于 40 mm 的混凝土混合料的泌水测定。

一、实验目的

掌握混凝土混合料泌水的测定方法。

二、实验器材

1. 振动台：符合《混凝土试验室用振动台》JG/T 3020 中技术要求的规定。
2. 台秤：称量为 50 kg，感量 50 g。
3. 容量筒：容积为 5L，并配有盖子。
4. 量筒：容量为 10 mL、50 mL、100 mL。
5. 捣棒、吸管等。

三、实验步骤

1. 用湿布湿润容量筒壁后立即称量,记录容量筒的质量,再将混凝土试样装入容量筒,混凝土的装料及捣实方法有以下两种。

(1) 方法 A:用振动台振实。将试样一次装入容量筒内,开启振动台,振动应持续到表面出浆为止,且应避免过振。并使混凝土混合料表面低于容量筒筒口(30±3)mm,用抹刀抹平。抹平后立即计时并称量,记录容量筒与试样的总质量。

(2) 方法 B:用捣棒捣实。采用捣棒捣实时,混凝土混合料应分两层装入,每层的插捣次数应为 25 次。捣棒由边缘向中心均匀地插捣,插捣底层时捣棒应贯穿整个深度,插捣第二层时,捣棒应插透本层至下一层的表面。每一层捣完后用橡皮锤轻轻沿容量筒外壁敲打5~10 次,进行振实,直至混合料表面插捣孔消失并不见大气泡为止。并使混凝土混合料表面低于试样筒筒口(30±3)mm,用抹刀抹平。抹平后立即计时并称量,记录容量筒与试样的总质量。

2. 在以下吸取混凝土混合料表面泌水的整个过程中,应使容量筒保持水平、不受振动。除了吸水操作外,应始终盖好盖子。室温应保持在(20±2)℃。

3. 从计时开始后 60 min 内,每隔 10 min 吸取 1 次试样表面渗出的水。60 min 后,每隔30 min 吸 1 次水,直至认为不再泌水为止。为了便于吸水,每次吸水前 2 min,将一片 35 mm厚的垫块垫入筒底一侧使其倾斜,吸水后平稳地复原。吸出的水放入量筒中,记录每次吸水的水量并计算累计水量,精确至 1 mL。

四、实验结果计算与评定

1. 泌水量按下式计算,计算应精确至 $0.01 \ \mathrm{mL/mm^2}$。

$$B_{\mathrm{a}} = \frac{V}{A}$$

式中　B_{a}——泌水量,$\mathrm{mL/mm^2}$;

　　　V——最后一次吸水后累计的泌水量,mL;

　　　A——试样外露的表面积,$\mathrm{mm^2}$。

泌水量取三个试样测值的平均值。三个测值中的最大值或最小值,如果有一个与中间值之差超过中间值的 15%,则以中间值为试验结果。如果最大值和最小值与中间值之差均超过中间值的 15% 时,则此次试验无效。

2. 泌水率按下式计算,计算应精确至 1%。

$$B = \frac{V_{\mathrm{w}}}{(W/G)G_{\mathrm{w}}} \times 100\%$$

$$G_{\mathrm{w}} = G_1 - G_0$$

式中　B——泌水率,%;

　　　V_{w}——泌水总量,mL;

　　　G_{w}——试样质量,g;

　　　W——混凝土混合料总用水量,mL;

　　　G——混凝土混合料总质量,g;

G_1——容量筒及试样总质量，g；

G_0——容量筒质量，g。

泌水率取三个试样测值的平均值。三个测值中的最大值或最小值，如果有一个与中间值之差超过中间值的 15%，则以中间值为试验结果。如果最大值和最小值与中间值之差均超过中间值的 15% 时，则此次试验无效。

Ⅱ 压力泌水测定

混凝土压力泌水仪主要用于测试泵送混凝土在一定压力状态下的泌水量，并进而计算泌水率比。本方法适用于骨料最大粒径不大于 40 mm 的混凝土混合料的泌水测定。

一、实验目的

1. 了解混凝土压力泌水测定的意义。
2. 掌握混凝土压力泌水测定的方法。

二、实验器材

1. 压力泌水仪：其主要部件包括压力表、缸体、工作活塞、筛网等，如图 2-7 所示。压力表最大量程 6 MPa，最小分度值不大于 0.1 MPa。缸体内径 (125 ± 0.02) mm，内高 (200 ± 0.2) mm。工作活塞压强为 3.2 MPa，公称直径为 125 mm。筛网孔径为 0.315 mm。

2. 量筒：200 mL；捣棒等。

三、实验步骤

1. 混凝土混合料应分两层装入压力泌水仪的缸体容器内，每层的插捣次数应为 20 次。捣棒由边缘向中心均匀地插捣，插捣底层时捣棒应贯穿整个深度，插捣第二层时，捣棒应插透本层至下一层的表面。每一层捣完后用

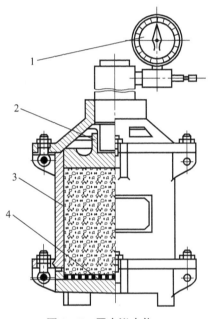

图 2-7 压力泌水仪
1—压力表；2—工作活塞；
3—缸体；4—筛网

橡皮锤轻轻沿容器外壁敲打 5~10 次，进行振实，直至混合料表面插捣孔消失并不见大气泡为止。并使混合料表面低于容器口以下约 30 mm 处，用抹刀将表面抹平。

2. 将容器外表擦干净，压力泌水仪按规定安装完毕后应立即给混凝土试样施加压力至 3.2 MPa，并打开泌水阀门同时开始计时，保持恒压，泌出的水接入 200 mL 量筒里。加压至 10 s 时读取泌水量 V_{10}，加压至 140 s 时读取泌水量 V_{140}。

四、实验结果与评定

压力泌水率按下式计算，计算应精确至 1%。

$$B_V = \frac{V_{10}}{V_{140}} \times 100\%$$

式中 B_V——压力泌水率，%；

V_{10}——加压至 10 s 时的泌水量,mL;

V_{140}——加压至 140 s 时的泌水量,mL。

实验 2 - 12　混凝土混合料配合比分析试验

本方法适用于用水洗分析法测定普通水泥混凝土混合料中四组分(水泥、水、砂、石)的含量,但不适用于集料含泥量波动较大以及用特细砂和山砂配制的水泥混凝土。

一、实验目的

掌握混凝土配合比组分的测定方法,验证设计配合比。

二、实验器材

1. 台秤:量程为 50 kg,感量 50 g。
2. 电子秤:量程 5 kg,感量 1 g。
3. 广口瓶:容积为 2 000 mL 的玻璃瓶,并配有玻璃盖板。
4. 试样筒:容积为 5 L 和 10 L 的试样筒,并配有玻璃盖板。
5. 标准筛:孔径为 4.75 mm 和 0.15 mm 标准筛各一个。

三、试验前的准备工作

在进行本试验前,应对混凝土下列原材料进行相关项目的试验与测定。

1. 水泥密度试验,按 GB/T 208《水泥密度测定方法》进行。

2. 细集料、粗集料的饱和面干状态的表观密度试验,按 JGJ 52《普通混凝土用砂质量标准及检验方法》和 JGJ 53《普通混凝土用碎石或卵石质量标准及检验方法》进行。

3. 细集料修正系数按下述方法测定。

向广口瓶中注水至筒口,再一边加水一边徐徐推进玻璃板,注意玻璃板下不带有任何气泡,盖严后擦净板面和广口瓶壁的余水,如玻璃板下有气泡,必须排除。测定广口瓶、玻璃板和水的总质量。取具有代表性的两个细集料试样,每个试样的质量为 2 kg,精确至 1 g。分别倒入盛水的广口瓶中,充分搅拌、排气后浸泡约半小时。然后向广口瓶中注水至筒口,再一边加水一边徐徐推进玻璃板,注意玻璃板下不得带有任何气泡,盖严后擦净板面和瓶壁的余水,称得广口瓶、玻璃板、水和细集料的总质量。则细集料在水中的质量为

$$m_{ys} = m_{ks} - m_p$$

式中　m_{ys}——细集料在水中的质量,g;

m_{ks}——细集料和广口瓶、水及玻璃板的总质量,g;

m_p——广口瓶、玻璃板和水的总质量,g。

应以两个试样试验结果的算术平均值作为测定值,计算应精确至 1 g。

然后用 0.15 mm 的标准筛将细集料过筛,用以上同样的方法测得大于 0.15 mm 细集料在水中的质量

$$m_{ysl} = m_{ksl} - m_p$$

式中 m_{ysl}——大于 0.15 mm 的细集料在水中的质量,g;

$\quad\quad m_{ksl}$——大于 0.15 mm 的细集料、广口瓶、水及玻璃板的总质量,g。

应以两个试样试验结果的算术平均值作为测定值,计算应精确至 1 g。

细集料修正系数为

$$C_s = \frac{m_{ys}}{m_{ysl}}$$

式中 C_s——细集料修正系数。

计算精确至 0.01。

4. 水泥混凝土混合料的取样

(1) 水泥混凝土混合料的取样应按 GB/T 50080—2002 规定进行。

(2) 当水泥混凝土中粗集料的公称最大粒径≤40 mm 时,混凝土混合料的取样量≥50 kg,混凝土中粗集料公称最大粒径>40 mm 时,混凝土混合料的取样量≥100 kg。

(3) 进行混凝土配合比(水洗法)分析时,当混凝土中粗集料公称最大粒径≤40 mm 时,每份取 12 kg 试样。当混凝土中粗集料的公称最大粒径>40 mm 时,每份取 15 kg 试样。剩余的混凝土混合料试样按规定进行拌合物表观密度的测定,并测量其体积 V。

四、实验步骤

1. 整个试验过程环境温度应在 15～25℃,从最后加水至试验结束,温差不应超过 2℃,试验至少进行两次。

2. 用试样筒称取质量为 m_0 的混凝土混合料试样,精确至 50 g,然后按下式计算混凝土混合料试样的体积。

$$V = \frac{m_0}{\rho_h}$$

式中 V——试样的体积,cm³;

$\quad\quad m_0$——试样的质量,g;

$\quad\quad \rho_h$——混凝土拌合物的表观密度,g/cm³。

计算应精确至 1 cm³。

3. 把试样筒中混凝土混合料全部移到 4.75 mm 筛上水洗过筛,水洗时,要用水将筛上粗集料仔细冲洗干净,粗集料上不得粘有砂浆,筛子应备有不透水的底盘,以收集全部冲洗过筛的砂浆与水的混合物,称量洗净的粗集料试样质量 m_g。粗集料表观密度符号为 ρ_g,单位 g/cm³。

4. 将冲洗过筛的砂浆与水的混合物全部移到试样筒中,加水至试样筒三分之二高度,用棒搅拌,以排除其中的空气。如水面上有不能破裂的气泡,可以加入少量的异丙醇试剂以消除气泡。让试样静置 10 min 以使固体物质沉积于容器底部。加水至满,再一边加水一边徐徐推进玻璃板,注意玻璃板下不得带有任何气泡,盖严后应擦净板面和筒壁的余水。称出砂浆与水的混合物和试样筒、水及玻璃板的总质量。应按下式计算砂浆在水中的质量。

$$m'_m = m_k - m_D$$

式中 m'_m——砂浆在水中的质量,g;

$\quad\quad m_k$——砂浆与水的混合物和试样筒、水及玻璃板的总质量,g;

m_D——试样筒、玻璃板和水的总质量,g。

计算应精确至 1 g。

5. 将试样筒中的砂浆与水的混合物在 0.15 mm 筛上冲洗,然后将在 0.15 mm 筛上洗净的细集料全部移至广口瓶中,加水至满,再一边加水一边徐徐推进玻璃板,注意玻璃板下不得带有任何气泡,盖严后应擦净板面和瓶壁的余水。称出细集料试样、广口瓶、水及玻璃板总质量,应按下式计算细集料在水中的质量,计算应精确至 1 g。

$$m'_s = C_s(m_{ks} - m_p)$$

式中　m'_s——细集料在水中的质量,g;

m_p——广口瓶、玻璃板和水的总质量,g。

五、实验结果计算与评定

混凝土混合料中四种组分的结果计算及确定应按下述方法进行。

1. 混凝土混合料试样中四种组分的质量应按以下公式计算。

(1) 试样中的水泥质量应按下式计算:

$$m_c = (m'_m - m'_s) \times \frac{\rho}{\rho - 1}$$

式中　m_c——试样中的水泥质量,g;

ρ——水泥的密度,g/cm³。

计算应精确至 1 g。

(2) 试样中细集料的质量应按下式计算:

$$m_s = m'_s \times \frac{\rho_s}{\rho_s - 1}$$

式中　m_s——试样中细集料的质量,g;

ρ_s——处于干燥状态下的细集料的表观密度,g/cm³。

计算应精确至 1 g。

(3) 试样中的水的质量应按下式计算:

$$m_w = m_0 - (m_g + m_s + m_c)$$

式中　m_w——试样中的水的质量,g;

m_0——混合料试样质量,g;

m_g、m_s、m_c——分别为试样中粗集料、细集料和水泥的质量,g。

计算应精确至 1 g。

(4) 混凝土拌合物试样中粗集料的质量为试验步骤(3)中得出的粗集料质量 m_g,单位 g。

2. 混凝土拌合物中水泥、水、粗集料、细集料的单位用量,分别按下式计算:

$$C = \frac{m_c}{V} \times 1\,000$$

$$W = \frac{m_w}{V} \times 1\,000$$

$$G = \frac{m_g}{V} \times 1\,000$$

$$S = \frac{m_s}{V} \times 1\ 000$$

式中　C、W、G、S——分别为水泥、水、粗集料、细集料的单位用量,kg/m³;

m_c、m_w、m_g、m_s——分别为试样中水泥、水、粗集料、细集料的质量,g;

V——试样体积,cm³。

计算应精确至 1 kg/m³。

3. 以两个试样试验结果的算术平均值作为测定值,两次试验结果差值的绝对值应符合下列规定:水泥≤6 kg/m³、水≤4 kg/m³、砂≤20 kg/m³、石≤30 kg/m³,否则,此次试验无效。

六、思考题

1. 该混凝土配合比分析试验适用的条件是什么?

2. 试验过程中如何减少试验误差?

实验 2－13　混凝土抗压强度测定

本方法适用于测定水泥混凝土立方体试件的抗压极限强度,可用于确定水泥混凝土的强度等级,作为评定水泥混凝土品质的主要指标。本方法也适用于各类水泥混凝土立方体试件的极限强度试验。

对属于检验现浇混凝土工程或预制构件中混凝土强度,则可与工程、构件同条件养护,也可用非 28 d 龄期测定混凝土强度,以确定混凝土何时能拆模、起吊或施加预应力或承受工程荷载。

一、实验目的

1. 掌握混凝土立方体抗压强度的测定方法。

2. 了解混凝土的强度等级是如何评定的。

二、实验器材

1. 振动台:混凝土试验室用振动台,符合 JG/T 3020 中技术要求的规定。

2. 压力试验机:符合《液压式压力试验机》(GB/T 3722)及《试验通用技术要求》(GB/T 2611)中的技术要求外,其测量精度为±1%,试件破坏荷载值应大于压力机全量程的 20%且小于压力机全量程的 80%。

3. 标准养护室:温度为(20±2)℃,相对湿度95%以上。

4. 试模:符合《混凝土试模》(JG 3019)中技术要求规定。

5. 其他量具及器具:钢板尺、卡尺及捣棒等。

三、实验步骤

1. 试件从养护地点取出后应及时进行试验,将试件表面与上下承压面擦拭干净。

2. 测量尺寸并检查其外观:试件尺寸精确至 1 mm,并据此计算试件的承压面积 A,如实测尺寸与公称尺寸之差不超过 1 mm,可按公称尺寸进行计算。试件不得有明显缺损,承压面与相邻面的垂直度偏差应不大于±1°。

3. 将试件安放在试验机下压板或垫板上,试件的中心与试验机下压板中心对准。试件的承压面应与成型时的顶面垂直。

4. 开动试验机,当上压板与试件接近时,调整球座,使接触均衡。

5. 试验过程中应连续而均匀地加荷,加荷速度为:混凝土强度等级<C30 时,取 0.3～0.5 MPa/s。混凝土强度等级≥C30 且<C60 时,取 0.5～0.8 MPa/s。混凝土强度等级≥C60 时,取 0.8～1.0 MPa/s。

6. 当试件接近破坏(显示指针不动)而开始急剧变形时,应停止调整试验机油门,直至试件破坏,随即记录破坏荷载 F。

四、实验结果计算与评定

1. 混凝土抗压强度按下式计算。

$$f_{cc} = \frac{F}{A}$$

式中　f_{cc}——混凝土立方体试件抗压强度,精确至 0.1 MPa;

　　　F——试件破坏荷载,N;

　　　A——试件承压面积,mm²。

2. 以三个试件测值的算术平均值作为该组试件的强度值(精确至 0.1 MPa)。当三个试件测值中的最大值或最小值中如有一个与中间值的差值超过中间值的 15%,则把最大值与最小值一并舍除,取中间值作为该组试件的强度值。如最大值和最小值之差均超过中间值的 15%,则该组试件的试验结果无效。

3. 混凝土强度等级<C60 时,非标准试件测得的强度值均应乘以尺寸换算系数,其值为对 200 mm×200 mm×200 mm 试件为 1.05,对 100 mm×100 mm×100 mm 试件为 0.95。当混凝土强度等级≥C60 时,宜采用标准试件。使用非标准试件时,尺寸换算系数应由试验确定。

五、计算题

某混凝土试件 28 d 抗压强度测定数据见下表,计算个别值与标准抗压强度值。

表 2－23　某混凝土试件 28 d 抗压强度测定数据

序号	试件规格/mm	破坏荷载/kN	标准抗压强度/MPa	
			个别值	代表值
1	150×150×150	522		
	150×150×150	488		
	150×150×150	515		
2	150×150×150	670		
	150×150×150	680		
	150×150×150	855		

序号	试件规格/mm	破坏荷载/kN	标准抗压强度/MPa	
			个别值	代表值
3	150×150×150	680		
	150×150×150	555		
	150×150×150	850		
4	100×100×100	255.5		
	100×100×100	253.0		
	100×100×100	252.5		

六、单项选择题

1. 某工地实验室做混凝土抗压强度的所有试块尺寸均为 100 mm×100 mm×100 mm，经标准养护 28 d 测其抗压强度值，在判断其强度等级时，_____。

A. 可乘以尺寸换算系数 1.05

B. 可乘以尺寸换算系数 0.95

C. 取其所有小试块中的最大强度值

D. 必须用标准立方体尺寸 150 mm×150 mm×150 mm 重做

2. 混凝土抗压强度试验加荷时应注意：当混凝土强度高于或等于 C30 且小于 C60 时，取每秒_____。

A. 0.3～0.5 MPa   B. 0.5～0.8 MPa   C. 0.8～1.0 MPa   D. 1.0～1.2 MP

实验 2－14　混凝土轴心抗压强度测定

本方法适用于测定棱柱体混凝土试件的轴心抗压强度。

一、实验目的

掌握棱柱体混凝土试件的轴心抗压强度的测定方法。

二、实验器材

1. 振动台、压力试验机、养护室、试模及其他量具及器具：同混凝土抗压强度测定要求。

2. 钢垫板：承压面的平面度公差为 0.04 mm，表面硬度不小于 55 HRC，碳化层厚度约为 5 mm，平面尺寸不小于试件的承压面积，厚度不小于 25 mm。

三、测定步骤

1. 试件从养护地点取出后应及时进行试验，用干毛巾将试件表面与上下承压板面擦干净。

2. 测量尺寸并检查其外观：试件尺寸精确至 1 mm，并据此计算试件的承压面积 A，如实测尺寸与公称尺寸之差不超过 1 mm，可按公称尺寸进行计算。试件不得有明显缺损，承压面与相邻面的垂直度偏差应不大于±1°。

3. 将试件直立放置在试验机的下压板或钢垫板上,并使试件轴心与下压板中心对准。

4. 开动试验机,当上压板与试件或钢垫板接近时,调整球座,使接触均衡。

5. 应连续均匀地加荷,不得有冲击。所用加荷速度同混凝土抗压强度测定的规定。

6. 试件接近破坏而开始急剧变形时,应停止调整试验机油门,直至破坏,然后记录破坏荷载。

四、实验结果计算与评定

1. 混凝土试件轴心抗压强度应按下式计算。

$$f_{cp} = \frac{F}{A}$$

式中　f_{cp}——混凝土轴心抗拉强度,精确至 0.1MPa;

　　　F——试件破坏荷载,N;

　　　A——试件承压面积,mm²。

2. 以三个试件测值的算术平均值作为该组试件的强度值(精确至 0.1 MPa)。当三个试件测值中的最大值或最小值中如有一个与中间值的差值超过中间值的 15%,则把最大值与最小值一并舍除,取中间值作为该组试件的强度值。如最大值和最小值之差均超过中间值的 15%,则该组试件的试验结果无效。

3. 混凝土强度等级<C60 时,非标准试件测得的强度值均应乘以尺寸换算系数,其值为对 200 mm×200 mm×400 mm 试件为 1.05;对 100 mm×100 mm×300 mm 试件为 0.95。当混凝土强度等级≥C60 时,宜采用标准试件。使用非标准试件时,尺寸换算系数应由试验确定。

五、思考题

1. 混凝土抗压强度和混凝土轴心抗压强度有什么区别?

2. 混凝土试件轴心抗压强度是如何评定的?

实验 2-15　混凝土劈裂抗拉强度测定

混凝土的抗拉强度在混凝土结构设计中是确定其抗裂度的重要指标,有时也用它来间接衡量混凝土与钢筋的黏结强度。

利用长条试件作混凝土轴心受拉试件时往往因偏心受拉而难以测准其抗拉强度,一般采用劈裂法来测定。方法是在立方体(或圆柱体)试件两个相对的表面上施加均匀分布的压力,使在荷载作用的竖向平面内产生均匀分布的拉伸应力,当拉伸应力达到混凝土极限抗拉强度时,试件将被劈裂破坏,由此可根据力学原理,由破坏荷载除以劈裂面面积乘以 2/π 求得混凝土的劈裂抗拉强度。

一、实验目的

掌握混凝土劈裂抗拉强度的测定方法。

二、实验器材

1. 振动台、压力试验机、养护室、试模及其他量具和器具:同混凝土抗压强度测定要求。

2. 劈裂钢垫块、垫条与支架:垫块采用半径为 75 mm 的钢制弧形垫块,其横截面尺寸如图 2-8 所示,垫块的长度与试件相同。垫条为三层胶合板,宽度 3~4 mm,长度不小于试件长度,垫条不得重复使用。支架为钢支架,如图 2-9 所示。

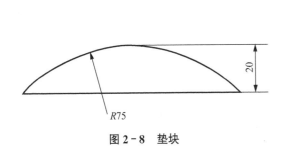

图 2-8　垫块

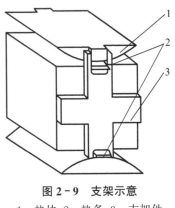

图 2-9　支架示意

1—垫块;2—垫条;3—支架件

三、实验步骤

1. 试件从养护地点取出后应及时进行试验,将试件表面与上下承压面擦干净。

2. 测量尺寸并检查其外观:试件尺寸精确至 1 mm,并据此计算试件的劈裂面积 A,如实测尺寸与公称尺寸之差不超过 1 mm,可按公称尺寸进行计算。试件不得有明显缺损。

3. 将试件放在试验机下压板中心位置,劈裂承压面和劈裂面应与试件成型时的顶面垂直。在上、下压板与试件之间各垫以圆弧形垫块及垫条各一条,垫块与垫条应与试件上下面的中心线对准并与成型时的顶面垂直。宜把垫条及试件安装在专用定位架上使用,见图 2-9。

4. 开动试验机,当上压板与圆弧形垫块接近时,调整球座,使接触均匀。加荷应连续而均匀,当混凝土强度等级<C30 时,取 0.02~0.05 MPa/s 的加荷速度;当混凝土强度等级≥C30且<C60 时,取 0.05~0.08 MPa/s;当混凝土强度等级≥C60 时,取 0.08~0.10 MPa/s。当试件接近破坏时,应停止调整油门,直至试件破坏,然后记录破坏荷载。

四、实验结果计算与评定

1. 混凝土立方体劈裂抗拉强度按下式计算(精确至 0.01 MPa):

$$f_{ts} = \frac{2F}{\pi A} = 0.637 \frac{F}{A}$$

式中　f_{ts}——混凝土劈裂抗拉强度,MPa;

　　　F——试件破坏荷载,N;

　　　A——试件劈裂面积,mm^2。

2. 以三个试件测值的算术平均值作为该组试件的强度值(精确至 0.1 MPa)。当三个试件测值中的最大值或最小值中有一个与中间值的差值超过中间值的 15%,则把最大值与最小值一并舍除,取中间值作为该组试件的强度值;如最大值和最小值之差均超过中间值的 15%,则该组试件的试验结果无效。

3. 采用 100 mm×100 mm×100 mm 非标准试件测得的劈裂抗拉强度值,应乘以尺寸换算系数 0.85。当混凝土强度等级≥C60 时,宜采用标准试件。使用非标准试件时,尺寸换算系数应由试验确定。

五、思考题

1. 混凝土劈裂抗拉强度与抗拉强度有什么区别?
2. 混凝土劈裂抗拉强度是如何评定的?

实验 2-16　混凝土抗折强度测定

一、实验目的

掌握混凝土抗折强度的测定方法。

二、实验器材

1. 振动台、压力试验机、养护室、试模及其他量具和器具:同混凝土抗压强度测定要求。

2. 抗折试验装置:能使两个相等的荷载同时作用在试件跨度 3 分点处的装置。试件的支座和加荷头应采用直径为 20～40 mm、长度不小于(b+10)mm 的硬钢圆柱,支座立脚点固定铰支,其他应为滚动支点(图 2-10)。

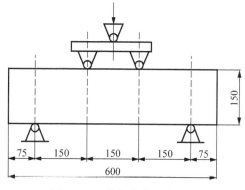

图 2-10　抗折试验示意图

三、实验步骤

1. 试件从养护地点取出后应及时进行试验,将试件表面擦干净。

2. 测量尺寸并检查其外观:试件尺寸测量精确至 1 mm,并据此进行强度计算。试件不得有明显缺损,在长向中部 1/3 区段内不得有表面直径超过 5 mm、深度超过 2 mm 的孔洞。

3. 按图 2-10 装置试件,安装尺寸偏差不应大于 1 mm。试件的承压面应为试件成型时的侧面。支座及承压面与圆柱的接触面应平稳、均匀,否则应予垫平。

4. 开动试验机,施加荷载应保持均匀连续。当混凝土强度等级＜C30 时,取 0.02～0.05 MPa/s 的加荷速度;当混凝土强度等级≥C30 且＜C60 时,取 0.05～0.08 MPa/s;当混凝土强度等级≥C60 时,取 0.08～0.10MPa/s。当试件接近破坏时,应停止调整试验机油门,直至试件破坏,然后记录破坏荷载及试件下边缘断裂位置。

四、实验结果计算与评定

1. 若试件下边缘断裂位置处于两个集中荷载作用线之间,则试件的抗折强度 f_f 按下式计算(精确至 0.1 MPa):

$$f_f = \frac{Fl}{bh^2}$$

式中　f_f——混凝土抗折强度,MPa;

　　　F——试件破坏荷载,N;

　　　l——支座间跨度,mm;

　　　b——试件截面宽度,mm;

　　　h——试件截面高度,mm。

2. 以三个试件测值的算术平均值作为该组试件的强度值(精确至 0.1 MPa)。当三个试件测值中的最大值或最小值中有一个与中间值的差值超过中间值的 15%,则把最大值与最小值一并舍除,取中间值作为该组试件的强度值;如最大值和最小值之差均超过中间值的 15%,则该组试件的试验结果无效。

3. 三个试件中若有一个折断面位于两个集中荷载之外,则混凝土抗折强度值按另两个试件的试验结果计算。若这两个测值的差值不大于这两个测值的较小值的 15% 时,则该组试件的抗折强度值按这两个测值的平均值计算,否则该组试件的试验无效。若有两个试件的下边缘断裂位置位于两个集中荷载作用线之外,则该组试件试验无效。

4. 当试件尺寸为 100 mm×100 mm×100 mm 非标准试件时,取得的抗折强度值应乘以尺寸换算系数 0.85。当混凝土强度等级≥C60 时,宜采用标准试件。使用非标准试件时,尺寸换算系数应由试验确定。

五、思考题

1. 混凝土劈裂抗拉强度与抗折强度有什么关系?

2. 混凝土抗折强度是如何评定的?

实验 2－17　混凝土静力受压弹性模量测定

一、实验目的及适用范围

混凝土的静力受压弹性模量简称弹性模量,测定混凝土的弹性模量值是指应力为轴心抗压强度 1/3 时的加荷割线模量。可为结构物变形计算提供依据。

二、实验器材

1. 振动台、压力试验机、养护室、试模及其他量具和器具:同混凝土抗压强度测定要求。

2. 变形测量仪表:精度不低于 0.001 mm,当使用镜式引伸仪时,允许精度不低于

0.002 mm。

三、实验步骤

1. 试件从标准养护室中取出后将试件表面与上下承压面擦拭干净。

2. 测量尺寸并检查其外观：试件尺寸测量精确至 1 mm，并依此计算试件的承压面积（A），如实测尺寸与公称尺寸之差不超过 1 mm，则可按公称尺寸计算。试件承压面的不平度应符合要求，承压面与相邻面的垂直度偏差应不大于 $\pm 1°$。

3. 取三个试件测轴心抗压强度 f_{cp}。另三个试件用于测定混凝土的弹性模量。

4. 在测定混凝土弹性模量时，将变形测量仪安装在试件成型时两侧面的中心线上，并对称于试件的两端。标准试件的测量距离采用 150 mm，非标准试件的测量距离应不大于试件高度的 1/2，也不应小于 100 mm 及骨料最大粒径的三倍。

5. 测量仪安装好后，应仔细调整试件在试验机上的位置，使其轴心与下压板的中心线对准。

6. 开动压力试验机，当上压板与试件接近时调整球座，使其接触均衡。

7. 加荷至基准应力为 0.5 MPa 的初始荷载值 F_0，保持恒载 60 s 并在以后的 30 s 内记录每测点的变形读数 ε_0。应立即连续均匀地加荷至应力为轴心抗拉强度 f_{cp} 的 1/3 的荷载值 F_a，保持恒载 60 s 并在以后的 30 s 内记录每一测点的变形读数 ε_a。所用加荷速度同混凝土抗压强度测定。

8. 当以上这些变形值之差与它们平均值之比大于 20% 时，应重新对中试件后重复本条第 7 款的试验。如果无法使其减少到低于 20% 时，则此次试验无效。

9. 在确认试件对中符合本条第 8 款规定后，以与加荷速度相同的速度卸荷至基准应力 0.5 MPa（F_0），恒载 60 s。然后用同样的加荷和卸荷速度以及 60 s 的保持恒载（F_0 及 F_a）至少进行两次反复预压。在最后一次预压完成后，在基准应力 0.5 MPa（F_0）持 60 s 并在以后的 30 s 内记录每一测点的变形读数 ε_0。再用同样的加荷速度加荷至 F_a，持续 60 s 并在以后的 30 s 内记录每一测点的变形读数 ε_a。

10. 卸除变形测量仪，以同样的速度加荷至破坏，记录破坏荷载。如果试件的抗压强度与 f_{cp} 之差超过 f_{cp} 的 20% 时，则应在报告中注明。

四、实验结果计算与评定

1. 混凝土的弹性模量按下式计算（计算精确至 100 MPa）：

$$E_c = \frac{F_a - F_0}{A} \times \frac{L}{\Delta n}$$

式中　E_c——混凝土的弹性模量，MPa；

F_a——应力为 1/3 轴心抗压强度时的荷载，N；

F_0——应力为 0.5MPa 时的初始荷载，N；

A——试件承压面积，mm^2；

L——测量标距，mm。

$$\Delta n = \varepsilon_a - \varepsilon_0$$

式中 Δn——最后一次从 F_0 加荷至 F_a 时试件两侧变形的平均值,mm;

ε_a——F_a 时试件两侧变形的平均值,mm;

ε_0——F_0 时试件两侧变形的平均值,mm。

2. 弹性模量按三个试件测量的算术平均值计算。如果其中有一个试件的轴心抗压强度值与用以确定检验控制荷载的轴心抗压强度值相差超过后者的 20% 时,则弹性模量值按另两个试件测值的算术平均值计算。如有两个试件超过上述规定时,则此次试验无效。

五、思考题

1. 混凝土静力受压弹性模量测定过程中应注意哪些事项?

2. 静力受压弹性模量测定过程中如何减少试验误差?

实验 2-18　混凝土收缩测定

Ⅰ　接　触　法

本方法适用于测定在无约束和规定的温湿度条件下硬化混凝土试件的收缩变形性能。

一、实验目的

掌握混凝土收缩的测定方法。

二、实验器材

试验设备规定如下。

1. 测量混凝土收缩变形装置:应具有硬钢或石英玻璃制作的标准杆,并应在测量前及测量过程中及时校核仪表的读数。

2. 收缩测量装置可采用下列形式之一:

(1) 卧式混凝土收缩仪的测量标距应为 540 mm,并应装有精度为 ±0.001 mm 的千分表或测微器。

(2) 立式混凝土收缩仪的测量标距和测微器同卧式混凝土收缩仪。

(3) 其他形式的变形测量仪表的测量标距不应小于 100 mm 及骨料最大粒径的 3 倍,并至少能达到 ±0.001 mm 的测量精度。

3. 标准养护室:能使室温保持在 (20±2)℃,相对湿度保持在 ≥95%。

4. 恒温恒湿室:能使室温保持在 (20±2)℃,相对湿度应保持在 (60±5)%。

试件和测头规定如下。

1. 本方法应采用尺寸为 100 mm×100 mm×515 mm 的棱柱体试件。每组应为 3 个试件。

2. 采用卧式混凝土收缩仪时,试件两端应预埋测头或留有埋设测头的凹槽。卧式收缩试验用测头(图 2－11)应由不锈钢或其他不锈的材料制成。

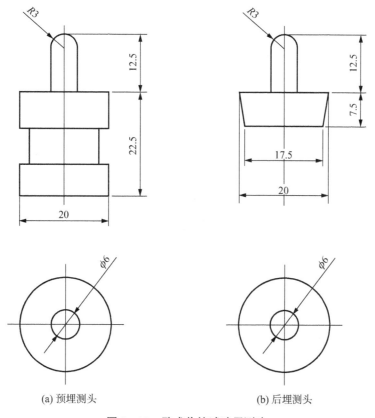

(a) 预埋测头　　　　　　　(b) 后埋测头

图 2－11　卧式收缩试验用测头

3. 采用立式混凝土收缩仪时,试件一端中心应预埋测头(图 2－12)。立式收缩试验用测头的另外一端宜采用 M20 mm×35 mm 的螺栓(螺纹通长),并应与立式混凝土收缩仪底座固定。螺栓和测头都应预埋进去。

4. 采用接触法引伸仪时,所用试件的长度应至少比仪器的测量标距长出一个截面边长。测头应粘贴在试件两侧面的轴线上。

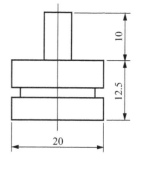
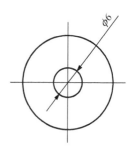

5. 使用混凝土收缩仪时,制作试件的试模应具有能固定测头或预留凹槽的端板。使用接触法引伸仪时,可用一般棱柱体试模制作试件。

6. 收缩试件成型时不得使用机油等憎水性脱模剂。试件成型后应带模养护 1～2 天,并保证拆模时不损伤试件。对于事先没有埋设测头的试件,拆模后应立即粘或埋设测头。试件拆模后,应立即送至温度为(20±2)℃、相对湿度为 95% 以上的标准养护室养护。

图 2－12　立式收缩试验用测头

三、实验步骤

1. 收缩试验应在恒温恒湿环境中进行,室温应保持在(20±2)℃,相对湿度应保持在(60±5)%。试件应放置在不吸水的搁架上,底面应架空,每个试件之间的间隙应大于 30 mm。

2. 测定代表某一混凝土收缩性能的特征值时,试件应在 3 d 龄期时(从混凝土搅拌加水时算起)从标准养护室取出,并应立即移入恒温恒湿室测定其初始长度,此后应至少按下列规定的时间间隔测量其变形读数:1 d、3 d、7 d、14 d、28 d、45 d、60 d、90 d、120 d、150 d、180 d、360 d(从移入恒温恒湿室内计时)。

3. 测定混凝土在某一具体条件下的相对收缩值时(包括在徐变试验时的混凝土收缩变形测定)应按要求的条件进行试验。对非标准养护试件,当需要移入恒温恒湿室进行试验时,应先在该室内预置 4 h,再测其初始值。测量时应记下试件的初始干湿状态。

4. 收缩测量前应先用标准杆校正仪表的零点,并应在测定过程中至少再复核 1~2 次,其中一次应在全部试件测读完后进行。当复核时发现零点与原值的偏差超过±0.001 mm 时,应调零后重新测量。

5. 试件每次在卧式收缩仪上放置的位置和方向均应保持一致。试件上应标明相应的方向记号。试件在放置及取出时应轻稳仔细,不得碰撞表架及表杆。当发生碰撞时,应取下试件,并应重新以标准杆复核零点。

6. 采用立式混凝土收缩仪时,整套测试装置应放在不易受外部振动影响的地方。读数时宜轻敲仪表或者上下轻轻滑动测头。安装立式混凝土收缩仪的测试台应有减振装置。

7. 用接触法引伸仪测量时,应使每次测量时试件与仪表保持相对固定的位置和方向。每次读数应重复 3 次。

四、试验结果计算与评定

1. 混凝土收缩率按下式计算:

$$\varepsilon_{st} = \frac{L_0 - L_t}{L_b}$$

式中　ε_{st}——试验期为 t(d)的混凝土收缩率,t 从测定初始长度时算起;

　　　L_b——试件的测量标距,用混凝土收缩仪测量时应等于两测头内侧的距离,即等于混凝土试件长度(不计测头凸出部分)减去两个测头埋入深度之和(mm)。采用接触法引伸仪时,即为仪器的测量标距;

　　　L_0——试件长度的初始读数,mm;

　　　L_t——试件在试验期为 t(d)时测得的长度读数,mm。

2. 每组应取 3 个试件收缩率的算术平均值作为该组混凝土试件的收缩率测定值,计算精确至 1.0×10^{-6}。

3. 作为相互比较的混凝土收缩率值应为不密封试件于 180 d 所测得的收缩率值。可将不密封试件于 360 d 所测得的收缩率值作为该混凝土的终极收缩率值。

<h1 style="text-align:center">Ⅱ　非接触法</h1>

本方法主要适用于测定早龄期混凝土的自由收缩变形,也可用于无约束状态下混凝土自收缩变形的测定。

一、实验目的

掌握混凝土自由收缩变形的测定方法。

二、实验器材

1. 非接触法混凝土收缩变形测定仪:如图 2-13 所示,应设计成整机一体化装置,并应具备自动采集和处理数据、能设定采样时间间隔等功能。整个测试装置(含试件、传感器、反射靶、试模等)应固定于具有避震功能的固定式实验台面上。

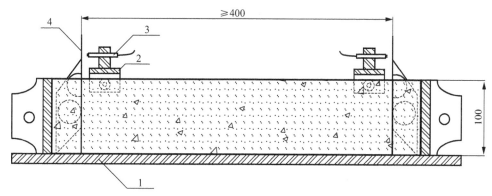

图 2-13　非接触法混凝土收缩变形测定仪原理示意图(mm)

1—试模;2—固定架;3—传感器探头;4—反射靶

(1) 反射靶:应有可靠方式将反射靶固定于试模上,使反射靶在试件成型浇筑振动过程中不会移位偏斜,且在成型完成后应能保证反射靶与试模之间摩擦力尽可能小。试验过程中应能保证反射靶能够随着混凝土收缩而同步移动。

(2) 试模:应采用具有足够刚度的钢模,且本身的收缩变形应小。试模的长度应能保证混凝土试件的测量标距不小于 400 mm。

(3) 传感器:传感器的测试量程不应小于试件测量标距长度的 0.5%或量程不应小于 1 mm,测试精度不应低于 0.002 mm。且应采用可靠方式将传感器测头固定,并应能使测头在测量整个过程中与试模相对位置保持固定不变。

2. 恒温恒湿室:能使室温保持在(20±2)℃,相对湿度应保持在(60±5)%。

3. 试件:尺寸为 100 mm×100 mm×515 mm 的棱柱体试件,每组应为 3 个试件。

三、实验步骤

1. 试验应在温度为(20±2)℃、相对湿度为(60±5)%的恒温恒湿条件下进行。非接触法收缩试验应带模进行测试。

2. 试模准备后,应在试模内涂刷润滑油,然后应在试模内铺设两层塑料薄膜或者放置一片聚四氟乙烯片,且应在薄膜或者聚四氟乙烯片与试模接触的面上均匀涂抹一层润滑油。应将反射靶固定在试模两端。

3. 将混凝土拌合物浇筑入试模后,应振动成型并抹平,然后应立即带模移入恒温恒湿室。成型试件的同时,应测定混凝土的初凝时间。混凝土初凝试验和早龄期收缩试验的环境应相同。当混凝土初凝时,应开始测读试件左右两侧的初始读数,此后应至少每隔 1 h 或按设定的时间间隔测定试件两侧的变形读数。

4. 在整个测试过程中,试件在变形测定仪上放置的位置、方向均应始终保持固定不变。

5. 需要测定混凝土自收缩值的试件,应在浇筑振捣后立即采用塑料薄膜作密封处理。

四、实验结果计算与评定

1. 混凝土收缩率按下式计算:

$$\varepsilon_{st} = \frac{(L_{10} - L_{1t}) + (L_{20} - L_{2t})}{L_0}$$

式中　ε_{st} ——测试期为 t(h)的混凝土收缩率,t 从初始读数时算起;

L_{10} ——左侧非接触法位移传感器初始读数,mm;

L_{1t} ——左侧非接触法位移传感器测试期为 t(h)的读数,mm;

L_{20} ——右侧非接触法位移传感器初始读数,mm;

L_{2t} ——右侧非接触法位移传感器测试期为 t(h)的读数,mm;

L_0 ——试件测量标距(mm),等于试件长度减去试件中两个反射靶沿试件长度方向埋入试件中的长度之和。

2. 每组应取 3 个试件测试结果的算术平均值作为该组混凝土试件的早龄期收缩测定值,计算应精确到 1.0×10^{-6}。作为相对比较的混凝土早龄期收缩值应以 3 d 龄期测试得到的混凝土收缩值为准。

五、思考题

1. 接触法与非接触法混凝土收缩率测定有什么区别? 它们的适用条件有哪些?

2. 接触法与非接触法混凝土收缩率测定结果是如何评价的?

实验 2-19　混凝土抗水渗透性能测定

Ⅰ　渗水高度法

本方法适用于以测定硬化混凝土在恒定水压力下的平均渗水高度表示混凝土抗水渗透性能。

一、实验目的

掌握用渗水高度法测定硬化混凝土的抗水渗透性能。

二、实验器材

1. 混凝土抗渗仪：应符合 JG/T 249《混凝土抗渗仪》的规定，并应能使水压按规定的制度稳定地作用在试件上，抗渗仪施加水压力范围应为 0.1～2.0 MPa。

2. 试模：采用上口内部直径为 175 mm、下口内部直径为 185 mm 和高度为 150 mm 的圆台体。

3. 螺旋加压器。

4. 烘箱。

5. 梯形板（图 2-14）应采用尺寸为 200 mm×200 mm 透明材料制成，并画有十条等间距、垂直于梯形底线的直线。

6. 钢直尺：分度值应为 1 mm。

7. 钟表：分度值应为 1 min。

8. 电炉、浅盘、铁锅和钢丝刷等。

9. 密封材料：宜用石蜡加松香或水泥加黄油等材料，也可采用橡胶套等其他有效密封材料。

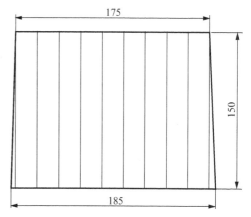

图 2-14　梯形板示意图（单位：mm）

三、实验步骤

1. 先按规定的方法进行试件的制作和养护，抗水渗透试验应以 6 个试件为一组。

2. 试件拆模后，应用钢丝刷刷去两端面的水泥浆膜，并立即将试件送入标准养护室进行养护。

3. 抗水渗透试验的龄期宜为 28 d。在到达试验龄期的前一天，从养护室取出试件，并擦拭干净。待试件表面晾干后，按下列方法进行试件密封。

（1）当用石蜡密封时，应在试件侧面裹涂一层熔化的内加少量松香的石蜡。然后用螺旋加压器将试件压入经过烘箱或电炉预热过的试模中，使试件与试模底平齐，并在试模变冷后解除压力。试模的预热温度应以石蜡接触试模，即缓慢熔化但不流淌为准。

（2）用水泥加黄油密封时，其质量比应为（2.5～3）：1。用三角刀将密封材料均匀地刮涂在试件侧面上，厚度为（1～2）mm。套上试模并将试件压入，使试件与试模底齐平。

（3）试件密封也可以采用其他更可靠的密封方式。

4. 试件准备好之后，启动抗渗仪，并开通 6 个试位下的阀门，使水从 6 个孔中渗出，水应充满试位坑，在关闭 6 个试位下的阀门后应将密封好的试件安装在抗渗仪上。

5. 试件安装好以后，立即开通 6 个试位下的阀门，使水压在 24 h 内恒定控制在（1.2±0.05）MPa，且加压过程不应大于 5 min，以达到稳定压力的时间作为试验记录起始时间（精确至 1 min）。在稳压过程中随时观察试件端面的渗水情况，当有某一个试件端面出现渗水时，应停止该试件的试验并记录时间，并以试件的高度作为该试件的渗水高度。对于试件端面未出现渗水的情况，应在试验 24 h 后停止试验，并及时取出试件。在试验过程中，当发现水从试件周边渗出时，应重新按上述规定的方法对试件进行密封。

6. 将从抗渗仪上取出来的试件放在压力机上，并在试件上下两端面中心处沿直径方向各放一根直径为 6 mm 的钢垫条，并确保它们在同一竖直平面内。然后开动压力机，将试件沿纵断面劈裂为两半。试件劈开后,用防水笔描出水痕。

7. 将梯形板放在试件劈裂面上,用钢尺沿水痕等间距量测 10 点渗水高度值,读数精确至 1 mm。当读数时遇到某测点被骨料阻挡时,以靠近骨料两端的渗水高度算术平均值来作为该测点的渗水高度。

四、试验结果计算及处理

1. 试件渗水高度应按下式进行计算。

$$\overline{h_i} = \frac{1}{10} \sum_{j=1}^{10} h_j$$

式中　　h_j——第 i 个试件第 j 个测点处的渗水高度,mm;

　　　　$\overline{h_i}$——第 i 个试件的平均渗水高度,mm,应以 10 个测点渗水高度的平均值作为该试件渗水高度的测定值。

2. 一组试件的平均渗水高度应按下式进行计算。

$$\overline{h} = \frac{1}{6} \sum_{i=1}^{6} \overline{h_i}$$

式中　　$\overline{h}$—— 一组 6 个试件的平均渗水高度,mm。

3. 应以一组 6 个试件渗水高度的算术平均值作为该组试件渗水高度的测定值。

II　逐级加压法

本方法适用于通过逐级施加水压力来测定以抗渗等级来表示的混凝土的抗水渗透性能。

一、实验目的

掌握用逐级加压法测定硬化混凝土的抗水渗透性能。

二、实验原理

测定在一定条件下混凝土所能承受的最大水压力,借以评定混凝土的抗渗等级。当混凝土的两面与底面之间存在着水压力差或湿度差时,水分子将会渗透过混凝土。混凝土密实度高,开口孔隙少,水分不易渗透时,抗渗性能好;反之,抗渗性能差。

三、实验器材

同渗水高度法。

四、实验步骤

1. 按渗水高度法对试件进行密封和安装。

2. 试验时,水压应从 0.1 MPa 开始,以后应每隔 8 h 增加 0.1 MPa 水压,并随时观察试件端面渗水情况。当 6 个试件中有 3 个试件表面出现渗水时,或加至规定压力(设计抗渗等级)在 8 h 内 6 个试件中表面渗水试件少于 3 个时,可停止试验,并记下此时的水压力。在试验过程中,当发现水从试件周边渗出时,应按规定重新进行密封。

五、实验结果计算与评定

混凝土的抗渗等级以每组 6 个试件中有 4 个试件未出现渗水时的最大水压力乘以 10 来确定,混凝土的抗渗等级应按下式计算。

$$P = 10H - 1$$

式中　P——混凝土抗渗等级;

　　　　H——6 个试件中有 3 个试件渗水时的水压力,MPa。

六、思考题

1. 试述逐级加压测定混凝土抗渗性的原理。

2. 在进行混凝土抗渗试验时,当加压到何种情况时可停止试验?

实验 2-20　混凝土抗冻性能测定

Ⅰ　慢　冻　法

混凝土在天然条件下经常受干湿、冷热、冻融等交替物理作用而破坏,抗冻性能是测定混凝土在气冻水融条件下,以经受的冻融循环次数所表示的一种耐久性能。

一、实验目的

1. 了解抗冻性的概念。

2. 掌握用慢冻法测定混凝土的抗冻性能。

二、实验原理

饱水状态下的混凝土,在负温度下,吸附于毛细孔内的水结冰,体积膨胀,使孔隙产生内应力,引起混凝土内部微细裂缝,升温融化时又产生内外层应力差,这样经过多次反复冻融的作用,使混凝土强度降低,同时会引起脱皮、掉角现象,以此评定混凝土抗冻性能。

三、实验器材

1. 冻融试验箱:应能使试件静置不动,并应通过气冻水融进行冻融循环。在满载运转的条件下,冷冻期间冻融试验箱内空气的温度应能保持在(−20~−18)℃。融化期间冻融试验箱内浸泡混凝土试件的水温应能保持在(18~20)℃。满载时冻融试验箱内各点温度极差不应超过 2℃。采用自动冻融设备时,控制系统还应具有自动控制、数据曲线实时动态显示、断电记忆和试验数据自动存储等功能。

2. 压力试验机:应符合 GB/T 50081《普通混凝土力学性能试验方法标准》的相关要求。

3. 称量设备:最大量程为 20 kg,感量为 5 g。

4. 温度传感器:温度检测范围不小于(−20~20)℃,测量精度为 ±0.5℃。

5. 试件架：采用不锈钢或其他耐腐蚀的材料制作，其尺寸与冻融试验箱和所装的试件相适应。

6. 混凝土试件尺寸及数量：尺寸采用 100 mm×100 mm×100 mm 的立方体试件。慢冻法试验所需的试件组数应符合表 2-24 的规定，每组试件为 3 块。

表 2-24　慢冻法试验所需的试件组数

设计抗冻标号	D25	D50	D100	D150	D200	D250	D300	D300 以上
检查强度所需冻融次数	25	50	50 及 100	100 及 150	150 及 200	200 及 250	250 及 300	300 及设计次数
鉴定 28 d 强度所需试件组数	1	1	1	1	1	1	1	1
冻融试件组数	1	1	2	2	2	2	2	2
对比试件组数	1	1	2	2	2	2	2	2
总计试件组数	3	3	5	5	5	5	5	5

四、实验步骤

1. 在标准养护室内或同条件养护的冻融试验的试件应在养护龄期为 24 d 时提前将试件从养护地点取出，随后将试件放在(20±2)℃水中浸泡，浸泡时水面应高出试件顶面(20～30)mm，在水中浸泡的时间应为 4 d，试件应在 28 d 龄期时开始进行冻融试验。始终在水中养护的冻融试验的试件，当试件养护龄期达到 28 d 时，可直接进行后续试验，对此种情况，应在试验报告中予以说明。

2. 当试件养护龄期达到 28 d 时应及时取出冻融试验的试件，用湿布擦除表面水分，测量外观尺寸，试件的外观尺寸应满足试件的公差要求，分别编号、称重，然后按编号置入试件架内，且试件架与试件的接触面积不宜超过试件底面的 1/5。把试件架放入冻融试验箱后，试件与箱体内壁之间至少留有 20 mm 的空隙。试件架中各试件之间至少保持 30 mm 的空隙。

3. 冷冻时间应在冻融箱内温度降至 -18℃ 时开始计算。每次从装完试件到温度降至 -18℃ 所需的时间应在(1.5～2.0)h 内。冻融箱内温度在冷冻时应保持在(-20～-18)℃。

4. 每次冻融循环中试件的冷冻时间不小于 4 h。

5. 冷冻结束后，应立即加入温度为(18～20)℃的水，使试件转入融化状态，加水时间不应超过 10 min。控制系统应确保在 30 min 内，水温不低于 10℃，且在 30 min 后水温能保持在(18～20)℃。冻融箱内的水面应至少高出试件表面 20 mm。融化时间不小于 4 h。融化完毕视为该次冻融循环结束，可进入下一次冻融循环。

6. 每 25 次循环宜对冻融试件进行一次外观检查。当出现严重破坏时，应立即进行称重。当一组试件的平均质量损失率超过 5%，可停止其冻融循环试验。

7. 试件在达到表 2-24 规定的冻融循环次数后，试件应称重并进行外观检查，详细记录试件表面破损、裂缝及边角缺损情况。当试件表面破损严重时，应先用高强石膏找平，然后再进行抗压强度试验。抗压强度试验应符合 GB/T 50081《普通混凝土力学性能试验方法标准》的相关规定。

8. 当冻融循环因故中断且试件处于冷冻状态时，试件应继续保持冷冻状态，直至恢复冻融试验为止,并应将故障原因及暂停时间在试验结果中注明。当试件处在融化状态下因故中断时,中断时间不应超过两个冻融循环的时间。在整个试验过程中,超过两个冻融循环时间的中断故障次数不得超过两次。

9. 当部分试件由于失效破坏或者停止试验被取出时,应用空白试件填充空位。

10. 对比试件应继续保持原有的养护条件,直到完成冻融循环后,与冻融试验的试件同时进行抗压强度试验。

11. 当冻融循环出现下列三种情况之一时,可停止试验:

(1) 已达到规定的循环次数;

(2) 抗压强度损失率已达到 25%;

(3) 质量损失率已达到 5%。

五、实验结果处理与评定

1. 强度损失率按下式进行计算。

$$\Delta f_c = \frac{f_{c0} - f_{cn}}{f_{c0}} \times 100\%$$

式中 Δf_c——n 次冻融循环后的混凝土抗压强度损失率,%,精确至 0.1;

f_{c0}——对比用的一组标准养护混凝土试件的抗压强度测定值,MPa,精确至 0.1 MPa;

f_{cn}——经 n 次冻融循环后的一组混凝土试件抗压强度测定值,MPa,精确至 0.1 MPa。

2. f_{c0} 和 f_{cn} 以三个试件抗压强度试验结果的算术平均值作为测定值。当三个试件抗压强度最大值或最小值与中间值之差超过中间值的 15% 时,应剔除此值,再取其余两值的算术平均值作为测定值。当最大值和最小值均超过中间值的 15% 时,应取中间值作为测定值。

3. 单个试件的质量损失率按下式计算。

$$\Delta W_{ni} = \frac{W_{0i} - W_{ni}}{W_{0i}} \times 100\%$$

式中 ΔW_{ni}——n 次冻融循环后第 i 个混凝土试件的质量损失率,%,精确至 0.01;

W_{0i}——冻融循环试验前第 i 个混凝土试件的质量,g;

W_{ni}——n 次冻融循环后第 i 个混凝土试件的质量,g。

4. 一组试件的平均质量损失率按下式计算。

$$\Delta W_n = \frac{\sum\limits_{i=1}^{3} \Delta W_{ni}}{3} \times 100\%$$

式中 ΔW_n——n 次冻融循环后一组混凝土试件的平均质量损失率,%,精确至 0.1。

5. 每组试件的平均质量损失率以三个试件的质量损失率试验结果的算术平均值作为测定值。当某个试验结果出现负值时,应取 0 值,再取三个试件的算术平均值;当三个值中的最大值或最小值与中间值之差超过 1% 时,应剔除此值,再取其余两值的算术平均值作为测定值;当最大值和最小值与中间值之差均超过 1% 时,应取中间值作为测定值。

6. 抗冻标号以抗压强度损失率达到 25% 或者质量损失率达到 5% 时的最大冻融循环次

数并按表 2-24 确定。

六、思考题

1. 慢冻法测定混凝土的抗冻性能应注意哪些事项？
2. 慢冻法是如何评价混凝土的抗冻性能的？

Ⅱ 快冻法

本方法适用于测定混凝土试件在水冻水融的条件下,以经受的快速冻融循环次数来表示的混凝土抗冻性能。

一、实验目的

掌握用快冻法测定混凝土的抗冻性能。

二、实验原理

本实验利用谐振法测定混凝土的动弹性模量,可判定混凝土快速冻融试验结果,用以检验混凝土在经受冻融或其他侵蚀作用后遭受破坏的程度,并以此评定混凝土的耐久性。当外部振源频率与试件自振频率相等或成倍数关系时,即产生共振现象,此时振幅最大,如试验设备装有示波管时,便可显示出共振时的李萨如图形。根据试件所处状态与材料特性及测试方式,用测得的共振频率计算材料的动弹性模量。根据混凝土冻融循环前后共振频率的变化判断其抗冻性能。主要有纵向与横向两种测试方法。

三、实验器材

1. 快速冻融装置:应符合 JG/T 243《混凝土抗冻试验设备》的规定。除在测温试件中埋设温度传感器外,尚应在冻融箱内防冻液中心、中心与任何一个对角线的两端分别设有温度传感器。运转时冻融箱内防冻液各点温度的极差不得超过 2℃。

2. 称量设备:最大量程为 20 kg,感量为 5 g。

3. 混凝土动弹性模量测定仪:DT-2 型或其他型号的动态弹性测定仪。

4. 温度传感器:包括热电偶、电位差计等,可在(-20~20)℃测定试件中心温度,且测量精度为±0.5℃。

5. 试件盒:如图 2-15 所示,宜采用具有弹性的橡胶材料制作,其内表面底部应有半径为 3 mm 橡胶突起部分。盒内加水后水面应至少高出试件顶面 5 mm。试件盒横截面尺寸宜为 115 mm×115 mm,试件盒长度宜为 500 mm。

6. 快冻法抗冻试验所采用的试件应符合如

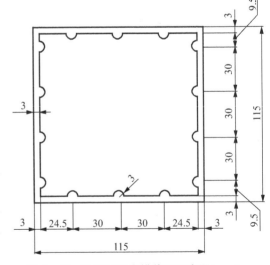

图 2-15 橡胶试件盒横截面示意图(mm)

下规定。

（1）快冻法抗冻试验采用尺寸为 100 mm×100 mm×400 mm 的棱柱体试件，每组试件为 3 块。

（2）成型试件时，不得采用憎水性脱模剂。

（3）除制作冻融试验的试件外，尚应制作同样形状、尺寸，且中心埋有温度传感器的测温试件，测温试件应采用防冻液作为冻融介质。测温试件所用混凝土的抗冻性能应高于冻融试件。测温试件的温度传感器应埋设在试件中心。温度传感器不应采用钻孔后插入的方式埋设。

三、实验步骤

1. 在标准养护室内或同条件养护的试件应在养护龄期为 24 d 时提前将冻融试验的试件从养护地点取出，随后将冻融试件放在（20±2）℃水中浸泡，浸泡时水面高出试件顶面（20～30）mm。在水中浸泡时间为 4 d，试件在 28 d 龄期时开始进行冻融试验。始终在水中养护的试件，当试件养护龄期达到 28 d 时，可直接进行后续试验。对此种情况，应在试验报告中予以说明。

2. 当试件养护龄期达到 28 d 时应及时取出试件，用湿布擦除表面水分，测量外观尺寸，试件的外观尺寸应满足试件的公差要求，编号、称量试件初始质量 W_{0i}，然后测定其横向基频的初始值 f_{0i}。

3. 将试件放入试件盒内，试件应位于试件盒中心，然后将试件盒放入冻融箱内的试件架中，向试件盒中注入清水。在整个试验过程中，盒内水位高度应始终保持至少高出试件顶面 5 mm。

4. 将测温试件盒放在冻融箱的中心位置。

5. 冻融循环过程应符合下列规定。

（1）每次冻融循环应在 2～4 h 内完成，且用于融化的时间不得少于整个冻融循环时间的 1/4。

（2）在冷冻和融化过程中，试件中心最低和最高温度分别控制在（−18±2）℃和（5±2）℃内。在任何时刻，试件中心温度不得高于 7℃，且不得低于−20℃。

（3）每块试件从 3℃降至−16℃所用的时间不得少于冷冻时间的 1/2。每块试件从−16℃升至 3℃所用时间不得少于整个融化时间的 1/2，试件内外的温差不宜超过 28℃。

（4）冷冻和融化之间的转换时间不宜超过 10 min。

6. 每隔 25 次冻融循环宜测量试件的横向基频 f_{ni}。测量前先将试件表面浮渣清洗干净并擦干表面水分，然后检查其外部损伤并称量试件的质量 W_{ni}。随后测量横向基频。测完后，应迅速将试件调头重新装入试件盒内并加入清水，继续试验。试件的测量、称量及外观检查应迅速，待测试件应用湿布覆盖。

7. 当有试件停止试验被取出时，应另用其他试件填充空位。当试件在冷冻状态下因故中断时，试件应保持在冷冻状态，直至恢复冻融试验为止，并将故障原因及暂停时间在试验结果中注明。试件在非冷冻状态下发生故障的时间不宜超过两个冻融循环的时间。在整个试验过程中，超过两个冻融循环时间的中断故障次数不得超过 2 次。

8. 当冻融循环出现下列情况之一时，可停止试验：

（1）达到规定的冻融循环次数；

（2）试件的相对动弹性模量下降到 60%；

（3）试件的质量损失率达 5%。

四、实验结果计算与评定

1. 相对动弹性模量按下式计算。

$$P_i = \frac{f_{ni}^2}{f_{0i}^2} \times 100\%$$

式中　P_i——经 n 次冻融循环后第 i 个混凝土试件的相对动弹性模量，%，精确至 0.1；

　　　f_{ni}——经 n 次冻融循环后第 i 个混凝土试件的横向基频，Hz；

　　　f_{0i}——冻融循环试验前第 i 个混凝土试件横向基频初始值，Hz。

$$P = \frac{1}{3} \sum_{i=1}^{3} P_i$$

式中　P——经 n 次冻融循环后一组混凝土试件的相对动弹性模量，%，精确至 0.1。相对动弹性模量 P 应以三个试件试验结果的算术平均值作为测定值。当最大值或最小值与中间值之差超过中间值的 15% 时，应剔除此值，取其余两值的算术平均值作为测定值。当最大值和最小值与中间值之差均超过中间值的 15% 时，取中间值作为测定值。

2. 单个试件的质量损失率按下式计算。

$$\Delta W_{ni} = \frac{W_{0i} - W_{ni}}{W_{0i}} \times 100\%$$

式中　ΔW_{ni}——n 次冻融循环后第 i 个混凝土试件的质量损失率，%，精确至 0.01；

　　　W_{0i}——冻融循环试验前第 i 个混凝土试件的质量，g；

　　　W_{ni}——n 次冻融循环后第 i 个混凝土试件的质量，g。

3. 一组试件的平均质量损失率按下式计算。

$$\Delta W_n = \frac{\sum\limits_{i=1}^{3} \Delta W_{ni}}{3} \times 100\%$$

式中　ΔW_n——n 次冻融循环后一组混凝土试件的平均质量损失率，%，精确至 0.1。

4. 每组试件的平均质量损失率应以三个试件的质量损失率试验结果的算术平均值作为测定值。当某个试验结果出现负值，应取 0 值，再取三个试件的平均值；当三个值中的最大值或最小值与中间值之差超过 1% 时，应剔除此值，取其余两值的算术平均值作为测定值；当最大值和最小值与中间值之差均超过 1% 时，取中间值作为测定值。

5. 混凝土抗冻等级应以相对动弹性模量下降至不低于 60% 或者质量损失率不超过 5% 时的最大冻融循环次数来确定，并用符号 F 表示。

五、思考题

1. 快冻法测定混凝土的抗冻性能应注意哪些事项？

2. 快冻法与慢冻法的区别是什么？

实验 2-21 混凝土抗氯离子渗透性能测定

Ⅰ 快速氯离子迁移系数法(或称 RCM 法)

本方法适用于以测定氯离子在混凝土中非稳态迁移的迁移系数来确定混凝土抗氯离子渗透性能。

一、实验目的

掌握用快速氯离子迁移系数法测定混凝土抗氯离子渗透性能。

二、实验器材

1. 水冷式金刚石锯或碳化硅锯。

2. 真空泵:应能保持容器内的气压处于(1～5)kPa。

3. 真空容器:应至少能够容纳 3 个试件。

4. RCM 试验装置:如图 2-16 所示,采用的有机硅橡胶套的内径和外径应分别为 100 mm 和 115 mm,长度为 150 mm。夹具采用不锈钢环箍,其直径范围为(105～115)mm,宽度为 20 mm。阴极试验槽可采用尺寸为 370 mm×270 mm×280 mm 的塑料箱。阴极板采用厚度为(0.5±0.1)mm、直径不小于 100 mm 的不锈钢板。阳极板应采用厚度为 0.5 mm、直径为(98±1)mm 的不锈钢网或带孔的不锈钢板。支架应由硬塑料板制成。处于试件和阴极板之间的支架头高度应为(15～20)mm。

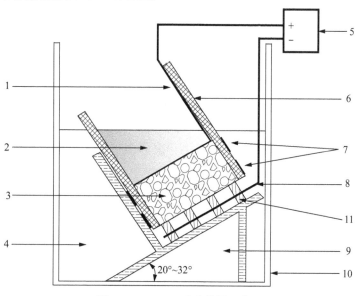

图 2-16 RCM 试验装置示意图

1—阳极板;2—阳极溶液;3—试件;4—阴极溶液;5—直流稳压电源;
6—有机硅橡胶套;7—环箍;8—阴极板;9—支架;10—阴极试验槽;11—支撑头

5. 直流稳压电源:稳定提供(0~60)V 的可调直流电,精度为±0.1 V,电流为(0~10)A。

6. 电表:精度为±0.1 mA。

7. 真空表或压力计:精度为±665Pa(5 mmHg),量程为(0~13300)Pa(0~100 mmHg)。

8. 抽真空设备:可由体积在 1 000 mL 以上的烧杯、真空干燥器、真空泵、分液装置、真空表等组合而成。

9. RCM 试验所处的试验室:温度应控制在(20~25)℃。

10. 扭矩扳手:扭矩范围为(20~100)N·m,测量误差不超过±5%。

11. 温度计或热电偶:精度为±0.2℃。

12. 喷雾器:应适合喷洒硝酸银溶液。

13. 游标卡尺:精度为±0.1 mm。

14. 直尺:最小刻度为 1 mm。

15. 水砂纸:规格为 200♯~600♯。

16. 细锉刀、电吹风、黄铜刷等。

17. NaCl 溶液:质量浓度为 10%,作为阴极溶液,提前 24 h 配制。

18. NaOH 溶液:0.3 mol/L,作为阳极溶液,提前 24 h 配制。

19. $AgNO_3$ 溶液:0.1 mol/L,作为阳极溶液

20. 饱和 $Ca(OH)_2$ 溶液。

三、实验步骤

1. 制作试件,试件制作应符合下列规定。

(1) RCM 试验用试件应采用直径为 $\phi(100\pm1)$mm,高度为(50±2)mm 的圆柱体试件。

(2) 在试验室制作试件时,宜使用 ϕ100 mm×100 mm 或 ϕ100 mm×200 mm 试模。骨料最大公称粒径不宜大于 25 mm。试件成型后应立即用塑料薄膜覆盖并移至标准养护室。试件应在(24±2)h 内拆模,然后将试件浸没于标准养护室的水池中。

(3) 试件的标准养护龄期应为 28 d。也可根据设计要求选用 56 d 或 84 d 养护龄期。

(4) 在抗氯离子渗透试验前 7 d,将在试验室制作的试件加工成标准尺寸的试件。当使用 ϕ100 mm×100 mm 试件时,应从试件中部切取高度为(50±2)mm 圆柱体作为试验用试件,并将靠近浇筑面的试件端面作为暴露于氯离子溶液中的测试面。当使用 ϕ100 mm×200 mm 试件时,先将试件从正中间切成相同尺寸的两部分(ϕ100 mm×100 mm),然后从两部分中各切取一个高度为(50±2)mm 的试件,并将第一次的切口面作为暴露于氯离子溶液中的测试面。

(5) 试件加工后应采用水砂纸和细锉刀打磨光滑。

(6) 加工好的试件应继续浸没于水中养护至试验龄期。

2. 将试件从养护池中取出来,将试件表面的碎屑刷洗干净,擦干试件表面多余的水分。然后用游标卡尺测量试件的直径和高度,精确至 0.1 mm。将试件在饱和面干状态下置于真空容器中进行真空处理。应在 5 min 内将真空容器中的气压减少至(1~5)kPa,并保持该真空度 3 h,然后在真空泵仍然运转的情况下,将用蒸馏水配制的饱和氢氧化钙溶液注入容器,溶液高度应保证将试件浸没。在试件浸没 1 h 后恢复常压,并应继续浸泡(18±2)h。

3. 试件安装在 RCM 试验装置前应采用电吹风冷风挡吹干,表面应干净,无油污、灰砂和水珠。

4. RCM 试验装置的试验槽在试验前应用室温凉开水冲洗干净。

5. 试件和 RCM 试验装置准备好以后,应将试件装入橡胶套内的底部,应在与试件齐高的橡胶套外侧安装两个不锈钢环箍(图 2-17),每个箍高度为 20 mm,并拧紧环箍上的螺丝至扭矩(30±2)N·m,使试件的圆柱侧面处于密封状态。当试件的圆柱曲面有可能造成液体渗漏的缺陷时,应以密封剂保持其密封性。

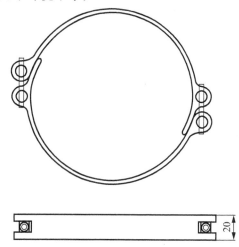

图 2-17　不锈钢环箍

6. 将装有试件的橡胶套安装到试验槽中,并安装好阳极板。然后在橡胶套中注入约 300 mL 浓度为 0.3 mol/L 的 NaOH 溶液,并使阳极板和试件表面均浸没于溶液中。在阴极试验槽中注入 12 L 质量浓度为 10% 的 NaCl 溶液,并使其液面与橡胶套中的 NaOH 溶液的液面齐平。

7. 试件安装完成后,将电源的阳极(又称正极)用导线连至橡胶筒中阳极板,并将阴极(又称负极)用导线连至试验槽中的阴极板。

8. 电迁移试验按下列步骤进行。

(1) 首先应打开电源,将电压调整到(30±0.2)V,并记录通过每个试件的初始电流。

(2) 后续试验应施加的电压(表 2-25 第二列)应根据施加 30 V 电压时测量得到的初始电流值所处的范围(表 2-25 第一列)决定。应根据实际施加的电压,记录新的初始电流。应按照新的初始电流值所处的范围(表 2-25 第三列),确定试验应持续的时间(表 2-25 第四列)。

(3) 应按照温度计或者热电偶的显示读数记录每一个试件的阳极溶液的初始温度。

(4) 试验结束时,应测定阳极溶液的最终温度和最终电流。

(5) 试验结束后应及时排除试验溶液。用黄铜刷清除试验槽的结垢或沉淀物,并用饮用水和洗涤剂将试验槽和橡胶套冲洗干净,然后再用电吹风的冷风挡吹干。

表 2-25　初始电流、电压与试验时间的关系

初始电流 I_{30V} (用 30V 电压)/mA	施加的电压 U (调整后)/V	可能的新初始电流 I_0/mA	试验持续时间 t/h
$I_0 < 5$	60	$I_0 < 10$	96
$5 \leqslant I_0 < 10$	60	$10 \leqslant I_0 < 20$	48
$10 \leqslant I_0 < 15$	60	$20 \leqslant I_0 < 30$	24
$15 \leqslant I_0 < 20$	50	$25 \leqslant I_0 < 35$	24
$20 \leqslant I_0 < 30$	40	$25 \leqslant I_0 < 40$	24
$30 \leqslant I_0 < 40$	35	$35 \leqslant I_0 < 50$	24
$40 \leqslant I_0 < 60$	30	$40 \leqslant I_0 < 60$	24
$60 \leqslant I_0 < 90$	25	$50 \leqslant I_0 < 75$	24

初始电流 I_{30V}（用 30V 电压）/mA	施加的电压 U（调整后）/V	可能的新初始电流 I_0/mA	试验持续时间 t/h
$90 \leqslant I_0 < 120$	20	$60 \leqslant I_0 < 80$	24
$120 \leqslant I_0 < 180$	15	$60 \leqslant I_0 < 90$	24
$180 \leqslant I_0 < 360$	10	$60 \leqslant I_0 < 120$	24
$I_0 \geqslant 360$	10	$I_0 \geqslant 120$	6

9. 测定氯离子渗透深度按下列步骤进行。

（1）试验结束后，应及时断开电源。

（2）断开电源后，应将试件从橡胶套中取出，并立即用自来水将试件表面冲洗干净，然后擦去试件表面多余水分。

（3）试件表面冲洗干净后，在压力试验机上沿轴向将试件劈成两个半圆柱体，并在劈开的试件表面立即喷涂浓度为 0.1 mol/L 的 $AgNO_3$ 溶液显色指示剂。

（4）指示剂喷洒约 15 min 后，应沿试件直径断面将其分成 10 等份，并用防水笔描出渗透轮廓线。

（5）然后根据观察到的明显的颜色变化，测量显色分界线（图 2-18）离试件底面的距离，精确至 0.1 mm。

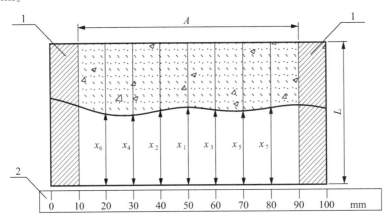

图 2-18 显色分界线位置编号
1—试件边缘部分；2—尺子；A—测量范围

（6）当某一测点被骨料阻挡，可将此测点位置移动到最近未被骨料阻挡的位置进行测量，当某测点数据不能得到，只要总测点数多于 5 个，可忽略此测点。

（7）当某测点位置有一个明显的缺陷，使该点测量值远大于各测点的平均值，可忽略此测点数据，但应将这种情况在试验记录和报告中注明。

四、实验结果计算与评定

1. 混凝土的非稳态氯离子迁移系数应按下式进行计算。

$$D_{RCM} = \frac{0.0239(273+T)L}{(U-2)t}\left(X_d - 0.0238\sqrt{\frac{(273+T)LX_d}{U-2}}\right)$$

式中　D_{RCM}——混凝土的非稳态氯离子迁移系数,精确到 $0.1 \times 10^{-12}\,\mathrm{m^2/s}$;

　　　　U——所用电压的绝对值,V;

　　　　T——阳极溶液的初始温度和结束温度的平均值,℃;

　　　　L——试件厚度,精确到 0.1 mm;

　　　　X_d——氯离子渗透深度的平均值,精确到 0.1 mm;

　　　　t——试验持续时间,h。

2. 每组应以 3 个试样的氯离子迁移系数的算术平均值作为该组试件的氯离子迁移系数测定值。当最大值或最小值与中间值之差超过中间值的 15% 时,应剔除此值,再取其余两值的平均值作为测定值;当最大值和最小值均超过中间值的 15% 时,应取中间值作为测定值。

五、思考题

1. 用快速氯离子迁移系数法测定混凝土抗氯离子渗透性能应注意哪些事项?

2. 影响混凝土抗氯离子渗透性的因素有哪些?

Ⅱ　电通量法

本方法适用于测定以通过混凝土试件的电通量为指标来确定混凝土抗氯离子渗透性能。本方法不适用于掺有亚硝酸盐和钢纤维等良导电材料的混凝土抗氯离子渗透试验。

一、实验目的

掌握用电通量法测定混凝土抗氯离子渗透性能。

二、实验器材

1. 电通量试验装置:如图 2-19 所示。

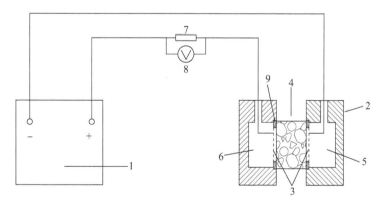

图 2-19　电通量试验装置示意图

1—直流稳压电源;2—试验槽;3—铜电极;4—混凝土试件;5—3.0%NaCl 溶液;6—0.3 mol/L
　　NaOH 溶液;7—标准电阻;8—直流数字式电压表;9—试件垫圈(硫化橡胶垫或硅橡胶垫)

2. 水冷式金刚石锯或碳化硅锯。

3. 真空泵:应能保持容器内的气压处于 (1~5)kPa。

4. 真空容器:内径应≥250 mm,应至少能够容纳 3 个试件。

5. 直流稳压电源:电压范围应为(0~80)V,电流范围应为(0~10)A。并能稳定输出 60 V 直流电压,精度为±0.1 V。

6. 耐热塑料或耐热有机玻璃试验槽:如图 2-20 所示,边长为 150 mm,总厚度不小于 51 mm。试验槽中心的两个槽的直径应分别为 89 mm 和 112 mm。两个槽的深度应分别为 41 mm 和 6.4 mm。在试验槽的一边应开有直径为 10 mm 的注液孔。

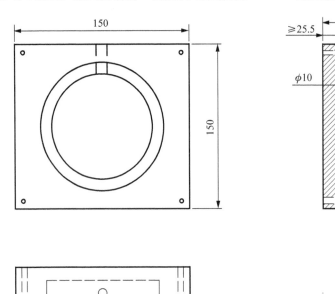

图 2-20　试验槽示意图(mm)

7. 抽真空设备:由烧杯(体积在 1 000 mL 以上)、真空干燥器、真空泵、分液装置、真空表组合而成。

8. 标准电阻:精度应为±0.1%。

9. 直流数字电流表:量程应为(0~20)A,精度应为±0.1%。

10. NaCl 溶液:质量浓度为 3.0%。

11. NaOH 溶液:0.3 mol/L。

12. 紫铜垫板:宽度应为(12±2)mm,厚度应为(0.50±0.05)mm。铜网孔径应为 0.95 mm(64 孔/厘米^2)或者 20 目。

13. 硫化橡胶垫或硅橡胶垫:外径为 100 mm、内径为 75 mm、厚度为 6 mm。

14. 温度计:量程应为(0~120)℃,精度应为±0.1℃。

15. 电吹风、硅胶或树脂密封材料。

三、实验步骤

1. 电通量试验采用直径(100±1)mm、高度(50±2)mm 的圆柱体试件。试件的制作、养护同 RCM 法的规定。当试件表面有涂料等附加材料时,应预先去除,且试样内不得含有钢筋等良导电材料。在试件移送试验室前,应避免冻伤或其他物理伤害。

2. 电通量试验宜在试件养护到 28 d 龄期进行。对于掺有大掺量矿物掺合料的混凝土,可在 56 d 龄期进行试验。应先将养护到规定龄期的试件暴露于空气中至表面干燥,并用硅胶或树脂密封材料涂刷试件圆柱侧面,还应填补涂层中的孔洞。

3. 电通量试验前应将试件进行真空饱水。先将试件放入真空容器中,然后启动真空泵,并在 5 min 内将真空容器中的绝对压强减少至(1～5)kPa,并保持该真空度 3 h,然后在真空泵仍然运转的情况下,注入足够的蒸馏水或者去离子水,直至淹没试件,在试件浸没 1 h 后恢复常压,并继续浸泡(18±2)h。

4. 在真空饱水结束后,从水中取出试件,抹掉多余水分,保持试件所处环境的相对湿度在 95% 以上。将试件安装于试验槽内,并采用螺杆将两试验槽和端面装有硫化橡胶垫的试件夹紧。试件安装好以后,采用蒸馏水或者其他有效方式检查试件和试验槽之间的密封性能。

5. 检查试件和试件槽之间的密封性后,将质量浓度为 3.0% 的 NaCl 溶液和物质的量浓度为 0.3 mol/L 的 NaOH 溶液分别注入试件两侧的试验槽中,注入 NaCl 溶液的试验槽内的铜网应连接电源负极,注入 NaOH 溶液的试验槽中的铜网应连接电源正极。

6. 在正确连接电源线后,应在保持试验槽中充满溶液的情况下接通电源,对上述两铜网施加(60±0.1)V 直流恒电压,记录电流初始读数 I_0。开始时应每隔 5 min 记录一次电流值,当电流值变化不大时,可每隔 10 min 记录一次电流值。当电流变化很小时,应每隔 30 min 记录一次电流值,直至通电 6 h。

7. 当采用自动采集数据的测试装置时,记录电流的时间间隔可设定为(5～10)min。电流测量值应精确至±0.5 mA。试验过程中宜同时监测试验槽中溶液的温度。

8. 试验结束后,应及时排出试验溶液,并用凉开水和洗涤剂冲洗试验槽 60 s 以上,然后用蒸馏水洗净并用电吹风冷风挡吹干。

9. 试验应在(20～25)℃的室内进行。

四、实验结果计算与评定

1. 试验过程中或试验结束后,应绘制电流与时间的关系图。将各点数据以光滑曲线连接起来,对曲线作面积积分,或按梯形法进行面积积分,得到试验 6 h 通过的电通量(C)。

2. 每个试件的总电通量可采用下列简化公式计算。

$$Q=900(I_0+2I_{30}+2I_{60}+\cdots+2I_t+\cdots+2I_{300}+2I_{330}+I_{360})$$

式中　Q——通过试件的总电通量,C;

　　　I_0——初始电流,A,精确到 0.001 A;

　　　I_t——在 t 时间的电流,A,精确到 0.001 A。

3. 计算得到的通过试件的总电通量应换算成直径为 95 mm 试件的电通量值。将计算的总电通量乘以一个直径为 95 mm 的试件和实际试件横截面积的比值来换算,换算可按下式进行。

$$Q_s=Q_x\times(95/x)^2$$

式中　Q_s——通过直径为 95 mm 的试件的电通量,C;

　　　Q_x——通过直径为 x(mm)的试件的电通量,C;

　　　x——试件的实际直径,mm。

4. 每组应取三个试件电通量的算术平均值作为该组试件的电通量测定值。当某一个电通量值与中值的差值超过中值的15%时,取其余两个试件的电通量的算术平均值作为该组试件的试验结果测定值;当有两个测值与中值的差值都超过中值的15%时,取中值作为该组试件的电通量试验结果测定值。

五、思考题

1. 电通量法测定混凝土抗氯离子渗透性能应注意哪些事项?
2. 电通量法测定混凝土抗氯离子渗透性能有何局限性? 为什么?

实验 2-22   混凝土碳化性能测定

一、实验目的

1. 掌握混凝土碳化性能的测定方法。
2. 了解混凝土碳化机理与特点。

二、实验原理

将混凝土试件置于一定浓度的二氧化碳气体介质中,经过一段时间后测定其被碳化的程度。

三、实验器材

1. 碳化箱:应符合 JG/T 247《混凝土碳化试验箱》的规定,并应采用带有密封盖的密闭容器,容器的容积应至少为预定进行试验的试件体积的两倍。碳化箱内应有架空试件的支架、二氧化碳引入口、分析取样用的气体导出口、箱内气体对流循环装置、为保持箱内恒温恒湿所需的设施以及温湿度监测装置。宜在碳化箱上设玻璃观察口对箱内的温度进行读数。

2. 气体分析仪:应能分析箱内二氧化碳浓度,并应精确至±1%。

3. 二氧化碳供气装置:包括气瓶、压力表和流量计。

4. 测试试件:本方法宜采用棱柱体混凝土试件,应以 3 块为一组。棱柱体的长宽比不宜小于3,无棱柱体试件时,也可用立方体试件,其数量应相应增加。

四、测定步骤

1. 试件处理

(1)试件宜在 28 d 龄期进行碳化试验,掺有掺合料的混凝土可以根据其特性决定碳化前的养护龄期。碳化试验的试件宜采用标准养护,试件应在试验前 2 d 从标准养护室取出,然后应在 60℃下烘 48 h。

(2)经烘干处理后的试件,除应留下一个或相对的两个侧面外,其余表面应采用加热的石蜡予以密封。然后在暴露侧面上沿长度方向用铅笔以 10 mm 间距画出平行线,作为预定碳化深度的测量点。

2. 将经过处理的试件放入碳化箱内的支架上,试件暴露的侧面应向上。各试件之间的间距不应小于 50 mm。

3. 试件放入碳化箱后,应将碳化箱密封。密封可采用机械办法或油封,但不得采用水封。开动箱内气体对流装置,徐徐充入二氧化碳,测定箱内的二氧化碳浓度。逐步调节二氧化碳的流量,使箱内的二氧化碳浓度保持在(20±3)%。在整个试验期间应采取去湿措施,使箱内的相对湿度控制在(70±5)%,温度应控制在(20±2)℃的范围内。

4. 碳化试验开始后应每隔一定时间对箱内的二氧化碳浓度、温度及湿度作一次测定。宜在前 2 d 每隔 2 h 测定一次,以后每隔 4 h 测定一次。试验中应根据所测得的二氧化碳浓度、温度及湿度随时调节这些参数,去湿用的硅胶应经常更换。也可采用其他去湿方法。

5. 在碳化到了 3 d、7 d、14 d 和 28 d 时,分别取出试件,破型测定碳化深度。棱柱体试件应通过在压力试验机上的劈裂法或者用干锯法从一端开始破型。每次切除的厚度应为试件宽度的一半,切后应用石蜡将破型后试件的切断面封好,再放入箱内继续碳化,直到下一个试验期。当采用立方体试件时,应在试件中部劈开,立方体试件应只作一次检验,劈开测试碳化深度后不得再重复使用。

6. 随后将切除所得的试件部分刷去断面上残存的粉末,然后喷上(或滴上)浓度为 1% 的酚酞酒精溶液(酒精溶液含 20% 的蒸馏水)。约经 30 s 后,按原先标画的每 10 mm 一个测量点用钢板尺测出各点碳化深度。当测点处的碳化分界线上刚好嵌有粗骨料颗粒,可取该颗粒两侧处碳化深度的算术平均值作为该点的深度值。碳化深度测量应精确至±0.5 mm。

五、实验结果计算与评定

1. 混凝土在各试验龄期时的平均碳化深度应按下式计算。

$$\overline{d_t} = \frac{1}{n} \sum_{i=1}^{n} d_i$$

式中　$\overline{d_t}$——试件碳化 t(d)后的平均碳化深度,精确至 0.1 mm;

　　　d_i——各测点的碳化深度,mm;

　　　n——测点总数。

2. 每组应以在二氧化碳浓度为(20±3)%、温度为(20±2)℃、湿度为(70±5)%的条件下 3 个试件碳化 28 d 的碳化深度算术平均值作为该组混凝土试件碳化测定值。

3. 碳化结果处理时宜绘制碳化时间与碳化深度的关系曲线。

六、思考题

1. 混凝土试件的碳化深度与哪些因素有关?

2. 工程中如何提高混凝土的抗碳化性能?

实验 2-23　混凝土中钢筋锈蚀测定

本方法适用于测定在给定条件下混凝土中钢筋的锈蚀程度,不适用于在侵蚀性介质中混凝土内的钢筋锈蚀试验。

一、实验目的

掌握混凝土中钢筋锈蚀的测定方法。

二、实验原理

将钢筋混凝土试件置于特定的气体、温度、湿度条件下,经过一定的时间后,测定混凝土中钢筋被锈蚀的程度。

三、实验器材

1. 碳化箱:同混凝土碳化性能测定要求。

2. 气体分析仪:应能分析箱内二氧化碳浓度,并应精确至±1%。

3. 二氧化碳供气装置:包括气瓶、压力表和流量计。

4. 混凝土搅拌机。

5. 混凝土振动台。

6. 磅秤:最大量程为 50 kg,感量为 50 g。

7. 电子天平:最大量程应为 1 kg,感量应为 0.001 g。

8. 钢筋定位板:如图 2-21 所示,采用木质五合板或薄木板等材料制作,尺寸应为 100 mm×100 mm,板上应钻有穿插钢筋的圆孔。

9. 试模:尺寸为 100 mm×100 mm×300 mm 的棱柱体。

10. ϕ6.5 mm 的 Q235 普通低碳钢热轧盘条。

11. 捣棒、小铁铲、镘刀等。

12. 水泥、砂子、石子等。

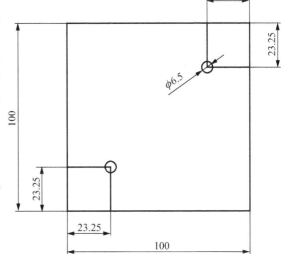

图 2-21　钢筋定位板示意图(mm)

四、实验步骤

1. 钢筋处理:试件中埋置的钢筋应采用直径为 6.5 mm 的 Q235 普通低碳钢热轧盘条调直截断制成,其表面不得有锈坑及其他严重缺陷。每根钢筋长应为(299±1)mm,应用砂轮将其一端磨出长约 30 mm 的平面,并用钢字打上标记。钢筋应采用 12%盐酸溶液进行酸洗,并经清水漂净后,用石灰水中和,再用清水冲洗干净,擦干后应在干燥器中至少存放 4 h,然后应用天平称取每根钢筋的初重(精确至 0.001 g)。钢筋应存放在干燥器中备用。

2. 将套有定位板的钢筋放入试模:定位板应紧贴试模的两个端板,安放完毕后应使用丙酮擦净钢筋表面。

3. 试件成型:采用尺寸为 100 mm×100 mm×300 mm 的棱柱体试模成型,每组应为 3 块。

4. 试件成型后,在(20±2)℃的温度下盖湿布养护 24 h 后编号拆模,拆除定位板。用钢丝刷将试件两端部混凝土刷毛,用水灰比小于试件用混凝土水灰比、水泥和砂子比例为 1:2 的水泥砂浆抹上不小于 20 mm 厚的保护层,并应确保钢筋端部密封质量。试件就地潮湿养护(或用塑料薄膜盖好)24 h 后,移入标准养护室养护至 28 d。

5. 碳化试验:将钢筋锈蚀试验的试件进行碳化,碳化在 28 d 龄期时开始,碳化应在二氧化碳浓度为(20±3)%、相对湿度为(70±5)%和温度为(20±2)℃的条件下进行,碳化时间应为 28 d。对于有特殊要求的混凝土中钢筋锈蚀试验,碳化时间可再延长 14 d 或者 28 d。

6. 试件碳化处理后应立即移入标准养护室放置。在养护室中,相邻试件间的距离不应小于 50 mm,并应避免试件直接淋水。应在潮湿条件下存放 56 d 后将试件取出,然后破型,破型时不得损伤钢筋。应先测出碳化深度,然后进行钢筋锈蚀程度的测定。

7. 试件破型后,应取出试件中的钢筋,并应刮去钢筋上黏附的混凝土。用 12% 盐酸溶液对钢筋进行酸洗,经清水漂净后,再用石灰水中和,最后以清水冲洗干净。将试件擦干后在干燥器中至少存放 4 h,然后对钢筋称重(精确至 0.001 g),并计算钢筋的锈蚀失重。酸洗钢筋时,应在洗液中放入两根尺寸相同的同类无锈钢筋作为基准校正。

五、实验结果计算与评定

1. 钢筋锈蚀失重率按下式计算。

$$L_w = \frac{w_0 - w - \dfrac{(w_{01} - w_1) + (w_{02} - w_2)}{2}}{w_0} \times 100\%$$

式中　L_w——钢筋锈蚀失重率,%,精确至 0.01;

　　　w_0——钢筋未锈前质量,g;

　　　w——锈蚀钢筋经过酸洗处理后的质量,g;

w_{01}、w_{02}——分别为基准校正用的两根钢筋的初始质量,g;

　w_1、w_2——分别为基准校正用的两根钢筋酸洗后的质量,g。

2. 每组应取三个混凝土试件中钢筋锈蚀失重率的平均值作为该组混凝土试件中钢筋锈蚀失重率测定值。

六、思考题

1. 影响混凝土中钢筋锈蚀的因素有哪些?

2. 工程中如何预防钢筋混凝土的钢筋锈蚀?

实验 2-24　混凝土抗硫酸盐侵蚀性能测定

一、实验目的

1. 掌握混凝土抗硫酸盐侵蚀性能的测定方法。

2. 了解混凝土抗硫酸盐侵蚀的机理。

二、实验原理

混凝土试件在硫酸盐侵蚀环境中,能够经受的最大干湿循环次数。

三、实验器材

1. 干湿循环试验装置:宜采用能使试件静止不动,浸泡、烘干及冷却等过程应能自动进行的装置。设备应具有数据实时显示、断电记忆及试验数据自动存储的功能。

2. 试件:采用尺寸为 100 mm×100 mm×100 mm 的立方体试件,每组应为 3 个。

3. 无水硫酸钠:化学纯。

四、实验步骤

1. 混凝土的取样、试件的制作和养护:应符合 GB/T 50082—2009 的要求。除制作抗硫酸盐侵蚀性能测定用试件外,还应按照同样方法同时制作抗压强度对比用试件,试件组数应符合表 2 - 26 的要求。

表 2 - 26　抗硫酸盐侵蚀性能测定所需的试件组数

设计抗硫酸盐等级	KS15	KS30	KS60	KS90	KS120	KS150	KS150 以上
检查强度所需干湿循环次数	15	15 及 30	30 及 60	60 及 90	90 及 120	120 及 150	150 及设计次数
鉴定 28 d 强度所需试件组数	1	1	1	1	1	1	1
干湿循环试件组数	1	2	2	2	2	2	2
对比试件组数	1	2	2	2	2	2	2
总计试件组数	3	5	5	5	5	5	5

2. 试件应在养护至 28 d 龄期的前 2 d,将需进行干湿循环的试件从标准养护室取出,擦干试件表面水分,然后将试件放入烘箱中,并应在(80±5)℃下烘 48 h。烘干结束后应将试件在干燥环境中冷却到室温。对于掺入掺合料比较多的混凝土,也可采用 56 d 龄期或者设计规定的龄期进行试验,这种情况应在试验报告中说明。

3. 试件烘干并冷却后,应立即放入试件盒(架)中,相邻试件之间应保持 20 mm 间距,试件与试件盒侧壁的间距不应小于 20 mm。

4. 试件放入试件盒以后,应将配制好的 5%Na₂SO₄ 溶液放入试件盒,溶液应至少超过最上层试件表面 20 mm,然后开始浸泡。从试件开始放入溶液,到浸泡过程结束的时间应为(15±0.5)h。注入溶液的时间不应超过 30 min。浸泡龄期应从将混凝土试件移入 5%Na₂SO₄ 溶液中起计时。试验过程中宜定期检查和调整溶液的 pH,可每隔 15 个循环测试一次溶液 pH,应始终维持溶液的 pH 在 6~8,溶液的温度应控制在(25~30)℃。也可不检测其pH,但应每月更换一次试验用溶液。

5. 浸泡过程结束后,应立即排液,并应在 30 min 内将溶液排空。溶液排空后应将试件风干 30 min,从溶液开始排出到试件风干的时间应为 1 h。

6. 风干过程结束后应立即升温,应将试件盒内的温度升到 80℃,开始烘干过程。升温过程应在 30 min 内完成。温度升到 80℃后,应将温度维持在(80±5)℃。从升温开始到开始冷却的时间应为 6 h。

7. 烘干过程结束后,应立即对试件进行冷却,从开始冷却到将试件盒内的试件表面温度冷却到(25~30)℃的时间应为 2 h。

8. 每个干湿循环的总时间应为(24±2) h。然后应再次放入溶液,按照上述 4~7 的步骤进行下一个干湿循环。

9. 在达到表 2-26 规定的干湿循环次数后,应及时进行抗压强度试验。同时应观察经过干湿循环后混凝土表面的破损情况并应进行外观描述。当试件有严重剥落、掉角等缺陷,应先用高强石膏补平后再进行抗压强度试验。

10. 当干湿循环试验出现下列三种情况之一时,可停止试验:

(1) 当抗压强度耐蚀系数低于 75%。

(2) 干湿循环次数达到 150 次。

(3) 达到设计抗硫酸盐等级相应的干湿循环次数。

11. 对比试验应继续保持原有的养护条件,直至完成干湿循环后,对经受干湿循环的试件进行抗压强度试验的同时取一组标准养护的对比试件进行抗压强度试验。

五、试验结果计算与评定

1. 混凝土抗压强度耐蚀系数应按下式进行计算。

$$K_f = \frac{f_{cn}}{f_{c0}} \times 100\%$$

式中　K_f——抗压强度耐蚀系数,%;

　　　f_{cn}——为经 n 次干湿循环后受硫酸盐腐蚀的一组混凝土试件的抗压强度测定值,MPa,精确至 0.1 MPa;

　　　f_{c0}——与受硫酸盐腐蚀试件同龄期的标准养护的一组对比混凝土试件的抗压强度测定值,MPa,精确至 0.1 MPa。

2. f_{c0} 和 f_{cn} 应以三个试件抗压强度试验结果的算术平均值作为测定值。当最大值或最小值与中间值之差超过中间值的 15% 时,应剔除此值,取其余两值的算术平均值作为测定值;当最大值和最小值均超过中间值的 15% 时,应取中间值作为测定值。

3. 抗硫酸盐等级应以混凝土抗压强度耐蚀系数下降到 75% 时的最大干湿循环次数来确定,并应以符号 KS 表示。

六、思考题

1. 混凝土试件在硫酸盐侵蚀试验过程中,试件的质量是增加了还是减少了? 为什么?

2. 在什么样的条件下可以结束抗硫酸盐侵蚀试验?

实验 2-25　混凝土强度无损检测

混凝土无损检测技术,是在不破坏结构构件的前提下,直接从结构物上测试,推定混凝土强度或缺陷以及钢筋位置,可对混凝土结构进行重复测试,它既适用于工程建设过程中混凝土质量监测,又适用于工程竣工验收和建筑物使用期间混凝土质量检定。

混凝土强度的无损检测方法按其原理可分为三类。

(1) 半破损法,这类方法有钻芯法、拔出法、拔脱法、板折法、射击法、就地嵌注试件法等。特点是以局部破坏性试验获得结构混凝土的实际抵抗破坏的能力,因而直观可靠,测试结果易为人们所接受。缺点是造成结构的局部破坏,需进行修补,不宜用于大面积的全面检测。

(2) 非破损法,这类方法有回弹法、超声脉冲法、射线吸收与散射法、成熟度法等。特点是测试方便、费用低廉,但其测试结果的可靠性主要取决于被测物理量与强度之间的相关性,须建立相关公式或校准曲线。缺点是相关关系受过多因素的影响,当条件发生变化时,应进行修改。

(3) 综合法,这类方法有超声回弹综合法、超声钻芯综合法、声速衰减综合法等。特点是采用多项物理参数,能较全面地反映构成混凝土强度的各种因素,比单一物理量的无损检测方法具有更高的准确性和可靠性,是混凝土强度无损检测技术的一个重要发展方向。

本实验主要介绍回弹法、超声波法及超声回弹综合法。

Ⅰ　混凝土强度回弹法试验

一、试验目的

1. 掌握用回弹仪测定混凝土强度的方法。
2. 了解回弹仪测定混凝土强度的原理。

二、主要仪器设备

1. HT-225 型或其他型号的回弹仪:在钢砧上率定值[N]=80±2。其构造如图 2-22 所示。

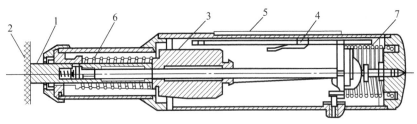

图 2-22　回弹仪构造图
1—弹击杆;2—混凝土试件;3—冲锤;4—指针;5—刻度尺;6—拉力弹簧;7—压力弹簧

2. 钢砧:洛氏硬度为 60±2。

三、试验原理

我国的回弹仪有 N 型、L 型、NR 型、M 型等,其中 N 型应用最广泛,它是一种指针直读的直射锤击式仪器。主要由机壳、盖帽、尾盖、弹击锤、弹击杆、中心导杆、压簧、弹击后簧等 23 个零部件组成。回弹法是用弹簧驱动的重锤,通过弹击杆(传力杆),弹击混凝土表面,并测出重锤被反弹回来的距离,以回弹值(反弹距离与弹簧初始长度之比)作为与强度相关的指标来推定混凝土强度的一种方法。

四、试验步骤

1. 室内率定试验

(1) 按规定方法制作一批不同强度的混凝土立方体试件,试件尺寸不小于 150 mm×150 mm×150 mm,试件数不少于 30 个,可用不同配合比或不同龄期的混凝土试件。

(2) 回弹仪率定,在洛氏硬度为 60±2 的钢砧上,回弹仪垂直向下弹击 5 次,每次旋转90°,每次回弹值应为 80±2,如达不到要求,回弹仪应进行调整。

(3) 擦净混凝土测试面(不是成型面),并在相对两个测面上画出 8 个测点位置,距边缘不小于 3 cm,成梅花形排列。

(4) 在压力试验机上固定试件,固定压力为 2 MPa。

(5) 用回弹仪水平对准预先画定的测点进行回弹,测试时应避免用力过猛或冲击,如有回弹值过高或过低,应在该测点邻近补测,并舍去原测点回弹值。

(6) 测定回弹值后的试件立即进行抗压强度试验。

2. 现场测试

(1) 选取构件测试区与测试面。根据构件尺寸,每一构件至少应选取 5 个或 10 个测区,两相邻测区间距不超过 2 m,测区应均匀分布,并具有代表性(测区不应选在浇捣面)。每个测区宜有两个相对的测面,每个测面约为 20 cm×20 cm,测区应标有编号。

(2) 测面清理,使之平整、光滑、无饰面与污垢,必要时可用砂轮作表面加工,测面应自然干燥。

(3) 在每个测面上选取 8 个测点,如只有一个测面应选 16 个测点,在测面范围内均匀分布,每一测点的回弹值读至 1。

五、试验结果计算与评定

1. 室内率定试验

(1) 回弹值的计算:从 16 个回弹值测试数据中,剔除 3 个最大值和 3 个最小值,取 10 个数据的算术平均值作为该试件的回弹值,计算至 0.1。

(2) 建立回弹值与强度关系曲线:根据试件的测试强度值与回弹值,用回归分析法建立下列关系式:

直线关系式: $$f = a + bN \tag{2-25-1}$$

曲线关系式: $$f = aN^b \tag{2-25-2}$$

式中　f——混凝土试件测试强度值;

　　　N——相应试件的回弹值;

　　a、b——两个系数。

2. 现场测试

(1) 回弹值的计算:从两个测面(或一个测面)所得 16 个回弹值中,剔除 3 个最大值和 3个最小值,取 10 个数据的算术平均值,计算至 0.1,作为该区水平方向测试的混凝土平均回弹值。

（2）不同测试角度的回弹值修正：回弹仪测杆处于水平位置时，测试角度为零，无需修正。当测杆为向上、向下、斜向等不同角度时，回弹值需要修正，其修正值见表 2-27。

表 2-27　不同测试角度的回弹修正参考值

测试角度 回弹值	测杆向上				测杆向下			
	+90°	+60°	+45°	+30°	-90°	-60°	-45°	-30°
20	-6.0	-5.0	-4.0	-3.0	+4.0	+3.5	+3.0	+2.5
30	-5.0	-4.0	-3.5	-2.5	+3.5	+3.0	+2.5	+2.0
40	-4.0	-3.5	-3.0	-2.0	+3.0	+2.5	+2.0	+1.5
50	-3.5	-3.0	-2.5	-1.5	+2.5	+2.0	+1.5	+1.0

注：1. 不同测试角度即测杆轴线与水平面的夹角。

2. 表中未列入的修正值，可采用内插法求得。

（3）不同碳化深度回弹修正值的确定：当碳化深度不大于 4 mm 时可通过试验方法进行修正，即在相应的测区内，用砂轮磨去碳化层，在水泥砂浆部分测试 16 个点的回弹值，同时在该测区周围碳化层上测试 16 个点的回弹值，以同样方法取 10 个点的算术平均值，以磨去碳化层的回弹值为准，两者的差值即为修正值。碳化层小于 0.4 mm 的不加修正。修正值也可查表得到。

（4）根据室内率定试验建立的强度与回弹关系曲线，可以查得构件测区的混凝土强度。

（5）计算构件的平均强度、标准差和变异系数，以此衡量构件混凝土质量。

六、思考题

试述回弹法估算混凝土强度原理。

Ⅱ　混凝土超声波检测

一、试验目的

根据超声波在混凝土中的传播速度（简称波速）与混凝土强度之间有较好的相关性，一般规律是强度愈高波速愈大，以此来估测混凝土强度与评定建筑物中混凝土的均匀性。

二、主要仪器设备

1. 非金属超声波检测仪：仪器最小分度 0.1 μs，当传播路径在 100 mm 以上时，传播时间（简称时间）的测量误差不应超过 2%。

2. 换能器：对于路径短（如试件）的测量，宜用 100～200 kHz 的换能器，对于路径较长的测量，宜用 100 kHz 以下的换能器。

3. 耦合介质：黄油、浓机油、糨糊、液体皂等。

三、试验步骤

1. 室内检测

（1）超声波检测仪零读数的校正：仪器零读数指的是当发、收换能器之间仅有耦合介质的薄膜时，仪器的时间读数以 t_0 表示，对于具有零校正回路的仪器，应按照仪器使用说明书，在测量前校正零读数,然后测试。对于无零校正回路的仪器应事先求得零读数值 t_0,再从每次测量值中扣除 t_0。若仪器附有标定传播时间 t_1 的标准块,测读通过标准块的时间 t_2,则 $t_0 = t_2 - t_1$。当仪器性能允许时,可将发、收换能器底面隔着耦合介质薄膜相对地直接接触,读取时间读数即得 t_0。

(2)建立强度-波速关系

① 按规定方法制作一批不同强度的混凝土立方体试件,试件边长不小于集料最大粒径的三倍;试件数不少于 30 个,可用不同配合比或不同龄期的混凝土试件。

② 超声波测试:在测点处涂上耦合剂,将换能器紧贴在测点上,调整增益,使所有被测试件接收信号第一个半波的幅度降至相同的某一幅度。每个试件以 5 个点测值的平均值作为混凝土试件中超声波传播时间 t 的测试结果。

③ 沿超声波传播方向量取试件边长,准确至 1 mm,取平均值作为传播距离 L。

④ 对测试波速的试件立即进行抗压强度试验。

2. 现场测试

(1)在建筑物相对两面均匀画出网格,网格的边长一般为 20～100 cm,网格的交点即为测点,相对两测点的距离即为超声波的传播路径长度 L。

(2)超声波测试:在测点处涂上耦合介质,如混凝土表面粗糙不平,应先作适当处理(磨平或填平),将换能器紧贴在测点上,调整增益,使接收信号第一个半波的幅度与测试试件时相同,读取传播时间,并计算波速。

(3)按比例绘制被测物体的图形及网格分布,将测得的波速标于图中各测点处,数值偏低的部位可加密测点,再行补测。

四、实验结果计算与评定

1. 室内检测结果计算与评定

(1)计算波速,按下式:

$$v = L/t \tag{2-25-3}$$

式中 v——超声波速度,m/s;

L——超声波传播距离,m;

T——传播时间,s。

(2)绘制强度-波速关系曲线,用回归分析法建立方程式,有三种关系曲线:

$$f = a + bv + cv^2 \tag{2-25-4}$$
$$f = a\,\mathrm{e}^b \tag{2-25-5}$$
$$f = av^b \tag{2-25-6}$$

式中 f——混凝土实测强度,MPa;

v——超声波速度,m/s;

a、b、c——三个系数。

2. 现场检测结果计算与评定

(1)波速的修正

① 钢筋对波速影响的修正

当钢筋垂直于传播路径时,测得的传播速度乘以表 2-28 中所列的相应系数。

表 2-28　钢筋垂直于传播路径时的波速修正系数

L_s/L	$v_c=3\,000\,(m/s)$	$v_c=4\,000\,(m/s)$	$v_c=5\,000\,(m/s)$
1/12	0.96	0.97	0.99
1/10	0.95	0.97	0.99
1/8	0.94	0.96	0.99
1/6	0.92	0.95	0.98

注:v_c——混凝土中波速,取附近无钢筋处实测得的波速平均值;

L_s/L——传播路径中通过钢筋断面的长度 L 与总路径 L_s 之比,若探头正对钢筋,$L_s=\sum d$,d 为钢筋直径。

当钢筋平行于传播路径时,传播速度可按式(2-25-7)粗略计算:

$$v_c=\frac{2Dv_s}{\sqrt{4D^2+(v_s\cdot t-L)^2}} \tag{2-25-7}$$

式中　v_c——混凝土中波速,m/s;

v_s——钢筋中波速,m/s,随钢筋直径变化,通过试验求得或查图 2-23;

D——换能器晶片边缘至钢筋的距离,m;

L——传播路径距离,m,即两个换能器之间的直线距离;

t——实测传播时间,s。

在可能情况下,应尽量避免通过钢筋测试。换能器避开钢筋的最短距离可按式(2-25-8)计算:

$$D_{min}\geq\frac{L}{2}\sqrt{\frac{v_s-v_c}{v_s+v_c}} \tag{2-25-8}$$

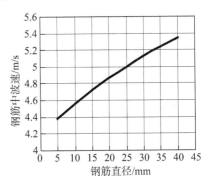

图 2-23　不同钢筋直径与波速的关系

式中符号含义与式(2-25-7)相同。V_c 可取附近无钢筋处混凝土波速的平均值。也可取 $D=(1/8-1/6)L$。如钢筋太密,不应使用超声波法测量强度。

②含水率和养护方法对波速影响的修正

当率定所用试件与建筑物混凝土养护条件不一致时,波速的修正值应通过试验确定,也可参考表 2-29 进行修正。如养护条件虽然相同,但实测时含水率变化较大,则应考虑含水率的影响,一般情况下,当含水率增大 1% 时,可近似认为波速也将增大 1%,故应在建筑物上取样实测含水率。

表 2-29　不同养护条件下波速修正值

养护条件 混凝土强度/MPa	波速修正值/(m/s)	
	水中养护	潮湿养护
35~45	200	0
25~35	250	50
15~25	300	100
10~15	330	150

注:本表系以自然养护为标准,如采用水中或潮湿养护时,须将测得的波速减去表中相应的数值。

自然养护:24 h 后脱模,洒水覆盖 7 d,然后在湿度为 70% 左右的空气中养护。

潮湿养护:24 h 后脱模,然后在湿度为 90% 以上的空气中养护。

水中养护:24 h 后脱模,然后在水中养护。

（2）根据修正后的波速按强度-波速关系图或公式，换算出各测点处的混凝土强度。

（3）按数理统计方法计算平均强度 f、标准差 S 和变异系数 C_v 三个统计特征值，用此比较各部位混凝土的均匀性。

五、思考题

试述超声波法检测混凝土强度的原理。

Ⅲ 混凝土超声-回弹综合法检测简介

采用单一的非破损试验方法，由于对各种因素影响的反应敏感程度不同会使测试结果误差较大。如超声波法可以较为精确地测得水灰比和混凝土强度影响的关系，这种测试方法会过高地反映骨料颗粒组成、骨料种类和环境湿度等因素的影响，而对水泥用量、水泥品种、混凝土硬化条件、龄期和黏结力等因素的影响很不敏感。而表面硬度法可以较为准确地取得有关水泥品种和水灰比对混凝土强度的影响关系，也能较准确地取得有关骨料颗粒组成和混凝土密实度等因素对混凝土强度的影响数据。但这种方法会过高地评价混凝土硬化条件和龄期对强度的影响，而对水泥用量、黏结力、骨料种类和环境湿度等因素反应不敏感。其他非破损检验方法也往往只能反映影响混凝土强度的某一方面，因此选用两种适当的非破损试验加以综合判断，称之为综合法，则可取长补短，从而提高测试结果的准确性。常采用的有"超声-回弹"综合法，即在混凝土上同时测量超声波传播速度与回弹值，以确定混凝土的抗压强度，可显著减少测试误差。实际使用时，一般先绘制标准等强曲线，即先在大量混凝土试件上同时测定超声波传播速度 v、回弹值 N 和破损试验强度 f，根据实测值绘制成"超声-回弹等强曲线图"，这样在现场条件下，如混凝土材料与测试试件相同，则只要测得超声波传播速度与回弹值，便可在标准等强曲线图上直接查得混凝土的强度。

实验 2-26 砌筑砂浆配合比设计实验

一、实验目的

1. 了解砌筑砂浆配合比设计的程序与步骤。
2. 掌握建筑砂浆配合比设计的方法。

二、实验原材料

1. 胶凝材料：采用 42.5 级普通硅酸盐水泥（或 32.5 级复合水泥等）。

2. 细骨料：天然河砂或机制砂。

3. 掺合料：Ⅱ级粉煤灰。

4. 石灰膏。

5. 外加剂：采用减水剂、缓凝剂、早强剂及增稠剂等粉剂。

三、水泥混合砂浆配合比设计步骤

1. 砂浆的试配强度计算

$$f_{m,0} = kf_2$$

式中　$f_{m,0}$——砂浆的试配强度，MPa，精确至 0.1 MPa；

　　　f_2——砂浆强度等级值，MPa，精确至 0.1 MPa；

　　　k——系数，按表 2-30 取值。

表 2-30　砂浆强度标准差 σ 及 k 值

强度等级 施工水平	强度标准差 σ/MPa							k
	M5	M7.5	M10	M15	M20	M25	M30	
优良	1.00	1.50	2.00	3.00	4.00	5.00	6.00	1.15
一般	1.25	1.88	2.50	3.75	5.00	6.25	7.50	1.20
较差	1.50	2.25	3.00	4.50	6.00	7.50	9.00	1.25

砂浆强度标准差的确定应符合下列规定：

1）当有统计资料时，砂浆强度标准差按下式计算：

$$\sigma = \sqrt{\frac{\sum_{i=1}^{n} f_{m,i}^2 - n\mu_{fm}^2}{n-1}}$$

式中　$f_{m,i}$——统计周期内同一品种砂浆第 i 组试件的强度，MPa；

　　　μ_{fm}——统计周期内同一品种砂浆第 n 组试件强度的平均值，MPa；

　　　n——统计周期内同一品种砂浆试件的总组数，$n \geqslant 25$。

2）当无统计资料时，砂浆强度标准差可按表 2-30 取值。

2. 水泥用量的计算

1）每立方米砂浆中的水泥用量，应按下式计算：

$$Q_c = 1\,000(f_{m,0} - \beta)/(\alpha \cdot f_{ce})$$

式中　Q_c——每立方米砂浆的水泥用量，kg，精确至 1 kg；

　　　f_{ce}——水泥的实测强度，MPa，精确至 0.1 MPa；

　　　α、β——砂浆的特征系数，其中 α 取 3.03，β 取 −15.09。

注：各地区也可用本地区试验资料确定 α、β 值，统计用的试验组数不得少于 30 组。

2）在无法取得水泥的实测强度值时，可按下式计算：

$$f_{ce} = \gamma_c \cdot f_{ce,k}$$

式中　$f_{ce,k}$——水泥强度等级值，MPa；

　　　γ_c——水泥强度等级值的富余系数，宜按实际统计资料确定，无统计资料时可取 1.0。

3. 石灰膏的用量计算

$$Q_D = Q_A - Q_c$$

式中　Q_D——每立方米砂浆的石灰膏用量，kg，应精确至 1 kg，石灰膏使用时的稠度宜为
（120±5）mm；

　　　Q_c——每立方米砂浆的水泥用量，kg，应精确至 1 kg；

　　　Q_A——每立方米砂浆中水泥和石灰膏总量，kg，应精确至 1 kg，可为 350 kg；

4. 砂的用量计算

每立方米砂浆中的砂用量，应按干燥状态（含水率小于 0.5%）的堆积密度值作为计算值（kg）。

5. 水的用量计算

每立方米砂浆中的水用量,可根据砂浆稠度等要求选用,在 210～310 kg。

注:①混合砂浆中的用水量,不包括石灰膏中的水;②当采用细砂或粗砂时,用水量分别取上限或下限;③稠度小于 70 mm 时,用水量可小于下限;④施工现场气候炎热或干燥季节,可酌情增加用水量。

四、水泥砂浆的试配应符合下列规定

1) 水泥砂浆的材料用量可按表 2-31 选用

表 2-31　每立方米水泥砂浆材料用量　　　　　单位:kg/m³

强度等级	水泥	砂	用水量
M5	200～230	砂的堆积密度值	270～330
M7.5	230～260		
M10	260～290		
M15	290～330		
M20	340～4000		
M25	360～410		
M30	430～480		

注:1. M15 及 M15 以下强度等级水泥砂浆,水泥强度等级为 32.5 级;M15 以上强度等级水泥砂浆,水泥强度等级为 42.5 级。

2. 当采用细砂或粗砂时,用水量分别取上限或下限。

3. 稠度小于 70 mm 时,用水量可小于下限。

4. 施工现场气候炎热或干燥季节,可酌量增加用水量。

5. 试配强度仍按水泥混合砂浆公式计算。

2) 水泥粉煤灰砂浆的材料用量可按表 2-32 选用

表 2-32　每立方米水泥粉煤灰砂浆材料用量　　　　　单位:kg/m³

强度等级	水泥和粉煤灰总量	粉煤灰	砂	用水量
M5	210～240	粉煤灰掺量可占胶凝材料总量的 15%～25%	砂的堆积密度值	270～330
M7.5	240～270			
M10	270～300			
M15	300～330			

注:1. 表中水泥强度等级为 32.5 级。

2. 当采用细砂或粗砂时,用水量分别取上限或下限。

3. 稠度小于 70 mm 时,用水量可小于下限。

4. 施工现场气候炎热或干燥季节,可酌量增加用水量。

5. 试配强度仍按水泥混合砂浆公式计算。

五、预拌砌筑砂浆的试配要求

1. 预拌砌筑砂浆应符合下列规定:

1) 在确定湿拌砌筑砂浆稠度时应考虑砂浆在运输和储存过程中的稠度损失。

2) 湿拌砌筑砂浆应根据凝结时间要求确定外加剂掺量。

3）干混砌筑砂浆应明确拌制时的加水量范围。

4）预拌砌筑砂浆的搅拌、运输、储存等应符合现行行业标准《预拌砂浆》JG/T 230 的规定。

5）预拌砌筑砂浆性能应符合现行行业标准《预拌砂浆》JG/T 230 的规定。

2. 预拌砌筑砂浆的试配应符合下列规定：

1）预拌砌筑砂浆生产前应进行试配，试配强度应按水泥混合砂浆公式计算确定，试配时稠度取 70～80 mm。

2）预拌砌筑砂浆中可掺入保水增稠材料、外加剂等，掺量应经试配后确定。

六、砌筑砂浆配合比试配、调整与确定

1. 砌筑砂浆试配时应考虑工程实际要求，搅拌应采用机械搅拌。搅拌时间应自开始加水时算起，应符合下列规定：

1）对水泥砂浆和水泥混合砂浆：搅拌时间不得少于 120 s。

2）对预拌砌筑砂浆和掺有粉煤灰、外加剂、保水增稠材料等的砂浆：搅拌时间不得少于 180 s。

2. 按计算或查表所得配合比进行试拌时，应按现行行业标准《建筑砂浆基本性能试验方法标准》JGJ/T 70 测定砌筑砂浆拌合物的稠度和保水率。当稠度和保水率不能满足要求时，应调整材料用量，直到符合要求为止，然后确定为试配时的砂浆基准配合比。

3. 试配时至少采用三个不同的配合比，其中一个配合比应为按本规程得出的基准配合比，其余两个配合比的水泥用量应按基准配合比分别增加及减少 10%。在保证稠度、保水率合格的条件下，可将用水量、石灰膏、保水增稠材料或粉煤灰等活性掺合料用量作相应调整。

4. 砌筑砂浆试配时稠度应满足施工要求，并应按现行行业标准《建筑砂浆基本性能试验方法标准》JGJ/T 70 分别测定不同配合比砂浆的表观密度及强度；并应选定符合试配强度及和易性要求、水泥用量最低的配合比作为砂浆的试配配合比。

5. 砌筑砂浆的试配配合比尚应按下列步骤进行校正：

1）根据上述确定的砂浆配合比材料用量，按下式计算砂浆的理论表观密度值：

$$\rho_t = Q_c + Q_D + Q_S + Q_w$$

式中　ρ_t——砂浆的理论表观密度值，kg/m³，精确至 10 kg/m³。

　　Q_c——每立方米砂浆中的水泥用量，kg，精确至 1 kg；

　　Q_D——每立方米砂浆中石灰膏用量，kg，精确至 1 kg；

　　Q_S——每立方米砂浆中砂用量，kg，应精确至 1 kg；

　　Q_w——每立方米砂浆中用水量，kg，应精确至 1 kg。

2）按下式计算砂浆配合比校正系数 δ：

$$\delta = \rho_c / \rho_t$$

式中　ρ_c——砂浆的实测表观密度值，kg/m³，精确至 10 kg/m³。

3）当砂浆的实测表观密度值与理论表观密度值之差的绝对值不超过理论值的 2% 时，可按上述得出的试配配合比确定为设计配合比；当超过 2% 时，应将试配配合比中每项材料用量均乘以校正系数 δ 后，确定为砂浆设计配合比。

6. 预拌砌筑砂浆生产前应进行试配、调整与确定,并应符合现行行业标准《预拌砂浆》JG/T 230 的规定。

七、思考题

1. 砂浆种类有哪些? 各有哪些性能?
2. 什么叫现场配制砂浆? 什么叫预拌砂浆?
3. 砌筑砂浆的试配强度是如何确定的?

实验 2－27　建筑砂浆稠度测定

本方法适用于确定配合比或施工过程中控制砂浆的稠度,以达到控制用水量的目的。

一、实验目的

1. 掌握建筑砂浆稠度的测定方法。
2. 了解工程施工中控制砂浆稠度的意义。

二、实验器材

1. 砂浆稠度仪:如图 2－24 所示,由试锥、容器和支座三部分组成。试锥由钢材或铜材制成,试锥高度为 145 mm,锥底直径为 75 mm,试锥连同滑杆的重量应为(300±2) g。盛载砂浆容器由钢板制成,筒高为 180 mm,锥底内径为 150 mm。支座分底座、支架及刻度显示三个部分,由铸铁、钢及其他金属制成。

2. 钢制捣棒:直径 10 mm、长 350 mm,端部磨圆。

3. 秒表等。

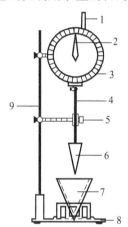

图 2－24　砂浆稠度测定仪
1—齿条测杆;2—摆针;3—刻度盘;
4—滑杆;5—制动螺丝;6—试锥;
7—盛装容器;8—底座;9—支架

三、实验步骤

1. 用少量润滑油轻擦滑杆,再将滑杆上多余的油用吸油纸擦净,使滑杆能自由滑动。

2. 用湿布擦净盛浆容器和试锥表面,将砂浆拌合物一次装入容器,使砂浆表面低于容器口约 10 mm。用捣棒自容器中心向边缘均匀地插捣 25 次,然后轻轻地将容器摇动或敲击 5～6 下,使砂浆表面平整,然后将容器置于稠度测定仪的底座上。

3. 拧松制动螺丝,向下移动滑杆,当试锥尖端与砂浆表面刚接触时,拧紧制动螺丝,使齿条侧杆下端刚接触滑杆上端,读出刻度盘上的读数(精确至 1 mm)。

4. 拧松制动螺丝,同时计时间,10 s 时立即拧紧螺丝,将齿条测杆下端接触滑杆上端,从刻度盘上读出下沉深度(精确至 1 mm),两次读数的差值即为砂浆的稠度值。

5. 盛装容器内的砂浆,只允许测定一次稠度,重复测定时,应重新取样测定。

四、试验结果计算与评定

1. 取两次试验结果的算术平均值,精确至 1 mm。
2. 如两次试验值之差大于 10 mm,应重新取样测定。

五、思考题

1. 影响砂浆稠度测定的因素有哪些?
2. 工程施工中为什么要控制砂浆的稠度?

实验 2-28　建筑砂浆分层度测定

本方法适用于测定砂浆拌合物在运输及停放时内部组分的稳定性。

一、实验目的

1. 掌握建筑砂浆分层度的测定方法。
2. 了解运输及停放过程对砂浆拌合物内部组分稳定性的影响。

二、实验器材

1. 砂浆分层度筒:如图 2-25 所示,内径为 150 mm,上节高度为 200 mm,下节带底净高为 100 mm,用金属板制成,上、下层连接处需加宽到 3~5 mm,并设有橡胶垫圈。

2. 振动台:振幅(0.5±0.05)mm,频率(50±3)Hz。

3. 稠度仪、木锤等。

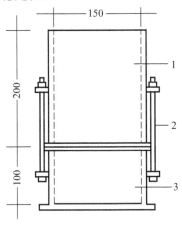

图 2-25　砂浆分层度测定仪
1—无底圆筒;
2—连接螺栓;3—有底圆筒

三、实验步骤

1. 首先将砂浆拌合物按砂浆稠度试验方法测定稠度。

2. 将砂浆拌合物一次装入分层度筒内,待装满后,用木锤在容器周围距离大致相等的四个不同部位轻轻敲击 1~2 下,如砂浆沉落到低于筒口,则应随时添加,然后刮去多余的砂浆并用抹刀抹平。

3. 静置 30 min 后,去掉上节 200 mm 砂浆,剩余的 100 mm 砂浆倒出放在拌和锅内拌 2 min,再按砂浆稠度试验方法测其稠度。前后测得的稠度之差即为该砂浆的分层度值(mm)。

注:也可采用快速法测定分层度,其步骤是:①按照稠度试验方法测定稠度。②将分层度筒预先固定在振动台上,砂浆一次装入分层度筒内,振动 20 s。③然后去掉上节 200 mm 砂浆,剩余 100 mm 砂浆倒出放在拌和锅内拌 2 min,再按稠度试验方法测其稠度,前后测得的稠度之差即为该砂浆分层度值。但如有争议时,以标准法为准。

四、实验结果计算与评定

1. 取两次试验结果的算术平均值作为该砂浆的分层度值。

2. 两次分层度试验值之差如大于 10 mm,应重新取样测定。

五、思考题

1. 影响砂浆分层度测定的因素有哪些?

2. 工程施工中出现砂浆分层时,应采取什么措施?

实验 2 – 29　建筑砂浆立方体抗压强度测定

一、实验目的

掌握建筑砂浆立方体抗压强度的测定方法。

二、实验器材

1. 试模:尺寸为 70.7 mm×70.7 mm×70.7 mm 的带底试模,材质规定参照 JG 3019 第 4.1.3 及 4.2.1 条,应具有足够的刚度并拆装方便。试模的内表面应机械加工,其不平度应为每 100 mm 不超过 0.05 mm,组装后各相邻面的不垂直度不应超过±0.5°。

2. 钢制捣棒:直径为 10 mm,长为 350 mm,端部应磨圆。

3. 压力试验机:精度为 1%,试件破坏荷载应不小于压力机量程的 20%,且不大于全量程的 80%。

4. 垫板:试验机上、下压板及试件之间可垫以钢垫板,垫板的尺寸应大于试件的承压面,其不平度应为每 100 mm 不超过 0.02 mm。

5. 振动台:空载中台面的垂直振幅应为(0.5±0.05)mm,空载频率应为(50±3)Hz,空载台面振幅均匀度不大于 10%,一次试验至少能固定(或用磁力吸盘)三个试模。

三、实验步骤

立方体抗压强度试件的制作及养护步骤如下。

1. 采用立方体试件,每组试件 3 个。

2. 应用黄油等密封材料涂抹试模的外接缝,试模内涂刷薄层机油或脱模剂,将拌制好的砂浆一次性装满砂浆试模,成型方法根据稠度而定。当稠度≥50 mm 时采用人工振捣成型,当稠度<50 mm 时采用振动台振实成型。

(1)人工振捣:用捣棒均匀地由边缘向中心按螺旋方式插捣 25 次,插捣过程中如砂浆沉落低于试模口,应随时添加砂浆,可用油灰刀插捣数次,并用手将试模一边抬高 5~10 mm 各振动 5 次,使砂浆高出试模顶面 6~8 mm。

(2)机械振动:将砂浆一次装满试模,放置到振动台上,振动时试模不得跳动,振动 5~10 s 或持续到表面出浆为止,不得过振。

3. 待表面水分稍干后,将高出试模部分的砂浆沿试模顶面刮去并抹平。

4. 试件制作后应在室温为(20±5)℃的环境下静置(24±2) h,当气温较低时,可适当延长时间,但不应超过两昼夜,然后对试件进行编号、拆模。试件拆模后应立即放入温度为(20±2)℃,相对湿度为95%以上的标准养护室中养护。养护期间,试件彼此间隔不小于10 mm,混合砂浆试件上面应覆盖以防有水滴在试件上。

砂浆立方体试件抗压强度测定步骤如下。

1. 试件从养护地点取出后应及时进行试验。试验前将试件表面擦拭干净,测量尺寸,并检查其外观。并据此计算试件的承压面积,如实测尺寸与公称尺寸之差不超过1 mm,可按公称尺寸进行计算。

2. 将试件安放在试验机的下压板(或下垫板)上,试件的承压面应与成型时的顶面垂直,试件中心应与试验机下压板(或下垫板)中心对准。开动试验机,当上压板与试件(或上垫板)接近时,调整球座,使接触面均衡受压。承压试验应连续而均匀地加荷,加荷速度应为0.25~1.5 kN/s(砂浆强度不大于5 MPa时,宜取下限;砂浆强度大于5 MPa时,宜取上限),当试件接近破坏而开始迅速变形时,停止调整试验机油门,直至试件破坏,然后记录破坏荷载。

四、实验结果计算与评定

1. 砂浆立方体抗压强度按下式计算。

$$f_{m,cu} = \frac{N_u}{A}$$

式中 $f_{m,cu}$——砂浆立方体试件抗压强度,MPa,精确至0.1 MPa;

N_u——试件破坏荷载,N;

A——试件承压面积,mm²。

2. 以三个试件测值的算术平均值的1.3倍作为该组试件的砂浆立方体试件抗压强度平均值,精确至0.1 MPa。

3. 当三个测值的最大值或最小值中如有一个与中间值的差值超过中间值的15%时,则把最大值及最小值一并舍除,取中间值作为该组试件的抗压强度值;如有两个测值与中间值的差值均超过中间值的15%时,则该组试件的试验结果无效。

五、思考题

1. 砂浆抗压强度试验的加荷速度是如何控制的?

2. 砂浆抗压强度结果如何评定?

第3章 玻璃制备及性能测试

实验 3−1 长石成分分析

一、实验目的

通过长石化学成分的分析,掌握长石化学成分的测试方法。

二、实验器材

1. 箱式电阻炉:最高使用温度不低于 1 000℃。

2. 电热鼓风干燥箱:能使温度控制在烘(105±5)℃。

3. 电子天平:称量 100 g,感量 0.1 mg。

4. 722 型光栅分光光度计。

5. 分析纯碳酸钾、氯化钾、硝酸、盐酸、硫酸、磷酸、氢氟酸、氢氧化铵、盐酸羟胺、乙醇。

6. 氢氧化铵(1+1)、硝酸(1+1)、硝酸(1+5)、盐酸(1+1)、硫酸(1+1)、三乙醇胺(1+1)。

7. 氟化钾溶液(150 g/L)。

8. 氯化钾溶液(50 g/L)。

9. 氯化钾-乙醇溶液(50 g/L)。

10. 过氧化氢溶液(3%)。

11. 氢氧化钠溶液(200 g/L)。

12. 铵-氯化铵缓冲溶液(pH10)。

13. 乙酸铵溶液(30%)。

14. 六次甲基四胺溶液(30%)。

15. 酚酞指示剂溶液(10 g/L)。

16. 磺基水杨酸钠指示剂溶液(100 g/L)。

17. PAN 指示剂溶液(1 g/L)。

18. 对硝基酚指示剂溶液(2 g/L)。

19. 钙指示剂

20. 铬黑 T 指示剂

21. 氢氧化钠标准滴定溶液(0.15 mol/L)。

22. 硫酸铜标准滴定溶液(0.05 mol/L)。

23. EDTA 标准滴定溶液(0.05 mol/L)。

24. EDTA 标准滴定溶液(0.015 mol/L)。

25. 三氧化二铁标准溶液(0.1 mg/mL)。

26. 氧化钛标准溶液(1 mg/mL)。

27. 铂坩埚等。

三、实验步骤

1. 二氧化硅测定

(1) 方法提要

试样用碱熔融,以水浸取熔融物,再用硝酸酸化使硅成为可溶性硅酸。在强酸介质并有过量钾盐存在时,硅酸与氟离子作用生成氟硅酸钾沉淀。沉淀洗至中性,用热水水解,分离出的氢氟酸用氢氧化钠标准滴定溶液中和。

(2) 分析步骤

精确称取已磨细并于105～110℃干燥的试样0.1～0.15 g于铂坩埚内。加入2 g固体碳酸钾,小心混匀。先在低温加热,逐渐升高温度至1 000℃,熔融至透明熔体。冷却,滴加少量蒸馏水,以玻璃棒小心旋动坩埚内熔块使其与坩埚壁分离,倒入250 mL塑料烧杯中,以少量热水洗净坩埚,最后以少量硝酸(1+5)洗涤,加入15 mL浓硝酸,此时溶液体积应在40 mL左右,加入2～3 g固体氯化钾,溶解后立即冷至室温(25℃以下)。在搅拌下注入10 mL氟化钾溶液(15%),放置数分钟。用中速滤纸过滤,以氯化钾溶液(50 g/L)洗涤杯壁及沉淀2～3次,再洗涤滤纸一次。将沉淀和滤纸放回原塑料烧杯中,加入10 mL氯化钾-乙醇(50 g/L)溶液及20滴酚酞(10 g/L),用氢氧化钠标准滴定溶液(0.15 mol/L)中和未曾洗净的酸。此时必须仔细利用杯中滤纸擦净杯壁,直到加入1滴氢氧化钠溶液后,溶液呈现稳定的红色为止。然后加入200 mL已中和了的沸水,立即以氢氧化钠标准滴定溶液(0.15 mol/L)滴定至溶液呈现微红色。

(3) 结果计算

试样中二氧化硅的质量百分数按下式计算:

$$X_{SiO_2} = \frac{T_{SiO_2} \times V}{m \times 1\,000} \times 100\%$$

式中 T_{SiO_2}——每毫升氢氧化钠标准滴定溶液相当于二氧化硅的毫克数,mg/mL;

V——滴定时消耗氢氧化钠标准滴定溶液的体积,mL;

m——试样的质量,g。

2. 三氧化二铝测定

(1) 方法提要

在微酸性溶液中(pH=3～7),EDTA与三价铝离子络合,此反应进行缓慢,必须在煮沸情况下方能定量络合,同时亦为了防止调节pH时析出沉淀,采用加入过量EDTA而后调节pH,用硫酸铜标准溶液回滴过量EDTA。

(2) 分析步骤

精确称取于105～110℃干燥过的试样0.5 g置于铂蒸发皿中,以少量水润湿,加入5 mL

硫酸(1+1)及 10 mL 氢氟酸,于通风橱内小火加热到试样分解后,蒸发到冒三氧化硫白烟,近干取下冷却,用水吹洗皿壁再加 5 mL 硫酸(1+1),继续重复蒸发如前。冷却后加入 5 mL 硫酸(1+1)及 50 mL 水,加热使盐溶解,转入 250 mL 容量瓶中,冷却,稀释至刻度线,摇匀备用,此为试样溶液 A。

吸取 50 mL 试样溶液 A 于 250 mL 烧杯中,由滴定管加入 EDTA 标准滴定溶液(0.05 mol/L),一般根据三氧化二铝含量过量 3~5 mL,以对硝基酚为指示剂,用氢氧化铵(1+1)和盐酸(1+1)调整到酸性(pH 约为 5,溶液无色),加入 5 mL 乙酸铵溶液(30%),煮沸 3 min 后,立即于冷水中冷却后,加入 5 滴 PAN 指示剂(0.1%),用硫酸铜标准滴定溶液(0.05 mol/L)回滴,到接近终点时,加入 10 mL 乙醇以提高终点的灵敏性,继续用硫酸铜标准滴定溶液滴定至溶液呈现紫红色或深蓝色。

(3) 结果计算

$$X_{Al_2O_3} = \frac{T_{Al_2O_3} \times A(V - KV_1)}{10m} - 0.6384 X_{Fe_2O_3} - 0.6380 X_{TiO_2}$$

式中 $T_{Al_2O_3}$——EDTA 标准滴定溶液对三氧化二铝的滴定度,mg/mL;

V——加入 EDTA 标准滴定溶液的体积,mL;

V_1——滴定过量 EDTA 标准滴定溶液所消耗的硫酸铜标准滴定溶液的体积,mL;

K——每毫升硫酸铜标准滴定溶液相当于 EDTA 标准滴定溶液的毫升数;

A——系数,当取 25 mL 试液时,$A=10$,当取 50 mL 试液时,$A=5$;

$X_{Fe_2O_3}$——三氧化二铁的百分含量;

X_{TiO_2}——二氧化钛的百分含量;

m——试样的质量,g。

3. 三氧化二铁测定

(1) 方法提要

铁与磺基水杨酸生成络合物,在碱性溶液中呈黄色,颜色稳定,可在长时间内不起变化。颜色深度与铁含量成正比。

铜、镍、钴和铬等有色离子有干扰。钛、铀和铂族元素在中性和弱碱性溶液中与磺基水杨酸也能产生有色络合物。铝、钙、镁、铍及稀土元素与试剂生成无色络合物。锰有干扰,但加入盐酸羟胺可以消除干扰。氯化物、硫酸盐、磷酸盐和氟化物对测定没有影响。

(2) 三氧化二铁标准比色曲线的绘制

① 从微量滴管中放出三氧化二铁标准溶液(0.1 mg/mL):0.00 mL、2.00 mL、4.00 mL、6.00 mL、8.00 mL、10.00 mL 于一组 100 mL 容量瓶中。

② 加入 10 mL 磺基水杨酸钠溶液(100 g/L),然后逐滴加入氢氧化铵(1+1)至溶液呈现黄色,再过量 2 mL,冷却,用水稀释至刻度,摇匀。用 3 cm 或 5 cm 的比色皿在波长 420 nm 处进行测定吸光度。以吸光度为纵坐标、三氧化二铁含量为横坐标绘制标准曲线。

(3) 分析步骤

吸取 25 mL 试样溶液 A 于 100 mL 容量瓶中,以下按三氧化二铁标准曲线绘制步骤②进行比色分析。

(4) 结果计算

试样中三氧化二铁质量百分含量按下式计算。

无机非金属材料制备及性能测试技术

$$X_{Fe_2O_3}=\frac{100\times A\times C}{m}\times100\%$$

式中 C——在标准曲线上查得待测试样溶液(比色皿中)三氧化二铁的含量,mg/mL;

m——试样质量,g;

A——吸取试样溶液的倍数。

4. 氧化钛测定

(1) 方法提要

在硫酸溶液中,钛盐与过氧化氢作用生成黄色络合物,它与钛含量成正比。氟和磷酸根能与钛结合成为络合物而使溶液褪色,但磷酸含量较小影响不大,三价铁在硝酸中无影响,而在盐酸中则成黄色影响测定,因此加入少量磷酸使与铁生成[Fe(PO₄)₂]³⁻无色络合物。

(2) 氧化钛标准曲线的绘制

从微量滴管中放取二氧化钛标准溶液:0.00 mL、1.00 mL、2.00 mL、3.00 mL、4.00 mL、5.00 mL、6.00 mL置于一组100mL容量瓶中,分别加入5 mL硫酸,冷却,各加5 mL过氧化氢(3%),稀释至刻度,摇匀,在72型分光光度计上于420 nm波长,用1 cm比色皿测出吸光度,绘制吸光度与二氧化钛含量关系标准曲线。

(3) 分析步骤

吸取25 mL试样溶液A于100 mL容量瓶中,加入1 mL磷酸、5 mL硫酸及5 mL过氧化氢(3%),稀释至刻度,摇匀,按上述标准曲线方法进行比色测定,必须同样作一空白试验作为参比。

(4) 试样中二氧化钛的百分含量按下式计算。

$$X_{TiO_2}=\frac{100\times A\times C}{m}\times100\%$$

式中 X_{TiO_2}——试样中TiO₂含量,%;

C——在标准曲线上查得比色皿中待测试样溶液中二氧化钛的含量,mg/mL;

m——试样质量,g;

A——吸取试样溶液倍数。

5. 氧化钙测定

(1) 方法提要

钙离子与EDTA在pH=12~14时,以1:1比例定量络合成为无色络合物,试样经盐酸分解后,在pH=12~14的氢氧化钠介质中,以钙指示剂为指示剂,EDTA进行滴定。

钙离子与钙指示剂生成紫红色络合物,但此络合物比钙离子与EDTA生成的络合物更为不稳定,因此在滴定时,原来被指示剂络合的钙离子为EDTA所夺取,当滴定到达终点时,溶液中全部钙离子尽为EDTA络合,游离出钙指示剂,因而使溶液呈现指示剂本身的纯蓝色。

少量镁离子并不影响测定,相反更能促进滴定终点的突变敏锐。

(2) 分析步骤

吸取50 mL试液溶液A于300 mL烧杯中,滴加氢氧化铵(1+1)至pH约为4,加入5 mL六次甲基四胺溶液(30%),加热煮沸3~5 min,趁热以快速滤纸过滤,用热水洗涤10~12次,滤液和洗液收集于300 mL烧杯中。加入少量盐酸羟胺及5 mL三乙醇胺(1+1),用水稀释至约150 mL,滴加氢氧化钠溶液(20%)至溶液pH约12~14。加入少量钙指示剂,用

EDTA 标准滴定溶液(0.015 mol/L)滴定至溶液由紫红色变为纯蓝色。

（3）结果计算

氧化钙的百分含量按下式计算。

$$X_{\mathrm{CaO}} = \frac{T_{\mathrm{CaO}} \times V_1 \times 5}{m \times 1\,000} \times 100\%$$

式中　T_{CaO}——每毫升 EDTA 标准滴定溶液相当于氧化钙的毫克数,mg/mL;

　　　　V_1——滴定时消耗的 EDTA 标准滴定溶液的体积,mL;

　　　　5——全部试样溶液与所分取试样溶液的体积比;

　　　　m——试样的质量,g。

6. 氧化镁测定

（1）方法提要

镁与 EDTA 在 pH=10 时,以 1∶1 比例定量络生成无色络合物。在 pH=10 的缓冲溶液存在的介质中以铬黑 T 为指示剂,用 EDTA 进行测定。镁离子与铬黑 T 指示剂生成的络合物更不稳定,因此在滴定时,原来被指示剂络合的镁离子为 EDTA 所夺取,当滴定达到终点时,溶液中全部镁离子尽为 EDTA 所结合,游离出指示剂,因而使溶液呈现指示剂本身的纯蓝色。

（2）分析步骤

吸取 50 mL 试样溶液 A 于 300 mL 烧杯中,滴加氢氧化铵(1+1)调节溶液 pH 约为 4。加入 5 mL 六次甲基四胺溶液(30%),加热煮沸 3～5 min,趁热以快速滤纸过滤,用热水洗涤 10～12 次,滤液和洗液收集于 300 mL 烧杯中,加入少许盐酸羟胺及 5 mL 三乙醇胺(1+1),用水稀释至约 150 mL,滴加氢氧化铵(1+1)溶液至溶液 pH 约为 10,加入 5 mL 氢氧化铵-氯化铵缓冲溶液及少许铬黑 T 指示剂。用 EDTA 标准滴定溶液(0.015 mol/L)滴定至试液由紫红色变为蓝绿色。

（3）氧化镁的百分含量按下式计算。

$$X_{\mathrm{MgO}} = \frac{T_{\mathrm{MgO}}(V_2 - V_1) \times 5}{m \times 1\,000} \times 100\%$$

式中　T_{MgO}——每毫升 EDTA 标准滴定溶液相当于氧化镁的毫克数,mg/mL;

　　　　V_2——滴定钙、镁合量时消耗的 EDTA 标准滴定溶液的体积,mL;

　　　　V_1——滴定钙时消耗的 EDTA 标准滴定溶液的体积,mL;

　　　　5——全部试样溶液与所分取试样溶液的体积比;

　　　　m——试样的质量,g。

7. 氧化钾和氧化钠测定

同石英砂成分分析。

四、思考题

1. 试述长石中二氧化硅测定过程中的注意事项。

2. 试述长石中二氧化硅的其他测定方法及其原理。

实验 3 − 2 硼酸成分分析

一、实验目的

掌握硼酸的化学成分分析方法。

二、实验原理

硼酸是玻璃制备的原料,也是常用的消毒剂和防腐剂。硼酸是一种弱酸,它的盐容易水解,直接用氢氧化钠滴定时,产生下列可逆反应:

$$NaOH + H_3BO_3 \rightleftharpoons NaH_2BO_3 + H_2O$$

由此可知,测定硼酸不能直接用氢氧化钠滴定。为了防止水解,可以使它与多元醇如甘油、甘露醇、转化糖等络合而成一种比硼酸本身强得多的酸,因此它的盐就不容易水解了,滴定时不致产生可逆反应,而能得到精确的结果。其反应如下:

为了防止水解,所用的水量尽可能地减少,滴定体积不应超过 100 mL;为保证反应完全,甘油或甘露醇要反复加入,滴定到产生稳定的红色为止。

三、实验器材

1. 电子天平:称量 100 g,感量 0.1 mg。
2. 氢氧化钠标准溶液(0.5 mol/L)。
3. 酚酞指示剂(1%)。
4. 三角瓶、分析天平、烧杯、碱式滴定管、容量瓶、量筒。
5. 甘油或甘露醇、酒精溶液、蒸馏水、硼酸。

四、实验步骤

精确称取试样 0.5 g 于 300 mL 三角烧杯中,加入 20 mL 刚煮沸的蒸馏水,不断摇动使试样溶解,流水冷却,加入 8～10 滴酚酞指示剂,2 g 甘露醇,摇动,放置数分钟后,用氢氧化钠标准溶液(0.5 mol/L)滴定至微红色,再加入 1 g 甘露醇,如果酚酞的红色褪去,再用氢氧化钠标准溶液(0.5 mol/L)滴定至红色再出现,这样反复进行,直至加入甘露醇以后,溶液红色不褪色即为终点。

五、实验结果与分析

硼酸中氧化硼含量按下式计算:

$$X_{B_2O_3} = \frac{N \times V \times 0.034\ 81}{G} \times 100\%$$

$$X_{H_3BO_3} = \frac{N \times V \times 0.006\ 181}{G} \times 100\%$$

式中　N——氢氧化钠标准溶液的当量浓度;

　　　V——氢氧化钠标准溶液的体积,mL;

　　　G——试样的重量,g。

六、思考题

1. 测定硼酸时为什么不能用氢氧化钠直接滴定?
2. 采用什么方法可以防止硼酸盐的水解?

实验 3-3　碳酸钠成分分析

一、实验目的

1. 掌握玻璃原料中水分的测定方法;实现原料水分的质量控制。
2. 掌握配合料中 Na_2CO_3 的化学分析方法。

二、实验器材

1. 电子天平:称量 100 g,感量 0.1 mg。
2. 盐酸标准滴定溶液(0.5 mol/L)。
3. 甲基橙指示剂(1 g/L)。
4. 三角瓶、酸式滴定管、称量瓶等。

三、测定步骤

1. 附着水分的测定

(1)测定步骤

精确称取试样 2 g,置于已烘至恒重的扁形称量瓶中,去盖,于 105～110℃的烘箱中干燥约 2 h,由干燥箱中取出,加盖,置于干燥器中冷却 20 min,称量。如此反复干燥,直至恒重。

（2）结果计算

水分百分含量按下式计算：

$$X_{水分} = \frac{G - G_1}{G} \times 100\%$$

式中　G——干燥前的试样的质量，g；

　　　G_1——干燥后的试样的质量，g。

2. 碳酸钠含量的测定

（1）测定步骤

置试样于称量瓶中，以减量法精确称取试样 1 g，放入 300 mL 三角瓶中，用已煮沸除尽二氧化碳的热水 50 mL 溶解，冷至室温，加入甲基橙 2 滴，用盐酸标准滴定溶液（0.5 mol/L）滴定至溶液刚成微红色为终点。

（2）结果计算

碳酸钠含量按下式计算：

$$X_{Na_2CO_3} = \frac{V \times N \times 0.052\ 99}{G} \times 100\%$$

式中　V——盐酸标准溶液消耗的体积，mL；

　　　N——盐酸标准溶液的当量浓度；

　　　G——试样的重量，g。

四、思考题

1. 为什么玻璃原料测定水分时要反复烘干、称重直至恒重？
2. 是否需将残留在滴定管尖嘴内的液体挤入三角瓶中？为什么？

实验 3–4　石英砂成分分析

石英砂是一种非金属矿物质，是一种坚硬、耐磨、化学性能稳定的硅酸盐矿物，其主要矿物成分是 SiO_2，石英砂的颜色为乳白色或无色半透明状。石英砂是重要的工业矿物原料，广泛用于玻璃、陶瓷等工业。

Ⅰ　试样制备

所取的样品必须混合均匀，并应能代表平均组成，没有外来杂质混入。将此样品经过缩分，最后得到约 20 g 试样。在玛瑙研钵中研磨至全部通过 0.08 mm 筛，然后装于称量瓶中备用。试样分析前应于 105～110℃烘箱中烘干 1 h，在干燥器中冷却至室温。

Ⅱ　附着水分测定

准确称取 1～2 g 试样，放入预先已烘干至恒重的称量瓶中，置于 105～110℃的烘箱中（称量瓶在烘箱中应敞开盖)烘 2 h。取出,加盖(但不应盖得太紧),放在干燥器中冷至室温。将称量瓶紧密盖紧,称量。如此再入烘箱中烘 1 h。用同样方法冷却、称量,至达恒重为止。

试样中附着水分的质量百分数按下式计算:

$$W = \frac{m - m_1}{m} \times 100\%$$

式中 W——附着水分,%;

m——烘干前试样的质量,g;

m_1——烘干后试样的质量,g。

Ⅲ 烧失量测定

准确称取约 1 g 已在 105~110℃烘干过的试样,放入已灼烧至恒重的瓷坩埚中。置于高温炉中,从低温升起,在 950~1 000℃的高温下灼烧 30 min。取出,置于干燥器中冷却,称量。如此反复灼烧,直至恒重。

试样中烧失量的质量百分数按下式计算:

$$X_{\text{LOSS}} = \frac{m - m_1}{m} \times 100\%$$

式中 X_{LOSS}——烧失量,%;

m——灼烧前试样的质量,g;

m_1——灼烧后试样的质量,g。

Ⅳ 二氧化硅测定

一、实验原理

试样用碳酸钠熔融,以盐酸浸出后蒸干,再用盐酸溶解,过滤并将沉淀灼烧,然后用氢氟酸处理,其前后的质量差即为沉淀二氧化硅量。用硅钼蓝分光光度法测定滤液中残余的二氧化硅量,两者相加得二氧化硅的含量。

二、实验器材

1. 分光光度计。

2. 无水碳酸钠。

3. 盐酸(相对密度 1.19)、盐酸(1+1)、盐酸(1+11)、盐酸(5+95)。

4. 硫酸(1+1)。

5. 乙醇(95%)。

6. 氢氟酸(40%)。

7. 氢氧化钾溶液(200 g/L)。

8. 氟化钾溶液(20 g/L)。

9. 硼酸溶液(20 g/L)。

10. 钼酸铵溶液(80 g/L)。

11. 抗坏血酸溶液(20 g/L),使用时配制。

12. 对硝基酚指示剂溶液(5 g/L)。

13. 二氧化硅标准溶液(0.1 mg/mL)。

三、实验步骤

1. 二氧化硅(硅钼蓝)比色标准曲线的绘制

(1) 于一组 100 mL 容量瓶中,分别加 8mL 盐酸(1+11)及 10 mL 水,摇匀。用刻度移液管依次加入 0 mL、1.00 mL、2.00 mL、3.00 mL、4.00 mL、5.00 mL、6.0 mL 二氧化硅标准溶液,加 8 mL 95%乙醇和 4 mL 钼酸铵溶液(80 g/L),摇匀。

(2) 高于 20℃时,放置 5~10 min;低于 20℃时,于 30~50℃的温水中放置 5~10 min,冷却至室温。加 15 mL 盐酸(1+1),用水稀释至近 90 mL,加 5 mL 20 g/L 抗坏血酸,用水稀释至标线,摇匀。1 h 后,于分光光度计上,以试剂空白溶液作参比,选用 0.5 cm 比色皿,在波长 700 nm 处测定溶液的吸光度。按测得的吸光度与比色溶液浓度的关系绘制标准曲线。

2. 试样的制备及测定

(1) 称取约 0.5 g 试样于铂皿中(铂皿容积约 75~100 mL),加 1.5 g 无水碳酸钠与试样混匀,再取 0.5 g 无水碳酸钠铺在表面。先于低温加热,逐渐升温至 1 000℃,熔融呈透明熔体,继续熔融约 5 min,用包有铂金头的坩埚钳夹持铂皿,小心旋转,使熔融物均匀地附着在皿的内壁。冷却,盖上表面皿,加 20 mL 盐酸(1+1)溶解熔块,将铂皿置于水浴上加热至碳酸盐完全分解,不再冒气泡。取下,用热水洗净表面皿,除去表面皿,将铂皿再置于水浴上蒸发至无盐酸味。

(2) 冷却,加 5 mL 盐酸,放置约 5 min,加约 20 mL 热水搅拌使盐类溶解,加适量滤纸浆搅拌。用中速定量滤纸过滤,滤液及洗涤液用 250 mL 容量瓶承接,以热盐酸(5+95)洗涤皿壁及沉淀 10~12 次,热水洗涤 10~12 次。

(3) 在沉淀上加 2 滴硫酸(1+1),将滤纸和沉淀一并移入铂坩埚中,放在电炉上低温烘干,升高温度使滤纸充分灰化。于 1 100℃灼烧 1 h,在干燥器中冷却至室温,称量,反复灼烧,直至恒重。

(4) 将沉淀用水润湿,加 3 滴硫酸(1+1)和 5~7mL 氢氟酸,在水浴上加热,蒸发至干。重复处理一次,继续加热至冒尽三氧化硫白烟为止。将坩埚在 1 000℃灼烧 15 min,在干燥器中冷却至室温,称量,反复灼烧,直至恒重。

(5) 将上面的滤液用水稀释至标线,摇匀。

(6) 吸取 25 mL 滤液于 100 mL 塑料杯中,加 5 mL 氟化钾(20 g/L),摇匀,放置 10 min。加 5 mL 硼酸(20 g/L),加 1 滴对硝基苯酚指示剂,滴加氢氧化钾溶液(200 g/L)至溶液变黄,加 8 mL 盐酸(1+11),转入 100 mL 容量瓶中,加 8 mL 乙醇(95%),4 mL 钼酸铵(80 g/L),摇匀。分析步骤与标准曲线绘制步骤(2)相同,从工作曲线上查得试样比色溶液中二氧化硅的浓度。回收二氧化硅也可用硅钼黄比色法。

四、实验结果计算

二氧化硅的百分含量按下式计算:

$$X_{SiO_2} = \frac{1\ 000(G_1 - G_2) + C}{1\ 000G} \times 100\%$$

式中　G_1——灼烧后未经氢氟酸处理的沉淀及坩埚质量,g;

　　　G_2——经氢氟酸处理并灼烧后残渣及坩埚质量,g;

　　　G——试样质量,g;

　　　C——在标准曲线上查得滤液中二氧化硅的含量,mg。

Ⅴ　三氧化二铁测定

一、实验原理

试样经硫酸和氢氟酸溶解后,调节 pH,用盐酸羟胺将 Fe^{3+} 还原为 Fe^{2+},邻菲啰啉显色,分光光度法测定总铁含量。

二、实验器材

1. 分光光度计。

2. 氢氧化铵(1+1)。

3. 盐酸(1+1)。

4. 对硝基苯酚指示剂乙醇溶液(0.5%)。

5. 盐酸羟胺溶液(10%)。

6. 邻菲啰啉乙醇溶液(0.1%)。

7. 酒石酸溶液(10%)。

8. 三氧化二铁标准溶液(0.02 mg/mL)。

三、实验步骤

1. 三氧化二铁比色标准曲线的绘制

(1) 移取 0.00 mL、1.00 mL、3.00 mL、5.00 mL、7.00 mL、10.00 mL、13.00 mL、15.00 mL 三氧化二铁标准溶液(0.02 mg/mL),分别放入一组 100 mL 容量瓶中,用水稀释至 40～50 mL。

(2) 加入 4 mL 酒石酸(10%)和 1～2 滴对硝基苯酚指示剂(0.5%),滴加氢氧化铵(1+1)至溶液呈现黄色,随即滴加盐酸(1+1)至溶液刚好无色,此时,溶液 pH5,加 2 mL 盐酸羟胺(10%),10 mL 邻菲啰啉(0.1%),用水稀释至标线,摇匀,放置 20 min 后,于分光光度计上,以试剂空白溶液作参比,选用 1 cm 比色皿,在波长 510nm 处测定溶液的吸光度。按测得吸光度与比色溶液浓度的关系绘制标准曲线。

2. 试样的制备及测定

根据试样中二氧化硅的含量范围,试液制备步骤分述如下。

(1) 二氧化硅的含量在 95% 以上者,称取约 1 g 试样于铂皿中,用少量水润湿,加 1 mL 硫酸(1+1)和 10 mL 氢氟酸,于低温电炉上蒸发至冒三氧化硫白烟,重复处理一次,逐渐升高温度,驱尽三氧化硫,冷却。加 5 mL 盐酸(1+1)及适量水,加热溶解,冷却后转入 250 mL 容量瓶中,用水稀释至标线,摇匀。此溶液(A)供测定三氧化二铁、二氧化钛、三氧化二铝、氧化钙、氧化镁之用。

(2) 二氧化硅的含量在 95% 以下者,称取约 1 g 试样于铂皿中,用少量水润湿,加 1 mL 硫酸(1+1)和 10 mL 氢氟酸,于低温电炉上蒸发至冒三氧化硫白烟,逐渐升高温度,驱尽三氧化硫。放冷,将 1.5 g 无水碳酸钠和 1 g 硼酸混匀后,加于残渣上。先低温加热,逐渐升温至 1 000～1 100℃熔融约 10 min,使残渣全部溶解。盖上表面皿,放冷后加 10 mL 盐酸(1+1)及适量水,加热溶解,冷却后转入 250 mL 容量瓶中,用水稀释至标线,摇匀。此溶液(B)供测定三氧化二铁、二氧化钛、三氧化二铝、氧化钙、氧化镁之用。

(3) 从(1)或(2)所制备溶液中,准确吸取 25 mL 移置于 100 mL 容量瓶中,用水稀释至 40～50 mL。

(4) 分析步骤与三氧化二铁标准曲线的绘制步骤(2)相同。

四、实验结果计算

试样中三氧化二铁质量百分含量 $X_{Fe_2O_3}$(%)按下式计算:

$$X_{Fe_2O_3} = \frac{1\,000 \times C}{G} \times 100\%$$

式中　C——在标准曲线上查得待测试样溶液(比色皿)中三氧化二铁的含量,mg/mL;
　　　G——试样质量,g。

Ⅵ　二氧化钛测定

一、实验原理

在盐酸酸性溶液中,用抗坏血酸消除 Fe^{3+} 干扰,于分光光度计上测定二氧化钛的含量。

二、实验器材

1. 分光光度计。

2. 硫酸(1+1)。

3. 盐酸(1+1)。

4. 氢氧化铵(1+1)。

5. 对硝基苯酚指示剂乙醇溶液(0.5%)。

6. 抗坏血酸溶液(5%),使用时现配。

7. 变色酸溶液(5%),使用时现配。

8. 二氧化钛标准溶液(0.01 mg/mL)。

三、实验步骤

1. 二氧化钛比色标准曲线的绘制

(1) 移取 0.00 mL、1.00 mL、2.00 mL、3.00 mL、4.00 mL、5.00 mL、6.00 mL、7.00 mL 二氧化钛标准溶液(0.01 mg/mL),分别放入一组 100 mL 容量瓶中,用水稀释至 40～50 mL。

(2) 加入 5 mL 抗坏血酸和 1～2 滴对硝基苯酚指示剂,滴加氢氧化铵(1+1)至溶液呈现黄色,随即滴加盐酸(1+1)至溶液刚好无色,再加 3 滴。加 5 mL 变色酸(5%),用水稀释至标线,摇匀,放置 10 min 后,于分光光度计上,以试剂空白溶液作参比,选用 3 cm 比色皿,在波长

470 nm 处测定溶液的吸光度。按测得的吸光度与比色溶液浓度的关系绘制标准曲线。

2. 试样的制备及测定

(1) 从测定三氧化二铁所制备的溶液(A)或(B)中,吸取 25 mL 移置于 100 mL 容量瓶中。

(2) 以下分析步骤与二氧化钛比色标准曲线绘制步骤相同。

四、实验结果计算

试样中二氧化钛的百分含量按下式计算:

$$X_{TiO_2} = \frac{100 \times C}{G} \times 100\%$$

式中　X_{TiO_2}——试样中 TiO_2 含量,%;

　　　　C——在标准曲线上查得比色皿中待测试样溶液中二氧化钛的含量,mg/mL;

　　　　G——试样质量,g。

Ⅶ　三氧化二铝测定

一、实验原理

试样溶液中加入过量的 EDTA 标准溶液,于 pH4 时将溶液煮沸 1～2 min,冷却至室温,再将溶液调至 pH5.6,用二甲酚橙作指示剂,以锌盐标准溶液滴定过剩的 EDTA,滴定终点由黄变红。

二、实验器材

1. 硼酸。

2. 硫酸(1+1)。

3. 盐酸(1+1)。

4. 氢氧化铵(1+1)。

5. 氢氟酸。

6. 二甲酚橙指示剂溶液(2 g/L)。

7. 氢氧化钾溶液(200 g/L)。

8. 乙酸-乙酸钠缓冲溶液(pH5.6)。

9. EDTA 标准溶液(0.010 mol/L)。

10. 乙酸锌标准溶液(0.010 mol/L)。

11. 钙黄绿素混合指示剂(CMP)。

三、实验步骤

从测定三氧化二铁所制备的溶液(A)或(B)中,移取适量试样溶液(含三氧化二铝在 2% 以下者移取 50 mL,在 2% 以上者移取 25 mL)于 300 mL 烧杯中,用滴定管加入 20.00 mL EDTA 标准溶液(0.010 mol/L),在电炉上加热至 50℃以上,加 1 滴二钾酚橙指示剂(2 g/L),在搅拌下滴加氢氧化铵(1+1)至溶液由黄色刚好变成紫红色,加 5 mL 乙酸-乙酸钠缓冲溶液

（pH5.6），此时溶液由紫变黄。继续加热，煮沸 2～3 min，冷却，用水稀释至约 150 mL。加 2～3 滴二甲酚橙指示剂，用乙酸锌标准溶液（0.010 mol/L）滴定至溶液由黄色变成红色。

四、实验结果计算

三氧化二铝的质量百分含量按下式计算：

$$X_{Al_2O_3} = \frac{T_{Al_2O_3} \times A(V - KV_1)}{10G} - 0.638\,4X_{Fe_2O_3} - 0.638\,0X_{TiO_2}$$

式中　$T_{Al_2O_3}$——EDTA 标准溶液对三氧化二铝的滴定度，mg/mL；

　　　V——加入 EDTA 标准溶液的体积，mL；

　　　V_1——滴定过量 EDTA 所消耗的乙酸锌标准溶液的体积，mL；

　　　K——每毫升乙酸锌标准溶液相当于 EDTA 标准溶液的体积；

　　　A——系数，当取 25 mL 试液时，$A=10$；当取 50 mL 试液时，$A=5$；

　　　$X_{Fe_2O_3}$——三氧化二铁的百分含量；

　　　X_{TiO_2}——二氧化钛的百分含量；

　　　G——试样的质量，g。

Ⅷ　氧化钙测定

一、实验原理

在 pH>12 时，钙能与 EDTA 定量生成稳定的络合物，镁不干扰测定，铁、钛、铝用三乙醇胺掩蔽，用钙黄绿素混合指示剂，EDTA 标准溶液滴定。

二、实验器材

1. 三乙醇胺（1+1）。
2. 氢氧化钾溶液（200 g/L）。
3. 钙黄绿素混合指示剂（CMP）。
4. EDTA 标准溶液（0.010 mol/L）。

三、实验步骤

从测定三氧化二铁所制备的溶液（A）或（B）中，吸取 50 mL 移置于 300 mL 烧杯中，加 3 mL 三乙醇胺（1+1），用水稀释至约 150 mL，滴加 20％氢氧化钾调节溶液 pH 为 12，再过量 2 mL，加适量钙黄绿素混合指示剂。用 EDTA 标准滴定溶液（0.010 mol/L）滴定至绿色荧光消失并呈现淡红色。

四、实验结果计算

氧化钙的百分含量按下式计算：

$$X_{CaO} = \frac{T_{CaO} \times V_1 \times 5}{G \times 1\,000} \times 100\%$$

式中　T_{CaO}——每毫升 EDTA 标准滴定溶液相当于氧化钙的毫克数,mg/mL;

V_1——滴定时消耗的 EDTA 标准滴定溶液的体积,mL;

5——全部试样溶液与所分取试样溶液的体积比;

G——试样的质量,g。

Ⅸ　氧化镁的测定

一、实验原理

在 pH10 时,镁和钙能与 EDTA 定量生成稳定的络合物,铁、铝、钛用三乙醇胺掩蔽,用酸性铬蓝 K-萘酚绿 B 混合指示剂,EDTA 标准溶液滴定,得钙、镁合量,减去氧化钙含量后得氧化镁含量。

二、实验器材

1. 三乙醇胺(1+1)。
2. 氢氧化铵(1+1)。
3. 氢氧化铵-氯化铵缓冲溶液(pH10)。
4. EDTA 标准溶液(0.010 mol/L)。
5. 酸性铬蓝 K-萘酚绿 B(1:3)混合指示剂。

三、实验步骤

从测定三氧化二铁所制备的溶液(A)或(B)中,吸取 50 mL 移置于 300 mL 烧杯中,加 3 mL 三乙醇胺(1+1),用水稀释至约 150 mL,滴加氢氧化铵(1+1)调节溶液 pH 为 10,再加 10 mL 氢氧化铵-氯化铵缓冲溶液(pH10)及适量酸性络蓝 K-萘酚绿 B 指示剂。用 EDTA 标准滴定溶液(0.010 mol/L)滴定至试液由紫红色变为蓝绿色。

四、实验结果计算

氧化镁的百分含量按下式计算:

$$X_{MgO} = \frac{T_{MgO}(V_2-V_1)\times 5}{G\times 1\,000}\times 100\%$$

式中　T_{MgO}——每毫升 EDTA 标准滴定溶液相当于氧化镁的毫克数,mg/mL;

V_2——滴定钙、镁合量时消耗的 EDTA 标准滴定溶液的体积,mL;

V_1——滴定钙时消耗的 EDTA 标准滴定溶液的体积,mL;

5——全部试样溶液与所分取试样溶液的体积比;

G——试样的质量,g。

Ⅹ　氧化钾和氧化钠测定

一、实验原理

试样经高氯酸和氢氟酸溶解后,在盐酸酸性溶液中,用火焰光度计,内插法测定氧化钠和氧化钾含量。

二、实验器材

1. 火焰光度计。
2. 氢氟酸。
3. 硫酸(1+1)。
4. 盐酸(1+1)、(1+11)。
5. 氧化钾标准溶液(1 mg/mL)。
6. 氧化钠标准溶液(1 mg/mL)。
7. 氧化钾、氧化钠系列混合标准溶液(1~10 μg/mL)。

三、实验步骤

1. 根据样品中氧化钾和氧化钠的含量准确称取试样 0.1~0.5 g(通常含量大于 0.5% 者，取 0.1~0.2 g;小于 0.5% 者,取 0.2~0.5 g)于铂皿中,用少量水润湿,加 10~15 滴硫酸 (1+1) 和 10 mL 氢氟酸,置于低温电炉上蒸发至冒三氧化硫白烟,放冷后,加 3~5 mL 氢氟酸,继续蒸发至三氧化硫白烟冒尽。取下,放冷,加 25 mL 盐酸(1+11),加热溶解,放冷,移入 250 mL 容量瓶中,用水稀释至标线,摇匀。

2. 将火焰光度计按仪器使用规程调整到工作状态,按如下操作,分别使用钾滤光片(波长 767 nm)测定氧化钾、钠滤光片(波长 589 nm)测定氧化钠。将试样溶液喷雾,读取检流计读数 (D)。

3. 从氧化钾、氧化钠系列混合标准溶液中选取比试样溶液浓度略小的标准溶液进行喷雾,读取检流计读数 (D_1);再选取比试样溶液浓度略大的标准溶液进行喷雾,读取检流计读数 (D_2)。

四、实验结果计算

氧化钾和氧化钠的百分含量按下式计算:

$$X_{K_2O} \text{ 或 } X_{Na_2O} = 0.025\ 0[c_1 + (c_2 - c_1)(D - D_1)/(D_2 - D_1)]/G$$

式中 c_1——比试样溶液浓度略小的标准溶液浓度,μg/mL;

       c_2——比试样溶液浓度略大的标准溶液浓度,μg/mL;

       G——试样质量,g。

实验 3-5 玻璃配合料均匀度测定

玻璃配合料的质量对于玻璃生产起着决定性的作用。配合料由各种原料按一定的数量比例混合而成。配合料的质量包括成分的正确性和混合的均匀性两个方面。如果配合料的成分不正确或均匀性较差,会给熔化和澄清带来困难。不仅增加熔制能耗,而且严重降低玻璃质量,影响玻璃产量。因此,鉴定和控制配合料的质量对玻璃生产有十分重要的意义。

混合均匀度是衡量配合料质量的一个重要指标,也是玻璃厂常用的一个生产控制项目。

配合料在一定条件下混合后,各种原料成分在各处的含量分布是一个随机现象,与理论含量总是有一定的偏差。混合均匀度应该是配合料全组成的混合均匀度,但要测定各种原料的混合均匀度是比较困难的,也没有必要。通常玻璃厂都用测定配合料中纯碱的分布情况来判断配合料的均匀度。这种方法测定简便,并且,纯碱是玻璃中的主要熔剂,其分布均匀与否直接关系到熔制制度和质量。尽管不够全面,但却较好地反映了配合料的混合质量。

按照误差理论,对一堆玻璃配合料的几个取样点取样测定其 Na_2CO_3 含量时,其标准离差 S 可用下式表示:

$$S = \sqrt{\sum_{i=1}^{n} (X_i - X)^2 / (n-1)}$$

式中　X_i——每个试样的 Na_2CO_3 含量;

　　　X——所有试样的 Na_2CO_3 含量的算术平均值。

标准离差表示各个试样的 Na_2CO_3 含量的绝对偏差,但还不足以表示配合料的混合质量。统计学上用相对离差 $C_V = (S/X) \times 100\%$ 来表示偏差,比较确切地反映了 Na_2CO_3 含量在配合料中分布的离散程度。

离散和集中互为反义,所以配合料的集中程度即均匀度为

$$H_S = 1 - C_V = 1 - (S/X) \times 100\%$$

在生产上,纯碱含量允许的波动范围一般为 $\pm 1\%$,当配合料中的纯碱含量波动超过这个范围时,即认为配合料均匀度不合格。

配合料均匀度的测定方法很多。有化学分析法、电导法、pNa 电极法、白度法等。本实验采用化学分析法。

一、实验目的

1. 了解玻璃配合料均匀度的测定在玻璃生产上的重要意义。
2. 掌握化学分析法测定配合料均匀度的原理和方法。

二、实验原理

准确称取一定量的配合料,用水溶解、过滤洗涤得到 Na_2CO_3 的被测溶液。取一定量的被测溶液,加入 2~3 滴甲基橙作指示剂。用 HCl 标准溶液(0.10 mol/L)滴定至溶液由黄色刚好变为橙色为止。

三、实验器材

1. 电子天平:称量 100 g,感量 0.1 g。
2. 混料机。
3. 盐酸标准滴定溶液(0.10 mol/L)。
4. 甲基橙指示剂溶液(1 g/L)。
5. 酸式滴定管、称量瓶、容量瓶、三角烧瓶等。

四、实验步骤

1. 按表 3-1 称取原料 100 g,在混料机上混合一定时间,在白纸上摊平,在中心及四角分

别取样,精确称取 5 份试样,每份约 5 g。

表 3 - 1　配合料组成

原料名称	二氧化硅	氢氧化铝	碳酸钙	碳酸镁	纯碱
配料百分比 /%	56.45	3.74	13.88	5.10	20.82

2. 把试样分别放在 200 mL 的烧杯中,加纯水 100 mL,加热,搅拌,使 Na_2CO_3 充分溶解。然后把溶液过滤到容量瓶中,并用热纯水反复冲洗烧杯、滤纸及残渣,直至过滤液呈中性,保证溶液全部转移。待冷却后,加纯水至容量瓶刻度线。

3. 准确移取被测溶液 25 mL 至 250 mL 三角烧瓶中,加 2～3 滴甲基橙指示剂,用 HCl 标准溶液(0.10 mol/L)滴定至溶液由黄色刚好变为橙色为止,记下读数 V。

4. 按下式计算配合料中 Na_2CO_3 含量:

$$X_{Na_2CO_3} = 52.99MV/G$$

式中　M——HCl 标准溶液的当量浓度,mol/L;

　　　V——消耗的 HCl 标准溶液的体积,mL;

　　　G——试样质量,g。

5. 将试样结果记录在表 3 - 2 中,并计算 H_S。

表 3 - 2　化学分析法测定玻璃配合料均匀度记录

试样编号	试样质量/g	盐酸浓度/(mol/L)	耗用盐酸体积/mL	Na_2CO_3/%
1				
2				
3				
4				
5				
$X=$		$S=$		$H_S=$

五、思考题

1. 为了保证实验结果的准确性,实验中应注意哪些环节?

2. 配合料的均匀度与哪些因素有关?

实验 3 - 6　玻璃熔制实验

玻璃材料高温制备中的物理过程主要有原料附着水的蒸发、某些组分的挥发、晶型转变以及某些组分的熔化等。化学过程主要有某些组分加热后排除结晶水、盐类的分解、各组分之间的化学反应及硅酸盐的形成。物理化学过程主要指一些物料间的固相反应,共熔体的产生,各组分间的互相融溶,物料、玻璃液相与炉内气体以及耐火材料之间的相互作用等。玻璃熔制过程中,共熔体的产生、互熔等,要在很高的温度下才显著发生。

在实际生产中,玻璃熔制是关键环节,玻璃的熔制实验是一项很重要的实验。在教学、科研和生产中,往往需要设计、研究和制造玻璃的新品种,或者对传统的玻璃生产工艺进行某种改革。在这些情况下,为了寻找合理的玻璃成分、了解玻璃熔制过程中各种因素所产生的影响、摸索合理的熔制工艺制度、提出各种数据以指导生产实践等,一般都要先做熔制实验,制取玻璃样品,再对样品进行各种性能测定,判断各种性能指标是否达到预期的要求。如此反复进行,直至找到玻璃的最佳配方,满足各种性能要求为止。

一、实验目的

1. 在实验室条件下进行玻璃成分的设计、原料的选择、配料计算、配合料的制备、用小型坩埚进行玻璃的熔制、玻璃试样的成型等,完成一整套玻璃材料制备过程的基本训练。

2. 了解熔制玻璃的设备及其测试仪器,掌握其使用方法。

3. 观察熔制温度、保温时间和助熔剂含量对熔化过程的影响。

4. 根据实验结果分析玻璃成分、熔制制度是否合理。

二、实验原理

玻璃的熔制过程是一个相当复杂的过程,它包括一系列物理的、化学的、物理化学的现象和反应。

物理过程:指配合料加热时水分的排除,某些组分的挥发,多晶转变以及单组分的熔化过程。

化学过程:指各种盐类被加热后结晶水的排除,盐类的分解,各组分间的互相反应以及硅酸盐的形成等过程。

物理化学过程:包括物料的固相反应,共熔体的产生,各组分生成物的互熔,玻璃液与炉气之间、玻璃液与耐火材料之间的相互作用等过程。

由于有了这些反应和现象,由各种原料通过机械混合而成的配合料才能变成复杂的、具有一定物理化学性质的熔融玻璃液。

应当指出,这些反应和现象在熔制过程中常常不是严格按照某些预定的顺序进行的,而是彼此之间有着相互密切的关系。例如,在硅酸盐形成阶段中伴随着玻璃形成过程,在澄清阶段中同样包含有玻璃液的均化。为便于学习和研究,常可根据熔制过程中的不同实质而分为硅酸盐的形成、玻璃的形成、玻璃液的澄清、玻璃液的均化、玻璃液的冷却五个阶段。

纵观玻璃熔制的全过程,就是把合格的配合料加热熔化使之成为合乎成型要求的玻璃液。其实质就是把配合料熔制成玻璃液,把不均质的玻璃液进一步改善成均质的玻璃液,并使之冷却到成型所需要的黏度。因此,也可把玻璃熔制的全过程划分为两个阶段,即配合料的熔融阶段和玻璃液的精炼阶段。

三、实验器材

1. 高温箱式电阻炉:最高使用温度 1 600℃,控温精度±1℃。

2. 退火炉:最高使用温度 1 000℃,控温精度±1℃。

3. 电子天平:称量 200 g,感量 1 mg。

4. 高铝坩埚:100 mL 或 150 mL。

5. 研钵、坩埚钳、石棉手套、浇铸玻璃样品的模具等。

6. 化工原料:石英砂(SiO_2),纯碱(Na_2CO_3),碳酸钙($CaCO_3$),碳酸镁($MgCO_3$),氢氧化铝[$Al(OH)_3$]等。

四、实验步骤

1. 玻璃成分的设计

首先,要确定玻璃的物理化学性质及工艺性能,并依此选择能形成玻璃的氧化物系统,确定决定玻璃主要性质的氧化物,然后确定各氧化物的含量。玻璃系统一般为三组分或四组分,其主要氧化物的总量往往要达到90%(质量)。此外,为了改善玻璃某些性能,还要适当加入一些既不使玻璃的主要性质变坏,同时又使玻璃具有其他必要性质的氧化物。因此,大部分工业玻璃都是五六个组分以上。

相图和玻璃形成区域图可作为确定玻璃成分的依据或参考。在应用相图时,如果查阅三元相图,为使玻璃有较小的析晶倾向,或使玻璃的熔制温度降低,成分上就应当趋向于取多组分,选取的成分应尽量接近相图的共熔点或相界线。在应用玻璃形成区域图时,应当选择离开析晶区与玻璃形成区分界线较远的组成点,使成分具有较低的析晶倾向。

为使设计的玻璃成分能在工艺实践中实施,即能进行熔制、成型等工序,必须要加入一定量的促进熔制、调整料性的氧化物。这些氧化物用量不多,但工艺上却不可少。同时还要考虑选用适当的澄清剂。在制造有色玻璃时,还须考虑基础玻璃对着色的影响。

以上各点是相互联系的,设计时要综合考虑。当然,要确定一种优良配方不是一件简单的工作,实际上,为成功地设计一种具有实用意义、符合预定物化性质和工艺性能的玻璃成分,必须经过多次熔制实践和性能测定,对成分进行多次校正。

本实验给出两种易熔的 $Na_2O - CaO - SiO_2$ 系统玻璃配方,学生可根据自己的要求进行修改。易熔玻璃的成分见表3-3。

表3-3 易熔玻璃成分

配方编号	SiO_2	CaO	MgO	Al_2O_3	Na_2O
1	71.5	5.5	1	3	19
2	69.5	9.5	3	3	15

注:成分均按质量百分数计。

2. 熔制温度的估计

玻璃成分确定后,为了选择合适的高温炉和便于观察熔制现象。应当估计一下熔制对于玻璃形成到砂粒消失这一阶段的熔制温度,可按 M. Volf 提出的熔化速度常数公式进行估算:

$$\tau = \frac{SiO_2 + Al_2O_3}{Na_2O + K_2O + \left(\frac{1}{2}B_2O_3\right) + \left(\frac{1}{3}PbO\right)}$$

根据 τ 与熔化温度的关系(表3-4),可大致确定该玻璃的熔制温度。

表3-4 τ 与熔化温度的关系

τ	6.0	5.5	4.3	4.2
$T/℃$	1 450~1 460	1 420	1 380~1 400	1 320~1 340

3. 玻璃原料的选择

在玻璃生产中选择原料是一件重要的工作,不同玻璃制品对原料的要求不尽相同,但有些共同原则。

（1）原料质量应符合技术要求，原料的品位高、化学成分稳定、水分稳定、颗粒组成均匀、着色矿物（主要是 Fe_2O_3）和难熔矿物（主要是铬铁矿物）要少，便于调整玻璃成分。

（2）适于熔化和澄清。

（3）对耐火材料的侵蚀小。

玻璃熔制实验所需的原料一般分为工业矿物原料和化工原料。在研制一种新玻璃品种时，为了排除原料中的杂质对玻璃成分波动的影响，尽快找到合适的配方，一般都采用化工原料（化学纯或分析纯，也有用光谱纯）来做实验。本实验选用化工原料。

当实验室研究完成，用化工原料熔制出的新型玻璃已满足各种性能要求时，进行中试和工业性实验。为了适应工业性生产的需要，需采用工业矿物原料进行熔制实验，以观察带入杂质以后对玻璃的影响。

4. 配料计算

根据玻璃成分和所用原料的化学成分进行配合料的计算。在计算时，应认为原料中的气体物质在加热过程中全部分解逸出，而其分解后的氧化物全部转入玻璃成分中。此外，还须考虑各种因素对玻璃成分的影响，如某些氧化物的挥发、损失等。

由于计算每批原料量时，要根据坩埚大小或欲制得玻璃的量（考虑各性能测试所需数量）来确定，本实验以制得 100 g 玻璃液来计算各种原料的用量，在计算每种原料的用量时，要求计算到小数点后两位。

表 3 - 5　原料（假设成分）成分

原料名称	原料名称及质量/%				
	SiO_2	$CaCO_3$	$MgCO_3$	$Al(OH)_3$	Na_2CO_3
石英砂	99.78				
碳酸钙		99			
碳酸镁			99.5		
氢氧化铝				99.5	
纯碱					98.8

例：欲熔制 100 g 玻璃液所需碳酸镁的净用料量：

$$MgCO_3 \longrightarrow MgO + CO_2 \uparrow$$
$$84.32 \qquad 40.32$$
$$x^1 \qquad\qquad 1$$
$$x^1 = 84.32 \times 1 \div 40.32 = 2.09 (g)$$

实际用量　　$x = 2.09 \div 99.5\% = 2.10 (g)$

用类似方法可算出其他原料的用量，然后列出配料单，见表 3 - 6。

表 3 - 6　配料单

原料名称	石英砂	碳酸钙	碳酸镁	氢氧化铝	纯碱	合计
配合料 1						
配合料 2						

5. 配合料的制备

(1) 为保证配料的准确性,首先将实验用原料干燥或预先测定含水量。

(2) 根据配料单称取各种原料(精确到 0.01 g)。

(3) 将粉状原料充分混合成均匀的配合料是保证熔融玻璃液质量的先决条件。为了使混合容易均匀及防止配合料分层和飞料,先将配合料中难熔原料如石英砂等先置入研钵中(配料量大时使用球磨罐),然后加助熔的纯碱等,预混合 10～15 min,再将其他原料加入混合均匀。

由于本实验为小型实验,配合料量甚小,只能在研钵中研磨混合,所以不考虑加水混合。

6. 熔制操作

(1) 检查电源线路。

(2) 把每种配合料分别装入三只高铝坩埚中。为防止坩埚意外破裂造成电炉损坏,可在浅的耐火匣钵底部中垫以 Al_2O_3 粉,再将坩埚放入匣钵中,然后推入电炉的炉膛。给电炉通电,以 4～6℃/min 的升温速度升温到 900℃。这种加料方法称为"常温加料法"。

(3) 在科研和生产中,玻璃熔制一般多采用"高温加料法"。即先将空坩埚放入电炉内,给电炉通电,以 4～6℃/min 的升温速度升温到加料温度(即 900℃)后,再将配合料装入坩埚,保温 30 min。

为了得到较多的玻璃料(样品),必须在此温度下多次加料以充分利用坩埚的容积或减少配合料中低熔点物料的挥发。

(4) 最后一次加料并保温 1 h 后,从炉中取出两种配合料的坩埚各一只,放入已经加热到 500～600℃ 的马弗炉中退火。

(5) 以 3℃/min 升温速度,继续升温到 1 200℃,保温 1 h,从炉中取出两种配料的坩埚各一只放入马弗炉中退火。

(6) 以 3℃/min 升温速度,继续升温到 1 300℃,保温 2 h。玻璃保温温度和保温时间因玻璃配方不同而异,本实验的熔制温度在 1 300～1 450℃,保温 2～3 h,使玻璃液完成均化和澄清过程。对于硼酸酐类等含有高温下产气物质的配合料,则升温速度要降低,以防物料溢出。

对于未知熔制温度的新配方玻璃的熔制,可以根据有关文献初步确定玻璃的熔制温度,实验中可在此温度上下约 100℃ 的范围内,每隔 20～30℃ 各取出一只坩埚,据此确定玻璃的熔制温度和保温时间。

(7) 保温结束后,从炉中取出最后两种配合料的坩埚各一只,放入退火炉中退火,关上退火炉门,保温 10 min,断电,让其自然冷却。

在实验室中,玻璃的成型一般采用"模型浇注法"或"破坩法"。在完成上述的熔制后,连同坩埚一起冷却并退火,冷却后再除去坩埚,得到所需要的试样是"破坩法"。将完成熔制的高温玻璃液,倾注入经预热过的金属或耐火材料模具中,然后立即置入预热至 500～600℃ 的马弗炉中,按一定的温度制度缓慢降温则是"模型浇注法"。浇铸成一定形状的玻璃可以作理化性能和工艺性能测试用的样品。

(8) 将最后的坩埚从硅碳棒电炉中取出之后,将电炉的通电电流调至最小,关闭控制器电源,再拉闸停电,让电炉自然降温。

五、实验结果与分析

待装有玻璃的坩埚冷却到室温后,用小铁锤尖端敲打坩埚底和内壁,使之裂成两半。研所得的一半,观察坩埚中心、表面、底和周壁的硅酸盐形成、玻璃形成、熔透和澄清情况气泡多少,未熔透颗粒数量,玻璃液表面是否有泡沫、颜色、透明度及玻璃液的其他特征,此外,应仔细研究坩埚壁特别是玻璃液面上的侵蚀特征。

实验结果可按表3-7填写。

表3-7 玻璃高温制备实验情况记录分析

项 目		最高熔制温度				
		900℃		1200℃		1300℃
		1号料	2号料	1号料	2号料	1号料	2号料
保温时间							
玻璃熔制情况分析	熔透程度 澄清情况 透明度及颜色 其他特征 坩埚侵蚀情况						
研究结论							

六、注意事项

1. 高温操作时要戴防护面具。
2. 钳坩埚时应注意安全。

七、思考题

1. 在本次实验中,哪些因素影响了玻璃的熔制? 为什么会影响? 应当如何防止?
2. 玻璃熔制中,有高温加料和常温加料两种,哪一种更优越?
3. 本实验拟定900℃、1200℃和1300℃拿出熔制玻璃的坩埚,这有什么意义?
4. 在实际生产中如何制定玻璃的熔制制度?
5. 玻璃最高熔制温度和均化澄清时间确定的原则是什么?

实验3-7 玻璃密度测定

玻璃密度主要取决于玻璃的成分和热历史,其对玻璃成分的变化较敏感。在生产中,玻璃的组成会由于配合料称量不准、料方计算错误、错用他种原料,原料成分改变、温度制度波动等因素引起波动,玻璃的密度随其组分的变化而变化,两者之间呈一定的关系。如果能精确测出玻璃的密度值,就能比较灵敏地发现玻璃组分波动,从而起到监督控制生产的作用。由于测定玻璃密度的方法比较简便,测定的精度可达$1 \times 10^{-4} g/cm^3$。因此,我国各玻璃厂已广泛采用测定玻璃密度来掌握玻璃成分的波动情况,以便及时查找原因,采取措施,达到稳定产品质量的目的。玻璃的密度测定可采用流体静压称量法、比重瓶法、浮降法、沉降法等。

一、实验目的

了解玻璃密度测定的意义,掌握玻璃密度的测定方法。

二、实验原理

用浮降法测定玻璃的密度是基于与已知密度值的固体在密度值随温度而变化的混合液中由于密度相等产生浮沉而比较测定的。

根据液体相对于玻璃随温度变化其密度变动较大,因此可将两种适当密度的液体混合,盛放在试管内,在一定温度时,使配成的混合液体能使玻璃试样上浮,然后以一定升温速度加热,液体(重液)的密度相对于玻璃试样来说,下降较快。当升至一定温度时,试样开始下沉,根据试样达到固定高度时的温度(即下沉温度),可确定出未知试样的下沉温度和标准试样的下沉温度,按下列公式计算出被测试样相当于20℃时的密度。

$$D_{x}=D_{s}+(T_{x}-T_{s})\left(\frac{\mathrm{d}D}{\mathrm{d}T}\right)_{N} \tag{3-7-1}$$

式中 D_{x}——被测试样的密度,g/mL;

          D_{s}——标准试样在20℃时的密度,2.53 g/mL;

          T_{x}——被测试样的温度,℃;

          T_{s}——设定温度,20℃;

$(\mathrm{d}D/\mathrm{d}T)_{N}$——玻璃在重液中随温度而变化的净密度变化。

    而 $$\left(\frac{\mathrm{d}D}{\mathrm{d}T}\right)_{N}=\left(\frac{\mathrm{d}D}{\mathrm{d}T}\right)_{L}-\left(\frac{\mathrm{d}D}{\mathrm{d}T}\right)_{G} \tag{3-7-2}$$

式中 $(\mathrm{d}D/\mathrm{d}T)_{L}$——随温度变化的重液密度变化;

        $(\mathrm{d}D/\mathrm{d}T)_{G}$——随温度变化的玻璃密度变化。

在浮降法中:

α-溴代萘与四溴乙炔混合重液的$(\mathrm{d}D/\mathrm{d}T)_{L}=-0.001\,78\ \mathrm{g/(mL\cdot ℃)}$;

瓶玻璃的$(\mathrm{d}D/\mathrm{d}T)_{G}=-0.000\,07\ \mathrm{g/(mL\cdot ℃)}$;

所以$(\mathrm{d}D/\mathrm{d}T)_{N}=-0.001\,71\ \mathrm{g/(mL\cdot ℃)}$;

则 $$D_{x}=D_{s}+(T_{x}-T_{s})(-0.001\,71) \tag{3-7-3}$$

当被测试样的下沉温度低时,说明被测试样的密度较大。

若$(T_{x}-T_{s})(\mathrm{d}D/\mathrm{d}T)_{N}$为正值,计算时加在$D_{s}$上;反之,若$(T_{x}-T_{s})(\mathrm{d}D/\mathrm{d}T)_{N}$为负值,计算时由$D_{s}$上减去。

三、实验器材

测定设备主要包括恒温水浴(附搅拌、恒温仪表),水银接触温度计,水银温度计,调压器,试管数支(外径28 mm,管长185 mm,从底部向上50 mm处有一刻痕)。

实验装置如图3-1所示。

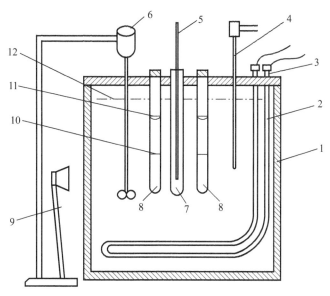

图 3－1 浮沉法测定玻璃密度的装置

1—玻璃水箱；2—钢加热旋管；3—试管夹；4—水银接触温度计；5—水银温度计(0.1℃)；
6—搅拌器；7—测温管；8—测定管；9—台灯；10—刻度线；11—混合液面；12—水浴液面

四、实验步骤

1. 试样制备

取直径约 3 mm、长约 10 mm 的玻璃棒，应没有气泡、条纹、结石和析晶等缺陷，并在应力仪上观察退火情况，要求没有应力存在。然后放在酒精或蒸馏水中洗净，用清洁的毛巾擦干，以备试验用。在操作过程中，用镊子夹取试样，勿用手取，以免沾污试样影响测定结果。

2. 标准试样的选择

标准试样一般选择准确成分的均匀玻璃，标准试样与被测试样的密度最好差 0.001～0.002 g/mL。通常为了区别于普通试样，总把标准试样截短一些。标准试样的密度可用排水法测定。

3. 重液的选择和准备

(1) 选择：应选择密度不同的两种液体来配制混合液，其中一种液体的密度应小于玻璃的密度，而另一种液体的密度则应大于玻璃的密度，并且这两种液体可以相互溶解。同时在选择制备混合液的液体时，应选择挥发性尽可能小，对人体无毒害的液体，一般 $Na_2O-CaO-SiO_2$ 玻璃的密度多在 2.5～2.6 g/mL，在浮降法中选用 α-溴代萘和四溴乙炔混合成重液。由于它对光、水蒸气、空气都很稳定，和玻璃不起作用，所以比较适用。

(2) 准备：先把四溴乙炔放在三角瓶内(或直接加到试管中)，投入一小块试样漂浮其上，然后由滴管慢慢加入 α-溴代萘，如果认为下沉温度低了，就再加四溴乙炔，直到完全适合为止，一般在略高于室温的温度下，使试样漂浮在重液的上面，升温至 30～35℃时，试样下沉，这样便于读数。

4. 实验操作

(1) 将欲测的一组玻璃试样(一般为三个和相应的标准试样)放入已准备好的重液中，塞紧试管塞。

（2）通电加热恒温槽，电流为 1.2 A，通过搅拌器，使槽内温度均匀。在玻璃被测试样（或标准试样）下沉温度约 2℃时，使恒温槽保温 20～30 min，这时以大约 1 A 的电流加热，这样的升温速率大约是 0.1℃/min。

（3）升温过程中，不时晃动试管，以免液面的表面张力影响试样自由下沉。

（4）试样开始缓缓下沉后，注意观察，将每个样品上任一点到达试管上刻线时的温度逐一记录下来。取平均值（T_x），同样也仔细记录标准试样下沉时的温度，取平均值（T_s），由水银接触温度计和普通水银温度计配合读数，准确至 1/100℃。

五、实验结果与分析

将实验数据记录于表 3-8 中，并按式（3-7-3）计算试样的密度。

表 3-8　玻璃密度测定实验记录

顺序	$T_x/℃$	$T_s/℃$
顶端		
中部		
底端		
平均		

六、注意事项

1. 当环境条件不符合要求时，必须开启空调以使环境条件符合要求。

2. 在选择制备混合液的液体时，应选择挥发性尽可能小、对人体无毒害的液体。

3. 重液使用了一定时间后，应进行过滤。如重液颜色变深，不便观察，则可通过油浴加热并真空分馏后，再重复使用。

4. 在操作过程中，用镊子夹取试样，勿用手取，以免沾污试样影响测定结果。

七、思考题

1. 实际生产中为什么要测定玻璃密度？

2. 你能设计出几种测定玻璃密度的方法？

3. 玻璃的密度是如何随温度变化的？

4. 重液配制误差对密度测定结果有何影响？

5. 为什么在实验的过程中要不断地晃动试管？

实验 3-8　玻璃内应力及退火温度测定

玻璃制品成型、热加工以后，由于不均衡冷却的原因，玻璃内部往往存在不均匀分布的内应力（永久应力）。这种应力的存在会大大降低玻璃的机械强度、热稳定性和光学稳定性。所以玻璃制品成型或热加工以后一般都需退火处理，以消除或减小这种永久应力。而物理强化与退火过程正好相反,它通过淬火使玻璃制品表面产生很大的、均匀分布的压应力,提高玻璃的机械强度和热稳定性。各种玻璃制品对退火和淬火的质量要求不同,这种要求一般是以玻璃制品中残存的永久应力的大小来表示。

玻璃的化学组成不同,其退火温度也不同。玻璃在退火过程中的应力消除速度与玻璃的黏度、温度有关,温度越高,黏度越小,应力消除也越快。退火的安全温度常称为最高退火温度,是指玻璃在此温度下保持 3 min 能消除全部应力的 95%,相当于玻璃黏度为 10^{12} Pa·s 时的温度。最低退火温度,是指玻璃在此温度下保持 3 min 仅能消除全部应力的 5%,相当于玻璃黏度为 $10^{13.5}$ Pa·s 时的温度。

测定玻璃的内应力和退火温度,对于鉴定玻璃制品质量、拟定退火制度具有十分重要的意义。

一、实验目的

1. 掌握用玻璃制品应力检查仪测定玻璃的内应力和退火温度的原理和方法。
2. 定量测定玻璃的内应力和退火温度。

二、实验原理

在理论上,玻璃是一种均质体,光线通过玻璃时不会发生双折射现象。但当玻璃存在不均匀的应力时,玻璃就会产生双折射现象。单位厚度玻璃产生的双折射光程差 Δ 与内应力 σ 的大小成正比。即:

$$\Delta = \beta \cdot \sigma$$

式中 β——玻璃应力光学常数,Pa^{-1},一些常用的工业玻璃的应力光学常数见表 3-9;

σ——玻璃内应力,Pa。

表 3-9 部分工业玻璃的应力光学常数

玻璃品种	石英玻璃	硼硅酸盐玻璃	平板玻璃	钠钙玻璃
$\beta \times 10^{12}/Pa^{-1}$	3.47	3.88	2.55	2.45~2.65

本实验采用玻璃制品应力检查仪测定玻璃的内应力。仪器结构及原理如图 3-2 所示。

从光源发出的白光通过起偏振片后成为直线偏振光,偏振光经过被测玻璃样品产生双折射现象,这时为椭圆偏振光,经过 1/4 波片补偿,又转化为直线偏振光。但这时的振动方向有一个夹角 θ,θ 的大小与被测试样的双折射光程差 Δ 成正比:

θ 单位为度(°),λ 取 565 nm,则

$$\Delta = 565\theta/180 = 3.14\theta \text{(nm/cm)}$$

如果被测试样不在光路中,当检偏镜处于零位(分度盘读数为 0°)时,起偏镜发出的直线

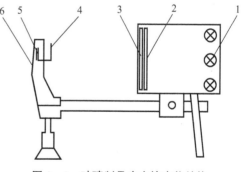

图 3-2 玻璃制品应力检查仪结构

1—光源;2—均光玻璃;3—起偏振片;4—1/4 波片及全波片拨杆;5—检偏振片;6—检偏镜分度盘

偏振光完全不能通过检偏镜,观察者看到暗视场。现在由于被测试样和 1/4 波片的作用使直线偏振光旋转了 θ 角。显然检偏镜也必须旋转相应角度才能恢复暗场,这时分度盘上读出的

检偏镜旋转角 θ，根据上式就可算出被测试样的单位光程差。

如果测定完玻璃的内应力以后，把试件放在光路中间的电炉内加热退火，随着温度的升高，内应力逐渐减小，直至完全消除。记录温度和检偏镜角度 θ_0，作温度-θ/θ_0 曲线。由 θ/θ_0 分别为 95% 和 5% 所对应的温度得到最高退火温度和最低退火温度（图 3-3）。

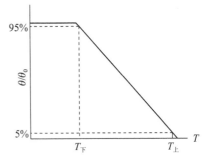

图 3-3　退火温度确定方法示意图

三、实验器材

玻璃制品应力检查仪、电炉、调压器、电流表、热电偶、电位差计、秒表、喷灯。

四、实验步骤

1. 切取面积 $1\sim2\ cm^2$、厚度 $3\sim4\ cm$ 的玻璃方形试样，预先在酒精喷灯上加热，随后在空气中进行人工淬火，以产生可观察的内应力。

2. 接通仪器电源，1/4 波片置于光路之中，此时检偏镜的分度盘为 $0°$，视场全暗。试样置于 1/4 波片和起偏镜之间，视场中可见明显的干涉色。以试样中心作为被测点，转动试样使试样中心和上下表面处均有较亮区域，被两条暗条纹隔开。把试样在电炉中照此位置放好，旋转检偏镜，使两条暗条纹向试样中心移动并重合，这时将分度盘上 θ_0 角读出，算出 $\triangle$ 值。

3. 退火炉升温，当达到预先估计的退火下限温度以下 $80\sim100℃$ 时，严格控制升温速率为 $3℃/min$，每隔 $2\sim3\ min$ 读一次检偏镜分度盘 θ 角，同时记下温度和时间，当发现视场完全变黑，干涉条纹消失，θ 恢复到 $0°$ 时，即玻璃内应力已全部消除，停止升温，切断电源。

五、实验结果与分析

把实验结果记录在表 3-10 中，并根据记录的温度和检偏镜旋转角 θ/θ_0 作图，确定最高退火温度及最低退火温度。

表 3-10　玻璃内应力和退火温度测定记录

试样编号	试样尺寸		检偏镜刻度盘读数 $\theta_0/(°)$（有试样）	单位光程差/(nm/cm)	应力值/Pa
	厚度 h	宽度 d			
时间	热电势/mV		温度/℃	检偏镜读数 $\theta/(°)$	θ/θ_0
退火上限温度/℃			退火下限温度/℃		

六、思考题

1. 什么叫应力？玻璃的应力有哪几种？什么叫内应力？

2. 退火的目的和实质是什么?

3. 试样的大小、升温速率的快慢对退火温度的测定结果有何影响?

4. 本实验求得的退火上限温度与定义的退火上限温度有何不同?

实验 3-9　玻璃析晶性能测定

从热力学角度,玻璃处于介稳态,有自发析晶的倾向。在一定的条件下玻璃中会析出晶体,这种现象称为"析晶"或"反玻璃化"。

玻璃的析晶又是一个动力学过程。整个析晶过程分为晶核形成和晶体生长两个阶段,其晶核形成速率和晶体生长速率都与温度有关,它们之间的关系由图 3-4 所示。由图 3-4 可见,当温度较高时,晶体生长速率很大,但晶核形成速率很小;当温度较低时,晶核形成速率大,但晶体生长速率很小。这两种情况均不利于析晶。只有处于一定的温度范围内,才能形成晶核并生长成具有一定尺寸的晶体。这个温度范围(如图 3-4 中阴影部分所示)称为析晶温度范围,其上限和下限分别为析晶上限温度和析晶下限温度。玻璃的析晶一般发生在对应于黏度为 $10^3 \sim 10^5$ Pa·s 的温度范围内。

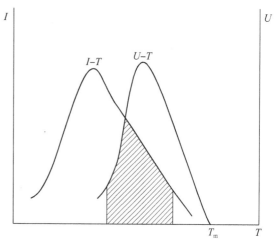

图 3-4　玻璃析晶过程示意图

玻璃析晶性能指析晶倾向的大小和析晶温度范围。玻璃析晶性能主要决定于其化学组成。研究玻璃析晶的方法主要有淬冷法、高温显微镜法和梯温法。本实验采用梯温法测定玻璃析晶性能。

一、实验目的

1. 掌握梯温法测定玻璃析晶性能的原理和方法。

2. 测定梯温炉的梯温曲线和玻璃的析晶上限温度、析晶下限温度,判断玻璃析晶倾向的大小。

3. 了解玻璃析晶上限温度、析晶下限温度在玻璃生产中的意义。

二、实验原理

梯温法又称强制析晶法,是利用梯温炉来测定玻璃的析晶温度范围。在梯温炉中,炉中心部分的温度最高,两边的温度则有规律地逐渐降低。把玻璃试样放在耐火瓷舟内放到梯温炉中恒温,处于析晶温度范围的玻璃试样就会逐渐析晶。保温一段时间后迅速取出,在空气中冷却,用偏光显微镜或肉眼检验玻璃析晶位置和析晶程度,根据梯温曲线查出所对应的析晶温度范围和析晶程度。

三、实验器材

1. 梯温炉:带温度自动控制装置,额定温度 0～1 350℃,控温精度±1℃。
2. 偏光显微镜。
3. 耐火瓷舟、放大镜、玻璃条或淬火后的玻璃碎块等。

四、实验步骤

1. 仔细选择没有气泡、结石和条纹的条状或颗粒状玻璃试样,洗净、烘干后均匀放入干净的耐火瓷舟中。

2. 按实验装置图(图 3-5)接好电线,检查无误后接通电源。先将拨动开关倒向手动,慢慢地调节旋钮,用小电流预热,约 5 min 后把手动调节旋钮旋至最大,快速加热,当温度接近控制温度时,将拨动开关倒向自动,并让其在(1 080±5)℃自动保温。

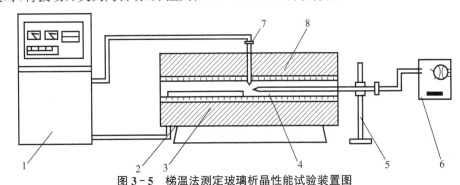

图 3-5 梯温法测定玻璃析晶性能试验装置图

1—温度控制器;2—管式梯温电炉;3—瓷舟;4—测温热电偶;
5—固定架;6—电位差计;7—测控热电偶;8—电热丝

3. 炉内温度恒定约 30 min 后将载有玻璃试样的耐火瓷舟小心地推入梯温炉中,并记录瓷舟在炉内的准确位置,关上炉门保温。

4. 当保温 1 h 后,用热电偶和电位差计测定梯温炉的梯温曲线,每隔 5 cm 测一个点,并作出梯温曲线(炉长-温度)。

5. 当保温达 2 h 后,迅速将试样取出在空气中冷却,切断电源。

6. 用偏光显微镜或肉眼检验玻璃试样的析晶位置和析晶程度,标上记号。

7. 根据梯温曲线查出析晶上限温度、析晶下限温度和各区析晶程度。析晶程度分级及表示方法如下:

(1)无析晶;

(2)析晶膜——很薄(约 0.1 mm 厚)的表面析晶;

(3)析晶壳——较厚(约 0.5 mm 厚)的表面析晶;

(4)析晶壳和玻璃主体内个别析晶;

(5)全部析晶。

无析晶　　　析晶膜　　　析晶壳　　析晶壳+个别析晶　　　全部析晶

五、注意事项

1. 测定析晶能力的玻璃应无缺陷,以免影响测定结果。
2. 试样与瓷舟要清洗干净并烘干,以免影响结果的准确性。

六、思考题

1. 测定玻璃析晶性能在玻璃生产上有什么意义?
2. 影响玻璃析晶的因素及防止析晶的措施是什么?
3. 测定玻璃析晶性能的方法有几种? 对于析晶速率很快的玻璃采用哪种测定方法更好?

实验 3 – 10　玻璃热稳定性测定

玻璃的热稳定性又称耐急冷急热性,也称耐热温差等,是玻璃抵抗冷热急变的能力,它在玻璃的热加工方面和日常使用中特别重要。

一、实验目的

1. 了解测定玻璃热稳定性的实际意义。
2. 掌握骤冷法测定玻璃热稳定性的原理和方法。

二、实验原理

决定玻璃热稳定性的基本因素是玻璃的热膨胀系数,热膨胀系数大的玻璃热稳定性差;热膨胀系数小的玻璃,热稳定性好。而玻璃的热膨胀系数主要取决于它的化学组成。其次,玻璃的退火质量亦将影响耐急冷急热性。另外玻璃表面的擦伤或裂纹以及各种缺陷,都能使其热稳定性降低。玻璃的导热性能很低,由于热胀冷缩,在温度突然发生变化的过程中,玻璃中产生分布不均匀的应力,如果应力超过了它的抗张强度,玻璃即行破裂。

因为应力值随温差的大小而变化,故可以用温差来表示热稳定性。人们把玻璃不开裂所能承受的最低温度差,称为耐热温差。测定玻璃热稳定性的基本方法是骤冷法。可以用试样加热骤冷,也可以用制品加热骤冷。用制品直接作为试样具有实际的代表意义。而在实验室中,通常采用试样加热骤冷。

骤冷法测定玻璃热稳定性的原理是:当玻璃被加热到一定温度后,如予以急冷,则表面温度很快降低,产生强烈的收缩,但此时内部温度仍较高,处于相对膨胀状态,阻碍了表面层的收缩,使表面产生较大的张应力,如张应力超过其极限强度时,试样(制品)即破坏。

骤冷法需把玻璃制成一定大小的试样,加热使试样内外的温度均匀,然后使之骤冷,观察它是否碎裂。但是同样的玻璃,由于各种原因,其质量也往往是不完全相同的。因而所能承受的不开裂温差也不相同,所以要测定一种玻璃的热稳定性,必须取若干块样品,将它们加热到一定温度后,进行淬冷,观察并记录其中碎裂的样品的块数,把碎裂的样品拣出后,将剩余未碎裂的样品继续加热至较高的温度,待样品热至均匀后,重复进行第二次骤冷,按同样步骤拣出碎裂的样品,记下碎裂的块数,重复以上步骤,直至加入的样品全部碎裂为止。

玻璃的耐热温度可由下计算：

$$\Delta T = \frac{n_1 \Delta t_1 + n_2 \Delta t_2 + \cdots + n_i \Delta t_i}{n_1 + n_2 + \cdots + n_i}$$

式中 ΔT——玻璃的耐热温度；

$\Delta t_1, \Delta t_2, \Delta t_i$——骤冷加热温度和冷水温度之差；

n_1, n_2, n_i——在相应温度下碎裂的块数。

三、实验器材

1. 立式管状电炉：1 kW。

2. 电流表：5～10 A。

3. 调压器：2 kV。

4. 温度计：50℃和250℃各一支。

5. 放大镜：10倍。

6. 烧杯、酒精灯等。

四、实验步骤

1. 将直径为3～5 mm无缺陷的玻璃棒，截成长度为20～25 mm的玻璃小段，每小段的两端在喷灯上烧圆。

2. 放在电炉中退火，经应力仪检查没有应力，待试验用。

3. 将滑架悬挂在支架上，调整水银温度计位置，使水银球正处在小篓中。

4. 放下滑架，将准备好的试样十段装入小篓，再将滑架挂在支架顶上。接通电源作第一次测定。以3～5℃/min的升温速率，将炉温升高到低于预估耐热温度40～50℃，保温10 min。

5. 测量并记录冷水温度。开启炉底活门，使试样与小篓落入冷水中。30 s后取出试样，擦干，用放大镜检查，记录已破裂试样数。

6. 将未破裂试样重新放入小篓中，作第二次测定，炉温比前一次升高10℃，继续实验直至试样全部破裂为止。

五、实验结果与分析

1. 将实验结果记录于表3－11中。

表3－11 玻璃热稳定性测定记录

试样名称	试样直径 /mm	试样长度 /mm	室温 /℃	冷水温度 /℃	炉温 /℃	破裂块数	破裂温度差 /℃

2. 根据下式计算试样的耐热温度平均值：

$$\Delta T = \sum_{i=1}^{10} n_i \Delta t_i \Big/ \sum_{i=1}^{10} n_i$$

式中　ΔT_i——炉温和水温差；

　　　n_i——破裂块数。

六、注意事项

1. 测定热稳定性的玻璃应无缺陷并且无应力，以免影响测定结果。
2. 在调整水银温度计时，要使水银球正好处在小篓中，以免造成记录误差，影响结果。

七、思考题

1. 影响测定玻璃热稳定性的因素有哪些？
2. 玻璃的热稳定性与哪些因素有关？

实验 3 - 11　玻璃线膨胀系数测定

热膨胀系数是玻璃的主要物理性质之一，它是衡量玻璃的热稳定性好坏的一个重要指标。玻璃热膨胀系数在玻璃的生产（成型、退火、钢化）加工和使用过程，特别是在玻璃与玻璃、玻璃与金属、玻璃与陶瓷的封接中具有重要的意义。测定玻璃线膨胀系数的方法较多，有示差法（又称石英膨胀计法）、双线法、光干涉法、质量温度计法等。在这些方法中，示差法具有广泛的实用意义。国内外示差法所采用的测试仪器很多，有立式膨胀仪（如 weiss 立式膨胀仪）和卧式膨胀仪（如 HTV 型、UBD 型、RPZ - 1 型晶体管式自动热膨胀仪）两种。

本实验采用示差法。

一、实验目的

1. 了解测定玻璃的热膨胀曲线对生产的指导意义。
2. 掌握示差法测定热膨胀系数的原理和测定方法。

二、实验原理

示差法是基于采用热稳定性良好的石英玻璃（棒和管两者长度相近），在较高温度下，其线膨胀系数随温度而改变很小的特点，将试样放入石英玻璃的套管中，试样通过石英玻璃棒与千分表相连，石英玻璃套管放在加热炉内金属管的中心区受到均匀加热，试样便与石英玻璃套管及棒同时受热膨胀，由于一般试样受热膨胀的伸长量远比石英玻璃大，因而使得与待测试样相接触的石英玻璃棒发生移动，故在千分表上能精确读出其在不同温度下的膨胀伸长量 ΔL，根据所测的温度与伸长量实验数据，即可作出伸长度-温度的膨胀曲线图（图 3 - 6）。

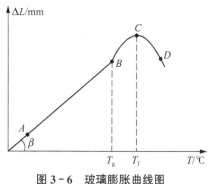

图 3 - 6　玻璃膨胀曲线图

试样的线膨胀系数值可按直线段(AB 段)对横坐标轴倾斜角的正切与原长之比来确定。玻璃试样的 T_g 温度可由曲线 AB 段与 BC 段的切线交点来确定，T_f 温度可由 BC 段与 CD 段的切线交点确定。

玻璃试样的线膨胀系数可按下式计算

$$\alpha(t_0, t) = (L_t - L_0)/[L(t - t_0)] + \alpha$$

式中 L——试样在室温下的长度，mm；

　　　L_t——试样在测试终止时的长度，mm；

　　　L_0——试样在 t_0℃时的长度，mm；

　　　t——测试终止时的温度，℃；

　　　t_0——测试起始时的温度，℃；

　　　α——石英玻璃的线膨胀系数，℃$^{-1}$，其值一般为 5.8×10^{-7}℃$^{-1}$。

三、实验器材

1. 膨胀仪实验装置：如图 3-7 所示，包括管式电炉、特制石英玻璃管、石英玻璃棒、千分表、热电偶、电位差计、电流表、2 kV 调压器等。

2. 游标卡尺：刻度值 0.02 mm。

3. 秒表。

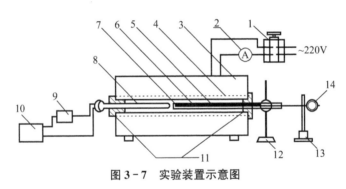

图 3-7　实验装置示意图

1—调压器；2—电流表；3—管式电炉；4—发热体；5—石英玻璃棒；6—石英玻璃管；7—试样；
8—热电偶；9—温度补偿器；10—电位差计；11—炉塞；12—铁架台；13—千分表座；14—千分表

四、实验步骤

1. 取直径为 3～5 mm、长 50 mm 左右(不同仪器对试样尺寸要求有所不同)且无缺陷的试样棒，将其两端经研磨、抛光磨平。

2. 用游标卡尺精确测量试样的长度 L(精确到 0.02 mm)。

3. 根据实验装置示意图接好线路，并检查一遍。

4. 把石英玻璃管夹在支架上，然后依次把待测试样和石英玻璃棒小心地装进石英玻璃管，使石英玻璃棒紧贴试样，在支架的另一端装上千分表，使千分表的测头轻轻顶压在石英玻璃棒末端，把千分表转到零位(或把千分表压下 1～2 圈后，确定一个初读数)。

5. 将卧式电炉沿滑轨移动，将管式电炉的炉心套上石英玻璃管，使试样位于电炉中心位置(即热电偶端位置)。

6. 接通电源,调节自耦电压器,控制升温速度为 3～5℃/min,每隔 2 min 记一次千分表的读数和电位差计的读数,直到千分表上的读数后退为止。

五、实验结果与分析

1. 将所测数据记入表 3 - 12 中。

表 3 - 12　测试结果记录

试样编号	试样长度 L/mm	试样温度 t/℃	千分表读数	试样伸长值 ΔL/mm	膨胀系数 α/℃$^{-1}$

2. 根据数据绘出被测试样的线膨胀曲线(ΔL - T 曲线)。
3. 按公式计算出被测试样的平均热膨胀系数。
4. 从热膨胀曲线上确定其特征温度 T_g、T_f。

六、注意事项

1. 被测试样和石英棒、千分表三者应先在炉外调整成平直相连,并保持在石英玻璃管的中心轴区,以消除摩擦与偏斜影响造成误差。
2. 实验过程中必须尽可能地防止震动而造成实验的误差。
3. 升温速度不宜过快,并维持整个测试过程的均匀升温。

七、思考题

1. 影响测定膨胀系数的主要因素有哪些?
2. 测定玻璃的热膨胀系数有何意义?

实验 3 - 12　玻璃软化温度测定

玻璃无固定熔点,只有一个软化温度范围。玻璃开始软化时的黏度约为 $10^{11.5}$ Pa·s,完全软化时的黏度约为 $2×10^4$ Pa·s。

玻璃软化温度是玻璃的一个重要工艺性质,又是一个主要的使用性质。玻璃软化温度的测定在玻璃生产上有重要意义。玻璃软化温度测定方法很多,各种方法所测定的软化温度所对应的黏度值也不完全相同。如玻璃丝平拉法测得的软化温度的黏度为 10^{10} Pa·s,膨胀法测得的为 10^{10}～$10^{10.5}$ Pa·s。本实验采用 Littleton 法测定玻璃软化温度,故又称 Littleton 软化点,对于密度为 2.5 g/cm^3 的玻璃所对应的黏度为 $10^{6.65}$ Pa·s。

一、实验目的

1. 掌握 Littleton 法测定玻璃软化温度的原理和方法。
2. 了解测定玻璃软化温度在玻璃生产中的重要意义。

无机非金属材料制备及性能测试技术

二、实验原理

将一定规格的玻璃丝[玻璃密度为 2.5 g/cm³ 左右,试样直径为(0.65 ± 0.1)mm,长度为(235 ± 1)mm]悬挂于特制的电炉中均匀加热(有效加热段长度为 100 mm)。随着温度升高,玻璃丝因自重而逐渐伸长,当其伸长速度达到 1 mm/min 时的温度即相当于玻璃黏度为$10^{6.65}$Pa·s 的温度,即 Littleton 软化点。

根据实验数据在同一张坐标纸上作"温度-时间"和"伸长-时间"曲线(横坐标的 min 与纵坐标的 mm 取等量级坐标)。在"伸长-时间"曲线上作与横坐标轴夹角为 45°的切线,由切点作垂直于横坐标轴的直线,其与"温度-时间"曲线的交点所对应的温度即为所测的软化温度(图 3-8)。

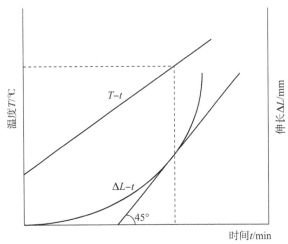

图 3-8 温度-时间及伸长-时间曲线示意图

三、实验器材

1. 玻璃软化温度测定实验装置:如图 3-9 所示,由特制电炉、热电偶、电位差计、调压器组成。

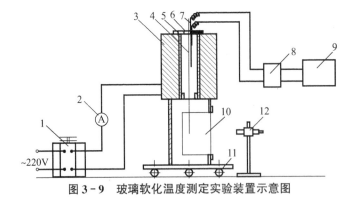

图 3-9 玻璃软化温度测定实验装置示意图

1—调压器;2—电流表;3—电炉;4—试样;5—铁芯;6—纤维支架;7—热电偶;
8—电位差计;9—记录仪;10—下腔;11—底板;12—读数显微镜

2. 读数显微镜、秒表、外径千分尺、钢直尺、煤气喷灯。

四、实验步骤

1. 制备玻璃丝。将玻璃棒或杆在煤气或酒精喷灯上均匀加热后拉成直径为(0.65 ± 0.1)mm的笔直的玻璃丝(沿整个长度方向上,直径误差不超过 0.05 mm)。将玻璃丝的一端在火焰上烧成小球以作固定用,然后截取(235 ± 1)mm 长度(不包括端部小球)作为试样,尾端烧齐并蘸少量墨水阴干后备用。

2. 把玻璃丝小心地插入铝片的小孔中,悬挂于电炉铁芯的孔中,并检查是否自由悬挂于孔的中央。

3. 调节读数显微镜的物距(物镜距玻璃丝约 60 mm)和焦距(旋动目镜),使视场中能很清晰地看到玻璃丝端部和读数。调节电炉底座的高度,使玻璃丝的端部与镜筒内十字丝重合于标尺的零线上。

4. 接好电路,检查无误后通电升温。

5. 当电炉升温至预计的软化点 150℃ 以下时,调节变压器输出,精确控制升温速率为 4～5℃/min。

6. 当试样显著伸长(0.2 mm/min)时,开始记录温度和试样伸长数。以后每隔 1 min 记录一次,至伸长速度达 2 mm/min 即可停止升温,切断电源。

五、实验结果与分析

1. 将实验结果记录在表 3-13 中。
2. 作"温度-时间"和"伸长-时间"曲线,确定 Littleton 软化点。

表 3-13 玻璃软化温度测定记录

试样名称			直径/mm	上		中	下		长度/mm	
时间/min										
毫伏值/mV										
温度/℃										
伸长/mm										
电压/V										
测定结果	软化点/℃						测定日期			

六、思考题

1. 升温速率、玻璃丝样品尺寸对玻璃软化温度的测定结果有何影响?
2. Littleton 法和膨胀法所测得的软化温度及其所对应的黏度不同的原因是什么?
3. 玻璃的化学组成对软化温度有何影响?
4. 作"温度-时间"和"伸长-时间"曲线时,应注意什么?

实验 3-13   玻璃化学稳定性测定

玻璃抵抗周围介质(大气、水、酸、碱及其他化学物质)侵蚀的能力称为化学稳定性。化学稳定性是玻璃的一个重要性质,也是衡量玻璃的一个重要指标。

玻璃的化学稳定性主要与玻璃化学组成和试验条件(包括侵蚀介质的种类、浓度、温度、时间等)有关。不同的玻璃制品对化学稳定性的要求不同,测定方法不同,分类、定级的标准也不同。测定玻璃化学稳定性的方法主要有表面法和粉末法。表面法将块状玻璃试样经侵蚀介质侵蚀后,用光学的方法测定玻璃表面的侵蚀程度,或者测定其质量损失或析碱量。通常玻璃纤维、医用玻璃、瓶罐玻璃、平板玻璃采用表面法,光学玻璃、电真空玻璃等采用粉末法。本实验采用粉末法。

根据侵蚀介质的不同,玻璃的化学稳定性可分为耐水性、耐酸性和耐碱性。

一、实验目的

1. 了解玻璃化学稳定性的各种测定方法及应用范围。
2. 掌握粉末法测定化学稳定性的原理和方法。

二、实验原理

各种酸、碱、盐的水溶液对玻璃的侵蚀都是从水对玻璃的侵蚀开始的。水对玻璃作用的第一步是进行离子交换。

$$玻璃—R^+ + H^+(溶液) \longrightarrow 玻璃—H^+ + R^+(溶液)$$
$$玻璃—R^+ + H_3^+O^+(溶液) \longrightarrow 玻璃—H^+ + R^+(溶液)$$

使玻璃表面脱碱,形成硅酸凝胶膜。进一步地侵蚀必须通过这层硅酸膜才能继续进行。这层硅酸膜吸附作用很强,能吸附水解产物阻碍进一步的离子交换,起保护作用,所以水对玻璃的侵蚀在最初阶段比较显著,以后便逐渐减弱,一定时间以后,侵蚀基本停止。

酸对玻璃侵蚀的机理与水基本相同。但由于酸中 H^+ 浓度更大,并且酸能与玻璃受侵蚀后生成的水解产物作用,使离子交换速度大大增加,因此,酸对玻璃的侵蚀要比水厉害得多,生成的硅酸膜更厚。

测定玻璃的耐水性时,用 HCl 溶液滴定中和溶解出来的 ROH,即

$$HCl + ROH \longrightarrow RCl + H_2O$$

测定玻璃的耐酸性时,用 NaOH 溶液滴定中和侵蚀介质剩余的 HCl,即

$$NaOH + HCl \longrightarrow NaCl + H_2O$$

由此测定玻璃的碱溶出量。

碱对玻璃的侵蚀比水和酸更厉害。碱与玻璃表面的硅酸膜作用,生成可溶性硅酸盐,使水解反应继续进行,破坏玻璃的网络,使玻璃失重显著增加。碱对玻璃的侵蚀随碱性的增加、时间的持续而加剧。

$$Si(OH)_4 + NaOH \longrightarrow [Si(OH)_3O] \cdot Na^+ + H_2O$$

测定玻璃耐碱性主要是测定玻璃受侵蚀后的失重。

三、实验器材

1. 电热恒温水浴锅:四孔。

2. 电热干燥烘箱。

3. 分析天平:称量 200 g,感量 1 mg。

4. HCl 标准溶液(0.010 mol/L)。

5. NaOH 标准溶液(0.050 mol/L)。

6. 甲基红指示剂(0.1%)。

7. 酚酞指示剂(1%)。

8. 标准筛:42 mm 及 0.25 mm 各一只。

9. 回流冷凝器、酸碱滴定管、干燥器、不锈钢研钵、三角烧瓶、量筒等。

四、实验步骤

1. 耐水性测定

(1) 试样制备:选择无缺陷、表面新鲜的块玻璃,用不锈钢研钵捣碎,过 0.42 mm 和 0.25 mm 的标准筛,取粒度为 0.25~0.42 mm 的玻璃粉末作试样,摊在光滑的白纸上用磁铁吸去铁屑,吹去细粉末,再将玻璃粉末倒在倾斜的光滑木板(70 cm×50 cm)上,用手轻敲木板的上部边缘,圆粒滚下,扁粒留在木板上弃去。将滚下的圆粒撒在黑纸上借助放大镜、镊子弃去尖角的、针状的颗粒。用无水乙醇洗掉粉尘,在 110℃的烘箱内烘干 1 h,放入干燥器内备用。

(2) 在分析天平上准确称取处理好的试样三份,每份 2 g,倒入洗净、烘干的三个 250 mL 三角烧瓶中,分别注入 50 mL 纯水。另取一只同样的烧瓶,注入 50 mL 纯水,作空白试验。

(3) 将恒温水浴锅加足水,通电加热至沸后,把四只烧瓶装上回流冷凝管,放入沸水中,在 (98±1)℃的沸水中保持 1 h。取出置于冷水浴中冷却至室温。

(4) 加 2~3 滴甲基红指示剂,用 0.010 mol/L 的 HCl 溶液滴定至微红色,记录所消耗的 HCl 量 V_1。把实验结果记录在表 3-14 中。

表 3-14　玻璃耐水性测定记录

试样编号	试样质量/g	盐酸浓度/(mol/L)	耗用盐酸体积/mL	析出 Na₂O/(mg/g 玻璃)
1				
2				
3				
4				
平均析出 Na₂O/(mg/g 玻璃)			水解等级	

(5) 按下式计算 Na_2O 的溶出量 A(mg/g 玻璃):

$$A = 30.99(V_1 - V_2)M_1/G$$

式中　A——Na_2O 的溶出量,mg/g 玻璃;

　　　V_1——滴定试样所消耗的 HCl 体积,mL;

　　　V_2——滴定空白试样所消耗的 HCl 体积,mL;

　　　G——玻璃试样的质量,g;

　　　M_1——HCl 标准溶液浓度,mol/L。

(6) 将三份试样的结果取平均值,按表 3-15 确定水解等级。

表 3 - 15　玻璃水解等级

水解等级	1	2	3	4	5
析出 Na_2O/(mg/g 玻璃)	0～0.031	0.031～0.062	0.062～0.264	0.264～0.62	0.62～1.08

2. 耐酸性测定

耐酸性测定的操作与耐水性相同,只是侵蚀介质改为 50.00 mL HCl 溶液(0.010 mol/L)。滴定时加 2～3 滴酚酞指示剂,用 0.050 mol/L NaOH 标准溶液滴定至微红色,按下式计算 Na_2O 溶出量:

$$B = 30.99(M_1V_1 - M_2V_2)/G$$

式中　B——Na_2O 溶出量,mg/g 玻璃;

M_1、M_2——分别为 HCl、NaOH 的物质的量浓度,mol/L;

V_1、V_2——分别为 HCl、NaOH 的体积,mL。

将三个试样的平均值,减去空白试验值即为玻璃的耐酸性。

3. 耐碱性测定

试样制备与耐水性相同。准确称取 5 g 试样三份,放入装有 50 mL NaOH 溶液(2 mol/L)的烧杯中,在(98±1)℃沸水中煮沸 1 h 后,移入预先恒重的玻璃吸滤坩埚过滤,并用纯水洗至溶液呈中性,烘干后称重,计算每克玻璃的失重(mg/g)。

五、注意事项

1. 用蒸馏水冲洗回流冷凝器管壁及烧瓶壁时,用量不能过多,以免影响滴定时观察指示剂的颜色。

2. 滴定时必须认真仔细,在接近等当点时应勤看颜色勤记读数。

六、思考题

1. 影响粉末法测定玻璃耐水性准确度的因素主要有哪些? 实验中如何减少实验误差?

2. 沸水浴时烧瓶上为什么必须接回流冷凝管? 如果不加,对测定结果有何影响?

3. 在耐酸性测定中,计算结果若为零或负值说明了什么?

实验 3 - 14　玻璃电阻率测定

玻璃的许多优异性能促进了电气及电子技术的发展,因此,玻璃的电学性质在科学技术上有很大的意义。众所周知,玻璃是电气及电子工业中不可缺少的材料之一,随着科学技术的发展,应用玻璃的特定电学性能还制成了电阻、电容、导电玻璃、半导体玻璃、玻璃绝缘体以及其他电工玻璃器件等,从而给玻璃的应用带来更为广阔的前景。此外,就玻璃工业本身来说,现在应用玻璃电学性质于新工艺、新产品、新流程的工厂也日益增多。例如:用电来直接熔化玻璃,用电能辅助加热。所以研究玻璃的电学性质有十分重要的意义。

电介质(即绝缘体)的电性能主要以电阻率、相对介电系数、介质损耗角正切和击穿强度这四个参数来表示,本实验只讨论电阻率,其他将在别的实验中讨论。

从工程设计来看,绝缘材料主要是用来使电气元件相互之间绝缘和使元件与地面绝缘。因此,用于仪器设备上的绝缘材料,一般都希望有较高的绝缘电阻率,电气工程上应用的绝缘材料的电阻率一般要求大于 $10^{10}\,\Omega\cdot m$。电介质的绝缘电阻率是选择绝缘材料、设计仪器设备绝缘机构的重要参数。

玻璃在常温下的电阻率很高,其数量级因成分不同而异,在常温下各种玻璃的电阻率介于 $10^{6}\sim 10^{16}\,\Omega\cdot m$。一般的钠钙硅玻璃材料的电阻率在 $10^{11}\sim 10^{12}\,\Omega\cdot m$。

一、实验目的

1. 了解玻璃的导电机理。
2. 掌握高阻计测定玻璃电阻率的原理和方法。

二、实验原理

测定绝缘材料的电阻率实际上是测定其绝缘电阻。目前,测定绝缘电阻的方法有电压表-电流表法(只能测 $10^{3}\,\Omega$ 以下的绝缘电阻)、检流计法($10^{12}\,\Omega$ 以下)、电桥法($10^{15}\,\Omega$ 以下)和高阻计法。其中,高阻计法测量的阻值较高,范围较广,同时操作方便,因而常被使用。高阻计法的实验原理如图 3-10 所示。

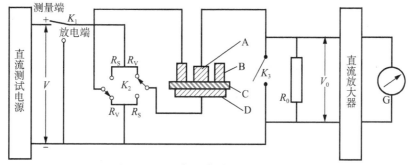

图 3-10　高阻计测试原理示意图

K_1—测量与放电开关;K_2—$R_V R_S$ 转换开关;K_3—输入短路开关;
R_0—标准电阻;A—测量电极;B—保护电极;C—试样 R_X;D—底电极

图 3-11 是高阻计法通常采用的平板试样三电极系统。采用这种三电极系统,可以将沿试样体积的电流和沿表面的电流分开(参阅图 3-10),从而能够分别测出体积电阻率 ρ_V 和表面电阻率 ρ_S。

$$\rho_V = \frac{V\cdot S}{t\cdot I_V} = \frac{\pi V(D_1+g)^2}{4t I_V} \qquad (3-14-1)$$

$$\rho_S = 2\pi R_S/\ln(D_2/D_1) \qquad (3-14-2)$$

式中　　V——施加于试样的直流电压,V;

　　　　t——两极间的距离,m;

　　　　I_V——流经试样体内的电流,A;

　　　　S——电极的有效面积,m^2;

　D_1、D_2、g——见图 3-11,m;

R_S——试样的表面电阻，Ω。

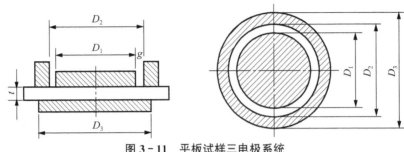

图 3-11 平板试样三电极系统

固体介质的导电主要可分为两种类型：离子导电和电子导电。普通玻璃主要是离子导电。普通的钠钙硅玻璃在常温下对电导率影响最大的是 Na_2O（或 R_2O）的含量。Na_2O 的含量越高，玻璃的电导率越大。二价阳离子对玻璃电导率的影响很小，因为它与玻璃中氧离子的联系要比一价碱金属离子牢固得多。另外，二价金属阳离子填充于玻璃网络空隙，阻碍碱金属离子运动。在常温下，硅酸盐玻璃中的阴离子是不移动的，只有当温度超过软化点时，部分阴离子才开始移动而导电。并且随着温度升高，它们的迁移率逐渐增加。在高温时，普通的钠钙硅玻璃就成了导电体，因而可以电熔。

三、实验器材

1. CGZ-17B 型超高阻绝缘电阻测试仪。

2. 恒温恒湿箱。

3. 干湿温度计、退火铝箔（其厚度不超过 0.02 mm）、医用凡士林、游标卡尺、脱脂棉、镊子、记号笔、无水乙醇等。

四、实验步骤

1. 试样制备

（1）选取平整、均匀、无裂纹、无机械杂质、无缺陷和应力的玻璃原片，切成边长为 (100±2)mm 的方块或直径为 (100±2)mm 的圆试块。试块的厚度一般取决于玻璃原片的厚度，但要求在 2～4 mm，试样数量不少于 3 个，并用软布条（或脱脂棉）蘸无水乙醇把试块擦干净。

（2）由于环境温度和湿度对绝缘材料的电阻率有明显的影响，为了减少玻璃试块因放置条件的不同而产生的影响，使实验结果有较好的重复性和可比性，试样在测试前应进行预处理。预处理条件可按表 3-16 选取，本实验采用第三种。

表 3-16 电阻率测定的预处理条件

温度/℃	相对湿度/%	时间/h
20±5	65±5	≥24
70±5	<40	4
105±5	<40	1

2. 试验环境准备

试验环境条件最好符合标准规定的条件，至少不与所需的条件相差太大，我国国家标准规定的常态试验温度为(20 ± 5)℃,相对湿度为(65 ± 5)％。

在无空调设备的情况下可制作一个能保持一定温度和湿度、可容纳试样和电极系统的有限空间。如果连这种条件也不具备,则应记录试验环境的温度和相对湿度,以便分析处理所得的数据。

3. 实验前仪器的使用准备

(1) 连接线路

① 将电缆线一端接在高阻计面板上的输入插座中,另一端接在电极箱一侧的测量插座中,并旋紧固定套。

② 将测试电源的一端接至高阻计平板上的测试电压接线柱(红色)上,另一端接在电极箱一侧的测试电压接线柱(红色)上。

③ 将接地线的一端接至高阻计平板的接地端钮上,另一端接在电极箱一侧的接地端钮上再一并接地。

④ 将电极箱内测量插座上的连接线接至测量电极的接线柱上,再将转换开关上的连接线接至环电极的接线柱上。

(2) 通电前仪器面板上各开关的位置:电源开关旋钮应放在"关"的位置;"放电-测试"开关(K_1)应置于放电位置;"测试电压"开关置于最低挡(10V);"倍率"开关置于最低量程;输入端短路按钮(K_3)应放在短路位置,使放大器输入短路(对于 CGZ-17B 型高阻计,按钮向里按并锁住为短路,对于 CZ-36 型高阻计,短路开关向上拨为短路);电表指针在机械零点处;电表极性端开关置于中间的"0"处。

4. 试验步骤

(1) 从干燥器中取出玻璃试块,迅速用千分卡尺测量玻璃试块的厚度。方形试样每边量 3 次,圆形试块沿直径至少量 3 处,取算术平均值。厚度测量误差不大于 1％,玻璃厚度的测量也可在测过电阻后进行。

(2) 用医用凡士林将铝箔粘贴在试样的两对面上,做成接触电极,所涂凡士林的厚度应小于 2.5 μm,粘贴好铝箔以后要用干净的软布条抹平,以便将铝箔下的空气赶走,并将多余的黏合剂挤出去。

(3) 将电源开关从"预热"扳到"接"的位置(对于 CZ-36 型高阻计,此项不用做)。

(4) 将待测试样放入电极箱内,安放试样时应注意:

① 三个应保持同心,间隙距离必须均匀。

② 电极与试样应保持良好接触,环电极的光洁面($\nabla\nabla\nabla\nabla$ 1c)的一面应吻合接触试样,切勿倒置。

③ 试样放好后,盖上电极箱盖。

(5) 电表极性开关置于"+"的一边。

(6) 调整调零旋钮,使指针指在"0"点(对电阻则为∞处)。对于 CZ-36 型高阻计,还得将倍率开关置于校正处,然后打开输入短路开关,转动满度旋钮使指针指示满度,校正完毕将倍率开关恢复到最低挡,输入短路开关恢复到短路位置。

(7) 先测定表面电阻,故将转换开关(K_2)置于 R_S 处,电压选择开关选 500 V。

(8) 将"放电-测试"开关拨向"测试"位置,对试样充电 15 s,然后打开输入短路开关,若此时指针没有读数,可逐挡升高倍率,直至能清晰读数为止。待输入短路开关打开 1 min 时立即读取表头的读数。

$$被测电阻＝表头读数×倍率×电压系数×10^6(\Omega)$$

（9）读数之后，关上输入短路开关，将"放电-测试"开关置于放电位置，使试样放电 1 min。

（10）接着测定体积电阻，先把转换开关(K_V)置于R_V处，测试电压选 1 000 V，按（3）～（9）条进行测试。读数完毕后使试样放电 1 min，取出样品。

（11）换另一块样品，按（1）～（10）条进行测试。

应当注意，当试验环境达不到规定条件时，每块试样从干燥器中拿出到测试完毕的时间应尽量短，一般要在几分钟内测试完毕，为此，可以先测电阻，再量玻璃的厚度。

（12）所有样品测完后，各开关复位（按试验前准备工作第二条），切断电源。

五、实验结果与分析

1. 实验结果记录，见表 3 - 17。

表 3 - 17　玻璃电阻率测定记录

预处理条件	温度/℃			处理条件	温度/℃		
	相对湿度/%				相对湿度/%		
	时间/h				施加电压/V		
测 试 数 据							
试样编号	试样厚度/m	表面电阻率			体积电阻率		
		电压系数	倍率	读数	电阻率	电压系数	倍率	读数	电阻率
1									
2									
3									
4									
5									
平均电阻率		$\rho_S=$				$\rho_V=$			

2. 体积电阻率和表面电阻率分别用式（3 - 14 - 1）和式（3 - 14 - 2）进行计算。实验结果以各次试验数值的算术平均值计算，并以带小数的个位数乘以 10 的几次方表示，取两位有效数字。公式中所需电极系统尺寸见表 3 - 18，计算时取 $D_1 = 0.050$ m；$D_2 = 0.054$ m；$D_3 = 0.002$ m。

表 3 - 18　玻璃电阻率测定的电极系统尺寸

试样形状	电极尺寸/mm			测量电极与环电极的间隙 g / mm
	测量电极(D_1)	环电极(D_2)	下电极(D_3)	
板状	直径 50±0.1	内径 54±0.1	直径 >74	2±0.2

六、思考题

1. 测试环境对电阻率的测定值有无影响？为什么？

2. 测试中,为何要先测表面电阻,后测体积电阻?

3. 若要在高阻计上一次测出玻璃的总电阻,应如何进行操作?

实验 3-15 玻璃透射光谱曲线测定

光透过玻璃时,由于部分光能被玻璃吸收,因此透过玻璃的光能降低。对于有色玻璃,这种光能的吸收对不同波长的光是不同的,即有色玻璃具有选择性的光吸收特性。波长与其透光率或光密度之间的关系曲线称为透射光谱曲线。玻璃的透射光谱是玻璃的重要物理性质之一,特别对有色玻璃的颜色鉴定和着色剂浓度确定是一种必不可少的分析方法。

按照电磁波波长的不同,各种玻璃在可见光区、紫外光区、红外光区的透光性有显著特征。本实验采用 721 型分光光度计测定有色光学玻璃在可见光区的透射光谱曲线。

一、实验目的

1. 加深对玻璃选择性光吸收性能的理解。

2. 使用 721 型分光光度计来测定、绘制有色玻璃的透射光谱曲线。

二、实验原理

垂直投射于玻璃表面的光强 I_0,在空气与玻璃界面上产生反射,反射光强 I_1 为

$$I_1 = R \cdot I_0$$

式中 R——玻璃的反射系数。

进入玻璃的光强 I_2 为

$$I_2 = I_0 - I_1 = (1 - R)I_0$$

光通过玻璃时被吸收了一部分,出射前光强 I_3 为

$$I_3 = I_2 \exp(-s \cdot d)$$

式中 s——玻璃的吸收系数;

d——玻璃试样的厚度,cm。

光在出射端的玻璃与空气界面上又产生反射损失,反射光强 I_4 为

$$I_4 = I_3 \cdot R$$

因此,透射出来的光强 I_5 为

$$I_5 = (1 - R)I_3 = I_0(1 - R)^2 \exp(-s \cdot d)$$

玻璃的透光度 T 为

$$T = I_5 / I_0 = (1 - R)^2 \exp(-s \cdot d)$$

光密度 D 为

$$D = -\lg T$$

如忽略玻璃表面反射系数，即认为 $R=0$，则 $T=-\exp(-s \cdot d)$

当光垂直入射时，反射系数

$$R=(n-1)^2(n+1)^2$$

式中 n——玻璃折射率。

对于常用的钠钙硅玻璃 $n \approx 1.5$，所以 $R=4\%$。实际上，当入射角为 $0 \sim 22°$ 时，R 的大小基本不变。玻璃的透光率与玻璃的厚度有关。如果已知某一厚度 d_1 玻璃在某一波长下的透光率 T_1，可以计算出玻璃另一厚度 d_2 的透光率 T_2。计算步骤如下。

1. 根据 $R=(n-1)^2/(n+1)^2$，算出 R。
2. 根据 $D_r=-2\lg(1-R)$，算出 D_r。
3. 根据 $D=-\lg T$，算出 $D_1=-\lg T_1$。
4. 根据 $Ed_1=D_1-D_r$ 分别求出：$E=(D_1-D_r)/d_1$ 和 $D_2=E d_2+D_r$。
5. 根据 $D=-\lg T$，求出 $T_2=\mathrm{arclg}D_2$。

玻璃的透光度和光密度可以用光度计来测定，光强的大小用光透过试样照到光电管上产生的电流的大小来表示。让某个波长的光通过空气后（作为空白试样）的光强为 I_0，再通过一定厚度的试样后的光强 I_5，即得到对于该波长的透光度。

三、实验器材

1. 721 型分光光度计：721 型分光光度计的光学系统如图 3-12 所示。
2. 外径千分尺、无水乙醇、脱脂棉等。

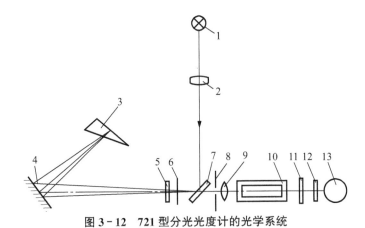

图 3-12　721 型分光光度计的光学系统

1—光源；2—聚光透镜；3—色散棱镜；4—准直镜；5—保护玻璃；6—入射狭缝；
7—平面反射镜；8—光栅；9—聚光透镜；10—比色皿；11—光门；12—保护玻璃；13—光电管

由光源发出的连续辐射光线，经过聚光透镜汇聚到反射镜，转角 $90°$ 反射至狭缝内。由此入射到单色器内准直镜的焦面上，被反射后，以一束平行光射向色散棱镜（棱镜背面镀铝），光在棱镜中色散，入射角在最小偏角时，入射光在铝面上反射后按原路返回至准直镜，再反射回狭缝，经聚光透镜再次聚光后进入比色皿中，透过玻璃试样到光电管。光电管所产生的电流大小表示试样的透光度。直接从微安表上读出透光度和光密度。

四、实验步骤

1. 把玻璃切成 10 mm×25 mm 的试样,用外径千分尺测量几处厚度,取平均值。用无水乙醇揩净后用镜头纸擦干。将试样装入比色皿座内靠单色器一侧,用固定夹使其紧靠比色皿座壁。

2. 使用仪器前,检查电源、接地及各旋钮起始位置是否正确。电表指针不在"0"位时,调节"0"电位器。

3. 接通电源,打开比色皿暗箱盖。将放大器灵敏度放在"1",调节"0"电位器,使电表指针指"0"。仪器预热 20 min 后,旋转"λ"旋钮选择波长,再调节"0",使电表指针准确指"0"。

4. 使比色皿座处于空白校正位置,轻轻将比色皿暗箱盖合上,此时暗箱盖将光门挡板打开,光电管受光,调节"100"电位器,使电表指针准确指于"100%"。如灵敏度不够(即调节"100%"电位器至最大,电表指针仍小于 100%)时,逐级调大灵敏度;如灵敏度过大(即调节"100%"电位器至最小,电表指针仍大于 100%)时,逐级调小灵敏度。

5. 反复几次调"0"和"100%"均无变动时,即可将待测试样推入光路。电表指针所指示值即为此波长单色光下的透光度或光密度。

6. 变动波长继续测定(每隔 20 nm 测定一次),每一次均需预先重复一至两次调"0"和"100%",再测该波长下的透光度或光密度。测定的波长范围为 360~800 nm。

7. 把实验结果记录在下表中。

试样编号	试样厚度/mm	波长/nm
	5	
	5	
	5	

五、实验结果与分析

1. 将不同厚度玻璃的透光度换算成 5 mm 厚度的玻璃的透光度。
2. 作出波长与透光度或光密度的关系曲线,并分析曲线为什么有这种形状。
3. 计算不同波长的吸收系数。

六、注意事项

1. 分光光度计应置于干燥洁净的室内,过热过脏都将影响测试结果。
2. 实验应选择无缺陷的玻璃,避免影响实验结果。
3. 试样用酒精擦洗,并用镜头纸擦净,防止污染而影响测定结果。
4. 在实验过程当中不要用手直接触摸试样,以免影响测定结果。

七、思考题

1. $T = \exp(-s \cdot d)$ 成立的条件是什么? 本实验所测得的透光度是否忽略了反射?
2. 电表指"0"和"100%"的物理意义是什么? 改变波长后为什么必须调"0"和"100%"?

实验 3－16　玻璃折射率和平均色散测定

折射率和平均色散是玻璃的重要光学性质,是设计光学仪器时对光学玻璃提出的光技术方面的重要参数。

折射率 n 是光线到空气界面的入射角 i(入射光线与界面法线的夹角)与出界面后的折射角 i'(折射光线与界面法线的夹角)的两个正弦之比。即

$$n = \sin i / \sin i'$$

玻璃的折射率与玻璃的密度、温度、入射光波长等因素有关。玻璃的折射率常用玻璃对钠黄光($\lambda = 589.3$ nm)的折射率 n_D 表示。

玻璃的平均色散是指氢蓝光 F($\lambda = 468$ nm)和氢红光 C($\lambda = 656.3$ nm)的折射率之差。以 $n_F - n_C$ 表示。

常用的测定玻璃折射率和平均色散的方法有:V 棱镜折射仪法(测定精度为 5×10^{-5},测定范围 $n_D = 1.30 \sim 1.95$)、阿贝折射仪法(测定精度为 3×10^{-4},测定范围 $n_D = 1.30 \sim 1.75$)和油浸法。本实验采用阿贝折射仪法。

一、实验目的

1. 掌握阿贝折射仪法测定玻璃折射率的原理和方法。
2. 使用阿贝折射仪测定玻璃的折射率和平均色散。
3. 比较、分析玻璃折射率的经验计算值和实验测定值。

二、实验原理

光线在不同介质的界面上所发生的折射现象服从折射定律

$$n_{21} = n_2 / n_1 = \sin \alpha / \sin \gamma$$

式中　n_{21}——介质 2 对介质 1 的相对折射率。

n_2、n_1——分别是介质 2 和介质 1 对空气的折射率。

α、γ——分别是光线在两种介质界面两侧的入射角和折射角,见图 3－13。

当光线从光密介质进入光疏介质时,入射角小于折射角。改变入射角可使折射角为 $90°$,此时入射角为临界角,阿贝折射仪就是基于测定临界角的原理。

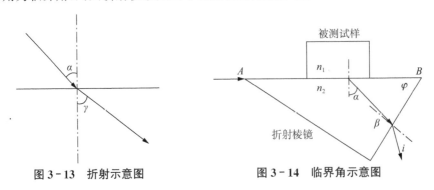

图 3－13　折射示意图　　　　图 3－14　临界角示意图

在图 3-14 中,当不同角度的光线射入 AB 面时,其折射角 α 都大于光线从折射棱镜射向空气的折射角 i。如果用望远镜从折射光方向观察,可以看到视场一半暗,一半明,明暗分界线处即为临界角的位置。

折射棱镜的折射率为 n_2,被测玻璃的折射率为 n_1,根据折射定律:

$$n_1 \sin 90° = n_2 \sin\alpha$$
$$n_2 \sin\beta = \sin i$$

由于 $\varphi = \alpha + \beta$　　　　　　即 $\alpha = \varphi - \beta$

代入 $n_1 \sin 90° = n_2 \sin\alpha$ 得

$$n_1 = n_2 \sin(\varphi - \beta) = n_2(\sin\varphi\cos\beta - \sin\beta\cos\varphi)$$

由 $n_2 \sin\beta = \sin i$ 得

$$n_2^2 \sin^2\beta = \sin^2 i$$
$$n_2^2(1 - \cos^2\beta) = \sin^2 i$$
$$\cos\beta = \sqrt{n_2^2 - \sin^2 i} / n_2$$

又

$$\sin\beta = \sin i / n_2$$

因此

$$n_1 = \sin\varphi\sqrt{n_2^2 - \sin^2 i} - \cos\varphi\sin i$$

φ 角、n_2 为已知,当测得 i 角时,可得到被测物体折射率为 n_1。

三、实验器材

1. 阿贝折射仪:结构如图 3-15 所示。
2. 钠光灯。
3. 无水乙醇、α-溴代萘、脱脂棉,已知组成的玻璃试样。

四、实验步骤

1. 玻璃试样制备

把已知组成的玻璃制成 $10\ mm \times 20\ mm \times 5\ mm$ 的小块试样,并把各一个 $10\ mm \times 20\ mm$ 和 $10\ mm \times 5\ mm$ 的面进行研磨抛光处理,要求这两个抛光面互相垂直。

2. 仪器校正

将钠光灯置于阿贝折射仪前方,使其光线平射到棱镜前窗内。然后用标准玻璃校对读数。当读数镜内指示的 n_D 值与标准试样的 n_D 值一致时观察望远镜内明暗分界线,应在十字线交点处。如果不在此处,用方孔扳手转动示值调节螺钉,将明暗分界线调至十字线交点。

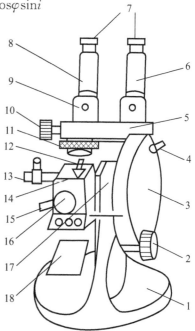

图 3-15　阿贝折射仪结构简图

1—底座;2—棱镜转动手轮;3—圆盘组(内有刻度盘);4—小反光镜;5—支架;6—读数镜筒;7—目镜;8—望远镜筒;9—示值调节螺钉;10—阿米西棱镜手轮;11—色散值刻度圈;12—棱镜锁紧手柄;13—温度计座;14—棱镜组;15—恒温器接头;16—保护罩;17—主轴;18—反光镜

3. 折射率测定

(1) 打开进光棱镜,用无水乙醇拭擦折射棱镜的镜面,晾干。

(2) 用无水乙醇揩净试样抛光面,晾干。当试样的 n_D 小于 1.66 时,在 10 mm×20 mm 抛光面滴一滴 α-溴代萘(若试样的 n_D 为 1.66~1.74 时使用二碘甲烷,n_D 大于 1.74 时用含有硫酸的二碘甲烷),将玻璃试样粘在折射棱镜的镜面上,调节反光镜和小反光镜,使两个镜筒视域明亮。

(3) 旋转棱镜手轮,初步找到明暗分界线。旋转阿米西棱镜手轮,消除分界线上的色彩。

(4) 旋转棱镜手轮,使明暗分界线在十字线交点上,读得 n_D,多次正、反旋转棱镜手轮,读得 n_D 后,取平均值。

4. 平均色散测定

(1) 转动阿米西棱镜手轮,使视场中明暗分界线消失无颜色,记录此时色散刻度圈指示值 E。

(2) 根据测得的 n_D 和 E 值,查附录表 3-20 得 A,B,σ 值。

(3) 按照下面公式计算得平均色散:

$$n_F - n_C = A + B \cdot \sigma$$

5. 把实验结果记录在表 3-19 中。根据已知玻璃的折射率和平均色散与实测值进行比较。

表 3-19　玻璃折射率和平均色散测定记录

试样编号	n_D	E	A	B	σ	$n_F - n_C$

五、思考题

1. 玻璃组成对折射率有何影响?

2. 为什么要求玻璃试样的两个抛光面相互垂直?

3. 测 n_D 时,为什么要正、反旋转棱镜手轮读数量级、取平均值?

附录：　　　　　　　　　表 3-20　阿贝折射仪色散

计算公式　$n_F - n_C = A + B\sigma$

所有补偿器上之读数 Z 值,小于 30 时在表上数值(σ)前取(+)号,大于 30 时在表上数值(σ)前取(一)号。

n_D	A	当 $\Delta N=0.001$ 时 A 之差数×(10^{-6})	B	当 $\Delta N=0.001$ 时 B 之差数×(10^{-6})	Z	σ	当 $\Delta N=0.1$ 时 σ 之差数×(10^{-6})	Z
1.300	0.023 58	−4	0.027 34	−17	0	0.000	1	60
1.310	0.023 54	−3	0.027 17	−17	1	0.999	4	59
1.320	0.023 51	−4	0.027 00	−19	2	0.995	7	58
1.330	0.023 47	−3	0.026 81	−19	3	0.988	10	57

续表

n_D	A	当 $\Delta N=0.001$ 时 A 之差数 $\times(10^{-6})$	B	当 $\Delta N=0.001$ 时 B 之差数 $\times(10^{-6})$	Z	σ	当 $\Delta N=0.1$ 时 σ 之差数 $\times(10^{-6})$	Z
1.340	0.023 44	-3	0.026 62	-21	4	0.978	12	56
1.350	0.023 41	-2	0.026 41	-22	5	0.966	15	55
1.360	0.023 39	-3	0.026 19	-23	6	0.951	17	54
1.370	0.023 36	-2	0.025 96	-24	7	0.934	20	53
1.380	0.023 34	-3	0.025 72	-25	8	0.914	23	52
1.390	0.023 31	-2	0.025 47	-27	9	0.891	25	51
1.400	0.023 29	-1	0.025 20	-27	10	0.866	27	50
1.410	0.023 28	-2	0.024 93	-29	11	0.839	30	49
1.420	0.023 26	-2	0.024 64	-30	12	0.809	32	48
1.430	0.023 24	-1	0.024 34	-31	13	0.777	34	47
1.440	0.023 23	-1	0.024 03	-33	14	0.743	36	46
1.450	0.023 22	-1	0.023 70	-34	15	0.707	38	45
1.460	0.023 21	0	0.023 36	-35	16	0.669	40	44
1.470	0.023 21	-1	0.023 01	-36	17	0.629	41	43
1.480	0.023 20	0	0.022 65	-38	18	0.588	43	42
1.490	0.023 20	0	0.022 27	-40	19	0.545	45	41
1.500	0.023 20	$+1$	0.021 87	-41	20	0.500	46	40
1.510	0.023 21	$+1$	0.021 46	-42	21	0.454	47	39
1.520	0.023 22	$+1$	0.020 60	-44	22	0.407	49	38
1.530	0.023 23	$+1$	0.019 66	-46	23	0.358	49	37
1.540	0.023 24	$+2$	0.020 14	-48	24	0.309	50	36
1.550	0.023 26	$+2$	0.019 66	-49	25	0.259	51	35
1.560	0.023 28	$+3$	0.019 17	-52	26	0.208	52	34
1.570	0.023 31	$+3$	0.018 65	-53	27	0.156	52	33
1.580	0.023 34	$+3$	0.018 12	-56	28	0.104	52	32
1.590	0.023 37	$+5$	0.017 56	-58	29	0.052	52	31
1.600	0.023 42	$+4$	0.016 98	-61	30	0.000		31
1.610	0.023 46	$+6$	0.016 37	-63				
1.620	0.023 52	$+6$	0.015 74	-66				
1.630	0.023 58	$+7$	0.015 08	-69				
1.640	0.023 65	$+8$	0.014 39	-73				
1.650	0.023 73	$+9$	0.013 66	-77				
1.660	0.023 82	$+10$	0.012 89	-81				

n_D	A	当 $\Delta N=0.001$ 时 A 之差数 $\times(10^{-6})$	B	当 $\Delta N=0.001$ 时 B 之差数 $\times(10^{-6})$	Z	σ	当 $\Delta N=0.1$ 时 σ 之差数 $\times(10^{-6})$	Z
1.670	0.023 92	+12	0.012 08	−86				
1.680	0.024 04	+14	0.011 22	−92				
1.690	0.024 18	+16	0.010 30	−99				
1.700	0.024 34		0.009 31					

注：折射棱镜色散角 $\varphi=58°$，阿米西棱镜最大色散 $2K=144.86'$，折射棱镜的折射率 $n_D=1.755\,02$，折射棱镜的相对色散 $n_F-n_C=0.027\,36$。

实验 3-17　玻璃熔体高温黏度测定

黏度是高温熔体重要的热物性之一。对于无机非金属材料，特别是在玻璃的生产过程中，玻璃熔体的性质，特别是黏度对玻璃的熔化质量有很大的影响，与玻璃的退火、成型、热加工等都有密切的关系。此外，除了陶瓷釉之外，陶瓷材料和水泥中的玻璃相在高温时也是熔体，它们的黏性流动对该产品的产量和质量也有影响。

熔体黏度是由其结构决定的，所以通过黏度的测定研究，也是揭示熔体结构的重要手段。对于无机非金属材料，具有代表性的高温熔体是玻璃熔体，所以本实验选用玻璃（也可用陶瓷釉料熔块）作试样。

一、实验目的

1. 了解熔体黏度的测定方法和测试原理。
2. 熟悉本实验所用设备的使用方法和操作技术。
3. 测定玻璃或熔渣的黏度随温度变化的规律。

二、实验原理

1. 黏度的定义

黏度，是指面积为 S 的两平行液层以一定的速度梯度 dv/dx 移动所产生的摩擦力

$$F=\eta S\frac{dv}{dx} \qquad (3-17-1)$$

式中　η——熔体的黏度或动力黏度系数。

当 $S=1$，$dv/dx=1$ 时，黏度 η 值相当于与两平行液层间的内摩擦力。在国际单位制中，黏度的单位是帕斯卡秒（Pa·s）。这个单位有时用分帕斯卡秒（dPa·s）表示，它们的关系是：1Pa·s=10 dPa·s。

2. 熔体黏度的测定方法

熔体黏度的测定方法有：拉球法、落球法、旋转法和扭摆法等。一般根据熔体的黏度值来确定测试方法。前三种方法的测量范围是 $10\sim10^8$ dPa·s，可用于冶金熔渣、玻璃熔体的测定；熔盐和液态金属的黏度较小（一般小于 0.01 dPa·s），常用扭摆法测定。

本实验选用旋转法。

3. 旋转法的测量原理

将熔体(测试样品)置于旋转体与坩埚之间,旋转体以角速度 ω 旋转时,因熔体的黏滞阻力而产生扭力矩 M。旋转黏度计通过测量扭力矩获知熔体的黏度。

$$\eta = K \frac{M}{\omega} \qquad (3-17-2)$$

式中　K——仪器常数,由坩埚、旋转体的形状及其设定位置确定。

三、实验器材

1. 黏度测试装置

旋转黏度计有两种类型。Couette 型的被测熔体角速度为零,坩埚回转。Searle 型坩埚的角速度为零,被测熔体旋转。在一般情况下,后一种黏度计的调整过程简单得多,因此应用较多。

Searle 型旋转黏度计由高温电炉及控制设备、测温设备、铂铑合金坩埚、铂铑合金旋转体的转动设备、扭力矩的测定设备等组成。图 3-16 是该装置的示意图。

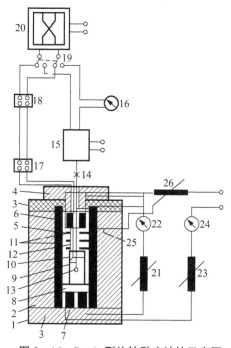

图 3-16　Searle 型旋转黏度计的示意图

1—炉外壳;2—保温层;3—导热性差的陶瓷(承重的);4—陶瓷盖;5—加热元件和加热元件载体;6—顶部加热器;7—底部加热器;8—坩埚插座;9—坩埚;10—熔体表面;11—对流隔片;12—装在保护管中的热电偶;13—测量体;14—测量体自动调整的方向接头;15—黏度计传动系统连同转矩接收器;16—黏度计测量指针;17—热电偶连接点 17 至 18 的平衡导线;18—热电偶对比点;19—记录装置的转换开关;20—温度和黏度测量指针偏转记录器;21—至炉加热器的可变并联电路,用它可以改变顶盖加热器(6)和底部加热(7)与元件(5)的效用;22—并联电路用的电流计;23—全部加热装置用的微调节器;24—全部加热装置用的电流计;25—功率调节器的敏感元件;26—功率调节器

2. 试样粉碎装置。

3. 护目装置:其防护等级要与测量温度相适应。

4. 坩埚钳(必要时应装铂)、石棉手套等。

四、实验步骤

1. 试样制备要求

(1) 待测试样应是均匀体,不含结晶、气泡等杂质。将大玻璃块粉碎,选择大于 3 mm 的小块作试样。

(2) 玻璃试样量由坩埚形状与大小来确定。一般以玻璃液达坩埚高度的 2/3 为准,玻璃试样量约 75～100 g。

2. 仪器校准

在测定前,应用标准试样对仪器进行校准,求出仪器常数 K。通常用美国国家标准局的标准玻璃 No710、No711、No717 为标准试样。这些试样的黏度-温度数据如表 3 - 21 所示。用该仪器测得扭矩 M,根据公式 $\eta = K \dfrac{M}{\omega}$,求出 K 值。

表 3 - 21　标准玻璃在所示温度(℃)下的黏度　　　　单位:dPa · s

玻璃 No	10^2	10^3	10^4	10^5	10^6	10^7	10^8	10^9	10^{10}	10^{11}	10^{12}
710	1 434.3	1 181.7	1 019.0	905.3	821.5	575.1	706.1	664.7	630.4	601.5	576.9
711	1 327.1	1 072.8	909.0	974.7	710.4	645.6	594.3	552.7	518.2	489.2	464.5
717	1 545.1	1 248.8	1 059.4	927.9	831.2	757.1	698.6	651.1	611.9	579.0	550.9

3. 测量准备

(1) 把称量好的玻璃装入坩埚中,将坩埚放在黏度计的加热炉中,加热到一定的温度。这温度应低于玻璃熔制时的温度,既可使玻璃黏度降低到足以允许内部的气泡被释放,又能避免产生二次气泡。如果发现有二次气泡,至少应在此温度下保温 20 min 后再测试。

(2) 将旋转体缓慢地插入熔融玻璃体内,直至旋转体的底到坩埚底之间的距离达到给定的高度为止,一般此距离为 10 mm 或 10 mm 以上。然后盖上炉盖。

(3) 经过几分钟,熔融玻璃稳定之后接上扭矩系统。

4. 测量

(1) 开始转动旋转体,待稳定之后,测量并记录扭矩,同时记录在测量扭矩时的温度。

(2) 调节电炉的加热功率,使温度到达下一个测点温度,经足够的时间(约 30 min),使温度恒定之后,再重复上述操作进行测定。

(3) 一般要测量 5 个温度点以上的"扭矩-温度"数据。

五、实验结果与分析

1. 计算法

将各组数据代入式(3 - 17 - 2),计算出各温度测定点下的黏度值。

2. 图示法

用温度为横坐标,黏度值的对数为纵坐标作图,就可得"温度-黏度"关系曲线。这种方法需要较多的测量点。例如,在从 10^2 到 10^8 的黏度范围内,至少要有 6 个测量点。

为了对玻璃的黏度-温度特性进行快速定量分析,应从图中找出下列三个温度值。

T_1——$\eta = 10^4$ dPa·s 时的温度。

T_2——$\eta = 10^{7.6}$ dPa·s 时的温度。

T_3——$\eta = 10^{13}$ dPa·s 时的温度。

3. 公式表示法

在一般情况下,玻璃从澄清到凝固范围内的黏度-温度特性,可由 Vogel - Fulcher - Tammsn 表示。

$$x = A + B/(T-C) \tag{3-17-3}$$

式中　x——黏度值的十进制对数表示,$x = \lg\eta$;

　　　T——温度,℃;

A、B、C——常数,根据 x_i 和 T_i 的三个数据对($i = 1、2、3$),利用以下三式进行计算。

$$C = (T_2 - T_1)(T_3 - T_1)(x_3 - x_2) / [(T_2 - T_1)(x_3 - x_1) - (T_3 - T_1)(x_2 - x_1)]$$
$$\tag{3-17-4}$$

$$A = [x_2(T_2 - C) - x_1(T_1 - C)] / (T_2 - T_1) \tag{3-17-5}$$

$$B = (T_1 - C) - (x_1 - A) \tag{3-17-6}$$

如果可供选择的数据对多于三个,则可选用三个可靠的、相距较远的数据对进行计算。用这种方法,可以计算玻璃从澄清到凝固范围内的任一温度点所对应的黏度值。

六、思考题

1. 对于 NaCl 熔体,应选用什么方法测定其黏度值?

2. 对于玻璃的低温黏度,应当采用什么方法进行测定?

3. 在多数情况下,测量误差产生的主要原因是什么?

实验 3-18　玻璃机械强度测定

玻璃是一种脆性材料,测定其能承受多大的外力而不破裂,可以预测玻璃的某种性能,分析玻璃内部存在缺陷的程度,为改进、提高玻璃制品的质量,开发新品种及应用提供依据。

一、实验目的

1. 掌握玻璃强度的弯曲、压缩测试方法。

2. 分析影响玻璃强度测试结果的各种因素。

二、实验器材

1. 材料试验机:本试验采用 NYL - 300 型压力试验机,最大试验力 300 kN,测量范围 0~60 kN,0~150 kN,0~300 kN。

2. 玻璃研磨机。

3. 玻璃切割工具、尺寸测量工具等。

三、实验步骤

1. 玻璃抗弯强度的测定

（1）实验原理

在测定玻璃强度的方法中,最容易进行分析的是不断增加试样的张力负荷或压力负荷至试样断裂。将断裂时的负荷除以试样的横截面积就可得出抗张强度或抗压强度。但是,在做张力试验时,试样的两端不易夹紧,所以常常用抗弯（抗折）强度测定来代替。

普通无机玻璃具有由共价键构成的三维网状结构,所以玻璃在常温下是比较稳定的,具有较高硬度的材料。然而,玻璃中还有一部分离子键,离子键与共价键的结合使玻璃呈现脆性。此外,在玻璃制造过程中难免产生微裂纹。在外部张应力的作用下,应力会在这些微裂纹的前端集中,使微裂纹成长、扩展而使玻璃断裂。所以,在张应力作用下,玻璃几乎不出现塑性变形,而是呈现脆性的特征,因此,玻璃的抗张强度较低。玻璃的面积或直径越大,微裂纹存在的概率就越大,玻璃的强度就越低。玻璃断裂之后,在玻璃的断面可以看到一个光滑面（镜面）,这是玻璃断裂的起点。当断裂面以较大的速度扩大时,表面变得粗糙。研究玻璃的断裂面,可以解释玻璃的断裂机理、推断玻璃的断裂状况。

玻璃的抗弯强度可采用简支梁法进行测定。按照定义,材料的抗弯强度应指纯弯曲下的强度。但是,如果使用"三点式"对厚度较小的平板玻璃试样进行测量［图3-17（a）］,就会存在剪应力而影响试验结果。为了解决这个问题,可采用"四点式"［图3-17（b）］进行测量。用这种方法测定时,试样受力的中间部分为纯弯曲,无剪应力的影响。

采用"四点式"测定时,将平板试样放在两支点上,以"两点载荷"方式在两支点间的试样上施加集中载荷,使试样变形直至破裂。在这种情况下,玻璃的抗弯强度按下式计算:

$$S_p = LF/(bh^2) \qquad (3-18-1)$$

式中　S_p——平板玻璃试样的弯曲强度,MPa;

　　　L——力矩臂或相邻支点和负荷边缘之间的距离,mm;

　　　F——作用于试体的破坏荷重,N;

　　　b——试样宽度,mm;

　　　h——试样厚度（高度）,mm。

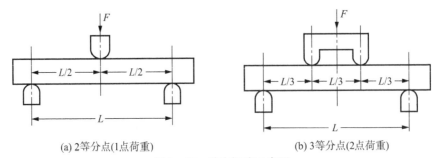

(a) 2等分点(1点荷重)　　　　　　　　(b) 3等分点(2点荷重)

图 3-17　简支梁法示意图

（2）试样夹具

试样夹具是一个辅助压具。对于矩形断面的试样,活动半径约 3 mm 的圆柱形的支承边用来承载试样和施加负载,如图 3-18(a)所示。它由钢材制造,并淬火到足以防止负荷过量时变形。

对于圆形或椭圆形的试验,其支承边示意于图 3-18(b)中。

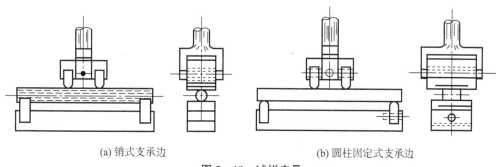

(a) 销式支承边　　　　　　　　　　　(b) 圆柱固定式支承边

图 3-18　试样夹具

（3）试样制备

平板玻璃试样的制备如下。

① 试样尺寸:试样长约 250 mm,宽(38.1±3.2)mm,其宽度或厚度的尺寸变化不应超过本身的 25%。

② 试样数量:一次测试需要 30 块以上的玻璃试样。

③ 试样切裁:用玻璃切割工具,先按板材的纵向,将两条原边切去,弃之不用。然后,以试样长度为宽,按板材的纵向切取两长条,再按试样宽度的要求,从长条上切取玻璃试块。在切取两长条后余下的试验板材上,以与上述试样垂直的方向切取试样,其数量与上相同。

④ 试样质量的检查:仔细检查切下的试样,把有砂子、结石、气泡或切割裂纹等缺陷的试样丢弃。

此外,至少要对 30% 的试样进行退火后残余应力的检查。其中心拉应力不得大于 1.38 MPa,表面压应力不得大于 2.76 MPa;如这批试样中有不符合要求的,余下的试样也要进行检查,把不符合规定的试样去掉不用。

棒状玻璃试样的制备如下。

① 试样尺寸:棒状试样可用拉制、取芯钻孔或无心研磨等方法制成。试样的长度要比支距至少长出 12.7 mm,直径可以任意,但最小为 4.8 mm。长与直径之比应大于 10:1。

② 试样数量:一次测试需要 30 根以上的玻璃试样。

③ 试样质量的检查:仔细检查制成的棒状试样,把有砂子、结石、气泡或裂纹等缺陷的试样丢弃。至少对 30% 的试样进行退火后残余应力的检查。其中心轴的表观拉应力不得大于 0.92 MPa,表面压应力轴向观察不得大于 2.76 MPa。

（4）实验步骤

① 将试样夹具放在压机的下压缩表面。支承边的间隔为 200 mm,与负载边的中心位置相隔 100 mm。

② 抽出一批试样中的 6 个,将玻璃试体仔细地放到试样夹具中。先估算一个断裂强度,试样的初负荷产生的最大应力不得大于断裂强度的 25%。并以估算断裂强度其值的 (1.1±0.2)MPa/s 算出加荷速度。为防止碎片飞溅,可用塑料或其他低弹性模量的胶布覆盖

在试样的加压面上。然后开动压机,以此为恒速度对试样加荷载直至试样断裂,取其平均结果用来校正估计值。

③ 以求出的平均断裂强度及加荷速度,对每块试样进行测定。将试验结果记入表 3-22 中。

表 3-22 实验记录

试样号	试样尺寸		力矩臂 a/mm	断裂负荷 L/MPa	载荷时间 t/s	负荷增加速度 $\Delta L/\Delta t$/(MPa·s^{-1})	备注
	宽度 b/mm	厚度 d/mm					
1							
2							
3							
...							

（5）结果计算

① 矩形断面试样的计算:矩形断面试样的弯曲强度按式（3-18-1）进行计算。每个试样的测量结果算出之后,求出平均值及标准偏差。

② 圆形断面试样的计算:圆形断面试样的弯曲强度由下式进行计算:

$$S_y = 5.09La/(bd^2) \tag{3-18-2}$$

式中　S_y——圆形断面的弯曲强度,MPa;

　　　L——力矩臂或相邻支点和负荷边缘之间的距离,mm;

　　　a——作用于试体的破坏荷重,N;

　　　b——试样宽度,mm;

　　　d——试样的直径,mm。

③ 每个试样的测量结果算出之后,求出平均值及标准偏差。

2. 玻璃抗压强度的测定

（1）实验原理

检验玻璃的抗压强度一般都采用轴心受压的形式。普通无机玻璃在玻璃制造过程中难免与固体接触而在表面产生微裂纹,在外部压应力的作用下,应力会使这些微裂纹收缩(闭合),所以玻璃的抗压强度比抗张强度高得多。

（2）辅助压具

抗压试验用的辅助压具如图 3-19 所示,它是一个球形的托柱 1。使用它可使玻璃试样 2 对准压机的压缩表面,以保证压机上下压块 3 的压力均匀、垂直地作用于玻璃试样表面。

（3）试样的制备

① 挑选无缺陷的玻璃为待测试样,将其切成为 4~5 mm 的立方体。有时也采用高于直径为 5 mm 的圆柱体,或厚 2~3 mm、每边长 4 mm 的正方形薄片作试体。

② 试样要很好地退火,并精细磨光,使之具有严格平行的表面。

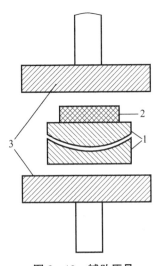

图 3-19　辅助压具

1—托柱;2—试样;3—压块

③ 同类试样不应少于 10 个。

（4）实验步骤

① 将辅助压具放在压机的下压缩表面,将玻璃试体放在辅助压具上,仔细调整水平玻璃试样的上表面与压机的上压缩表面良好接触。

② 开动压机,对玻璃试样匀速加荷,应力速度在 0.98～2.94 MPa 的范围内。

（5）结果计算

抗压强度的计算公式如下:

$$p = 9.8 \times 10^{-2} F/S \tag{3-18-3}$$

式中　p——抗压强度,MPa;

　　　F——破坏荷载,N;

　　　S——试体的横截断面积,m^2。

抗压强度的测定结果误差较大,如在 15% 的范围之内,则可认为结果是合理的。

四、注意事项

在试验报告中要说明试样制备方法、试样形状与尺寸、试体的横截面积、断裂负荷、一组试样的抗压强度、相对误差等。

五、思考题

1. 测定玻璃机械强度有何实际意义?

2. 玻璃的抗张强度比金属材料、高分子材料小,为什么?

3. 影响玻璃抗压强度测定的因素是什么?

实验 3-19　钠钙硅铝硼玻璃化学分析

Ⅰ　试样制备

试样经粉碎后,除去铁屑,通过 0.08 mm 筛,储存于带磨口塞的广口瓶中备用,试样分析前,应于 105～110℃ 烘箱中烘干 1 h,在干燥器中冷却至室温。

Ⅱ　烧失量测定

一、实验原理

试样在 550℃ 的高温炉中灼烧,驱除二氧化碳和水分,同时将存在的易氧化的元素氧化。

二、实验器材

1. 箱式电阻炉:最高使用温度不低于 1 000℃。

2. 电热鼓风干燥箱:能使温度控制在烘(105±5)℃。

3. 电子天平：称量 100 g，感量 0.1 mg。

4. 铂坩埚或瓷坩埚、干燥器等。

三、实验步骤

称取约 1 g 试样于已恒重的铂坩埚或瓷坩埚中，放入高温炉内，从低温升起，在 550℃灼烧 1 h，在干燥器中冷却至室温，称量，反复灼烧，直至恒重。

四、实验结果计算

烧失量的百分含量按下式计算：

$$X_{\text{Loss}} = \frac{m - m_1}{m} \times 100\%$$

式中　m——灼烧前的试样质量，g；

　　　　m_1——灼烧后的试样质量，g。

Ⅲ　二氧化硅测定

一、实验原理

试样用碳酸钠熔融，以盐酸浸出后蒸干，再用盐酸溶解，过滤并将沉淀灼烧，然后用氢氟酸处理，其前后的质量差即为沉淀二氧化硅量。用硅钼蓝分光光度法测定滤液中残余的二氧化硅量，两者相加得二氧化硅的含量。

二、实验器材

1. 分光光度计。

2. 无水碳酸钠。

3. 盐酸(相对密度 1.19)、盐酸(1+1)、盐酸(5+95)、盐酸(1 mol/L)。

4. 硫酸(1+4)。

5. 乙醇(95%)。

6. 氢氟酸(40%)。

7. 氢氧化钠溶液(100 g/L)。

8. 氟化钾溶液(20 g/L)。

9. 硼酸溶液(20 g/L)。

10. 钼酸铵溶液(80 g/L)。

11. 抗坏血酸溶液(20 g/L)，使用时配制。

12. 对硝基酚指示剂溶液(5 g/L)。

13. 二氧化硅标准溶液(0.1 mg/mL)。

三、实验步骤

1. 二氧化硅比色标准曲线的绘制

于一组 100 mL 容量瓶中，加入 5 mL 盐酸(1 mol/L)和 20 mL 水，摇匀，分别加入

0.00 mL、1.00 mL、2.00 mL、3.00 mL、4.00 mL、5.00 mL、6.00 mL、7.00 mL、8.00 mL 二氧化硅标准溶液(0.1 mg/mL),加入 8mL 乙醇(95%)、4 mL 钼酸铵溶液(80 g/L),摇匀,于 20～30℃放置 15 min。加入 15 mL 盐酸(1+1),用水稀释至 90 mL 左右,加入 5 mL 抗坏血酸溶液(20 g/L),用水稀释至标线,摇匀。1 h 后,于分光光度计上,用 5 mm 的比色皿,以试剂空白作参比,在波长 700 nm 处测定标准比色溶液的吸光度,按测得的吸光度与标准比色溶液浓度的关系绘制工作曲线。

2. 试样的制备及测定

(1) 称取约 0.5 g 试样,精确至 0.000 1 g,置于铂坩埚中,加入 1.5 g 无水碳酸钠,与试样混匀,再加入 0.5 g 无水碳酸钠铺在表面,盖上坩埚盖。放入高温炉内,先低温加热,逐渐升高温度至 1 000℃,熔融至透明状态,继续熔融 15 min,旋转坩埚,使熔融物均匀地附在坩埚内壁,取出冷却。用热水浸取熔块于铂(或瓷)蒸发皿中。

(2) 盖上表面皿,从皿口慢慢加入 10 mL 盐酸(1+1)溶解熔块,用少量盐酸(1+1)及热水洗净坩埚及盖,洗液并入蒸发皿中,将蒸发皿置于沸水浴上蒸发至无盐酸味,取下,冷却。加入 5 mL 浓盐酸,放置约 5 min,加入 50 mL 热水,搅拌使盐类溶解。用中速定量滤纸过滤,滤液承接于 250 mL 容量瓶中,以热盐酸(5+95)洗涤皿壁及沉淀 8～10 次,热水洗 3～5 次。在沉淀上滴加硫酸(1+4),将滤纸和沉淀一并移入铂坩埚中,置电炉上低温烘干,升高温度使滤纸充分灰化后,放入 1 100℃的高温炉内灼烧 1 h,取出坩埚,置于干燥器中,冷却至室温,称量,反复灼烧,直至恒重。

(3) 向坩埚中的沉淀加入数滴水润湿,加入 4 滴硫酸(1+4)和 5～7 mL 氢氟酸,于低温电炉上蒸发至干,重复处理一次,逐渐升高温度驱尽三氧化硫白烟。将残渣于 1 100℃的高温炉内灼烧 15 min。取出坩埚,置于干燥器中,冷却至室温,称量,反复灼烧,直至恒重。

(4) 将上述滤液用水稀释到标线,摇匀,吸取 25 mL 于 100 mL 塑料杯中,加入 5 mL 氟化钾溶液(20 g/L),摇匀,放置 10 min 后,加入 5 mL 硼酸溶液(20 g/L)和 1 滴对硝基酚指示剂溶液(5 g/L),滴加氢氧化钠溶液(100 g/L)至试液变黄,加入 5 mL 盐酸(1 mol/L),转入 100 mL 容量瓶中,加入 8 mL 乙醇……以下按二氧化硅工作曲线绘制的操作步骤进行,从工作曲线上查得试样比色溶液中二氧化硅的浓度。

四、结果计算

1. 二氧化硅的百分含量按下式计算:

试样中二氧化硅的质量百分数按下式计算:

$$X_{SO_2} = \left(\frac{m_1 - m_2}{m} + \frac{V \times c \times 10}{m \times 1\ 000} \right) \times 100\%$$

式中　m_1——灼烧后未经氢氟酸处理的沉淀及坩埚的质量,g;

　　　m_2——经氢氟酸处理并经灼烧后的残渣及坩埚的质量,g;

　　　V——试样比色溶液的体积,mL;

　　　c——工作曲线上查得试样比色溶液中二氧化硅的浓度,mg/mL;

　　　m——试样的质量,g。

2. 所得结果应表示至两位小数。

Ⅳ 三氧化二硼测定

一、实验原理

试样经碱熔融和酸中和后,溶液中的硼均转变成硼酸盐。加入碳酸钙,使硼形成更易溶于水的硼酸钙与其他杂质元素分离。加入甘露醇,使硼酸定量地转变为离解度较强的醇硼酸,以酚酞为指示剂,用氢氧化钠标准溶液滴定。

二、实验器材

1. 甲基红指示剂溶液(2 g/L)。
2. 酚酞指示剂溶液(10 g/L)。
3. 氢氧化钠标准滴定溶液(0.15 mol/L)。
4. 氢氧化钠、碳酸钙、甘露醇、盐酸(1+1)。

三、分析步骤

1. 称取约 0.5 g 试样,精确至 0.000 1 g,置于镍坩埚中,加入 3～4 滴氢氧化钠,盖上坩埚盖,置电炉加热。待熔化后,摇动坩埚,再熔融约 20 min,旋转坩埚使熔融物均匀地附着于坩埚内壁,冷却。用温水浸取熔块于 250 mL 烧杯中,用盐酸和热水洗净坩埚。滴加盐酸(1+1)中和,加入 1～2 滴甲基红指示剂(0.2%),在搅拌中继续滴加盐酸至溶液呈红色,再过量 1～2 滴。缓慢加入碳酸钙至红色消失。加盖表面皿,置于低温电炉上微沸 10 min。趁热用快速定性滤纸过滤,用热水洗涤烧杯及沉淀 9～10 次。将滤液及洗液承接于 250 mL 烧杯中。

2. 在烧杯中滴加盐酸使滤液刚呈红色,置电炉上微沸 10 min,浓缩至体积约 100 mL,取下,迅速冷却。用氢氧化钠标准滴定溶液(0.15 mol/L)中和至溶液刚变黄色(不记读数)。加入约 1 g 甘露醇、10 滴酚酞指示剂(10 g/L),用氢氧化钠标准滴定溶液(0.15 mol/L)滴定至溶液呈微红色。再加入 1 g 甘露醇,若红色消失,继续用氢氧化钠标准滴定溶液滴定至微红色。如此反复,直至加入甘露醇后溶液红色不消失为终点。

四、结果计算

三氧化二硼的百分含量按下式计算:

$$X_{B_2O_3} = \frac{T_{B_2O_3} \times V}{m \times 1\,000} \times 100\%$$

式中 $T_{B_2O_3}$——0.15 mol/L 氢氧化钠标准溶液对三氧化二硼的滴定度,mg/mL;

V——滴定时消耗的氢氧化钠标准溶液的体积,mL;

m——试样的质量,g。

Ⅴ 三氧化二铁测定

一、实验原理

试样经硫酸和氢氟酸溶解后,调节溶液的 pH,用盐酸羟胺将铁(Ⅲ)还原为铁(Ⅱ),邻菲啰啉显色,分光光度法测定总铁含量。

二、实验器材

1. 分光光度计。
2. 硫酸(1+1)。
3. 氢氟酸(40%)。
4. 盐酸(1+1)。
5. 氨水(1+1)。
6. 酒石酸溶液(100 g/L)。
7. 盐酸羟胺溶液(100 g/L)。
8. 邻菲啰啉溶液(1 g/L)。
9. 对硝基苯酚指示剂溶液(5 g/L)。
10. 三氧化二铁标准溶液(0.05 mg/mL)。

三、实验步骤

1. 三氧化二铁比色标准曲线的绘制

于一组 100 mL 容量瓶中,加入 50 mL 水,分别加入 0.00 mL、1.00 mL、2.00 mL、4.00 mL、6.00 mL、8.00 mL 三氧化二铁标准溶液(0.05 mg/mL),加入 5 mL 酒石酸溶液(100 g/L)和 1~2 滴对硝基苯酚指示剂溶液(5 g/L),滴加氨水(1+1)至溶液呈现黄色,随即滴加盐酸至溶液刚变无色。此时的 pH 近似为 5。加入 4 mL 盐酸羟胺溶液(100 g/L)、10 mL 邻菲啰啉溶液(1 g/L),用水稀释至标线,摇匀。放置 20 min 后,于分光光度计上,用 10 mm 的比色皿,以试剂空白作参比,在波长 510 nm 处测定标准比色溶液的吸光度,按测得的吸光度与标准比色溶液浓度的关系绘制工作曲线。

2. 试样的制备及测定

(1) 称取约 0.5 g 试样,精确至 0.000 1 g,置于铂皿中,用少量水润湿,加 1~2 mL 硫酸(1+1)和 10 mL 氢氟酸(40%),于低温电炉上蒸发近干,升高温度直至三氧化硫白烟驱尽,冷却。加入 4~5 mL 盐酸(1+1)和 10~15 mL 水,置电炉上低温加热至残渣完全溶解,冷却后,移入 250 mL 容量瓶中,用水稀释至标线,摇匀,此为试液(A)。供测定三氧化二铁、三氧化二铝、二氧化钛、氧化钙、氧化镁之用。

(2) 吸取 25 mL 试液 A 于已加入约 30 mL 水的 100 mL 容量瓶中,加入 5 mL 酒石酸溶液(100 g/L)……分析步骤与标准曲线的绘制步骤相同。

(3) 从工作曲线上查得试样比色溶液中三氧化二铁的浓度。

四、结果计算

1. 总铁(三氧化二铁)的百分含量按下式计算:

$$X_{\mathrm{Fe_2O_3}} = \frac{V \times c \times 10}{m \times 1\,000} \times 100\%$$

式中　V——试样比色溶液的体积,mL;

　　　c——工作曲线上查得试样比色溶液中三氧化二铁的浓度,mg/mL;

m——试样的质量,g。

2. 所得结果应表示至两位小数。

Ⅵ 三氧化二铝测定

一、实验原理

在微酸性溶液中,铝、铁和钛与过量的 EDTA 经加热定量地生成稳定的络合物,然后以 PAN 为指示剂,用硫酸铜标准滴定溶液回滴过量的 EDTA。得铝、铁、钛合量,差减后得三氧化二铝含量。

二、实验器材

1. 氨水(1+1)。

2. 硫酸(1+1)。

3. 乙酸-乙酸钠缓冲溶液(pH≈4.2)。

4. EDTA 标准滴定溶液(0.015 mol/L)。

5. 硫酸铜标准滴定溶液(0.015 mol/L)。

6. PAN 指示剂溶液(1 g/L)。

三、测定步骤

吸取 25 mL 试液 A 于 300 mL 烧杯中,用滴定管准确加入 20 mL EDTA 标准溶液 (0.015 mol/L),加约 100 mL 水,加热至 60℃以上,用氨水(1+1)调节试液 pH 至 3～3.5,然后加入 15 mL 乙酸-乙酸钠缓冲溶液(pH≈4.2),加热煮沸 2～3 min,取下,用少量水吹洗杯壁,使溶液温度为 80～90℃,加 10 滴 PAN 指示剂溶液(1 g/L),立即用硫酸铜标准滴定溶液 (0.015 mol/L)滴定至试液由黄色变为稳定的紫色为终点。

四、结果计算

三氧化二铝的百分含量按下式计算:

$$X_{Al_2O_3} = \frac{T_{Al_2O_3}(V-KV_1)}{m} - 0.638\,4X_{Fe_2O_3} - 0.638\,0X_{TiO_2}$$

式中　$T_{Al_2O_3}$——EDTA 标准溶液对三氧化二铝的滴定度,mg/mL;

V——加入 EDTA 标准溶液的体积,mL;

V_1——滴定时消耗硫酸铜标准滴定溶液的体积,mL;

K——每毫升硫酸铜标准滴定溶液相当于 EDTA 标准滴定溶液的毫升数;

m——试样的质量,g;

$X_{Fe_2O_3}$——三氧化二铁的百分含量;

X_{TiO_2}——二氧化钛的百分含量。

Ⅶ　二氧化钛测定

一、实验原理

在盐酸酸性溶液中,用抗坏血酸消除铁(Ⅲ)的干扰,以二安替比林甲烷为显色剂,用分光光度法测定二氧化钛的含量。

二、实验器材

1. 分光光度计。
2. 盐酸(1+1)。
3. 硫酸(1+1)。
4. 抗坏血酸溶液(10 g/L),使用时配制。
5. 二安替比林甲烷溶液:将 3 g 二安替比林甲烷溶于 100 mL 盐酸(1 mol/L)中,过滤后使用。
6. 二氧化钛标准溶液(0.05 mg/mL)。

三、测定步骤

1. 二氧化钛比色标准曲线的绘制

于一组 100 mL 容量瓶中,分别加入 0.00 mL、1.00 mL、2.00 mL、4.00 mL、6.00 mL、8.00 mL 二氧化钛标准溶液(0.05 mg/mL),加入 10 mL 盐酸(1+1),10 mL 抗坏血酸溶液(10 g/L),20 mL 二安替比林甲烷溶液,用水稀释至标线,摇匀。放置 40 min 后,于分光光度计上,用 10 mm 的比色皿,以试剂空白作参比,在波长 420 nm 处测定标准比色溶液的吸光度,按测得的吸光度与标准比色溶液浓度的关系绘制工作曲线。

2. 试样的测定

(1) 吸取 25 mL 试液(A)于 100 mL 容量瓶中,加入 10 mL 盐酸(1+1)⋯⋯分析步骤与标准曲线绘制相同。

(2) 从工作曲线上查得试样比色溶液中二氧化钛的浓度。

四、结果计算

二氧化钛的百分含量按下式计算:

$$X_{TiO_2} = \frac{V \times c \times 10}{m \times 1\ 000} \times 100\%$$

式中　V——试样比色溶液的体积,mL;

　　　c——工作曲线上查得试样比色溶液中二氧化钛的浓度,mg/mL;

　　　m——试样的质量,g。

Ⅷ　氧化钙测定

一、实验原理

在 pH≥12 时,钙能与 EDTA 定量生成稳定的络合物,镁不干扰测定,铁、铝、钛用三乙醇胺掩蔽,用钙黄绿素混合指示剂。EDTA标准滴定溶液滴定。

二、实验器材

1. 三乙醇胺(1+1)。
2. 氢氧化钾溶液(200 g/L)。
3. EDTA标准溶液(0.015 mol/L)。
4. 钙黄绿素混合指示剂。

三、实验步骤

吸取25 mL试液(A)于300 mL烧杯中,加3 mL三乙醇胺(1+1),用水稀释至约150 mL,滴加氢氧化钾溶液(200 g/L)至溶液pH约为12,再加2 mL。加入适量钙黄绿素混合指示剂。用EDTA标准滴定溶液(0.015 mol/L)滴定至溶液由带绿色荧光的灰蓝色变成稳定的红色为终点。

四、实验结果计算

氧化钙的百分含量按下式计算:

$$X_{CaO} = \frac{T_{CaO} \times V_1 \times 10}{m \times 1\ 000} \times 100\%$$

式中　T_{CaO}——每毫升EDTA标准滴定溶液相当于氧化钙的毫克数,mg/mL;

　　　　V_1——滴定时消耗EDTA标准滴定溶液的体积,mL;

　　　　10——全部试样溶液与所分取试样溶液的体积比;

　　　　m——试样的质量,g。

Ⅸ　氧化镁测定

一、实验原理

在pH10时,镁和钙能与EDTA定量生成稳定的络合物,铁、铝、钛用三乙醇胺掩蔽,用酸性铬蓝K-萘酚绿B混合指示剂。EDTA标准滴定溶液滴定,得钙镁合量,差减后得氧化镁含量。

二、实验器材

1. 三乙醇胺(1+1)。
2. 氨水(1+1)。
3. 氨水-氯化铵缓冲溶液(pH10)。
4. EDTA标准滴定溶液(0.015 mol/L)。
5. 酸性铬蓝K-萘酚绿B(1+3)混合指示剂。

三、测定步骤

吸取25 mL试液(A)于300 mL烧杯中,加3 mL三乙醇胺(1+1),用水稀释至约

150 mL,用氨水(1+1)调至 pH10,再加 10 mL 氨水-氯化铵缓冲溶液及适量酸性铬蓝 K-萘酚绿 B 混合指示剂,用 EDTA 标准滴定溶液(0.015 mol/L)滴定至溶液由紫红色变为蓝绿色为终点。

四、结果计算

氧化镁的百分含量用下式计算:

$$X_{MgO} = \frac{T_{MgO}(V_2 - V_1) \times 10}{m \times 1\,000} \times 100\%$$

式中　T_{MgO}——每毫升 EDTA 标准滴定溶液相当于氧化镁的毫克数,mg/mL;

V_1——滴定钙时消耗 EDTA 标准滴定溶液的体积,mL;

V_2——滴定钙、镁合量时消耗 EDTA 标准滴定溶液的体积,mL;

10——全部试样溶液与所分取试样溶液的体积比;

m——试样的质量,g。

Ⅹ　三氧化硫测定

一、实验原理

试样通过酸分解,全部转变成可溶性硫酸盐之后,用氯化钡使硫酸根离子沉淀成硫酸钡,滤出的硫酸钡溶液进行灼烧与称量。

二、实验器材

1. 盐酸(1+1)、硝酸(相对密度 1.42)、70%高氯酸、40%氢氟酸。
2. 氯化钡溶液(50 g/L)。
3. 硝酸银溶液(10 g/L)。

三、实验步骤

称取约 1 g 试样于铂蒸发皿中,加 2 mL 硝酸、1 mL 高氯酸和 10 mL 氢氟酸,于低温电炉缓慢加热蒸发至开始逸出高氯酸白烟。冷却,再加 2 mL 高氯酸和 5 mL 氢氟酸,继续加热蒸发至干。冷却,加 20 mL 水及 2 mL 盐酸,加热,至盐类完全溶解。将所得试液转入 300 mL 烧杯中,用水稀释至约 150 mL,加热至微沸,在不断搅拌下滴加 5 mL 5%氯化钡溶液,继续微沸约 10 min,移至温热处静置约 1 h,再于室温下静置 4 h 或过夜。用慢速定量滤纸过滤,以温水洗涤至氯根反应消失为止(用 1%硝酸银溶液检验)。

将滤纸及沉淀移入已恒重的铂坩埚中,灰化后,在 850℃灼烧 30 min,在干燥器中冷却至室温,称量。反复灼烧,直到恒重。

四、实验结果计算

三氧化硫的百分含量按下式计算:

$$X_{SO_3} = (34.30 G_1 / G) \times 100\%$$

式中　G_1——灼烧后沉淀的质量,g;

G——试样质量,g。

XI　氧化钾和氧化钠测定

参考本章实验 3-4 石英砂的成分分析中氧化钠和氧化钾测定方法。

XII　思考题

1. 用火焰光度计法测定待测物质含量的原理是什么？火焰光度计的基本构成是什么？有几种测定方法？如何进行？
2. 硅钼蓝与硅钼黄比色法有何区别？
3. 在你所进行的玻璃成分分析中使用了几种掩蔽剂？它们分别用来掩蔽何种物质？
4. 写出氟硅酸钾容量法测定二氧化硅含量的反应式，在测定过程中如何避免误差？
5. 高温炉熔融试样，采用铂坩埚与镍坩埚有何不同？
6. 在测定玻璃中氧化硼含量时，加甘露醇起什么作用？为什么要多次反复加入？
7. 用 EDTA 容量法分别测定玻璃中氧化铝、氧化钙、氧化镁的含量的试验条件分别是如何控制的？
8. 测定钠钙硅铝硼玻璃中氧化铝含量，铜盐回滴法与锌盐回滴法有何不同？
9. 测定试样中二氧化硅含量有几种方法？它们之间有什么区别？

实验 3-20　玻璃材料的综合设计实验

一、实验目的

建议题目：建筑装饰用微晶玻璃的研制。

二、实验要求

某厂微晶玻璃板材与天然石材性能对比如表 3-23 表所示。请按此指标研制自己的微晶玻璃试样。

表 3-23　微晶玻璃板材与天然石材性能对比

性能指标	材料名称		
	微晶玻璃板	大理石	花岗岩
密度/(g/cm^3)	2.7	2.7	2.7
抗压强度/MPa	341.3	67～100	100～220
抗折强度/MPa	41.5	6.7～20	9.0～24
硬度/(kg/mm)	530	150	70～720
吸水率/%	0	0.30	0.35
扩散反射率/%	89	59	66
耐酸性($1\%H_2SO_4$)/%	0.08	10.2	1.0
耐碱性($1\%NaOH$)/%	0.05	0.30	0.1

续表

性能指标	材料名称		
	微晶玻璃板	大理石	花岗岩
热膨胀系数×10^7/℃$^{-1}$	62	80～260	50～150
耐海水性/(mg/cm^2)	0.08	0.19	0.17
抗冻性/%	0.028	0.23	0.25

三、实验准备

1. 查阅文献

阅读、翻译资料。了解该种材料在国内外的应用情况和市场情况,国内外研究该课题的科技动态等。

2. 立题报告

(1)论述该项目的社会效益与经济效益。

(2)论述该项目的理论基础或技术依据。

(3)执行该项目的具体方案、实施手段。

(4)执行该项目的工作计划与日程安排。

(5)提出该项目的预期结果。

3. 立题答辩

通过有关教师答辩,吸取有益的意见,修改立题报告,正式立题。

四、实验工作提示

1. 实验方案的制定

(1)玻璃设计成分的确定。

(2)玻璃熔制制度的确定。

(3)玻璃热处理制度的确定。

2. 玻璃试样的制备

(1)原料的选择。

(2)原料的加工。

(3)配合料的制备。

(4)玻璃的熔制。

(5)玻璃的热处理。

3. 玻璃性能的测试

根据"微晶玻璃板材与天然石材性能对比表"的要求,自己确定性能测试项目,并考虑是否有必要增加性能测试项目。

4. 重复或改进实验

(1)玻璃设计成分的调整。

(2)玻璃熔制制度的改进。

(3)玻璃热处理制度的改进。

(4)玻璃试样的制备。

（5）玻璃性能的测定。

（6）确定玻璃成分及玻璃制备的各种参数。

五、实验总结

1. 将实验得到的数据进行归纳、整理与分类，进行数据处理。

2. 查阅文献资料，用现代流行或不流行的有关理论解释自己的实验结果，分析自己的微晶玻璃试样是否达到用户的实用要求。

3. 根据拟题方案及课题要求写出实验总结报告。

实验 3-21　玻璃缺陷鉴定

玻璃中的缺陷主要指玻璃中结石、条纹、气泡等不均匀性及制品中存在的应力等缺陷。这些缺陷的存在严重影响了玻璃质量和使用价值。通过对玻璃中缺陷的检测和分析，可以找出产生缺陷的原因，提出克服这些缺陷、提高制品质量的方法。

一、结石的检验

结石是玻璃生产过程中形成的结晶夹杂物。它不仅影响玻璃制品的外观，破坏它的光学均一性，而且会在结石周围形成结构应力场而造成破损，严重影响玻璃质量。玻璃中的结石是生产上经常出现的一种缺陷，根据其来源可分为粉料结石、耐火材料结石和析晶结石三种。

1. 粉料结石

配合料中某些没有完成熔化的晶体物质，残留在玻璃中，成为结石，称为粉料结石。一般情况下，粉料结石以石英最为常见。通常这类结石四周的棱角已被熔蚀，有时由于熔化时间稍长，颗粒周围可形成富硅氧的玻璃相。当遇到适当条件时，这种玻璃相中还发生析晶，以鳞石英析晶最常见。有时富含硅氧的玻璃由于黏度较大，在砂粒周围还会出现明显的条纹。此外，用芒硝作原料时，硫酸钠结晶也较为常见。如果石英砂原料中夹杂、混合不均匀、筛分的筛网破损、投料不当、熔窑热工制度控制不当等，都有可能生成粉料结石。因此必须严格把好原料、配料、熔制等每一道工序。

2. 耐火材料结石

在熔制玻璃时，与玻璃液接触的耐火材料因受到侵蚀而剥落，或因飞料和组分的挥发，使窑顶受到侵蚀而剥落，即造成耐火材料结石。耐火材料结石不仅包括黏土砖、硅砖、莫来石砖等砖体本身，也包括这些耐火材料与玻璃发生交代反应所形成的一系列矿物。有关的矿物主要包括两大类：由硅质耐火材料引入的有鳞石英、方石英等；由铝硅质耐火材料引入的有莫来石、刚玉、硅-铝氧，霞石，钠长石，白榴石，正长石等。如果耐火材料的气孔率比较高，结构不够致密，则更容易被侵蚀。如果熔窑的温度较高或者温度波动大都会增加耐火材料的侵蚀，从而产生耐火材料结石。只有采用优质耐火材料、合理的热工操作制度，才能减少因耐火材料被侵蚀而生成的耐火材料结石。

3. 析晶结石

玻璃在一定的温度下其本身可能析出晶体，这一现象就称为"析晶"，也称为"反玻璃化"或

"失透"。析晶产生的原因一般与玻璃组成所具有的结晶能力有关。对于析晶能力不太强的玻璃来讲,析晶是由于玻璃长时间处于析晶温度范围内所造成的。玻璃成分一般选择不易析晶的组成,但由于配合料称量错误、配合料混合不均匀、熔制过程中某些成分的严重挥发等原因造成某些成分富集,偏离原设计成分而引起玻璃析晶。此外由于工艺制度不当,造成熔窑死角处析晶,玻璃的流动而带来析晶结石。通常析晶结石出现的晶体有鳞石英、方石英、硅灰石、失透石和透辉石(含 MgO 玻璃)。

(一) 结石的肉眼观察法

玻璃结石的检验,开始时可先用肉眼或放大镜观察。根据结石大小、形状、颜色、有无包裹、周围气泡以及拖尾情况判断属于哪种类型的结石。

按照化学组成来看,主要的结石基本上可归纳为硅质和铝硅质两类。硅质结石周围玻璃的折射率较小,包裹外缘形成黏度较高的玻璃扩散层,向外逐渐消失,有短尾巴,并且表面炸裂纹不多,比较光滑。铝硅质结石周围的玻璃折射率较高,包裹周界比较清楚,玻璃中常出现明显的线道,有长尾巴,且炸裂纹较多。锆质结石周界特别清楚,不带尾巴,结石棱角分明,周围炸裂纹严重。

石英粉料结石、析晶硅氧结石一般呈乳白色。耐火材料结石一般带有颜色。黏土质耐火材料中的铁以高价形式存在,故呈黄棕色。硅质耐火材料中的铁大多以低价形式存在,故呈绿色。电熔耐火材料结石旁一般不带气泡。黏土质耐火材料结石旁常有小气泡存在,而粉料结石旁常有粗大气泡聚集在一起。

(二) 结石在偏光显微镜下的观察

1. 样品的制备

假如样品是浅色的平板玻璃,可以取出带有结石的小块平板,直接放在显微镜下观察。如果样品是浅色薄壁制品,则可先将原样品破碎,选出带有结石的小片,放在载玻片上,在小片与载玻片中间加入一些浸油,直接在显微镜(最好在低倍镜)下观察。如果颗粒较大,直接在低倍镜下观察不能确定时,最好先将它从玻璃中分离出来,用小锤、钢丝钳等工具把结石周围的玻璃除去,再击碎成粉末,制成粉末油浸片进行观察。

如果上述方法仍得不到满意的结果,就需要磨制薄片,在偏光显微镜下研究。

2. 方法和步骤

偏光显微镜鉴定结石晶体主要是根据被研究对象在不同偏光下表现的性质不同,运用逻辑上的排斥在外。即当肯定了晶体的某一项或几项性质时就可以把不属于这种特性的其他晶体排斥掉,把研究对象与其他晶体逐步区别开来,从而达到鉴定的目的。

用偏光显微镜研究结石鉴定步骤,如图 3 - 20 所示。

现在举一个例子来说明。假如被鉴定的对象在单偏光下呈现正突起低,可知该晶体的折射率在 1.54～1.59。再经过仔细辨别,知道折射率靠近 1.54,然后在正交镜下观察,测定晶体的双折射率,测得最高干涉色是一级黄色,估计双折射率约为 0.009。这样,折射率值和双折射率都与之相符的晶体数就不会多。凡不能同时满足这两项性质的晶体,便均在排斥之列,然后再从其他光性上作进一步鉴定。

钠钙硅酸盐玻璃生产中产生的各种结石矿物,其主要特征如下。

(1) 粉料结石

残余石英:未完全转化的石英颗粒,但已开裂,正交偏光下中心部分还可见到一级黄白色,

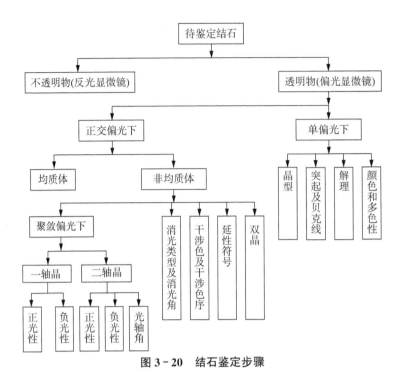

图 3-20 结石鉴定步骤

而石英边缘已鳞石英、方石英化,干涉色极低。

鳞石英、方石英:在石英结石周围由于石英的溶解而使周围玻璃中 SiO_2 富集,冷却后析出骨架状鳞石英或方石英。在石英粉料结石中不一定能看到残余石英,但是都有密集的方石英和鳞石英的存在。

芒硝泡:外形呈长椭圆形气泡,内呈白雾状。镜下观察可见气泡内为水花状,正交镜下有十字黑镜。

(2)析晶结石

鳞石英、方石英:骨架状。

失透石:集束状、针状,正突起中,平行消光,一级灰白,正延性。

硅灰石:柱状,正突起中,平行或斜消光,正延性,干涉色高。

透辉石:短柱状或放射状,正突起中;干涉色高,消光角较大。

(3)耐火材料结石

鳞石英:矛头状双晶或管柱状,结石边缘可见骨架状。

方石英:蜂窝状,边缘可见十字骨架状。

莫来石:针状,正突起中,平行消光,正延性。

霞石:羽毛状,正突起低,一级灰白。

斜锆石:米粒状,串珠状,正突起很高,干涉色也较高。

一般来说,玻璃结石可以用偏光显微镜来鉴别晶体。若碰到难以肯定的矿物,则可以求助于 X 射线衍射仪来进行鉴别。

玻璃中常见结石的晶体光性、来源和鉴别依据见表 3-24。

表3-24　玻璃中常见结石的晶体光性、来源和鉴别依据

名称及分子式	晶系	光性	折射率	双折射率	延性符号	消光	结石来源	显微镜可观察到的现象	鉴别主要依据
石英 SiO_2	六方或三方	一轴(+)	$n_o=1.544$ $n_e=1.553$	0.009	无	无消光角	粉料未熔透、硅质耐火材料侵蚀	不规则粒状,有裂纹,正突起低,无解理边缘可能呈突起	粒状,正突起低,正光性,常与磷石英、方石英伴生
鳞石英 SiO_2	斜方	二轴(+)	$n_g=1.473$ $n_m=1.470$ $n_p=1.469$	0.004	(-)	平行	粉料结石、析晶结石、耐火材料结石都有可能	由石英转化而来的呈头状双晶,析晶而成的呈六方骨架状或片状	形状,负突起,负延性
方石英 SiO_2	四方	一轴(-)	$n_o=1.487$; $n_e=1.484$	0.003	(+)	平行		析晶为团粒状十字形骨架状由石英转化来的呈蜂窝状、骨架状	形状,负突起,正延性
三斜霞石 $\alpha-Na_2O\cdot Al_2O_3$ $\cdot 2SiO_2$	三方	二轴(-)	$n_g=1.514$ $n_m=1.514$ $n_p=1.509$	0.005	无显著延长方向	不规则消光两次	铝硅质耐火材料蚀变矿物	聚片双晶,羽毛状,常与刚玉、莫来石伴生	负突起低聚片双晶伴生矿物
霞石 $\beta-Na_2O\cdot Al_2O_3$ $\cdot 2SiO_2$	六方	一轴(-)	$n_o=1.540$ $n_e=1.536$	0.004	(-)	平行	碱性氧化物与铝硅质耐火材料交代作用而产生	粒状,短柱状正突起低,负延性,接近玻璃相处,常呈阶梯状、羽状生长	正突起低,常与β-铝氧莫来石伴生,负光性
假硅灰石 $\alpha-CaO\cdot SiO_2$	假六方	二轴(+)近乎一轴	$n_g=1.654$ $n_m=1.611$ $n_p=1.610$	0.044	(-)	平行	玻璃析晶产物	六方片状、柱状或针状,突起与干涉色均较高,负延性	由延性符号与β-硅灰石相区别,由折射与鳞石、失透石相区别
硅灰石 $\beta-CaO\cdot SiO_2$	单斜	二轴(-)	$n_g=1.631$ $n_m=1.629$ $n_p=1.616$	0.015	(+)或(-)	平行或倾斜	玻璃析晶产物	柱状、放射状或扇羽状,双折射率不高	形状,可变的延性
失透石 $Na_2O\cdot 3CaO$ $\cdot 6SiO_2$	斜方	二轴(+)	$n_g=1.579$ $n_m=1.570$ $n_p=1.564$	0.015	(+)	平行	钠钙硅玻璃析晶	扇羽状、放射状、针状或柱状,突起中等正延性	形状,中等突起,正延性平行消光
透辉石 $MgO\cdot CaO\cdot SiO_2$	单斜	二轴(+)	$n_g=1.690$ $n_m=1.670$ $n_p=1.660$	0.030	(+)	倾斜消光	含镁玻璃析晶	柱状、放射状突起与双折射率都较高,倾斜消光	形状,斜消光,正延性
刚玉 $\alpha-Al_2O_3$	六方	一轴(-)	$n_o=1.767$ $n_e=1.759$	0.008	(+)	平行	玻璃与高铝质耐火材料侵蚀而成	片状,突起高有异常干涉色常与硅-铝氧、霞石相伴生	形状,高突起,伴生矿物
β-铝氧 $\beta-Al_2O_3$	六方	一轴(-)	$n_e=1.640$ $n_o=1.678$	0.038	(+)	平行	玻璃与铝质耐火材料交代产物	六方片状,突起中等,干涉色较低,常与莫来石、霞石伴生	形状,伴生矿物

名称及分子式	晶系	光性	折射率	双折射率	延性符号	消光	结石来源	显微镜可观察到的现象	鉴别主要依据
莫来石 $3Al_2O_3 \cdot 2SiO_2$	斜方	二轴(+)	$n_g=1.654$ $n_m=1.644$ $n_p=1.642$	0.012	(+)	平行	含铜玻璃对铝质耐火材料交代产生或电熔莫来石砖剥落	针状、柱状，突起高，有淡红至淡绿的多色性	形状，高突起，正延性，多色性
锆英石 $ZrO_2 \cdot SiO_2$	四方	一轴(+)	$n_e=1.990$ $n_o=1.930$	0.060	(+)	平行	粉料结石，含锆耐火材料蚀变产物	细小粒状或针状，突起和双折射率都很高	形状，特殊干涉色
斜锆石 ZrO_2	单斜	二轴(−)	$n_g=2.20$ $n_m=2.19$ $n_p=2.13$	0.070	(−)	平行或倾斜	含锆玻璃析晶或含锆耐火材料结石	直角相交树枝状，突起和双折射率都很高	形状，正突起很高，高干涉色

二、条纹的检验

条纹是玻璃主体内存在的异类玻璃夹杂物。是一种比较普遍的玻璃不均匀性方面的缺陷。根据其产生的原因不同，条纹可为熔制不均匀、窑碹玻璃滴、耐火材料侵蚀、结石熔化和热条纹等几种。

条纹在化学组成和物理性质上与主体玻璃不同从而使制品产生内应力和结构应力，影响玻璃尤其是光学玻璃的质量。一般玻璃制品，在不影响其使用性能的情况下，可以允许存在一定程度的不均匀性。光学玻璃不允许有明显的条纹。

根据制品的要求不同可采用不同方法、不同精度的仪器来测试玻璃中的条纹，一般用光学方法检验条纹，即利用条纹与玻璃主体成分不同造成的折射率不同来检测。现代玻璃厂和光学仪器厂已把玻璃条纹的检验当作常规的例行检验，通过检验来评价条纹的严重程度，划分产品的质量等级。

(一) 环切试验法

环切法是通过对玻璃瓶罐的断面偏光测定，来鉴定玻璃内部引起的条纹应力和制品外表面的张应力(代表制品退火质量)。

1. 基本原理

在与条纹垂直方向上从玻璃瓶罐截面上环切一个瓶壁环，置于偏光显微镜下观察截环的切割面。分析条纹的垂直剖面，检验出条纹的厚度和层次，测定应力分布(图3-21)。

2. 试样和仪器准备

(1) 环切样品可从瓶底到瓶肩的中间部分，用砂轮切割或用电热丝炸割出一个玻璃环。在环上开一个切口来消除退火的残余应力。

(2) 浸油皿：$\phi150\ mm \times 50\ mm$。

(3) 浸液：氯化苯或二甲基苯二酸酯。

(4) 偏光显微镜：放大倍数为15～30倍。分析镜应能够移动并附带有一块光程差为565 nm的灵敏色片。

3. 测试操作

调节偏光镜成正交,插入灵敏色片,然后把环切面放入浸油皿中,使浸液刚好把它浸没。在偏光镜下观察环切面中的条纹,定出环中蓝色干涉色的位置,此即为张应力。

若对整个环面检查,则可定出最大应力是在外层表面或内表面,或是在两者之间。

对照标准应力片的颜色,大致确定应力的光程差。

4. 条纹的分级

根据观察到的条纹数量、性质、应力的位置,就可以确定条纹的级别。表 3 - 25 列出了通常采用的条纹分级标准。

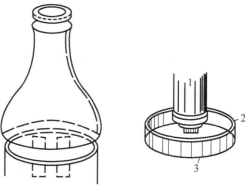

图 3 - 21　环切检验法示意图
1—显微镜物镜;2—截环;3—条纹

表 3 - 25　条纹分级标准

级别	条　纹　检　验　结　果	玻璃质量
A	几乎无条纹	优质
B	细条纹均匀分布,无高应力区	良好
C	良好分布的明显条纹	一般
D	局部有显著的粗条纹,外侧有一定张应力	次品
E	有包裹层的严重条纹,外层有严重张应力	废品

5. 几点说明

(1) 应力的类型及量值与条纹玻璃相对于主体玻璃的热膨胀系数的大小有关。若 $\alpha_{条纹} > \alpha_{玻璃}$,条纹具有张应力;若 $\alpha_{条纹} < \alpha_{玻璃}$,条纹具有压应力。通常在钠钙硅玻璃中,碱质或碱土质条纹具有张应力,铝质或硅质条纹呈压应力。

(2) 环切面上同时存在多个条纹时,应逐个检验分析,可能来源也不一致。

(3) 环切面检验可以确定应力的类型和大小,但不能确定条纹的来源,还要进行其他项目的检验。

(二) 腐蚀干涉法

腐蚀干涉法是利用条纹和周围玻璃对浸液反应速度不同来观察侵蚀后的条纹形态的方法。

1. 原理

玻璃在溶剂中的溶解速度与玻璃成分、溶剂类型、浓度、温度和侵蚀时间有关。条纹与主体玻璃成分不同导致它们在浸液中溶解速度不同。如果条纹是处于很平整的玻璃表面,溶剂侵蚀的结果便会使条纹区出现山脉形的峰和谷。

用干涉显微镜观察侵蚀后的玻璃试样,便可知道侵蚀的高低和深度,从而定量地计算条纹的严重程度。

2. 设备

干涉显微镜(带有滤色片);试样研磨和抛光设备;侵蚀液和液罐。

3. 操作方法

（1）样品制备

选择带有条纹的玻璃,将其退火以消除应力,然后对样品进行研磨抛光,使条纹处于很平整的玻璃表面,研磨时应尽可能使条纹与抛光面垂直。

（2）侵蚀操作

将试样置于1‰氢氟酸或其他侵蚀剂中保持30 min,取出洗涤后置于干涉仪下观察,如果不见凹凸纹,可再浸入侵蚀液中30 min,再取出检验,每次均要用新鲜侵蚀液。

（3）干涉显微镜检测

调节干涉显微镜,观察到清晰的玻璃表面。将干涉滤色片插入光路,此时可看到干涉条纹。转动测微目镜使视场中十字线之一与干涉条纹平行,这时就可进行检测。如果没有条纹,即玻璃侵蚀表面还很光滑,则干涉条纹是平行的;如果存在条纹,侵蚀有高低不平,则出现不规则的干涉条纹。

（4）计算条纹侵蚀深度（或突出高度）

条纹的侵蚀表面在干涉显微镜中表现为干涉条纹发生偏移。偏移的程度用原干涉条纹应有位置与偏移后相差几个干涉条纹数表示,然后把条纹数乘以滤色光波的半波长,就可计算出玻璃表面条纹的侵蚀深度（或突出高度）。表3-26为平板玻璃中各类条纹在不同侵蚀剂中侵蚀后的表面形状。

表 3-26　平板玻璃中条纹的侵蚀试验后凸起高度示意

条纹 ＼ 侵蚀剂	HF	HBF$_2$OH+HCl	HPO$_3$	NaOH
SiO$_2$	∧	∧	∧	—
Na$_2$O·SiO$_2$	∨	∨	∨	—
煅烧耐火黏土	∩∩	∨	∨	∨
霞石电熔莫来石砖	∧∧	∨	∨	∨
含锆莫来石砖	∨	∨		∨
Na$_2$O煅烧耐火黏土	∨	∨	∨	∨
混合条纹	∧	≈		∨

（三）阴影法

用点状光源将含条纹的玻璃试样投影到光屏（毛玻璃板或照相底片）上,在光屏上就显示出明暗不规则的阴影团。这是由于光通过玻璃的折射角不同,光屏上的某些部分得到的光线多一些,另外的部分光线就少些。阴影图表示了光折射情况。

点状光源的发散光、平行光线或聚光都可获得阴影图。对三者的共同要求都是运用形状上精确调整好的光束。图3-22是简易阴影法的示意图。

阴影团的形成原理用平行光特别易于说明。在图3-23中,光线从左侧投到样品（一块平面平行的玻璃片）上,它的折射率在斜线区内按纵轴的方向由n_1增大到n_2,其他区的折射率保持不变。光线通过斜线区时发生折射,且折射角沿 z 轴增大,这样光屏上的某些地方就没有光线而形成阴影 S。

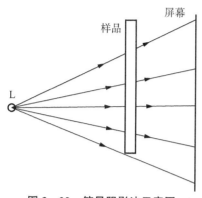

图 3-22 简易阴影法示意图

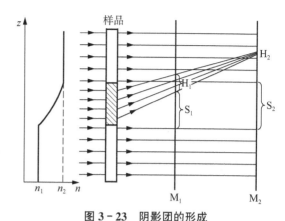

图 3-23 阴影团的形成

阴影 S 的大小与试样沿 z 轴的折射率分布、光屏 M 的位置有关,在阴影近旁还出现亮点 H,折射的光就聚集在这里。

阴影法不能对条纹作定量地分析,仅限于定性检验。但由于该法所用设备简单,在玻璃产品检测中被广泛采用。

阴影法的运用——油浸法测玻璃球的均匀性。玻璃球均匀性是指玻璃内呈现的均匀程度。在与基质玻璃相同折射率的浸油中,玻璃球内化学成分的差异造成了折射率的不同。当光线透过球映在屏幕上,呈现不同方向的聚集和分散,也就是亮、暗的条纹。在点光源照射下,随着盛球浸油盘逐渐离开屏幕,由于折射光线的分散,条纹逐渐模糊,直至消失。此时浸油盘与屏幕之间的距离就是玻璃球条纹消失距离,用它表征玻璃的均匀程度(图 3-24)。

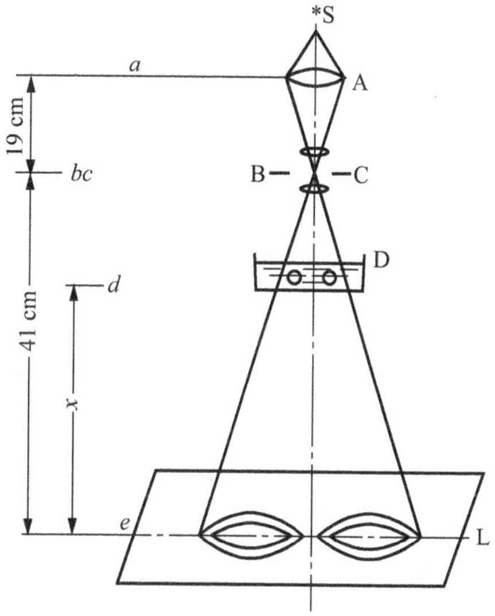

(四)其他方法

粉末离心浮沉法:利用条纹与主体玻璃的密度差将它们分离。

粉末透光性测量法:利用玻璃粉末中条纹与主体玻璃折射率不同,在温度变化的油液中出现的透光度变化来测定玻璃均匀性。

X 射线荧光分析法。

图 3-24 油浸投影法试验装置示意图

S—光源(200 瓦灯泡);A—聚光镜;BC—长焦距镜头;D—油浸法试样;L—屏幕

三、气泡的检验

玻璃中的气泡指可见的气体夹杂物。它不仅影响玻璃制品的外观质量,更重要的是影响玻璃的透明性和机械强度。因此,它是一种极易引起人们注意的玻璃缺陷。

气泡有大有小,从零点几毫米到几毫米。直径小于 0.8 mm 的通常称为灰泡。气泡的形状也是多种多样,有球形、椭圆形及线状,气泡的变形主要是制品成型过程中造成的。气泡中常含有 O_2、N_2、CO、CO_2、SO_2、NO 和 H_2O 等。根据产生的原因不同,气泡可分为:一次气泡(配合料残留气泡)、二次气泡、外界空气气泡、耐火材料气泡和金属铁引起的气泡等多种。研究玻璃气泡中的气体,不仅可以了解玻璃熔化的澄清过程,而且可以确定气泡生成的原因,从而采取相应的措施加以解决。

(一) 观察法

根据气泡的外形尺寸、形状、分布情况及产生的部位等判断气泡产生的原因。由铁质造成的气泡、由外界带入的气泡和二次气泡比较容易识别。但在许多情况下,是从分析气泡的化学组成来研究气泡的形成过程的。

(二) 气泡中气体组成的分析

1. 分析步骤

(1) 制备试样

选择含有气泡的玻璃块样品从一面磨成薄片,至气泡的玻璃壁极薄(0.1～0.2 mm)为止。

(2) 转移气泡

将试样浸入封闭液中,用钢针刺破气泡、用载玻片接住上浮起来的气泡并粘在载玻片上。

(3) 测量泡径

将载玻片放在显微镜下,测量气泡的原始直径。然后通过很细的吸管,逐次注入气体的吸收剂,每次作用后测定气泡直径的大小。

(4) 计算气体的百分比组成

根据每次测定气泡直径与原始直径的比值,算出气泡中各气体的体积百分组成。最后的差数为 N_2 含量。

2. 化学吸收剂

(1) SO_2 吸收剂——纯无水甘油

(2) CO_2 吸收剂——甘油 KOH 溶液

(3) H_2S 吸收剂——甘油醋酸溶液

(4) O_2 吸收剂——焦性没食子酸碱性溶液

(5) CO 吸收剂——Cu_2Cl_2 氨溶液

(6) NO——硫酸亚铁溶液

3. 吸收顺序

由于各种吸收剂对气体均有一定的溶解度,所以,一定要按 SO_2—CO_2—O_2—CO—其他气体的顺序进行吸收。用这种方法实际上测定的不是气体组分的绝对数值,而只是它们的体积百分含量。优点是所需设备费用较小且灵敏度也较高,缺点是分析时间较长,造成误差的因素多。对气泡中气体的分析还可以采用质谱分析法、气相色谱分析法和激光-拉曼光谱法。

四、应力测定

一般玻璃制品都须经过退火处理,以消除其内应力。尽管如此,玻璃制品中还会不同程度地有残余应力,称作永久应力。有时应力大到影响玻璃的使用性能,这便是应力缺陷。这种缺陷一种是由于玻璃质量不良或玻璃成分不均匀所引起的,一般称为结构应力。例如玻璃中存在结石条纹或玻璃成分不均匀,由于玻璃内部的热膨胀系数不同所造成的应力。这类应力很难消除,严重时会造成制品的炸裂。另一类应力称为热应力,是由于温差造成的,这种情况通过退火基本上能消除。

玻璃中的应力,除了用帕表示外,还可用双折射光程差来表示。玻璃内应力,一般采用偏光应力仪进行测定。

1. 测定原理

偏光仪是由起偏镜和检偏镜构成(图3-25)。由光源发出的光通过毛玻璃5,入射到起偏镜2,由其产生的平面偏振光经灵敏色片3到达检偏镜4,检偏镜的偏振面和起偏镜的偏振面正交。将玻璃引入视场中,如玻璃无应力,视场仍为紫色;如果玻璃中有应力存在,则视场颜色发生变化,出现干涉色。根据干涉色的分布和性质,可以粗略估计出应力大小和部位。

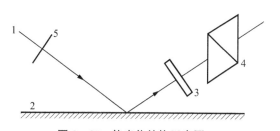

图3-25　偏光仪结构示意图

1—光源;2—反射起偏镜;

3—灵敏色片;4—检偏镜;5—毛玻璃

干涉色决定于光程差的大小,光程差由下式表示:

$$\delta = R/D = \Delta n$$

式中　δ——单位厚度光程差,nm/cm;

R——光程差,nm;

D——被测试样厚度,cm。

2. 方法简述

根据玻璃光程差的大小确定是否放入灵敏色片。当玻璃光程差在200～300 nm以下时,干涉色只呈现或明或暗的灰白色。光程差愈小,灰白色愈不易显示出来:同时光程差有微小改变时,干涉色不易辨别出变化,因此不能满足较小光程差的精确测定:一般在系统中放入一块附加光程差为565 nm的全波片灵敏色片,在视场中呈一级紫红色。

在插入灵敏色片的一级紫红色视场中放进被测试样,转动被测试样至最大亮度的位置,呈现一种干涉色。再把被测试样转动90°,又呈现另一种颜色。这是由于被测试样的光程差与全波片光程差相互叠加或相互抵消的缘故。根据干涉色查表或对照标准片,确定光程差的大小,被测试样的干涉色与光程差的关系见表3-27。

表3-27 试样干涉色与光程差的关系

颜色	视程差/nm	实际光程差/nm	应力
黄	900	325	
黄绿	840	275	
绿	770	205	张应力
蓝绿	715	150	
浅蓝	685	120	
紫红	560	0	
红	535	30	
橙黄	440	125	
金黄	370	195	压应力
黄	310	255	
白	260	305	

当玻璃中应力为张应力时,玻璃光程差＝视场总光程差－灵敏色片光程差;玻璃中应力为压应力时,玻璃光程差＝灵敏色片光程差－视场光程差。

若识别干涉色有困难,可用标准片作对照。

五、思考题

1. 玻璃中的缺陷有哪几种类型? 简述它们对玻璃制品性能的影响。

2. 玻璃中的结石可分为几种? 简述其产生原因。

3. 测定玻璃中条纹有几种方法? 简述环切法测定瓶罐玻璃均匀性的原理和操作步骤。

4. 举例说明用偏光显微镜鉴定结石晶体的方法。

5. 用吸收剂吸收玻璃中气泡内的气体时必须按照怎样的顺序进行? 为什么?

6. 简述偏光应力仪的结构、用其测定玻璃内应力的原理和方法。

7. 用偏光应力仪测定玻璃内应力是否一定要插入灵敏色片? 请说明其道理,并请说明玻璃光程差、视场光程差、灵敏色片光程差三者之间的关系。

第4章　陶瓷制备及性能测试

实验4-1　黏土或坯料可塑性测定

可塑性是陶瓷泥料的一个重要工艺性能,其测定方法有间接法和直接法,但到目前为止仍无一种方法能完全符合生产实际,因此,国内外正积极研究适宜的定量测定方法,目前各研究单位及生产企业仍广泛沿用直接法,即用可塑性指标和可塑性指数对黏土或坯料的可塑性进行初步评价。

一、实验目的

了解和掌握黏土或坯料可塑性测定原理和方法。

二、实验原理

具有一定细度和分散度的黏土或配合料,加适量水调和均匀,加工炼制成为含水率一定的塑性泥料,在外力作用下能塑造成任意形状,在外力解除后能保持原形不变,这种性能称为可塑性。黏土及泥料的可塑性与其组成颗粒形状、细度、表面荷电性能以及水分的量、黏度、所溶电解质等多种性质相关。黏土及泥料的可塑性常用可塑性指数及可塑料性指标表示。

可塑性指数是液性限度含水率和塑性限度含水率之差。液限就是使泥料具有可塑性时的最高含水量;塑限则是泥料具有可塑性时的最低含水量。水在黏土颗粒周围形成的水化膜能降低颗粒间的内摩擦力,沿着表面相互滑动,受外力作用时容易变形。水膜会使颗粒相互联系,形成连续结构,加大附着力,使泥料形变保持下来,从而产生可塑性而易于塑造各种形状。加入水量过多则会产生流动而失去可塑性。当加入水量过少则连续水膜破裂,内摩擦力增加,质点难于滑动,甚至不能滑动而失去可塑性。对黏土来说,可塑性指数大于15的为高可塑性黏土;7~15的为中等可塑性黏土;1~7的为低可塑性黏土;小于1的为非可塑性黏土。

可塑性指标是黏土或坯料在工作水分下,一定粒径的泥球样品,受压力作用后发生变形至起始开裂时压力与变形量的乘积。一般是用捷米亚禅斯基方法测定。可塑性指标较直接地反映了黏土或坯料的可塑性能。可塑性指标大于3.6的为高可塑性黏土;2.5~3.6的为中等可塑性黏土;小于2.4的为低可塑性黏土。

三、实验器材

1. 华氏平衡锥(流限仪):见图4-1。

2. 可塑性指标测定仪及印制泥球试样的双合模、弹丸:见图 4-2。

3. 电子天平:精度 0.01 g。

4. 电热鼓风干燥器:能使温度控制在（105±5）℃。

5. 万能材料试验机:最大荷载 10 kN。

6. 调泥皿、调泥刀、毛玻璃板、小瓷皿、0.5 mm 方孔筛等。

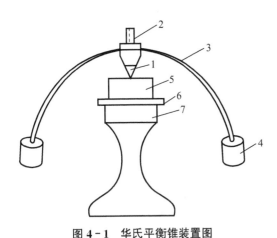

图 4-1 华氏平衡锥装置图

1—圆锥体(呈 30°尖);2—螺丝;3—半圆形钢丝;
4—金属圆柱;5—试样杯;6—玻璃板;7—木质台

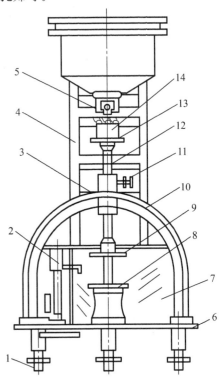

图 4-2 可塑性指标测定仪

1—水平调节螺钉;2—游块;3—电磁铁;4—支架;
5—滑板架;6—机座;7—镜子;8—座板;
9—下压板;10—框架;11—拧紧螺钉;
12—中心轴;13—上压板;14—盛砂杯

四、实验步骤

1. 可塑性指标法

(1) 将 500 g 通过 0.5 mm 孔径筛的黏土(也可直接取用生产上使用的坯料),加入适量水充分调和捏练使其达到具有正常工作稠度的致密泥团(这种泥团极易塑造成型而又不粘手)。将泥团铺于玻璃板上,压延成厚约 30 mm 的泥饼,用直径 45 mm 的铁环切取 5 块,保存于恒湿器中备用。

(2) 将泥块用手搓成圆球,球面要求光滑无裂纹,球的直径在(45±1)mm,为了使手掌不致在搓泥时消耗泥料水分和沾污泥球表面,搓泥球前先用湿毛巾擦手或戴上薄膜塑料手套。最好用双合金属模印制泥球,这样单重和尺寸一致。

(3) 按先后顺序把圆球放在压球式塑性仪座板的中心,右手旋开框架上拧紧螺钉,让中心轴慢慢放下,至下压板刚接触泥球为止,从中心轴标尺上读取泥球直径数 D(cm)。

(4) 把盛砂杯放在中心轴压板上,用左手握住压杆,右手旋开制动螺丝,让中心轴慢慢下降,直至不再下降为止。

(5) 打开盛铅丸漏斗开关(滑板架),让铅丸匀速落入盛铅丸容器中,逐渐加压到泥球上,这时要注意观察泥球的变形情况,可以从正面和镜中观察。随着铅丸质量的不断增加,泥球逐渐变形至一定程度后将出现裂纹。当一发现裂纹时,立即按动按钮开关,利用电磁铁迅速关闭盛铅丸料斗开关,锁紧拧紧螺钉,读取泥球的高度数值 H(cm),称取铅丸质量(再加上下压板、中心轴及盛铅丸容器的质量 800 g,即为破坏负荷)。

(6) 将试样取下置于预先称量恒重并编好号的称量瓶中,迅速称重,然后放入烘箱中,在 105~110℃下烘干至恒重,在干燥器中冷却后称重。

2. 可塑性指数法

(1) 将 200 g 通过 0.5 mm 孔径筛的天然黏土(也可直接取用生产用坯料),在调泥皿内逐渐加水调成较正常工作稠度稀一些的均匀泥料,不同黏土加水量一般在 30%~70%,陈腐 24 h 备用,若直接取自真空练泥机的坯料,可不陈腐。

(2) 试验时,将制备好的泥料再仔细拌匀,用刮刀分层将其装入试样杯中,每装一层轻轻敲击一次,以除去泥料中的气泡,最后用刮刀刮去多余的泥料,使泥料与试样杯平,置于试样杯底座上。

(3) 取出华氏平衡锥,用布擦净锥尖,并涂以少量凡士林,借助电磁铁装置将平衡锥吸住,使锥尖刚与泥料面接触,断开电磁装置电源,平衡锥垂直下沉。也可用手拿住平衡锥手柄轻轻地放在泥料面上,让其自由下沉(用手防止歪斜),待 15 s 后读数。每个试样应检验 5 次(其中一次在中心,其余四次在离试样中心不小于 5 mm 的四周),每次检验落入的深度应一致。

(4) 若锥体下沉的深度均为 10 mm 时,即表示达到了液限,则可测定其含水率。若下沉的深度小于 10 mm,则表示含水率低于液限,应将试样取出置于调泥皿中,加入少量水重新拌和(或用湿布捏练)重新进行实验。若下沉大于 10 mm,则将试样取出置于调泥皿中,用刮刀多加搅拌(或用干布捏练),待水分合适后再进行测定。

(5) 取测定水分的试样前,先刮去表面一层(约 2~3 mm),再用刮刀挖取 15 g 左右的试样,置于预先称量并编好号的称量瓶中,称重后于 105~110℃下烘至恒重,在干燥器中冷却至室温称重(准确至 0.01 g),每个试样应平行测定 5 个。

上述步骤是液限测定法,塑限测定法步骤如下。

塑性限度是黏土或坯料呈可塑状态时的下限含水率,低于此含水率,黏土和坯料即丧失可塑性而呈半固体状态。

塑性限度的测定,有滚搓法和最大分子吸水值法等。由于滚搓法全系手工操作,滚搓成的泥条大小和断裂长短状态不好掌握,人为误差大,结果不易准确。同时对可塑性过高或过低的黏土不适用。因此,滚搓法已基本淘汰。最大分子吸水值表征黏土中不受重力作用的吸水量。经过试验验证,最大分子吸水值与塑性含水率相当。因此,可以用最大分子吸水值代替黏土或坯料的塑性限度含水量。最大分子吸水值测定方法简单,结果误差小,目前一般都采用此方法。

最大分子吸水值法实验步骤如下。

(1) 取滤纸 20 张叠放整齐,上面放一块丝绸布,再将金属模环放在丝绸布上。用调泥刀将液性限度测定后的样品(水分为液限含水率)填满金属模环,用刮刀刮去多余的样品并刮平。取去模环,使一块直径 50 mm、厚 2 mm 的试片平堆在丝绸布上,再在试片上盖上一块丝绸布和 20 张滤纸。

(2) 将上下覆盖着滤纸和绸布的试片,一并移置材料试验机的上下平压板之间,试验机对试片施加压力。当试验机施加的力达到 12 847 N(相当于 6.57 N/mm²)时,保持 10 min,然后解除压力。

(3) 取去试片上下的滤纸和丝绸布,将试片置于预先称量并编号的表面皿中,立即称量。按上述程序平行测定 5 个样品。

(4) 将全部样品放入烘箱中,在 105～110℃温度下烘干至恒重,移入干燥器中冷却至室温,称量。

五、实验结果计算与评定

1. 可塑性指标法

(1) 可塑性指标按下式计算:

$$S = (D - H) \times P$$

式中:S ——可塑性指标,cm·kg;

D ——试样直径,cm;

H ——试样变形出现裂纹后高度,cm;

P ——破坏负荷,kg。

(2) 干湿基含水率按下式计算:

$$W_G = [(G_1 - G_2)/(G_2 - G_0)] \times 100\%$$
$$W_S = [(G_1 - G_2)/(G_1 - G_0)] \times 100\%$$

式中　W_G ——干基含水率,%;

W_S ——湿基含水率,%;

G_0 ——称量瓶质量,g;

G_1 ——称量瓶质量+湿样质量,g;

G_2 ——称量瓶质量+干样质量,g。

(3) 全面表征可塑性指标的数据,应包括指标、应力、应变和相应含水率,数据应精确到小数点后一位。

(4) 每个试验需平行测定 5 个试样,用于计算可塑性指标的数据,其误差不应大于±0.5。

(5) 高可塑性黏土的可塑性指标大于 3.6;中可塑性黏土的可塑性指标为 2.5～3.6;低可塑性黏土的可塑性指标小于 2.4。

2. 可塑性指数法

(1) 液限、塑限含水率按下式计算:

$$P_Y = [(G_1 - G_2)/(G_2 - G_0)] \times 100\%$$
$$P_S = [(G_1 - G_2)/(G_1 - G_0)] \times 100\%$$

式中　P_Y ——液限含水率,%;

P_S ——塑限含水率,%;

G_0、G_1、G_2 的含义同上。

（2）可塑性指数按下式计算：

$$P_i = P_Y - P_S$$

式中　P_i——可塑性指数。

（3）湿试样质量分别指液限试样和塑限试样的质量,即华氏平衡锥下沉 10 mm 符合液限测定要求的湿试样和泥条搓成直径为 3 mm 左右而自然断裂成长度为 10 mm 左右时的湿试样质量。

（4）代表液限和塑限含水率的数据应精确到小数点后一位。平行测定的 5 个试样平均值,其误差液限不大于±0.5％,塑限不大于±1％,其中三个以上超过上述误差范围（液限）时应重新测定,两个以上超过上述范围（塑限）时应重新进行测定。

（5）一般低可塑性泥料的可塑性指数在 1～7;中可塑性泥料的可塑性指数在 7～15;高可塑性泥料的可塑性指数大于 15。

六、注意事项

1. 试样加水调和应均匀一致,含水量必须是正常操作水分,搓球前必须经过充分捏练。

2. 如需详细研究可塑性指标与含水率的关系时,可做不同含水率的可塑性指标测定,并绘制可塑性指标-含水率曲线图。

3. 该搓泥条时只能用手掌不能用手指,应是自然断裂,而不是扭断。

4. 在测定过程中发现泥料水分过高或过低,不得采用烘干、加入干粉、加水的办法调整水分,只能采用空气中捏练风干的办法或重新调制。

5. 泥料装入试样杯内应保证致密无气孔,平衡锥应保证干净、光滑（锥体涂薄层凡士林）,下沉时应保证垂直、轻缓、不受冲击和自由落下。

七、思考题

1. 什么是可塑性?
2. 测定黏土可塑性指标和可塑性指数的原理是什么?
3. 测定黏土可塑性有哪几种方法? 在生产中有何指导作用?
4. 影响黏土可塑性的主要因素有哪些?
5. 可塑性对生产配方的选择,可塑泥料的制备,坯体的成型、干燥、烧成有何重要意义?
6. 不同黏土或坯料的可塑性指标和可塑性指数可以比较吗? 为什么?

实验 4 - 2　泥浆性能测定

泥浆是黏土悬浮于水中的分散系统,是具有一定结构特点的悬浮体和胶体系统。泥浆在流动时,存在着内摩擦力,内摩擦力的大小一般用黏度的大小来反映,黏度越大则流动度越小。流动着的泥浆静置后,常会凝聚沉积稠化。泥浆的流动性与稠化性,主要取决于坯釉料的配方组成,特别是黏土原料的矿物组成、工艺性质、粒度分布、水分含量、使用电解质种类与用量以及泥浆温度等。泥浆流动度与稠化度是否恰当影响球磨效率、泥浆输送、储存、压滤和上釉等生产工艺,特别是注浆成型时,将影响浇注制品的质量。如何调节和控制泥浆的流动度、稠化度,对于满足生产需要、提高产品质量和生产效率均有重要意义。

一、实验目的

1. 在掌握泥浆的稀释原理及泥浆黏度、流动度、厚化度概念的基础上,学会选择稀释剂及确定稀释剂用量。

2. 熟悉和了解泥浆性能对陶瓷生产工艺的影响。

3. 掌握泥浆性能测试方法及控制方法。

二、实验原理

泥浆和釉浆在外力作用下产生流动时,因存在着内部摩擦,使两平行的浆层流动速度有差异,称这种特性为黏滞度,即黏度或称内摩擦系数。黏度的倒数即为流动度。工艺上以一定体积的泥浆静置一定时间后从一定的流出孔流出的时间表征泥浆的流动度。黏度愈大,流动度愈小,即流动性愈差,反之则相反。利用恩格勒黏度计测定相对黏度通常是用同体积的水的流出时间去除该泥浆的流出时间的商来表示。用旋转黏度计测定绝对黏度是把测得的读数值乘上旋转黏度计系数表上的特定系数的积来表示。流动度、相对黏度和绝对黏度都是用来表征泥浆流动性的。浆体在剪切速率不变的条件下,剪切应力随时间减小的性能称为触变性,陶瓷工艺学上以溶胶和凝胶的恒温可逆变化或震动之则获得流动性,静置之则重新稠化的现象表征触变性或稠化性。触变性以稠化度或厚化度表示,等于泥浆在黏度计中静置 30 min 后的流出时间对静置 30 s 后的流出时间之比值。

调节和控制泥浆流动度、厚化度的常用方法是选择适宜的电解质和适宜的加入量。生产中常用的电解质可分为以下三类。

(1) 无机电解质如水玻璃、碳酸钠、六偏磷酸钠($NaPO_3)_6$、焦磷酸钠($Na_4P_2O_7 \cdot 10H_2O$)等,这类电解质用量一般为干料质量的 $0.3\% \sim 0.5\%$。

(2) 能生成保护胶体的有机酸盐类,如腐殖酸钠、丹宁酸钠、柠檬酸钠、松香皂等,用量一般为 $0.2\% \sim 0.6\%$。

(3) 聚合电解质,如聚丙烯酸盐、羧甲基纤维素、阿拉伯树胶等。

稀释泥浆的电解质,可单独使用或几种混合使用,其加入量必须适当,若过少则稀释作用不完全。过多则反而引起聚凝。适当的电解质加入量与合适的电解质种类对于不同黏土,必须通过实验来确定。一般电解质加入量小于 0.5%(对干料而言)采用复合电解质时,还需注意加入的先后次序对稀释效果的影响,当采用 Na_2CO_3 与水玻璃或 Na_2CO_3 与丹宁酸合用时,都应先加入 Na_2CO_3 后加入水玻璃或丹宁酸。

三、实验器材

1. 恩格勒黏度计:如图 4-3 所示,主要由两个圆筒形的容器套装组成,外圆筒用于装恒温溶液(水),内圆筒装样品,其中心有一个圆锥形小孔,样品由此孔流出,一般测定泥浆用直径为 6 mm 的流出孔,测定釉浆用直径 3 mm 的流出孔。

改变泥浆温度对它的黏度影响很大。因此在比较两种泥浆的黏度时,必须严格地在一定温度下进行测定。外层容器作为恒温器,用来加热泥浆到规定温度。外层容器中的温度用装在特别夹持器中的温度计来测量。为了加热外层容器中的液体,用一个环形煤气灯进行加热,此煤气灯装在搁置黏度计的三脚架的一只脚上。利用恩格勒黏度计测定相对黏度通常是用同体积的水的流出时间去除该泥浆的流出时间的商来表示。

2. NDJ-79型旋转式黏度计:如图4-4所示。同步电机以稳定的速度旋转,连接刻度圆盘,再通过游丝和转轴带动转子旋转。如果转子未受到泥浆的阻力,则游丝、指针与刻度圆盘同速旋转,指针在刻度盘上指出的读数为"0"。反之,如果转子受到泥浆的阻力,则游丝产生扭矩,与黏滞阻力抗衡最后达到平衡,这时与游丝连接的指针,在刻度圆盘上指示一定的读数(即游丝的扭转角)。将读数乘上特定的系数(系数值表附在黏度计表盘上),即得到泥浆的黏度。NDJ-79型旋转黏度计的适应范围很广,量程为 0.000 1~100Pa·s。而恩格勒黏度计在泥浆和釉浆较稠、黏度较大时,就难以测定。该种仪器使用方便,只要用深度稍超过转子长度的杯子盛上泥浆或釉浆,放入转子,开动仪器很快就可以测得黏度。如果采用"引伸索",可以直接在车间釉缸中测定。当固定了测量条件,对同一泥浆或釉浆重复测定多次,可以得到差别很小、前后一致、重复性好的数据。

3. 普通天平。

4. 分析天平。

5. 电动搅拌器。

6. 滴定管、量筒、玻璃棒、铁架、秒表、铜烧杯。

7. 电解质:Na_2CO_3、水玻璃、NaOH。

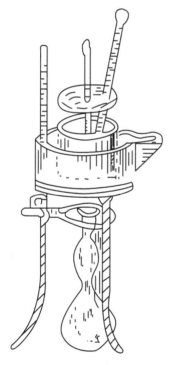

图4-3 恩格勒黏度计

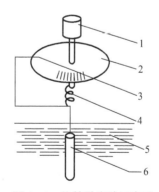

图4-4 旋转黏度计示意图
1—同步电机;2—刻度圆盘;3—指针;
4—游丝;5—被测液体;6—转子

四、实验步骤

1. 相对黏度的测定

（1）配制电解质标准溶液：配制百分浓度为 5％或 10％的 Na_2CO_3、$NaOH$、Na_2SiO_3 三种电解质的标准溶液。电解质应在使用时配制，尤其是水玻璃极易吸收空气中 CO_2 而降低稀释效果。Na_2CO_3 也应保存于干燥的地方，以免在空气中变成 $NaHCO_3$ 而成凝聚剂。

（2）黏土试样须经细磨、风干、过 100 目筛。

（3）泥浆需水量的测定：称取 200 g 干黏土，用滴定管加入蒸馏水，充分搅拌至泥浆开始呈微流动为止（不同黏土的加水量波动于 30％～70％），记录加水量。

（4）电解质用量初步试验：在上述泥浆中，以滴定管将配好的电解质标准溶液仔细滴入，不断搅拌和匀，记下泥浆明显稀释时电解质的加入量。

（5）取 5 只泥浆杯编好号，各称取试样 300 g（准确至 0.1 g），各加入所确定的加水量，调至呈微流动。

（6）在 5 只泥浆杯中加入所确定的电解质加入量，其间隔为 0.5～1 mL（要逐渐加入）。5 只泥浆杯中所加电解质量不同，但溶液体积相等。用电动搅拌机搅拌 30 min。

（7）洗净并擦干黏度计，加入蒸馏水至三个尖形标志，调整仪器水平，将具有刻线的 100 mL 容量瓶口对准黏度计流出孔，拔起木棒，同时记录时间，测定流出 100 mL 水的时间，然后用木棒塞住流出孔，做三个平行试验，取平均值，作为 100 mL 水流出时间。

（8）将上述 5 只泥浆杯中的泥浆用上法各做三个平行试验，取平均值，求得相对黏度 η_a（泥浆从流出孔流出，不要触及承受瓶的瓶颈壁，应成一股泥浆流下）。

（9）用上述方法测定其他电解质对泥浆试样的相对黏度 η_a。

2. 绝对黏度的测定

（1）配制电解质标准溶液：配制百分浓度为 5％或 10％的 Na_2CO_3、$NaOH$、Na_2SiO_3 三种标准溶液。电解质应在使用时配制，尤其是水玻璃极易吸附空气中 CO_2 而降低稀释效果。Na_2CO_3 也应保存于干燥处，以免在空气中变成 $NaHCO_3$ 而使泥浆凝聚。

（2）黏土试样需经细磨、风干、过 100 目筛。

（3）泥浆需水量的测定：称取 350～400 g 干黏土，用滴定管加入蒸馏水，充分搅拌至泥浆开始呈微流动为止，记下加水量。

（4）电解质用量初步试验：在上述泥浆中以滴定管将配好的电解质标准溶液仔细滴入，不断搅拌和匀，记下泥浆明显稀释时电解质加入量。

（5）取 5 只泥浆杯编好号，各称取试样 350～400 g（准确至 0.1 g），各加入所确定的加水量，调至呈微流动。

（6）在 5 只泥浆杯中加入所确定的电解质加入量，其间隔为 0.5～1 mL。5 只泥浆杯中所加电解质量不同，但溶液体积相等，用电动搅拌机搅拌 30 min。

（7）调整好仪器全水平位置，将选择好的转子装上旋转黏度计，并装上保护架，再一同插入搅拌好的泥浆杯中，直至转子液面标识和液体面相平为止。

（8）按下指针控制杆，开启电机开关，转动变速旋钮，对准速度指示点，放松指针控制杆，使转子在液体中旋转，经多次旋转（一般 20～30 s），待指针趋于稳定，按下指针控制杆（注意：不得用力过猛；转速慢时可不用控制杆而直接读数），使指针停在读数窗内，再关闭电机，然后读取读数。

（9）当指针所指数值过高或过低，可变换转子和转速，务必使读数在 30～90 格之间为佳。

3. 稠化度或厚化度测定

将上述已加有一定量电解质的泥浆倒入黏度计后，测定静置 30 min 与静置 30 s 后流出 100 mL 泥浆所需时间秒数的比值。

五、实验结果计算与评定

1. 相对黏度按下式计算：

$$\eta_a = C_s / W_s$$

式中　η_a——相对黏度；

W_s——流出 100 mL 水的时间，s；

C_s——流出 100 mL 试样的时间，s。

以泥浆的相对黏度为纵坐标，以电解质的不同加入量为横坐标绘制曲线图。

2. 绝对黏度按下式计算：

$$\eta = \alpha \cdot K$$

式中　η——绝对黏度；

α——黏度计指针所指读数；

K——黏度计系数表上的特定系数。

以泥浆的绝对黏度为纵坐标，以电解质的不同加入量为横坐标作图。

3. 稠化度按下式计算：

$$\mu = t_{s0} / t_{s1}$$

式中　μ——稠化度；

t_{s0}——样品静置 30 s 流出 100 mL 试样的时间，s；

t_{s1}——样品静置 30 min 流出 100 mL 试样的时间，s。

六、注意事项

1. 用电动机搅拌泥浆时，先将搅拌叶片沉入泥浆中再开动电机，以免泥浆飞溅。多次平行试验，电动机转速和运转时间要保持一定。

2. 泥浆从流出口流出时，不要触及量瓶颈壁，否则需重做。

3. 在静置 30 min 和泥浆温度超过 30℃以上时，每做一次试验，应清洗一次黏度计流出口。

4. 每测定一次黏度，应将量瓶洗净、烘干或用无水乙醇除去量瓶中剩余水分。

5. 旋转黏度计升降时应用手托住仪器，以防仪器自重坠落。

6. 在按下指针控制杆之前，不得开动电机和变换转速。

7. 每次使用完毕应及时拆下转子及保护架进行清洗（不得在仪器上进行转子清洗）。

8. 旋转黏度计不得随时搬动，要搬动和运输时应用橡皮筋将指针控制杆圈住，并套入包装套圈，托起连接螺杆，然后用螺钉拧紧。

七、思考题

1. 根据相对黏度-电解质加入量曲线图、绝对黏度-电解质加入量曲线图，如何判断最适宜的电解质加入量?

2. 电解质稀释泥浆的机理是什么?

3. 电解质应具备哪些条件?

4. 测定触变性对生产有什么指导意义?

5. 评价泥浆性能应从哪几方面考虑?

6. 在生产中加入电解质的量是否需要加到稀释效果最好时为止? 为什么?

实验 4-3　陶土化学成分分析

同黏土化学成分分析。

实验 4-4　陶瓷烧成实验

一、实验目的

1. 学会陶瓷组成设计及原料配比计算。

2. 了解陶瓷泥料成型设备,学会陶瓷坯料的制备方法。

3. 观察烧结温度、保温时间和添加剂含量对烧结制度的影响,根据试验结果修订配合料组成。

4. 根据实验结果分析陶瓷成分及烧结制度是否合理。

二、实验原理

陶瓷坯体随着烧结温度的升高,原子扩散加剧,颗粒间由点接触转变为面接触,坯体表面积减小,孔隙率降低,结构变得致密,机械性能得到提高。

三、实验器材

1. 天平。

2. 真空练泥机。

3. 泥条机。

4. 带照相装置的影像式烧结点仪等。

四、实验步骤

1. 陶瓷的成分设计:根据自己所学基本理论与专业知识并查阅相关资料,设计陶瓷的化学成分。根据陶瓷材料的化学成分选择适当的原料并进行配合比计算。

2. 原料称量:按照配合比计算结果,称取各原料的质量。

3. 配合料制备:将原料或配合料研磨至万孔筛余 0.05% 以下,制浆,干燥至适当含水率(或加入适量水),真空练泥,拉成泥条后切割成泥段。

4. 试样烧结温度的确定：按照实验 4-10"陶瓷烧结温度和烧结温度范围测定"介绍的方法确定烧成制度。

5. 将步骤 3 泥料干燥后，按步骤 4 获得的烧成制度，烧结陶瓷制品。

6. 观察陶瓷制品的外观性能。

7. 测定陶瓷制品的物理力学性能。

五、实验结果

根据烧制的陶瓷制品的外观性能及物理力学性能，调整陶瓷配方和工艺制度。

六、注意事项

1. 坯料制备时一定要混匀。

2. 高温操作时要戴防护用具，钳坩埚时应注意操作安全。

七、思考题

1. 试述影响烧成制度的因素。

2. 试述添加剂对烧成工艺和材料性能的影响。

实验 4-5　陶瓷白度测定

一、实验目的

测定非彩色表面平整的物体及粉末的"白度"，如陶瓷、搪瓷、塑料、纸张、纸浆、各种纤维及其织品，面粉、滑石粉、淀粉、涂料、水泥及化工产品等。

二、实验原理

各种物体对于投射在它上面的光，发生选择性反射和选择性吸收的作用。不同的物体对各种不同波长的光的反射、吸收及透过的程度不同，反射方向也不同，这就产生了各种物体不同的颜色（不同的白度）、不同的光泽度及不同的透光度。白度仪采用双光电池补偿电路，由指零器指示电路平衡，用补偿电位器旋钮读出白度值。其测量原理是：由于投射在试样表面的辐通量是恒定的，但因试样表面的白度不同，其漫反射的辐照度也不同，致使测量光电池上受到不同程度的光照射，产生不同的光电流。而补偿光电池上的辐照度是同一光源的辐射下接收恒定的光照射，故可根据测量光电池光电流的强度与补偿光电池的光电流进行

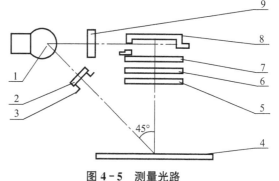

图 4-5　测量光路

1—光源；2、9—第一滤光片；3—光栅；4—样品；
5—第二滤光片；6—测量光电池；
7—补偿光电池；8—反射筒

比较,差额部分,调节补偿光电流回路中的电阻器,使指零器两边的电位相等,从补偿电位器旋钮上读数值,读出白度"量值"。测量光路见图4-5。

三、实验器材

1. ZBD型白度仪:如图4-6所示,主要由光学测量头1、仪器机座2组成,光学测量头由三枚螺钉安装着散热罩,散热罩内装有光源灯泡,滤光器和接收器等。测量头下面有测量孔,试样座3安装在可以上下滑动的滑筒4上,用左手食指和中指压下两枚小圆柱,滑筒下降,就可以取出或安放试样,光源入射光束将通过测量孔照射在孔射在被测试样上。

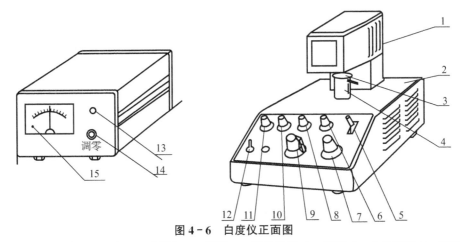

图4-6 白度仪正面图

1—光学测量头;2—机座;3—试样座;4—滑筒;5—测量扳键;6—细调;7—个位读数;8—粗调;
9—十位读数;10—零调;11—灵敏度;12—电源开关;13—指示灯;14—调零旋钮;15—指零表头

2. 白色陶瓷片。
3. 玻璃板。

四、实验步骤

1. 整机安装
(1) 整机应按图4-6所示安放好,指零器的标度尺应正对操作者,便于观察。
(2) 将仪器背面的门户打开,取出一对连有红、黑钩叉的塑胶线分别接在指零器背面左边的正极和负极(红接"＋"、黑接"－")。取出带有三脚插头的电源线,应接插在具有良好接地线的三孔220 V电源插座内和插在具有良好接地线的三孔220 V电源插座上,并将指零器背面右边的电源开关按下,这时指零器前部红色指示灯点亮。

2. 开机调整
(1) 接通整机电源及开关,仪器的指示灯、光源灯泡应点亮,预热30 min。
(2) 将"测量"扳键摆到中间位置,"灵敏度"旋钮逆时针方向转到极端,细心调节指零器前部的"调零"旋钮,使指零器指针与标度尺的"0"刻度线相重合。
(3) 根据使用要求,调整"灵敏度"旋钮。如果要求最高的灵敏度,则将"灵敏度"旋钮顺时针方向转到极端,并重新调整指零器前部的"调零"旋钮,使指零器指针再次与"0"重合。
(4) 用左手食指和中指往下压,降下滑筒,将工作白度标准安放在试样座上(注意:白度板的手柄用右手拿着在试样座上的右向,白度板必须要安装在试样座的固定位置上),"十位"及"个位"读数旋钮转到白度板所标示的白度值上。将"测量"扳键摆至下方位置,细心调节"粗调"及"细调"两旋钮,致使指零器指针与标度尺上"0"刻度线重合后,将"测量"扳键掷向中间位置。(这时若发现指针稍有偏离"0"位置,不需重新调整指零器的零调旋钮。)

(5) 取下白度板,换上黑筒。将两读数旋钮转到"0"度位置上,将扳键打向"测量",细心调节"零调"旋钮,使指零器指针与标度尺"0"刻度线重合,将"测量"扳键掷向中间位置。

(6) 重复本条(4)(5)两项操作程序,致使放上"工作标准"白度板,不再需要调节"粗调"、"细调"旋钮,直至指零器的指针已能同标尺上的"0"刻度线重合为止。

3. 样品制作及测量

(1) 在进行测量之前按照开机调整规定的程序调整好仪器。

(2) 在试样座上放好样品,将"测量"扳键掷向"测量"位置上,细心转动"十位"及"个位"读数旋钮,致使指零器的指针同标度尺"0"刻度线重合为止。此时"十位"及"个位"读数旋钮所指的刻度值,即为该样品的白度值。测毕,将"测量"扳键掷向中间位置。

(3) 如果样品的测量面存在着无法改善的"不均匀"现象,或具有横、纵向纹痕的区别,则可将样品进行不同位置或不同角度的测量。取所测得白度值的平均值,代表此样品的白度。

(4) 对于纸张、布及各种纤维织品,要取重叠若干层试样,使其不透光为止(如纸张则要根据 QB 534—67 规定取重叠 50 mm×70 mm 的试样若干张使其不透光为止,即增加试样的张数白度值不变为止即为不透光)。放置试样至试样座上,以纵向与测试人员坐向平行(与仪器面板方向平行)为宜。

(5) 对于粉末或细小颗粒状的样品,则应将样品盛放在试样皿中,用表面干净、光洁的玻璃板将样品表面压平。由于不同的测试条件,会带来不同的测量结果,所以,要想建立同类样品之间的白度量值关系,则须统一规定测试样品的取样方法,包括质量、粒度及压紧方法,使样品之间有近似的密度和表面平整度。

(6) 在连续测量期间,每测十多个试样后用工作白度板校正仪器,如测试时间超过30 min,须用工作白度板和黑筒重新校正仪器,以提高测试精度。

五、实验结果计算与评定

连续测量三次,取平均值计作试样白度,结果精确至小数点后一位数。

六、注意事项

1. 导线连接时红导线与红旋钮连接,黑导线与黑旋钮连接,切不可接错,否则仪器易损坏。

2. 调零必须准确,这是保证实验结果的关键步骤。

3. 安放标准板、黑度筒及试样时必须安放在试样座固定位置,不能偏移。

七、思考题

1. 试述测定白度的原理。

2. 试述 ZBD 型白度仪测量白度的原理。

实验 4-6　陶瓷体积密度、吸水率及气孔率测定

　　材料的密度是材料最基本的属性之一,也是进行其他许多物性测试的基础数据。材料吸水率、气孔率是材料结构特征的标志,在陶瓷生产中对这三个指标进行质量控制具有重要的意义。如原料与坯泥在焙烧后的气孔率,是确定坯体在各种不同温度作用下的变化过程的最重要指标之一,根据气孔率可以测定物料的烧结温度和烧成范围,且根据各温度烧成气孔率及收缩率可以拟定烧成曲线,陶瓷材料的机械强度、化学稳定性和热稳定性等与其气孔率有密切关系。

一、目的意义

　　1. 掌握体积密度、吸水率、气孔率等概念的物理意义。
　　2. 掌握体积密度、吸水率、气孔率的测定原理和测定方法。
　　3. 了解气孔率、吸水率、体积密度与陶瓷制品理化性能的关系。

二、实验原理

　　1. 陶瓷密度的测定
　　陶瓷密度的测定是基于阿基米得原理。材料的密度可分为真密度、体积密度、表观密度、堆积密度。
　　真密度:一般是指固体密度值,即材料质量与其实体体积之比,真密度的测定方法有浸液法和气体容积法。
　　体积密度:是指干燥制品的质量与其总体积之比,即制品单位体积(表观体积)的质量,用 g/cm³ 来表示。此单位体积包含材料的实体体积和空隙体积,所以体积密度的大小取决于真密度和气孔率,其数值低于真密度,体积密度的测定一般用浸液法。
　　表观密度:单位体积物质颗粒的干质量,此单位体积含实体矿物成分及闭口孔隙体积。
　　堆积密度:单位体积物质颗粒的质量,此单位体积含物质颗粒固体及其闭口、开口孔隙体积及颗粒间空隙体积。堆积密度有干堆积密度和湿堆积密度之分。
　　2. 气孔率、吸水率的测定
　　气孔率也称孔度,是指材料中气孔体积与材料总体积之比,用百分率来表示,材料的气孔有三种形式:封闭气孔、开口气孔和贯通气孔。封闭气孔:是指封闭在制品中不与外界相通。开口气孔:一种是一端封闭,另一端与外界相通,能为流体填充,另一种是贯通气孔,贯通制品的两面或多面,能为流体所通过。因此气孔率有封闭气孔率、开口气孔率和真气孔率之分。封闭气孔率是指材料中的所有封闭气孔体积与材料总体积之比。开口气孔率(也称显气孔率)是指材料中所有开口气孔体积与材料总体积之比。真气孔率(也称总气孔率)则指材料中的封闭气孔体积和开口气孔体积与材料总体积之比。
　　陶瓷体中所有开口气孔所吸收的水的质量与其干燥材料的质量之比值称为吸水率。

三、实验器材

　　1. 静水力学天平:精度 0.01 g,如图 4-7 所示。

2. 电子天平:精度 0.01g。

3. 电热鼓风干燥箱:能使温度控制在 (105±5)℃。

4. 真空容器或真空系统:能容纳所要求数量试样的足够大容积的真空容器和抽真空能达到(10±1)kPa 并保持 30 min 的真空系统。

5. 带有溢流管的烧杯。

6. 煮沸用器皿。

7. 干燥器,毛刷,镊子,吊篮,毛巾,三角架,纱布等。

8. 样品(陶瓷器原料或制品,耐火制品等)。

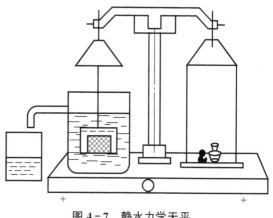

图 4-7　静水力学天平

四、实验步骤

1. 刷净试样表面灰尘,并进行编号,放入电热鼓风烘箱中于 105～110℃下烘干至恒重,称量试样的质量 m_1,精确至 0.01 g,即每隔 24 h 两次连续称量之差小于 0.1%。

2. 试样浸渍:把试样放入抽真空容器中,使样品互不接触,加入足够的浸渍液(水或其他工业有机溶剂)将试样覆盖并高出试样 5 cm。抽真空至(10±1)kPa 并保持 30 min 后停止抽真空,让样品浸泡 15 min,使试样充分饱和。

3. 饱和试样表观质量测定:将饱和试样迅速移至带溢流管容器的浸液中,当浸液完全淹没试样后,将试样吊在静水力学天平的挂钩上称量,得饱和试样的表观质量 m_2,精确至 0.01 g。

表观质量(Apparent Mass)系指饱和试样的质量减去被排除的液体的质量,即相当于饱和试样悬挂在液体中的质量。

4. 饱和试样质量测定:从浸液中取出试样,用饱和了液体的毛巾,小心地擦去试样表面多余的液滴(但不能把气孔中的液体吸出),迅速称量饱和试样在空气中的质量 m_3,精确至 0.01 g。每个样品的整个擦水和称量操作应在 1 min 内完成。

5. 浸渍液体密度测定:测定在试验温度下所用的浸渍液体的密度,可采用液体静力称量法、液体比重天平法或液体比重计法,精确至 0.001 g/cm³。

五、实验结果计算与评定

1. 吸水率按下式计算:
$$W_a = [(m_3 - m_1)/m_1] \times 100\%$$

2. 显气孔率按下式计算:
$$P_a = [(m_3 - m_1)/(m_3 - m_2)] \times 100\%$$

3. 体积密度按下式计算:
$$D_b = m_1 \cdot D_1/(m_3 - m_2)$$

4. 真气孔率按下式计算:
$$P_t = [(D_t - D_b)/D_t] \times 100\%$$

5. 闭口气孔率按下式计算:

$$P_c = P_t - P_a$$

式中　m_1——干燥试样的质量,g;

　　　m_2——饱和试样的表观质量,g;

　　　m_3——饱和试样在空气中的质量,g;

　　　D_b——体积密度,g/cm³;

　　　D_l——试验温度下,浸渍液体的密度,g/cm³;

　　　D_t——试样的真密度,g/cm³。

6. 试验误差

(1) 同一试验室、同一试验方法、同一块试样的复验误差不允许超过:

显气孔率:0.5%;吸水率:0.3%;体积密度:0.02 g/cm³;真气孔率:0.5%。

(2) 不同试验室、同一块试样的复验误差不允许超过:

显气孔率:1.0%;吸水率:0.6%;体积密度:0.04 g/cm³;真气孔率:1.0%。

六、注意事项

1. 试样制备时应检查试样有无裂纹等缺陷。

2. 称取饱吸液体试样在空气中的质量时,用毛巾抹去表面液体操作必须前后一致。

七、思考题

1. 真气孔率、开口气孔率、闭口气孔率、吸水率与体积密度的含义是什么?

2. 测定气孔率能反映制品质量的哪几项指标?

3. 影响制品吸水率、气孔率大小的因素是什么?

实验 4-7　陶瓷砖断裂模数和破坏强度测定

一、目的意义

测定陶瓷砖的断裂模数和破坏强度。

二、实验原理

以适当的速率向陶瓷砖的表面正中心部位施加压力,测定砖的破坏荷载、破坏强度、断裂模数。

三、实验器材

1. 电热鼓风干燥箱:能使温度控制在烘(105±5)℃,也可使用能获得相同检测结果的微波、红外或其他干燥系统。

2. SKZ 型数显陶瓷抗折仪:包含以下部分。

(1) 两根圆柱形支撑棒:用金属制成,与试样接触部分用硬度为(50±5)IRHD 橡胶包裹,橡胶的硬度按 GB/T 6031 测定,一根棒能稍微摆动(图4-8),另一根棒能绕其轴稍作旋转(相应尺寸见表4-1)。

(2)圆柱形中心棒:一根与支撑棒直径相同且用相同橡胶包裹的圆柱形中心棒,用来传递荷载 F,此棒也可稍作摆动(图4-8,相应尺寸见表4-1和图4-9)。

表4-1 棒的直径、橡胶厚度和长度　　　　　单位:mm

砖的尺寸 K	棒的直径 d	橡胶厚度 t	砖伸出支撑棒外的长度 l
$K \geqslant 95$	20	5 ± 1	10
$48 \leqslant K < 95$	10	2.5 ± 0.5	5
$18 \leqslant K < 48$	5	1 ± 0.2	2

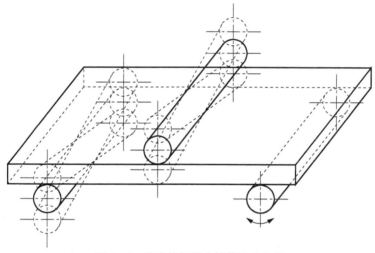

图4-8　陶瓷抗折仪支撑棒和中心棒

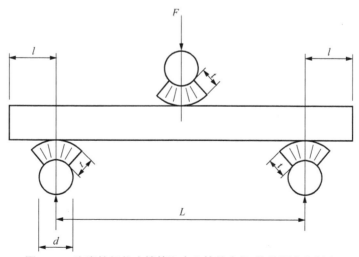

图4-9　陶瓷抗折仪支撑棒和中心棒的直径、橡胶厚度和长度

3. 陶瓷砖若干。

四、实验步骤

1. 试样制备

（1）应用整砖检验，但是对超大的砖（即边长大于 300 mm 的砖）和一些非矩形的砖，有必要时可进行切割，切割成可能最大尺寸的矩形试样，以便安装在仪器上检验。其中心应与切割前砖的中心一致。在有疑问时，用整砖比用切割过的砖测得的结果准确。

（2）每种样品的最小试样数量见表 4-2。

表 4-2　最小试样量

砖的尺寸 K/mm	最小试样数量
$K \geqslant 48$	7
$18 \leqslant K < 48$	10

2. 用硬刷刷去试样背面松散的黏结颗粒。将试样放入（110±5）℃的电热鼓风干燥箱中烘至恒重，即间隔 24 h 的连续两次称量的差值不大于 0.1%。然后将试样放在密闭的干燥箱或干燥器中冷却至室温，干燥器中放有硅胶或其他合适的干燥剂，但不可放入酸性干燥剂。需在试样达到室温至少 3 h 后才能进行试验。

3. 将试样置于支撑棒上，使釉面或正面朝上，试样伸出每根支撑棒的长度为 l（见表 4-1 和图 4-9）。

4. 对于两面相同的砖，例如无釉马赛克，以哪面向上都可以。对于挤压成型的砖，应将其背肋垂直于支撑棒放置，对于所有其他矩形砖，应以其长边垂直于支撑棒放置。

5. 对凸纹浮雕的砖，在与浮雕面接触的中心棒上再垫一层厚度与表 4-1 相对应的橡胶层。

6. 中心棒应与两支撑棒等距，以（1±0.2）N/（mm² · s）的速率均匀地增加荷载，记录断裂荷载 F。

五、实验结果处理与分析

1. 破坏强度按下式计算：

$$S = \frac{FL}{b}$$

式中　S——破坏强度，N；

　　　F——破坏荷载，从压力表上读取的使试样破坏的力，N；

　　　L——两根支撑棒之间的跨距，mm；

　　　b——试样的宽度，mm。

2. 断裂模数按下式计算：

$$R = \frac{3FL}{2bh^2} = \frac{3S}{2h^2}$$

式中　R——断裂模数，N/mm²；

h——试验后沿断裂边测得的试样断裂面的最小厚度,mm;

F、L、b 的含义同上。

3. 只有在宽度与中心棒直径相等的中间部位断裂试样,其结果才能用来计算平均破坏强度和平均断裂模数,计算平均值至少需要 5 个有效的结果。

4. 如果有效结果少于 5 个,应取加倍数量的砖再做第二组试验,此时至少需要 10 个有效结果来计算平均值。

5. 断裂模数的计算是根据矩形的横断面,如断面的厚度有变化,只能得到近似的结果,浮雕凸起越浅,近似值越准确。

原始数据记录

试样描述	棒的直径 d	橡胶厚度 t	砖伸出支撑棒外的长度 l	两根支撑棒之间的跨距 L

陶瓷砖破坏试验数据记录

试样编号	破坏荷载 F	平均破坏荷载 $\overline{F}$	是否有效结果	破坏强度 S	平均破坏强度 $\overline{S}$	断裂模数 R	平均断裂模数 $\overline{R}$

六、注意事项

1. 不同尺寸的瓷砖应选用不同直径的棒(圆柱形支撑棒和中心棒)和橡胶厚度。

2. 特纹浮雕砖在检测时,应在与浮雕面接触的中心棒上再垫一层橡胶层,其橡胶层厚度与砖的尺寸 K 相对应。

七、思考题

1. 陶瓷砖的破坏强度和断裂模数应如何计算?

2. 陶瓷砖断裂试验时有效结果如何判断?

实验 4-8　无釉陶瓷砖耐磨深度测定

耐磨深度是铺地陶瓷地砖的重要使用指标,耐磨深度表征了砖的耐磨损性能。所有铺地用无釉陶瓷砖耐磨深度(Resistance to Deep Abrasion)的测定方法,通常采用测定无釉砖的耐磨性即测量磨坑长度的方法,磨坑是在规定条件和有磨料的情况下通过摩擦钢轮在砖正面旋转产生的。

一、实验目的

掌握无釉陶瓷砖耐磨深度的测定方法。

二、实验器材

1. 耐磨试验机:见图 4-10,主要包括一个摩擦钢轮,一个带有磨料给料装置的储料斗,一个试样夹具和一个平衡锤。摩擦钢轮是用硬度在 HB500 以上的钢质轮(Fe 360A 号钢)制造,直径为(200±0.1)mm,边缘厚度为(10±0.1)mm,转速为 75 r/min。试样受到摩擦钢轮的反向压力作用,并通过刚玉调节试验机。压力调校用 F80 刚玉磨料 150 转后,产生弦长为(24±0.5)mm 的磨坑。石英玻璃作为基本的标准物,也可用浮法玻璃或其他适用的材料。当摩擦钢轮损耗至最初直径的 0.5%时,必须更换磨轮。

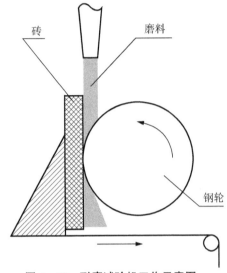

图 4-10 耐磨试验机工作示意图

2. 量具:测量精度为 0.1 mm。

3. 磨料:符合 ISO 8684-1 中规定的粒度为 F80 刚玉磨料,磨料不能重复使用。

4. 试样:采用整砖或合适尺寸的试样做试验。如果是小试样,试验前要将小试样用黏结剂无缝地粘在一块较大的模板上。试样要求干净、干燥,试样数量至少 5 块。

三、实验步骤

1. 将试样夹入夹具,样品与摩擦钢轮成正切,保证磨料均匀地进入研磨区。磨料给入速度为(100±10)克/100 转。

2. 摩擦钢轮转 150 转后,从夹具上取出试样,测量磨坑的弦长 L,精确到 0.5 mm。每块试样应在其正面至少两处成正交的位置进行试验。

3. 如果砖面为凹凸浮雕时,对耐磨性的测定就有影响,可将凸出部分磨平,但所得结果与类似砖的测量结果不同。

四、实验结果计算与表示

耐磨深度以磨料磨下的体积 $V(mm^3)$ 表示,它可根据磨坑的弦长 L 按以下公式计算:

$$V=\left(\frac{\pi\alpha}{180}-\sin\alpha\right)\frac{hd^2}{8} \qquad \sin\frac{\alpha}{2}=\frac{L}{d}$$

式中　V——耐磨深度,mm³;

α——弦对摩擦钢轮的中心角(度),如图 4-11 所示;

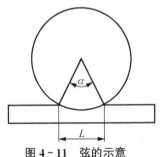

图 4-11 弦的示意

d——摩擦钢轮的直径,mm;

h——摩擦钢轮的厚度,mm;

L——弦长,mm。

V 和 L 的对应值见表 4-3。

表 4-3　V 和 L 的对应值

L/mm	V/mm^3	L/mm	V/mm^3	L/mm	V/mm^3	L/mm	V/mm^3	L/mm	V/mm^3
20	67	30	227	40	540	50	1 062	60	1 851
20.5	72	30.5	238	40.5	561	50.5	1 094	60.5	1 899
21	77	31	250	41	582	51	1 128	61	1 947
21.5	83	31.5	262	41.5	603	51.5	1 162	61.5	1 996
22	89	32	275	42	626	52	1 196	62	2 046
22.5	95	32.5	288	42.5	649	52.5	1 232	62.5	2 097
23	102	33	302	43	672	53	1 268	63	2 146
23.5	109	33.5	316	43.5	696	53.5	1 305	63.5	2 202
24	116	34	330	44	720	54	1 342	64	2 256
24.5	123	34.5	345	44.5	746	54.5	1 380	64.5	2 310
25	131	35	361	45	771	55	1 419	65	2 365
25.5	139	35.5	376	45.5	798	55.5	1 459	65.5	2 422
26	147	36	393	46	824	56	1 499	66	2 479
26.5	156	36.5	409	46.5	852	56.5	1 541	66.5	2 537
27	165	37	427	47	880	57	1 583	67	2 596
27.5	174	37.5	444	47.5	909	57.5	1 625	67.5	2 656
28	184	38	462	48	938	58	1 689	68	2 717
28.5	194	38.5	481	48.5	968	58.5	1 713	68.5	2 779
29	205	39	500	49	999	59	1 758	69	2 842
29.5	215	39.5	520	49.5	1 030	59.5	1 804	69.5	2 906

五、思考题

1. 无釉陶瓷砖耐磨深度与有釉陶瓷砖表面耐磨性测定有何区别?

2. 无釉陶瓷砖耐磨深度测定过程中应注意哪些事项?

实验 4-9　有釉陶瓷砖表面耐磨性测定

一、实验目的

1. 掌握有釉陶瓷砖表面耐磨性的测定方法。

2. 学会如何根据试验结果对有釉陶瓷砖表面耐磨性进行评价。

二、实验原理

陶瓷砖釉面耐磨性的测定,是通过釉面上放置研磨介质并旋转,然后将已磨损的试样与未磨损的试样进行观察对比,以此来评价陶瓷砖耐磨性。

三、实验器材

1. 耐磨试验机:见图 4-12,由内装电机驱动水平支撑盘的钢壳组成,试样最小尺寸为 1000 mm×100 mm。支撑盘中心与每个试样中心距离为 195 mm。相邻两个试样夹具的间距相等,支撑盘以 300 r/min 的转速运转,随之产生 22.5 mm 的偏心距(e),因此,每块试样做直径为 45 mm 的圆周运动。试样由带橡胶密封的金属夹具固定。夹具的内径是 83 mm,提供的试验面积约为 54 cm²。橡胶的厚度是 9 mm,夹具内空间高度是 25.5 mm。试验机达到预调转数后自动停机。支撑试样的夹具在工作时把盖子盖上。

2. 目视评价用装置:(图 4-13)。箱内用色温为 6 000 K 的荧光灯垂直置于观察砖的表面上,照度约为 300 lx。箱体尺寸为 61 cm×61 cm×61 cm,箱内刷有自然灰色,观察时应避免光源直接照射。

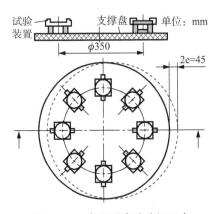

图 4-12 表面耐磨试验机示意

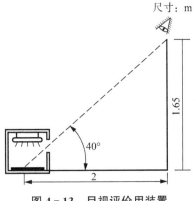

图 4-13 目视评价用装置

3. 烘箱:能在(110±5)℃下工作。

4. 天平:要求做磨耗时使用。

5. 研磨介质:每块试样的研磨介质包括直径为 5 mm 的钢球 70.0 g,直径为 3 mm 的钢球 52.5 g,直径为 2 mm 的钢球 43.75g,直径为 1 mm 的钢球 8.75 g,F80 刚玉磨料 3.0 g,去离子水或蒸馏水 20 mL。

6. 试样

(1)试样应具有代表性,对于不同颜色或表面有装饰效果的陶瓷砖,取样时应注意能包括所有特色的部分。试样的尺寸一般为 100 mm×100 mm,使用较小尺寸的试样时,要先把它们粘紧固定在一适宜的支撑材料上,窄小接缝的边界影响可忽略不计。

(2)试样的数量要求用 11 块试样,其中 8 块试样经试验供目视评价用。每个研磨阶段要求取下一块试样,然后用 3 块试样与已磨损的样品对比,观察可见磨损痕迹。

四、实验步骤

1. 将试样釉面朝上夹紧在金属夹具下,从夹具上方的加料孔中加入研磨介质,盖上盖子防止研磨介质损失,试样的预调转数为 100 r/min、150 r/min、600 r/min、750 r/min、1 500 r/min、2 100 r/min、6 000 r/min 和 12 000 r/min。

2. 达到预调转数后,取下试样,在流动水下冲洗,然后放入(110±5)℃的烘箱内烘干。如果试样被铁锈污染,可用10%(体积分数)的盐酸擦洗,然后立即在流动的水下冲洗、干燥。

3. 将试样放入观察箱,用一块已磨试样,周围放置三块同型号未磨试样,在300 lx照度下,距离2 m且高1.65 m,用眼睛(平时戴眼镜的可戴眼镜)观察对比未磨和经过研磨后的砖釉面的差别。注意不同的转数研磨后砖釉面的差别,至少需要三种观察意见。

4. 在观察箱内目视比较,当可见磨损在较高一级转数和低一级转数比较靠近时,重复试验检查结果,如果结果不同,取两个级别中较低一级作为结果进行分级。

5. 已通过12 000 r/min转数级的陶瓷砖,紧接着根据GB/T 3810.14规定做耐污染试验。

6. 试验完毕,钢球用流动水冲洗,再用含甲醇的酒精清洗,然后彻底干燥,以防生锈。如果有协议要求做釉面磨耗试验,则应在试验前先称3块试样的干质量,然后在6 000 r/min下研磨。

7. 已通过1 500 r/min、2 100 r/min和6 000 r/min转数级的陶瓷砖,进而根据GB/T 3810.14规定做耐污性试验。

四、实验结果计算与评定

1. 试样的耐磨性可根据表4-4进行分级,共分5级。

表4-4　有釉陶瓷砖耐磨性分级

可见磨损的研磨转速/(r/min)	级别
100	0
150	1
600	2
750,1500	3
2 100,6 000,12 000	4
>12 000	5
通过12 000转试验后陶瓷砖,必须根据GB/T 3810.14做耐污染试验	

2. 如果在12 000 r/min下未见磨损痕迹,但按GB/T 3810.14中列出的任何一种方法(A、B、C或D),污染都不能擦掉,耐磨性定为4级。

五、思考题

1. 有釉陶瓷砖耐磨性测定过程中应注意哪些事项?
2. 影响有釉陶瓷砖耐磨性的因素有哪些?

实验4-10　陶瓷烧结温度和烧结温度范围测定

陶瓷坯体在烧结过程中,要发生复杂的物理、化学变化,如原料的脱水、氧化分解、易熔物的熔融、液相的生成、旧晶相的消失、新晶相的形成等,与此同时,坯体的气孔率逐渐减小,坯体的密度不断增大,最后在达到坯体气孔率最小、密度最大时的状态称为烧结,烧结时的温度称为烧结温度。若继续升温,升到一定温度时,坯体开始过烧,过烧时试样开始出现膨胀、气泡、角棱局部熔融等现象,烧结温度和开始过烧温度之间的温度范围称为烧结温度范围。

一、实验目的

1. 掌握用高温显微镜法测定陶瓷坯体的烧结温度和烧结温度范围。

2. 了解陶瓷坯体烧结温度和烧结温度范围测定的意义。

二、实验原理

通过高温显微镜观察试样在加热过程中轮廓的形状与尺寸的变化来确定烧结温度和烧结温度范围。

三、实验器材

1. 天平:量程 500 g,精度 0.1 g。

2. 带照相装置的影像式烧结点仪。

四、实验内容与步骤

1. 取具有代表性的均匀试样至少 20 g,加适量水润湿,用压样器压制成直径与高相等的圆柱体(具体尺寸 $\phi3$ mm×3 mm 或 $\phi8$ mm×8 mm,压力 3 MPa)。要求在仪器上观察到的试样投影图像为正方形。

2. 接通电源,打开白炽灯,将制备好的试样放在有铂金垫片的氧化铝托板上,把托板小心、准确地放到试样架的规定位置上。使试样与热电偶端点在同一位置,再将试样架推到炉膛中央。

3. 合上炉膛关闭装置。调节灯光聚光,使光的焦点在试样上。调节目镜,使试样轮廓清晰,然后在 800℃ 前用 10℃/min,800℃ 后 5℃/min 的升温速度加热(无特殊需要,试样均在空气中加热),记录以下各个温度。

(1) 试样膨胀最大时的温度 T_2。

(2) 试样开始收缩时的温度 T_3。

(3) 试样开始收缩达最大值时的温度 T_4。

(4) 试样开始二次膨胀时的温度 T_5。

在以下各温度时照相:

(1) 试样加热的起始温度 T_1。

(2) 试样膨胀最高时的温度 T_2。

(3) 试样收缩至起始高度时的温度 T_3。

(4) 试样收缩达最大值时的温度 T_4。

(5) 试样二次膨胀后的温度 T_5。

五、实验数据记录与处理

1. 将实验测得的数据记入下表中:

烧结试验测试结果

试样名称 外观特征	T_1/℃	T_2/℃	T_3/℃	T_4/℃	T_5/℃	烧结温度范围/℃

注:需要时附各温度的试样照片。

2. 利用照片或其他方法按下式计算出试样在测定中高度变化的百分率:

$$\Delta h = [(h_t - h_0)/h_0] \times 100\%$$

式中　Δh——试样高度变化,%;

　　　h_t——为相关温度上测得的试样高度,mm;

　　　h_0——试样加热起始高度,mm。

3. 以变化百分率为纵轴,相关温度为横轴绘制烧成曲线。

4. 根据烧成曲线确定烧结温度和烧结温度范围。

六、思考题

1. 陶瓷坯体烧结温度和烧结温度范围测定过程中应注意哪些事项?

2. 陶瓷坯体烧结温度和烧结温度范围测定有何作用?

实验 4-11　线收缩率和体收缩率测定

在陶瓷或耐火材料的生产中,在刚成型后的坯体中都含有较高的水分,在坯体煅烧前必须通过干燥过程将自由水除去。但在干燥过程中随着水分的排出,坯体会不断发生干燥收缩而变形,这种变形一般是在形状上向最后一次成型以前的状态扭转,这种变形会影响坯体的造型尺寸的准确性,严重时坯体会开裂,另外,坯体在烧成过程中也会发生收缩变形,为了防止这种现象的发生,就得测定黏土或坯料的干燥收缩和烧成收缩性能。

一、实验目的

1. 掌握黏土或坯料干燥及烧成收缩率的测定方法,为确定配方、制定干燥制度和烧成制度提供合理的工艺参数依据。

2. 了解黏土或坯料产生干燥和烧成收缩的原因与调节收缩的措施。

二、实验原理

可塑状态的黏土或坯料在干燥过程中,随着温度的提高和时间的增长,有一个水分不断扩散和蒸发,质量不断减轻,体积和孔隙不断变化的过程。开始加热阶段时间很短,坯体体积基本不变,当升至湿球温度时,干燥速度增至最大时即转入等速干燥阶段,干燥速度固定不变,坯体表面温度也固定不变,坯体体积迅速收缩,是干燥过程最危险阶段。到降速阶段,由于体积收缩造成内扩散阻力增大,使干燥速度开始下降,坯体的平均温度上升。由等速阶段转为降速阶段的转折点叫临界点,此时坯体的水分即为临界水分。降速阶段坯体体积收缩基本停止。在同一加工方法的条件下,随着坯料性质的不同,它在干燥过程中水分蒸发的速度和收缩速度以及停止收缩时的水分(临界水分)也不同,有的坯料干燥时蒸发很快,收缩很大,临界水分很低。有的坯料干燥时,水分蒸发较慢,收缩较小,临界水分较高,这是坯料的干燥特征。因此测定坯料在干燥过程中收缩、失重和临界水分,对于鉴定坯料的干燥特征,为制定干燥工艺提供依据具有实际意义。在烧成过程中,由于产生一系列物理化学变化如氧化分解、气体挥发、易熔物熔融成液相,并填充于颗粒之间,颗粒进一步靠拢,进一步产生线性尺寸收缩与体积收缩。

黏土或坯料干燥过程中,直线方向产生的收缩量与原始试样直线长度之比值称为干燥线收缩率。烧成过程中直线方向产生的收缩量与干燥试样直线长度之比值称为烧成线收缩率。干燥和烧成过程中,直线方向产生的总收缩量与原始试样直线长度之比值称为总线收缩率。一般采用卡尺或测量显微镜进行测定。

黏土或坯料干燥过程中体积的变化和原始试样体积之比值称为干燥体积收缩率。烧成过程中体积的变化与干燥试样体积之比值称为烧成体积收缩率。总的体积变化与原始试样体积之比值称为总体积收缩率。

线收缩的测定比较简单,对于在干燥过程中易发生变形歪扭的试样,必须测定体积收缩。烧成的试样体积可根据阿基米得原理测定在水中减轻的质量计算求得。干燥前后的试样体积可根据阿基米得原理测定其在煤油中减轻的质量计算求得。

三、实验器材

1. 真空炼泥机。
2. 电热鼓风干燥箱:能使温度控制在(105 ± 5)℃。
3. 箱式电阻炉:最高使用温度不低于1 400℃。
4. 电子天平:量程200 g,精度1 mg;量程2 000 g,精度0.1 g。
5. 工具显微镜。
6. 游标卡尺:精度0.02 mm。
7. 试样压制切制模具、画线工具。
8. 玻璃板(400 mm×400 mm×4 mm)、碾棒(铝质或木质)、小刀。
9. 煤油、蒸馏水、丝绸布。

四、实验步骤

1. 线收缩率测定

(1) 试样制备:称取粉碎后混合粉1 kg,置于调泥容器中,加水拌和至正常操作状态,充分捏练后,密闭陈腐24 h备用,或直接从真空练泥机挤出的塑性泥料中取样。

(2) 把塑性泥料放在铺有湿绸布的玻璃板上,上面再盖一层湿绸布,用专用碾棒进行碾滚。碾滚时,注意变换方向,使各方面受力均匀。最后轻轻滚平,用专用模具切成50 mm×50 mm×10 mm试块5块,小心地置于垫有薄纸的玻璃板上,随即用画线工具在试块的对角线上画上互相垂直相交的长50 mm的两根工字形线条记号,并编号、记下长度L_0。

(3) 制备好的试样在室温下阴干1~2天,阴干过程中要翻动,不使试块紧贴玻璃板影响收缩。待试块发白后放入干燥箱中,在105~110℃下烘干4 h。冷却后用小刀刮去边缘的突出部分(毛刺)、用游标卡尺或工具显微镜量取记号长度L_1(准确至0.02 mm)。

(4) 将测量过干燥收缩的试样装入电炉(或生产窑、试验窑)中焙烧(焙烧时应选择平整的垫板并在垫板上撒上石英砂或 Al_2O_3 粉或刷上 Al_2O_3 浆),烧成后取出,再用游标卡尺或工具显微镜量取试块上记号间的长度 L_2(准确至 0.02 mm)。

2. 体收缩率测定

(1) 试样制备:取经充分捏练后的泥料或取自生产上用的塑性泥料,碾滚厚 10 mm 的泥块(碾滚方法与线收缩试样同),切成 25 mm×25 mm×10 mm 的试块 5 块,编号。

(2) 制备好的试样,用天平迅速称量 G_0(准确至 0.005 g),然后放入煤油中称取其在煤油中的质量 G_1 和饱吸煤油后在空气中的质量 G_2,而后置于垫有薄纸的玻璃板上阴干 $1\sim2$ 天,待试样发白后,放入干燥箱中,在 $105\sim110℃$ 下烘干至恒重,冷却后称取其在空气中的质量 G_3(准确至 0.002 g)。

(3) 把空气中称重后的试样,放入抽真空装置中,在相对真空度不小于 95% 的条件下,抽真空 1 h,然后放入煤油中(至浸没试样),再抽真空 1 h,取出称取其在煤油中的质量 G_4 和饱吸煤油后在空气中的质量 G_5(准确至 0.002 g),称量时应抹去试样表面多余的煤油。

在没有真空装置的条件下,可把试样放在煤油中浸泡 24 h。

(4) 将测定过干燥体收缩的试样装入电炉中熔烧,烧后取出刷干净,称取其在空气中的质量 G_6(准确至 0.005 g),然后放入抽真空装置中,在相对真空度不小于 95% 的条件下,抽真空 1 h,放入水中(至浸没试样)再抽真空 1 h,取出称取其在水中的质量 G_7 和饱吸水后在空气中的质量 G_8(准确至 0.005 g)。

五、实验数据记录与计算

1. 线收缩率测定记录

线收缩率测定记录表

试样名称		测定人		测定日期		
试样处理						
编号	湿试样记号间距离 L_0/mm	干试样记号间距离 L_1/mm	烧成试样记号间距离 L_2/mm	干燥收缩率/%	烧成收缩率/%	总线收缩率/%	备注

2. 体收缩率测定记录

体收缩率测定记录表

试样名称				测定人				测定时间			
试样处理											
编号	湿试样				干试样				烧成试样			
	在空气中质量 G_0	在煤油中质量 G_1	饱吸煤油质量 G_2	体积 $V_0=\dfrac{G_2-G_1}{r_0}$	在空气中质量 G_3	在煤油中质量 G_4	饱吸煤油质量 G_5	体积 $V_1=\dfrac{G_5-G_4}{r_0}$	在空气中质量 G_6	在水中质量 G_7	饱吸水质量 G_8	体积 $V_2=\dfrac{G_8-G_7}{r_w}$

注:r_0——煤油的密度,g/cm^3;r_w——水的密度,g/cm^3。

3. 计算

（1）线收缩率计算

$$y_{dl} = [(L_0 - L_1)/L_0] \times 100\%$$
$$y_{Al} = [(100 - y_{dl})/100] y_{sl} + y_{dl}$$
$$y_{sl} = [(L_1 - L_2)/L_1] \times 100\%$$
$$y_{sl} = [(y_{Al} - y_{dl})/(100 - y_{dl})] \times 100\%$$
$$y_{Al} = [(L_0 - L_2)/L_0] \times 100\%$$

式中　　y_{dl}——干燥线收缩率；

　　　　y_{sl}——烧成线收缩率；

　　　　y_{Al}——总线收缩率；

　　　　L_0——湿试样记号间距离，mm；

　　　　L_1——干试样记号间距离，mm；

　　　　L_2——烧结试样记号间距离，mm。

（2）体收缩率计算

$$y_{db} = [(V_0 - V_1)/V_0] \times 100\%$$
$$y_{sb} = [(V_1 - V_2)/V_1] \times 100\%$$
$$y_{ab} = [(V_0 - V_2)/V_0] \times 100\%$$

式中　　y_{db}——干燥体收缩率；

　　　　y_{sb}——烧成体收缩率；

　　　　y_{ab}——总体收缩率；

　　　　V_0——湿试样体积，cm^3；

　　　　V_1——干试样体积，cm^3；

　　　　V_2——烧结试样体积，cm^3。

（3）线收缩率和体收缩率之间有如下关系

$$y_1 = [1 - \sqrt[3]{1 - y_b/100}] \times 100\%$$

六、注意事项

1. 测定线收缩率的试样应无变形等缺陷，否则应重做。

2. 测定体收缩率的试样，其边棱角应无碰损等缺陷，否则应重做。

3. 擦干试样上煤油（或水）的操作应前后一致。

4. 试样的湿体积应在成型后 1 h 以内进行测定。

5. 试样的成型水分不可过多，以免收缩过大。

七、思考题

1. 测定黏土或坯料的收缩率的目的是什么？

2. 影响黏土或坯料收缩率的因素是什么？

3. 如何降低收缩率？

4. 干燥过程和烧成过程为什么会收缩？其动力是什么？

实验 4-12　陶瓷显微硬度测定

　　硬度是衡量材料软硬程度的一种力学性能,硬度的测定方法有十几种,按加载方式基本上分为压入法和刻划法两大类,布氏硬度、洛氏硬度、维氏硬度及显微硬度等属于压入法,莫氏硬度顺序法和锉刀法属于刻划法,硬度值的物理意义随试验方法的不同,其含义不同。如压入法的硬度是材料表面抵抗另一种物体局部压入时所引起的塑性变形能力;刻划法硬度值是材料表面对局部切断破坏的能力,因此一般情况下可以认为硬度是指材料表面抵抗变形或破裂的能力。显微硬度是陶瓷的重要性能,特别是结构陶瓷通常具有高硬度,可用于要求高耐磨性的场合。显微硬度不仅表征陶瓷的使用性能,而且能够反映出坯釉的成分和结构信息,从而为选择和研究陶瓷提供依据。

一、实验目的

1. 了解并掌握釉面和瓷胎显微硬度的测定原理和测定方法。
2. 了解影响釉面和瓷胎显微硬度的因素。

二、实验原理

　　陶瓷硬度常用莫氏硬度和显微计测定,显微硬度是通过光学放大原理,金刚石棱锥体压头在一定负荷下压入被测试样表面,在试样表面压出一个四方锥体压痕,经规定时间后,卸除负荷,用仪器的读数显微镜测出压痕的对角线平均长度,用以计算压痕表面积,再按公式求出被测试样的硬度,称为显微硬度。对于维氏硬度计而言,金刚石压头为正方形棱锥体,压头两相对面之间的夹角为 $\alpha=136°20'$,其硬度为:

$$H_V=2F\sin(\alpha/2)/d^2=1\,854.4F/d^2$$

式中　H_V——维氏硬度值,kg/mm²;

　　　　F——负荷,kg;

　　　　d——压痕对角线的长度,mm。

三、实验仪器与设备

1. HX-1000 显微硬度计,见图 4-14。
2. 试样抛光设备。

四、实验步骤

　　1. 安置试样:将试样按要求选择适当的装夹工具,并安置在仪器的工作台上,打开显示器左侧的开关,并将工作台移至左端。

　　2. 调焦:由于显微硬度计的物镜倍数高,而高倍物镜的景深比较小,仅 1~2 μm,因此不熟练的使用者找像比较困难。切勿在未熟练操作之

图 4-14　显微硬度计

1—视度调节圈;2—电器箱开关;3—金刚钻压头;
4—物镜;5—手轮;6,7—手柄;8—转动变荷圈;
9—左右移动手柄;10—前后移动手柄;
11—旋钮;12—电器箱

前,就用此仪器来测定针尖之类的试样,否则有可能在调焦时将物镜顶坏。为此,可以先找一块比较平整,而具有一定粗糙度的试样进行训练。先将试样调到与物镜端面近似于接触,再将手轮5反转,往下调约一圈,再往上略微调节手轮5,在视场内可见到试样的表面像。当操作熟练以后,就可以直接调焦。先转动手柄6使试样升高至离物镜面约1 mm处,随后缓慢转动手轮5,可以看到视场逐渐变得明亮,先看到模糊的灯丝像,然后再看到试样的表面像,直调至最清晰为止。若发现测微目镜内十字叉线不清晰的话,应先调节视度调节圈1。对于不同的操作者,由于视度不一致,因此需旋动视度调节圈1,患有近视眼的操作者应往里调,远视眼则相反,直调至显清晰位置,再进行调焦。

3. 转动工作台上纵横向微分筒,在视场里找出试样的需测试部位。

4. 扳动手柄7使工作台移至右端,这时试样从显微镜视场中移到了加荷机构的金刚石角锥体压头下面(注意移动时必须缓慢而平稳,不能有冲击,以免试样走动)。

5. 加荷:选择一个保荷时间(一般为15~30 s),再按电动机启动按键2进行加荷,当保荷时间的数码管开始缩减时,表示负荷已加上,至数码管中出现"0"或"1",电动机自动启动进行卸荷,卸荷完毕后数码管中又恢复原来的数字。

6. 加荷完毕后将工作台扳回原位置,进行测定。

7. 需要精确地测定指定点的硬度的话,可以先试打一点。在理想的情况下,压痕应落在视场的中心位置,但往往压痕与视场中心有一个偏离,若偏离不大的话,这是允许的。试打后,记下压痕与叉丝的偏离大小与方向,然后打下定点,以此位置为准。有时为了精确地打定点,可将测目镜转过一个角度,并旋动测微鼓轮,使叉线中心与试打的压痕中心重合,以后再打的压痕就会落在分划板的叉线中心。在确定压痕位置时切不可旋动工作台的测微螺杆,以免变动压痕原始位置。

8. 硬度测定

(1)瞄准:调节工作台上的纵横向微分筒和测微目镜左右两侧的手轮使压痕的棱边和目镜中交叉线精确地重合,如图4-15所示。若测微目镜内的叉线与压痕不平行,则可转动测微目镜使之平行。有时棱边不是一条理想的直线,而是一条曲线,瞄准时应以顶点为准。

(2)读数:视场内见到0,1,2,…,8单位是mm。读数鼓轮刻有一百等分的刻线,每格为0.01 mm,每转一圈为100格,视场内双线连同叉线移动一格。读数鼓轮旁边刻有游标,每格数为0.001 mm,因此总共可以读得4位数。若在视场中看到压痕不是正方形的,那么应将测微目镜转过90°重复上述方法,读得另一对角线之长度。两个不等的对角线的平均值即为等效正方形的对角线长。

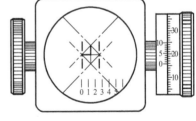

图4-15 压痕瞄准,读数为2659

(3)求对角线的实际长度

① 从测微目镜读取的值,是通过物镜的放大的值,压痕对角线的实际长度为

$$d = N/V$$

式中 d——压痕对角线的实际长度,mm;

N——测微目镜上测得的对角线长度,mm;

V——物镜放大倍率,本机所用的物镜倍率为40倍。

图4-15中的压痕的对角线实际长度 d 为

$$d = 2.659/40 = 0.066\ 5(\text{mm}) = 66.5(\mu\text{m})$$

② 压痕对角线的实际长度还可以用另一种方法求得。先求测微目镜的格值,然后将测微目镜上测得的对角线长度的格数与格值数相乘就得出压痕对角线的实际长度:

测微目镜格值＝读数鼓转过一小格时分划板移动的实际长度/物镜放大倍率

$$= 0.01\ \text{mm}/40 = 0.000\ 25\ \text{mm} = 0.25\ \mu\text{m}$$

图 4-15 中的压痕的对角线实际长度为:

$$d = 0.25(\mu\text{m}) \times 265.9 = 66.5(\mu\text{m})$$

(4) 查表求值:根据对角线长度,查硬度值表,得出试样的硬度值。

五、实验数据记录与处理

1. 实验结果记录于下表中

显微硬度测定记录表

试样名称		测定人		测定时间		
试样处理		室温/℃		相对湿度/%		
试样编号	镜座压痕读数		对角线长度/mm		测微目镜格值	
	左端	右端	测微目镜	实际长度		

2. 显微硬度计算

根据施加的载荷与测量的压痕对角线尺寸,按下式计算显微硬度值:

$$H_V = 2F\sin(\alpha/2)/d^2 = 1\ 854.4F/d^2$$

式中　H_V——维氏硬度值,kg/mm^2;

　　　F——负荷,kg;

　　　d——压痕对角线的长度,mm;

　　　α——为金刚石压锥两相对面之间的夹角。

六、注意事项

1. 试样的被测面应安放水平。

2. 工作台移动时必须缓慢而平稳,不能有冲击,以免试样走动。

3. 在定压痕位置时切不可旋动工作台的测微螺杆,以免变动压痕原始位置。

4. 若现场中看到压痕不是正方形,则必须求出两条不等长的对角线的平均值,即为等效正方形的对角线长。

5. 显微硬度计测试环境应防震、防尘、防腐蚀性气体,室温不超过(20 ± 5)℃,相对湿度不大于65%。

6. 升降轴应经常上一些锭子油作润滑和防锈之用,仪器不使用时,工作台应降到较低位置,以使升降轴免受灰尘等影响。

7. 试样打出压痕后压痕不在视场中心,需要进行校正。若压痕左右偏离,只要调节工作台左右移动螺钉改变工作台的移动距离就可以了。若压痕前后偏离,则需用专用内六角扳手旋松工作台转动螺钉,工作台就会随之转动,使压痕移到视场中心。重合校正的实质就是使工作台的移动导轨与物镜中心、压锥顶尖的连线平行,而移动距离应与此连线相等。

七、思考题

1. 试述显微硬度的测定原理。
2. 不熟练的使用者如何进行调焦训练?

实验 4-13 陶瓷坯釉应力测定

陶瓷坯体表面一般要施上一层釉,少数有特殊目的要求的也有不施釉的。施釉的陶瓷,由于坯釉的化学组成、酸碱性和物相结构不同,导致热膨胀系数差异。由于坯与釉的热膨胀系数不同,当烧成后冷却过程中在坯与釉之间会出现应力,这种应力会引起釉面裂纹、釉层剥落和产品变形等缺陷。

在进行坯釉料配方设计、寻求釉层龟裂或剥离的原因以及提高机械强度等性能时都要对坯釉间存在的应力进行测定,并且要求知道釉层是受压应力还是张应力,以便调整坯釉料配方,解决釉层质量问题,测定坯釉应力常用的方法有坯釉应力测定仪法、坩埚法、应力环法及显微镜法等,本测定仅介绍坯釉应力测定仪法。

一、实验目的

1. 掌握施釉陶瓷制品坯釉应力的测定原理及方法。
2. 了解坯釉应力的测定对生产的指导作用。

二、实验原理

由于釉与坯体紧密联系,所以当釉的膨胀系数低于坯体时,在冷却的过程中,釉比坯体收缩小,釉除受本身收缩作用自动变形外,还受到坯体收缩时所赋予它的压缩作用,而使它产生压缩弹性变形,从而在凝固的釉层中保留下永久性的压缩应力,一般称压缩釉,也称为正釉。正釉一方面减轻表面裂纹的危害,另一方面又抵消一部分加在制品上的张应力,能提高制品的强度,起着改善表面性能和热性能的良好作用。然而,一旦釉中压应力超过釉层中耐压极限时,则会造成剥落性釉裂。釉层呈片状开裂,或从坯体上崩落。反之,当釉的膨胀系数大于坯体时,则釉受到坯的拉伸作用,产生拉伸弹性变形,釉层中就保留下永久的张应力,一般称负釉,负釉容易开裂。当坯釉膨胀系数相同时,釉层应无永久的热应力,所以尽管坯釉的熔融性能匹配良好,如果膨胀系数不相适应,仍然影响制品质量,只有配制出热膨胀系数近于或略低于坯的热膨胀系数[一般低于$(1\sim2)\times10^{-6}℃^{-1}$]的釉料,才能获得合格釉层。

坯釉应力测定仪法是在一个素烧陶瓷试条的中间平坦较薄部分的一面施上釉,置于管式电炉中加热,试条的一端固定,由于坯釉的热膨胀系数不同而产生应力,并发生正反弯曲(即向上弯曲或向下弯曲),触键把这种向上或向下弯曲的运动通过杠杆系统扩大25倍,传递到记录圆筒上。

加热试条的管式电炉的热功率约为 1 kW,温度是用热电偶指示(镍铬-镍),测定温度范围为 20～1 000℃。为了控制电炉的冷却时间,在仪器的侧面装有 1 台通风机,可以把电炉中的热气抽出来,进行快冷。记录圆筒上的有效纵坐标高度为 160 mm,它由同步马达带动(220V/50Hz,6.6 小时/1 周转时间),在松动边缘螺丝帽以后,记录圆筒可以升起。由试样的弯曲方向和弯曲程度可以判断坯釉间的应力性质和差异程度。试样的最大弯曲量为 7 mm(1∶25 换算)。温度指示钮可将温度的刻度作为横坐标值表示在记录下来的曲线中,从而可以得到直接的温度-弯曲程度特性曲线。杠杆系统是一种敏感的精细的机械装置,要防止强烈震动,以免损伤。

试条的未固定端向上下弯曲是绕固定点 D 移动的,其弯曲量数值反应到点 P 上,点 P 向上或向下弯曲 1 mm 活动端点即弯曲 2 mm。所以点 P 弯曲 1 mm,通过杠杆系统传递到记录圆筒上即扩大了 50 倍。所以总的换算为

$$\frac{点 P 的弯曲}{自动记录的高度} = \frac{1}{50}$$

三、实验器材

1. 405 型坯釉应力测定仪。

2. 电热鼓风干燥箱:能使温度控制在 (105±5)℃。

3. 试条:尺寸为(264～268)mm×(16～26)mm×(6.5～11)mm,中间上釉部分厚度 3～6.5 mm,长度 85.6～90 mm。

4. 研钵、筛子、釉粉等。

四、实验步骤

1. 成型试条:用可塑法或注浆法均可,自然阴干后,放入烘箱中在(105±5)℃烘干 2 h。

2. 将试条放在素烧的温度下焙烧,烧后检查试条是否平直。

3. 干釉粉磨细,过 100 目筛。

4. 在焙烧后的试条中间薄的部位均匀施上一层釉。

5. 检查仪器设备,调水平。

6. 将施釉后的试条,固定在试条夹上。

7. 插好热电偶。

8. 接上电源,开始加热升温。

9. 注意温度表及记录圆筒上的曲线记录。

10. 当温度升到 1 000℃并保温 2 h 后即将电源断开。

11. 自然冷却或打开通风机加速冷却。

12. 温度降到 550℃时关掉通风机,进行自然冷却。

13. 温度降到室温或接近室温时即可取出试条和记录纸。

五、实验数据记录与处理

1. 坯釉应力测定记录

坯釉应力测定记录表

试样名称		测定人		测定日期			
试样处理							
编号	记录纸横坐标值 $T/℃$	t/h	$\Delta t/min$	I/A	$\Delta D/mm$	备注	

表中　T——温度指示仪表上的读数,℃;

　　　t——时间,h;

　　Δt——从一次温度读数到另一次温度读数的时间,min;

　　　I——电炉电流,A;

　ΔD——弯曲度的变化,mm。

2. 求出试样弯曲度

$$D = \frac{记录纸的纵坐标值}{50}(mm)$$

3. 从试样弯曲方向和弯曲程度分析确定釉是受压应力还是受张应力,是正釉还是负釉。

六、注意事项

1. 试条应放在卧式管型电炉中居中位置,上下左右到炉管壁间隙一致,不要碰到炉管壁。

2. 热电偶插入炉内时应放在试条侧面,不要放在试条上面或下面,以免妨碍试条弯曲,同时热电偶不要与炉管壁撞触(保持约 5 mm 距离),以免造成温度误差。

3. 试条放入电炉中时,施釉的一面应朝上。

4. 实验过程中,要保持仪器设备稳定,不要碰撞震动,以免影响试条变形和杠杆系统、记录系统的准确性。

七、思考题

1. 影响坯釉应力测定的因素是什么?

2. 影响坯釉应力的因素是什么? 如何消除坯釉应力?

3. 施釉坯体中正釉好还是负釉好? 为什么?

实验 4-14　陶瓷热膨胀系数测定

一、实验目的

1. 了解测定陶瓷材料热膨胀系数的实际意义。

2. 弄懂陶瓷材料热膨胀系数与热稳定性的关系。

3. 掌握热膨胀系数的测定原理与测定方法。

二、实验原理

陶瓷材料的热膨胀系数用线膨胀系数及体膨胀系数表示。

线膨胀系数是陶瓷材料在温度升高1℃时单位长度的相对增加值。体膨胀系数是在一定温度范围内温度改变1℃时陶瓷材料体积的平均增加值。

在生产、科研上测定线膨胀系数时在一定温度范围内,如20~1 000℃,也称为平均线膨胀系数。平均线膨胀系数的测定一般采用膨胀仪。

热膨胀仪主要分为温度控制系统和位移测量系统两部分,并配合微机进行自动记录。

三、仪器设备

RPZ-03P型微机全自动高温热膨胀仪:如图4-16所示,其结构由主机(含加热炉、测量装置及主控回路)和微机测控装置两大部分组成。

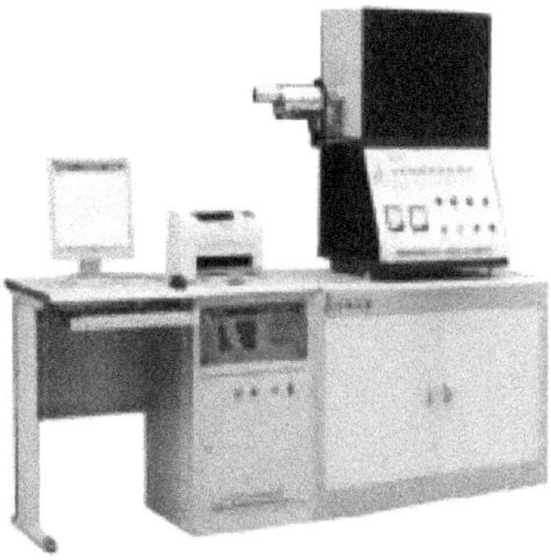

四、实验步骤

1. 装样

(1) 松开锁定扣,拉出装样机构,取下装样管端部的挡样插片,将试样从端部放入装样管,再将插片重新放入插槽内,100 mm的试样插片放端部插槽,50 mm的试样放内侧插槽。

图 4-16 RPZ-03P 型微机全自动高温热膨胀仪

(2) 旋转位移计调整旋钮,使顶杆顶住试样端面中心部位且试样另一端面与挡样插片垂直,热电偶热端位于试样中部即试样半高处。

(3) 将装样机构推入炉内(注意不要折伤冷却水管),勾住锁定扣。

2. 开机

(1) 打开计算机电源,运行 DS&DIL2002.10/DIL 测控系统,输入试样相关参数。

(2) 设定升温程序曲线。

(3) 调整位移计,使位移显示在 2 mm 左右。

(4) 打开冷却水源,如为含碳试样还须接通氮气(4 L/min)。

(5) 打开面板上的电锁开关,打开面板上的触发板电源开关(上边按下为开)。

(6) 检查面板上的手动电位器应在最小位置。

(7) 将面板上的手-自动开关扳向手动位置。

(8) 按绿色按钮启动主回路,面板上的触发板电源开关指示灯亮。

(9) 将面板上的手-自动开关扳向自动位置。

(10) 运行计算机所设定的升温程序投入运行。

3. 关机

(1) 升温程序结束,查看输出电流是否为零,同时检查面板上的手动电位计应在最小位置处。

(2) 将面板上的手-自动开关扳向手动位置。

(3) 按动红色按钮关闭主回路。

(4) 关闭面板上触发器电源开关(下边按下为关)。

（5）按照计算机的软件提示打印报告（报告给出在设定温度范围内的平均热膨胀系数）。

（6）关闭计算机，如通氮气关闭氮气电源。

（7）待炉温降至 500℃ 以下关闭冷却水源，关闭面板上的电源开关。

五、注意事项

1. 开机与关机步骤务请按照上述操作，应特别注意当回路正在工作时，严禁关闭计算机电源，否则可能损坏回路组件。

2. 实验前设备（主机、计算机）须通电、通水预热 30 min 以上。

3. 实验过程中严禁停水，否则结果将产生偏差。

六、思考题

1. 热膨胀对陶瓷在使用上有何实际意义？

2. 陶瓷的热膨胀系数与热稳定性的关系如何？

3. 升温速度对测定陶瓷材料热膨胀系数有无影响？

实验 4-15　陶瓷热稳定性测定

热稳定性是指陶瓷材料承受温度剧烈变化而不破坏的性能，又称抗热震性（Thermal Shock Resistance）。

一、实验目的

1. 了解测定陶瓷热稳定性（抗热震性）的实际意义。

2. 了解影响陶瓷热稳定性（抗热震性）的因素及提高热稳定性的措施。

3. 掌握陶瓷热稳定性（抗热震性）的测定原理及测定方法。

二、实验原理

通常固态物体受热膨胀，受冷收缩。当规则形状的物体受到外界温度迅速加热时，外表的温度比中心部分的高，从中心到外表有一个温度梯度，由此出现暂态应力。此时，由于外表比中心膨胀快，受到的是压应力，而中心受到的是拉应力。反之，从某一温度迅速冷却时，则外表受到拉应力而中心受到压应力。由于脆性材料的抗拉伸强度低，当拉应力超过材料的拉伸强度极限时，就引起破坏。因此陶瓷材料的热稳定性是指陶瓷材料抵抗温度剧变而不破坏的性能，热稳定性又称抗热震性、耐急冷急热性。陶瓷制品的热稳定性在很大程度上取决于坯、釉的适应性，特别是两者的热膨胀系数的适应性，热稳定性的好坏可用来断定带釉陶瓷抗后期龟裂性的好坏。

陶瓷热稳定性的测定方法一般是将试样（带釉的瓷片或器皿）置于电炉内逐渐升温到 220℃，保温 30 min，迅速将试样投入染有红色的 20℃ 水中 10 min，取出试样擦干，检查有无裂纹。或将试样置电炉内逐渐升温，从 150℃ 起，每隔 20℃ 将试样投入（20±2）℃ 的水中急冷一次，直至试样表面发现有裂纹为止，并将此不裂的最高温度为衡量瓷器热稳定性的数据。也有将试样放在100℃沸水中煮0.5～1 h,取出投入不断流动的20℃的水中,取出试样擦干,检查有无裂纹。如没有裂纹出现,则重复上述试验,直至出现裂纹为止。记录水煮次数,以作为衡量瓷器热稳定性的数据。热交换次数越多,说明该瓷器的热稳定性越好。

三、主要仪器设备

陶瓷热稳定性测定仪:如图4-17所示,主要由加热炉体、恒温水槽、送试样机构、控温仪表四部分组成。

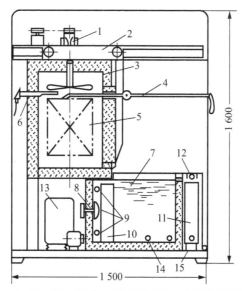

图4-17 热稳定性(抗热震性)测定仪结构示意图

1—风扇;2—炉门小车;3—加热炉;4—拉料挂料杆;5—料筐;6—热电偶;7—恒温水槽;
8—搅拌水轮;9—水加热器;10、11—换热器;12—淋水管;13—压气机;14—水温传感器

四、实验步骤

1. 检查仪器线路及管道有无损坏及松动,电源是否合乎要求。

2. 将水槽灌满水,打开冷却水龙头,合闸,开仪表开关,按风机启动按钮,观察风机转向是否正确,将炉温给定指针及水温给定盘调至需要位置。

3. 拉开炉门,由料门(指放进试样的门)将装有试样的料筐挂于挂料钩上,推进小车并关闭料门,按启动按钮,这时炉子加热,风机启动,水被搅拌,水开始加热或冷却。

4. 炉温达到要求后,XCT-120灯亮,这时可设定时器至要求的时间,即可定时恒温,到时间后蜂鸣器报警,即可拉出料门至水槽上方,转动手柄,试样即掉入水中,这时可换上一另装好试样的料筐送入炉中加热,待一定时间后可开启料门取出料筐进行观测。

5. 测试完毕后,按停止按钮,关仪表电源,拉闸。如长期不使用仪器,应排放掉水槽中的水。

五、实验结果记录与处理

1. 热稳定性测定记录表如下:

热稳定性测定记录表

试样名称				测定人			测定日期	
试样处理								
编号	测定次数	测定时室温/℃	试样开裂温度 T_B 及冷却水温度 T_A/℃	试样开裂个数/G	平均开裂温度/℃	开裂温差 (T_B-T_A)/℃	平均开裂温差/℃	开裂温度范围/℃

2. 结果处理

$$T_0 = \frac{T_1G_1 + T_2G_2 + \cdots + T_iG_i}{y}$$

式中　T_1、T_2——试样开裂温度差；

　　　　G_1、G_2——在该温度差下试样开裂个数；

　　　　T_0——平均开裂温度差；

　　　　y——每组试样个数。

六、注意事项

1. 试样应光滑无缺陷。
2. 炉温控制精度±5℃,水槽控温精度±2℃,应严格掌握。

七、思考题

1. 陶瓷的热稳定性在使用上有何实际意义?
2. 陶瓷热稳定性与哪些因素有关?
3. 为什么陶瓷的热稳定性很低?

实验 4-16　陶瓷机械性能测定

一、实验目的

1. 了解影响陶瓷材料抗压、抗折、抗张强度的因素。
2. 掌握陶瓷材料抗压、抗折、抗张强度的测定原理及测定方法。

二、实验原理

陶瓷材料的抗压强度极限以试样单位面积上所能承受的最大压力表征。所谓最大压力即陶瓷材料受到压缩(挤压)力作用而不破损时的最大应力。测定值的准确性除与测试设备有关外,在很大程度上取决于试样尺寸大小的选择。根据理论与实验,在选择试样尺寸大小时有两个根据:第一,试样尺寸增大,存在的缺陷概率也增大,测得的抗压强度值偏低,因此试样尺寸应选小一点以降低缺陷概率。第二,试样两底面与压板之间产生的摩擦力,对试样的横向膨胀起着约束作用,对强度有提高作用,这在理论上称为环箍效应。试样尺寸较大时(主要考虑试样高度),环箍效应相对作用减小,测得的抗压强度偏低,而比较接近真实强度,因此试样尺寸选大一点好,以尽量减小这种摩擦力的影响。考虑到各方面因素,试样尺寸定为 $\phi(20\pm2)$ mm×(20 ± 2) mm 的径高比为 1:1 的圆柱体试样比较合适。粗陶试样则为 $\phi(50\pm5)$ mm×(50 ± 5) mm,径高比 1:1 的圆柱体试样比较合适。

　　抗折强度是陶瓷制品和陶瓷材料或陶瓷原料的重要力学性质之一,通过这一性能的测定,可以直观地了解制品的强度,为发展新品种,调整配方,改进工艺,提高产品质量提供依据。抗折强度极限是试样受到弯曲力作用到破坏时的最大应力,它是用试样破坏时所受弯曲力矩 M (N·m)与被折断处的截面系数 $Z(\mathrm{m}^3)$ 之比来表示。试样尺寸以宽厚比 1:1 较为合适。

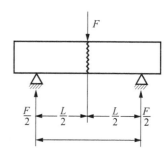

图 4-18　小梁试体抗折受力分析

　　材料的抗折强度一般用简支梁法进行测定,如图 4-18 所示。对于均质弹性体,将其试样放在两支点上,然后在两支点间的试样上施加集中载荷时,试样变形或断裂。由材料力学简支梁受力分析可得抗折强度极限用计算公式如下:

$$R_{\mathrm{f}}=\frac{M}{Z}=\frac{\dfrac{FL}{4}}{\dfrac{bh^2}{6}}=(3FL/2bh^2)$$

式中　R_{f}——抗折强度极限,N/m²;

　　　　M——弯曲力矩,N·m;

　　　　Z——截面系数,m³;

　　　　F——试样折断时负荷,N;

　　　　L——支承刀口间距离,m;

　　　　b——试样断口处宽度,m;

　　　　h——试样断口处厚度,m。

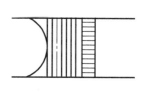

(a)试样受力分析　　　(b)沿中心线各点的应力状态

图 4-19　径向压缩试验法原理

　　测定陶瓷材料抗张强度有弯曲法、直接法和径向压缩法等多种方法。目前,径向压缩法是比较先进和科学的方法。根据弹性理论,图 4-19 在陶瓷圆柱体试样的径向平面沿着试样长度 L 施加两个方向相反、均匀分布的集中载荷 F,在承受载荷的径向平面上,将产生与该平面相垂直的左右分离的均匀拉伸应力。当这种应力逐渐增加到一定程度时,试样就沿径向平面劈裂破坏。这是径向压缩引起拉伸的基本原理。用这种方法测定时,试样的抗张强度按下式计算:

$$\sigma_{\mathrm{t}}=2F/(\pi DL)$$

式中　σ_{t}——试样的抗张强度,N·m²;

F——试样破坏时的压力值,N;

D——圆柱体试样的直径,m;

L——圆柱体试样的长度,m。

三、实验器材

1. RG3010 型微机控制电子万能试验机及夹具。

2. 磨片机 1 台。

3. 游标卡尺(游标分度值小于 0.1 mm)1 把。

四、实验步骤

1. 试样制备

(1) 抗压强度:按生产工艺条件制备直径 20 mm、高 20 mm(精陶为直径 50 mm、高 50 mm)的规整试样 10 件,试样两底面的磨片机上用 100 号金刚砂磨料研磨平整,试样两底面的不平行度小于 0.10 mm/cm,试样中心线与底面的不垂直度小于 0.20 mm/cm。将试样清洗干净,剔除有可见缺陷的试样,干燥后待用。

(2) 抗折强度:从 3 件陶瓷制品的平整部位切取宽厚比为 1∶1,长约 120 mm(或 70 mm)试样 5~10 根。对于直接切取试样有困难的试验制品,可以用与制品生产相同的工艺制作试样。试样尺寸(10±1)mm×(10±1)mm×120 mm。试样必须研磨平整,不允许存在制作造成的明显缺边或裂纹,试验前必须将试样表面的杂质颗粒清除干净。

(3) 抗张强度:按生产工艺条件制备直径 ϕ 为(20±2)mm,长度 L 为(20±2)mm(粗陶试样 ϕ 为(50±5)mm,L 为 50±5 mm)的规整圆柱体试样 10~15 件。试样不允许有轴向变形,在试样上选择合适的负载中线,两中心线不平行度小于 0.10 mm/cm,两底面研磨平整,与中心线不垂直度小于 0.20 mm/cm。将试样清洗干净,剔除有明显缺陷和有明显圆度误差的试样干燥后待用。

2. 将 RG3010 型微机控制电子万能试验机和计算机通电预热 15 min(先开主机、后开计算机)。

3. 按照测定需要更换夹具,安装好试样,并将横梁手动移动到试验开始位置处。

4. 启动计算机上的微机万能材料试验机控制系统,输入载荷量程、试验方式、试验速度等相应的试验参数。

5. 点击软件菜单"通信"下的"联机",将主界面中的"负荷""位移"清零,然后启动"RUN"按钮,观察试验过程至试验结束。

6. 记录或保存所测得的实验数据。

7. 关机、清理现场。

五、注意事项

1. 一定要按规定均匀加载,如负荷跳跃式突然增大或加载速度过快,会使测定结果出现较大的误差,则应重做。

2. 抗压试验时,试样与刀口接触的两面应保持平行,与刀口接触点须平整光滑。

3. 试样安装时,试样表面与刀口接触必须呈紧密状态,而不应受到任何弯曲负荷,否则引起结果误差较大。

4. 利用模型成型试样时,不应使试样在模内阴干,以免由于收缩关系使模颈产生裂纹。

六、思考题

1. 影响抗压强度极限测定的因素是什么?

2. 从陶瓷的抗压强度极限测定值中,我们得到什么启示?

3. 测定陶瓷材料及制品的抗折强度极限的实际意义是什么?试举例说明。

4. 影响抗折强度极限的因素(从结构和工艺方面分析)是什么?

5. 影响抗张强度测定结果的因素是什么?

实验 4－17　陶瓷化学稳定性测定

一、实验目的

1. 了解影响陶瓷化学稳定性的因素。

2. 掌握化学稳定性即耐酸度、耐碱度的测定原理及测定方法。

二、实验原理

化学稳定性是陶瓷或玻璃釉抵抗各种化学试剂侵蚀的一种能力,陶瓷的化学稳定性取决于坯釉化学组成、结构特征和密度(包括活性表面的大小),但主要取决于硅氧四面体相互连接的程度,没有被其他离子嵌入而造成 Si—O 断裂的完整网络结构越多,即连接程度越大,则化学稳定性越高。化学试剂对陶瓷坯釉的腐蚀作用由试剂的化学特性、浓度、杂质、温度、压力及其他条件决定。

化学组成一定,通过严密的工艺控制也能提高陶瓷坯釉的化学稳定性,例如铅的溶出量不一定与釉彩的含铅量有直接关系,而主要取决于釉彩中耐酸化合物以及铅的存在形式。

陶瓷的化学稳定性测定主要是测定耐酸率、耐碱率。测定方法有失重法和滴定法,如陶瓷的耐酸度、耐碱度很高,则由于腐蚀而减少的质量甚微,用称重法称不出来,而且很不准。利用酸碱当量溶液滴定法则比较准确。

试样形态可以是制品、试片和一定颗粒度的粉料。

三、实验器材

1. 电子分析天平:感量 0.1 mg。

2. 有回流冷凝器的耐酸耐碱仪器装置,附 200～250 mL 烧瓶,无灰滤纸(中等密度),漏斗及过滤设备。

3. 筛子:筛孔直径 0.5 mm 及 1 mm 各一只。

4. 研钵及除铁装置。

5. 瓷坩埚、电炉或酒精喷灯。

6. 浓硫酸;甲基橙指示剂:0.025%;甲基红指示剂:0.025%;酚酞指示剂:1%的酒精液;

苛性钠溶液:0.01 mol/L 或 20%;Na$_2$CO$_3$ 溶液:5%;AgNO$_3$ 溶液:1%;稀盐酸。

四、实验步骤

1. 试样制备:将釉粉 500 g 装入耐火匣钵,入电炉或生产窑炉内燃烧,出炉后将匣钵打碎,挑选洁净的釉玻璃约 10 g,在玛瑙研钵中磨细、过筛(视不同试验方法而决定筛目大小)备用。

2. 耐酸度测定(失重法)

(1) 称取试样 1 g,放入烧瓶,加入浓硫酸 25 mL。

(2) 连接冷凝器并在瓶底进行加热,煮沸 1 h 后,停止加热,冷却。

(3) 将 75 mL 蒸馏水缓慢加入烧瓶内,以冲稀瓶内的溶解物。

(4) 用滤纸过滤混合物的清液部分,并用热蒸馏水冲洗瓶内残渣,使呈中性反应(根据甲基橙显色)。

(5) 将残渣全部移至滤纸上,用蒸馏水冲稀残渣及滤纸。

(6) 烘干滤纸及残渣,移至瓷坩埚内进行灰化,并灼烧至恒重。

3. 耐碱度测定(失重法)。

(1) 称取试样 1 g,放入锥瓶内,注入 20%NaOH 溶液 25 mL。

(2) 连接回流冷凝器,并在瓶底加热,煮沸 1 h 后,将瓶内热碱液倾出,过滤前需将盐酸酸化过的蒸馏水冲洗残渣物,并将残渣全部移至滤纸上。

(3) 最后用热蒸馏水洗涤滤纸上的残渣,直至洗液内不含氯离子(AgNO$_3$ 检查)为止。

(4) 将滤纸及残渣移至已知质量的瓷坩埚内,进行烘干、灰化及灼烧至恒重。

4. 水稳定性测定(滴定法)。

(1) 将蒸馏水重新蒸馏,做一空白试验。

(2) 在万分之一天平上称样 3~4 g,放入烧瓶内,加重新蒸馏过的蒸馏水 50 mL,装上回流冷凝器,加热煮沸 1.5 h,过滤。

(3) 在滤液中滴入甲基红 1~2 滴为指示剂,用 0.01 mol/L 盐酸滴定(溶液变红为止)。

(4) 读取所消耗的 0.01 mol/L 盐酸数值(mL),即为中和滤液中碱含量所消耗的 0.01 mol/L 盐酸数值(mL)。

5. 酸碱稳定性测定(滴定法)。

(1) 用万分之一天平称样 3~4 g,放入烧瓶内,加 0.01 mol/L 盐酸 50 mL。

(2) 装上回流冷凝器,加热煮沸 1.5 h。

(3) 过剩的酸以甲基红 1~2 滴为指示剂,用 0.01 mol/L 的 NaOH 溶液予以返滴定(溶液变蓝为止)。

(4) 读取所消耗的 0.01 mol/L 的 NaOH 溶液的数值(mL)。

五、实验记录与计算

1. 化学稳定性测定记录表

化学稳定性测定记录表

试样名称		测定人		测定日期			
试样处理							
编号	失重法				滴定法		
	耐酸度/%		耐碱度/%		空白试样消耗盐酸量 l_1/mL	酸碱稳定性测定	
	测定前试样重 G_0	测定后试样重 G_1	测定前试样重 G_0'	测定后试样重 G_1'		消耗 0.01 mol/L 盐酸量 l_2/mL	消耗 0.01 mol/L 氢氧化钠量 l_3/mL

2. 计算公式

$$耐酸度 = G_1/G_0$$
$$耐碱度 = G_1'/G_0'$$

式中　G_0、G_0'——测定前试样质量；

　　　G_1、G_1'——测定后试样质量。

$$水稳定性(空白试验) = \frac{G - G_1}{G} = \frac{G - 0.01 \times 0.001 l_1 \times 36.5}{G} \times 100\%$$

$$酸碱稳定性 = \frac{G - G_2}{G} = \frac{G - 0.01 \times 0.001 l_2 \times 36.5}{G} \times 100\%（耐酸率）$$

$$酸碱稳定性 = \frac{G - G_3}{G} = \frac{G - 0.01 \times 0.001 l_3 \times 40.0}{G} \times 100\%（耐碱率）$$

式中　G_0——测定前试样质量；

　　　G_1——水稳定性试验中滤液中碱的质量分数；

　　　G_2——酸碱稳定性测定实验中滤液中酸的质量；

　　　G_3——酸碱稳定性测定实验中滤液中碱的质量。

六、注意事项

1. 试样细度、所采用酸或碱的种类、浓度、处理方法（如用冷酸或热酸），均关系到结果的正确与否，因此必须严格遵守试验条件。

2. 加热处理时，烧瓶颈部以下的表面须用石棉网加以绝热，以保证瓶内液体能在短时间内均匀而及时地沸腾。

3. 为了避免因沸腾时蒸气猛烈逐出，使小颗粒试样带入冷凝器管内所引起的误差，必须在冷凝器拆除前，用水冲洗冷凝器管，并将洗液回收烧瓶内。

七、思考题

1. 哪些陶瓷产品需检验其耐酸耐碱性？

2. 影响陶瓷化学稳定性的因素是什么？

3. 如何从坯釉料的化学成分、结构性能上来提高及改善陶瓷坯釉的化学稳定性？

实验 4-18　陶瓷介质损耗测定

陶瓷材料的介质损耗是指在电场作用下,单位时间内因发热而消耗的电能。在直流电压下,介质损耗仅由电导引起。在交变电场作用下,介质损耗不仅与电导有关,还与松弛极化过程有关。介质损耗是陶瓷电介质的重要品质指标之一,介质损耗不但消耗了能量,而且由于温度上升可能影响元器件的正常工作。陶瓷材料的介质损耗角正切值 tanδ(Dielectric Loss Angle Tangent Value)是表示在某一频率交流电压作用下介质损耗的参数。本实验中介质损耗角正切值的测试方法是测定陶瓷材料在频率 1 MHz、从室温至 500℃条件下的介质损耗角正切值。

一、实验目的

1. 了解陶瓷材料介电损耗测定的意义。
2. 掌握陶瓷材料介电损耗测定的方法。

二、实验原理

由陶瓷材料制成的元器件,当它工作时,交变电压加在陶瓷介质上,并通过交变电流,这时陶瓷介质连同与其相联系的金属部分,可以看成有损耗的电容器,并可用一个理想电容器和一个纯电阻器并联或串联的电路来等效,如图 4-20 所示。电压和电流的相位关系可用图 4-21 表示。

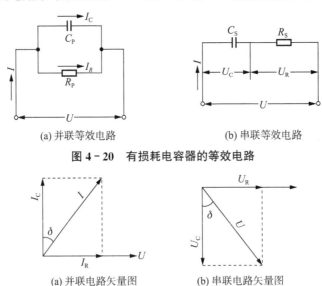

(a) 并联等效电路　　　　　　　　(b) 串联等效电路

图 4-20　有损耗电容器的等效电路

(a) 并联电路矢量图　　　　　　　(b) 串联电路矢量图

图 4-21　有损耗电容器的矢量图

由图 4-21 可知,δ 角的意义可描述为:有损耗电容器电流和电压之间相位差与理想电容器(无损耗电容器)电流和电压之间相位差(号)比较相差的角度,由图 4-21(a)得到

$$\tan\delta = \frac{I_R}{I_C}$$

由图 4 - 21(b)得到

$$\tan\delta = \frac{U_R}{U_C}$$

最后，$\tan\delta$ 的意义可归结为

$$\tan\delta = \frac{\text{有功功率}}{\text{无功功率}}$$

根据定义，可利用谐振电路、平衡或不平衡电桥以及其他原理，在 1 MHz 测量 $\tan\delta$。

三、实验器材

1. 测量仪器和设备

（1）测量仪器可采用直读式损耗表、高频 Q 表、高频电桥及高频介质损耗测量仪等仪器。测量回路的 Q 值应大于 200。

（2）加热炉炉内温度应均匀。可用自动或手动方式进行控温，控温范围为室温至 500℃。在控温范围内任一温度值在 10 min 内温度波动不大于 ±1℃。

（3）夹具：可采用如图 4 - 22 所示的三种形式中的任一种夹具。图 4 - 22(a)为一对尖形电极，材料用弹性铜片镀银，厚 0.6 mm；用石英管或其他致密的高温绝缘材料制成的绝缘体支撑，置于接地屏蔽盒内。图 4 - 22(b)为一个尖形和一个平板形电极。图 4 - 22(c)为一对圆平板形电极，平板之间距离用百分表显示。圆平板直径应小于 25 mm。

（4）连接线：连接线要尽量短，最好小于 25 cm，连接线为镀银铜片，宽 10 mm，厚 0.6 mm。连接线也可用屏蔽线。

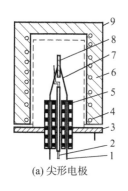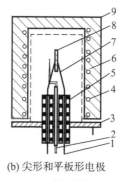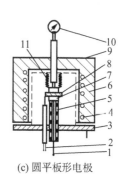

(a) 尖形电极　　　　　(b) 尖形和平板形电极　　　　　(c) 圆平板形电极

图 4 - 22　测量夹具类型示意

1—连接线；2—热电器；3—屏蔽盒；4—加热丝；5—石英膏；6—保温层；
7—夹具；8—试样；9—炉体；10—百分表；11—铜波纹管

2. 试样

试样应符合 GB 5593—85《电子元器件结构陶瓷材料》的规定；试样应进行清洗干燥处理；试样在正常试验大气条件下放置不少于 24 h。

四、实验步骤

1. 测定方法

可采用直接测量法和替代法两种。当采用直接测量法时，必须消除连接线和试样夹具等

分布参数的影响。

测量电路的分布参数可用图 4-23 表示，图 4-23 中 L_S、R_S 为与试样串联的连接线、夹具等效的电感及电阻，C_P、R_P 为与试样并联的连接线、夹具等的等效电容及电阻。当 L_S、R_S 很小，且可忽略时，或当 $C_P < C_X, R_P > R_X$ 时，试样的介质损耗角正切值可用下式计算：

$$\tan\delta_X = \tan\delta + (\tan\delta - \tan\delta_0)\frac{C_0}{C_X}$$

注：当采用平板形电极夹具时，在测量 C_0 时应保持电极距离等于试样厚度。当采用替代法时，由于在两次测量中分布参数的影响已消除，所以不必再对测量结果进行修正。

2. 测定步骤

(1) 按图 4-24 连接测量仪器和装置。

(2) 控制加热炉升温至所需温度，保温 10 min，夹具中不带试样，测出 C_0、$\tan\delta$（或 C_1、Q_1）。当采用平板形电极夹具时，应调整电极之间距离等于试样厚度。

(3) 将准备好的试样放入测量夹具中，在同一温度下保温 10 min，测出 C、$\tan\delta$（或 C_2、Q_2）。

(4) 按所用仪器相应的公式或修正式计算试样的 $\tan\delta_X$。

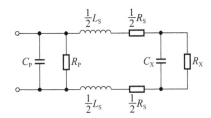

图 4-23　连接线、夹具和试样的等效电路

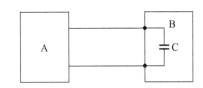

图 4-24　测量设备连接示意图
A—测量仪器；B—控温加热炉；C—夹具和试样

五、实验结果计算

按所用仪器相应的公式计算 $\tan\delta_X$，或采用下列修正式计算试样的 $\tan\delta_X$。

$$\tan\delta_X = \tan\delta + (\tan\delta - \tan\delta_0)\frac{C_0}{C_X}$$

式中　$\tan\delta_0$——接入试样前测量仪器损耗角正切值读数，即连接线、夹具等测量系统的损耗角正切值；

C_0——接入试样前测量仪器的电容读数，即连接线、夹具等测量系统的分布电容，μF；

$\tan\delta$——接入试样后测量仪的损耗角正切值读数；

C_X——试样电容，μF。

六、注意事项

当采用上述原理、方法和步骤进行测量时，由连接线和夹具引入的误差很小，可以忽略。测量的总误差取决于所选用的测量仪器。

实验 4 - 19　陶瓷介电常数测定

介质材料在电场中都具有极化现象。介电常数 ε 的值等于以该材料为介质所作的电容器的电容量与以真空为介质所作的同样形状的电容器的电容量之比值（常称作相对介电常数，以 $ε_r$ 表示），材料的介电常数取决于材料结构和极化机理。介电常数是与温度、频率、电压和湿度有关的。

一、实验目的

1. 掌握无机材料介电常数测试原理及其测试方法，分析影响介电常数的因素。
2. 学会使用 YY2814 自动 LCR 测试仪或同惠 TH2817 精密数字电桥测试仪的各种功能和操作方法。

二、实验原理

该测试仪的测量原理是基于矢量的电压电流法，即复数欧姆定律：
$$Z_U = E_U / I_U$$
式中，E_U 是跨在被测件两端的电压；I_U 是流过被测件中的电流。

当 E_U 与 I_U 可测出或其比值可测出时，Z_U 即可得出。为测量 I_U 引入一个标准电阻 R_S，并利用反相比例放大器的特点，可作出如图 4 - 25 所示的测试原理图。

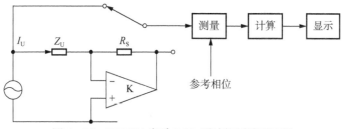

图 4 - 25　YY2814 自动 LCR 测试仪测试原理图

在该测试仪中，首先通过相对统一的参考相位测得各矢量电压分量。在电路中，相敏检波器是用来将矢量电压进行分解，以便得到各分量，然后借助于 A/D 变换技术，将各分量转成数字量（a、b、c 及 d），存储在 RAM 中，最后由微处理器计算出各基本参量，送显示器显示出来。

三、实验器材

YY2814 自动 LCR 测试仪。

四、测试步骤

1. YY2814 自动 LCR 测试功能

电阻测量、电感/品质因数测量（L/Q 测量）；电容/损耗因数测量（C/D 测量）；单次/连续测量、分选功能。

2. 试样准备

(1) 带上皮指套,用细砂纸打磨已烧好银层的片子,将其沿厚度四周的银层点打磨掉,以免影响已金属化的瓷片的真实电极距离,从而影响测试结果。

(2) 测试前用游标卡尺测量试样的电极直径和试样的厚度。

3. 测试步骤

(1) 详细阅读 YY2814 自动 LCR 测试仪说明书。

(2) 接通电源。

(3) 选定测试频率,接通电源后,仪器自动进入 1 kHz 测试频率,使用者可在任何时刻选择三个测试频率中的任一个:100 Hz、1 kHz、10 kHz。

(4) 按要求选择适当的测试夹具,将被测件接入测试夹具中。

(5) 选择测量对象键(R、L/Q、C/D)和测量方式(单次/连续测量、分选功能)。

(6) 测电容/损耗(C/D 测量)。

假定仪器处于初始状态或 C/D 挡。

接入被测电容器,使其引线嵌入夹具的簧片中,由主显示器读出电容值,连同 LED(发光二极管)所指示的单位(pF、nF、μF、mF),从副显示器读出 D 值。取下电容器换上另一个。要求分别测 5~10 只。

五、测试结果计算

1. 将实验结果填入下表中。

介电常数测定记录表

试件编号	试件描述(尺寸等)	测得电容(1 kHz)/pF	介电常数

2. 圆片试样的介电常数计算可按下式进行:

$$\varepsilon_r = \frac{144 C_X h}{D^2}$$

式中　C_X——试样的电容量,pF;

　　　h——试样厚度,mm;

　　　D——电极直径,mm。

六、思考题

1. 影响介电常数的因素有哪些?

2. 测试过程中应注意哪些事项?

实验 4 - 20 陶瓷压电性能测定

一、实验目的

1. 了解几种压电陶瓷元件的电性能参数。
2. 掌握压电应变常数 d_{33} 的测试原理和测试技术。

二、实验原理

压电陶瓷元件在极化后的初始阶段,压电性能要发生一些较明显的变化,随着极化后时间的增长,性能越来越稳定,变化量也越来越小。所以,试样应存放一定时间后再进行电性能参数的测试。一般最好存放 10 天。

按压电方程,其压电材料的 d_{33} 常数定义为

$$d_{33} = \left(\frac{D_3}{T_3}\right)^E = \left(\frac{S_3}{E_3}\right)^T$$

式中,D_3 及 E_3 分别为电位移和电场强度;T_3 和 S_3 为应力和应变。对于仪器的具体情况,上式可简化为

$$d_{33} = \left(\frac{Q}{A}\right) \Big/ \left(\frac{F}{A}\right) = \frac{Q}{F} = \frac{CV}{F}$$

式中,A 为试样的受力面积;C 为与试样并联的比试样大很多(如大 100 倍)的大电容,以满足测量 d_{33} 常数时的恒定电场边界条件。

在仪器测量头内,一个约 0.25 N、频率为 110 Hz 的低频交变力,通过上下探头加到比较样品与被测试样上,由正压电效应产生的两个电信号经过放大、检波、相除等必要的处理后,最后把代表试样的 d_{33} 常数的大小及极性送三位半数字面板表上直接显示。

准静态法比通常的静态法精确。静态法由于压电非线性及热释电效应,测量误差可达 30%～50%。

三、仪器设备

ZJ - 3A 型准静态 d_{33} 测量仪。

四、实验步骤

1. 一般操作

(1) 进挡:试样电容值小于 0.01 μF 对应× 1 挡,小于 0.001 μF 对应×0.1 挡。

(2) 用两根多芯电缆把测量头和仪器本体连接好。

(3) 把附件盒内的塑料片插入测量头的上下两探头之间,调节测量头顶端的手轮,使塑料片刚好压住为止。

(4) 把仪器后面板上的"d_{33} -力"选择开关置于"d_{33}"一侧(如置"力"一侧,则面板表上显示的是低频交变力值,应为"250"左右,这是低频交变力 0.25 N 的对应值)。

（5）使仪器后面板上的 d_{33} 量程选择开关，按被测试样的 d_{33} 估计值，处于适当位置，如无法确定估计值，则从大量程开始（d_{33} 量程选择开关置×1一侧）。

（6）在仪器通电预热 10 min 后，调节仪器前面板上的调零旋钮，使面板表指示"0"与"−0"之间。

（7）放入标准样品，调节后面板"校准"，使"d_{33}"显示值与标准值相等。插入待测试样于上下两探头之间调节手轮，使探头与样品刚好夹持住，静压力应尽量小，使面板表指示值不跳动即可。静压力不宜过大，如力过大，会引起压电非线性，甚至损坏测量头。但也不能过小，以致试样松动，指示值不稳定。指示值稳定后，即可读取 d_{33} 的数值和极性。当测量大量同样厚度的试样时，则可轻轻压下测量头的胶木板，取出已测试样，插入一个待测样品后，松开胶木板即可，不必再调节测量头上方的调节手轮，这样既方便，还可使静压力保持一致。

（8）为减小测量误差，零点如有变化或换挡时，需重新调零。

2. 探头的选择

随仪器一起提供有两种试样探头。测量时，至少试样的一面应为点接触时，使用圆形探头较好，上下两探头应尽量对准；当被测试样为圆管、厚圆片或大块试样时，用平探头为好。

3. 大电容试样的修正

当被测试样的电容大于 0.01 μF（×1 挡），或大于 0.001 μF（×0.1 挡）时，测量误差会超过 1%，就应对测量值按下式进行修正。

$$\begin{cases} d_{33修正值} = d_{33指示值} \times (1 + C_i) & 对 ×1 挡 \\ d_{33修正值} = d_{33指示值} \times (1 + 10C_i) & 对 ×0.1 挡 \end{cases}$$

式中，C_i 为以 μF 为单位的试样电容值。

五、实验结果计算

ZJ–3A 型 d_{33} 测量仪，本身只能测量 d_{33} 值。但是一旦测量了试样的介电常数，则还可计算得到该试样的压电电压常数 g_{33}，即

$$g_{33} = d_{33}/\varepsilon_{33}^{T}$$

六、注意事项

1. 操作前必须仔细阅读使用说明书。

2. 进行正式测量之前，仪器需预热 10 min，并且调零。

实验 4–21 多孔陶瓷制备实验

一、实验目的

1. 了解多孔陶瓷的用途。

2. 掌握多孔陶瓷的制备方法。

二、实验原理

多孔陶瓷是一种新型陶瓷材料，也可称为气孔功能陶瓷，它是一种含有气孔并利用其物理

表面特性的固体材料。多孔陶瓷材料具有如下特点：巨大的气孔率、巨大的气孔表面积；可调节的气孔形状、气孔孔径及其分布；气孔在三维间的分布、连通可调；具有一般陶瓷基体的基本性能；具有一般陶瓷所不具备的主要利用与其巨大的比表积相匹配的优良的热、电、磁、光、化学等功能。实际上，很早以前人们就已经开始使用多孔材料，例如，人们使用活性炭吸附水分、吸附有毒气体，用硅胶来作干燥剂，利用泡沫陶瓷来作隔热耐火材料等。现在，多孔陶瓷材料，尤其是新型多孔陶瓷的应用范围更广。

1. 多孔陶瓷的种类

多孔陶瓷的种类很多，按使用的骨料可以分为六种（表 4-5），按孔径分为三种（表 4-6）。

表 4-5　多孔陶瓷的种类（按骨料分）

序号	名称	骨料	性能
1	刚玉质材料	刚玉	耐强酸、耐碱、耐高温
2	碳化硅质材料	碳化硅	耐强酸、耐高温
3	铝硅酸盐材料	耐火黏土熟料	耐中性、酸性介质
4	石英质材料	石英砂、河砂	耐中性、酸性介质
5	玻璃质材料	普通石英玻璃、石英玻璃	耐中性、酸性介质
6	其它材质		耐中性、酸性介质

表 4-6　多孔陶瓷的种类（按孔径分）

序号	名称	孔径范围
1	0.1 mm 以上	粗孔制品
2	50 nm～200 μm	介孔材料
3	50 nm 以下	微孔材料

2. 多孔陶瓷的制备

陶瓷产品中的孔包括：①封闭气孔：与外部不连通的气孔；②开口气孔：与外部相连通的气孔。

1）孔的形成方法

（1）添加造孔剂工艺：陶瓷粗粒黏结、堆积可形成多孔结构，颗料靠黏结剂或自身粘合成型。这种多孔材料的气孔率一般较低，在 20%～30%，为了提高气孔率，可在原料中加入成孔剂（porous former），即能在坯体内占有一定的体积，烧成、加工后又能够去除，使其占有的体积成为气孔的物质。如碳粒、碳粉、木屑等烧成时可以烧去的物质，也有用难熔化易溶解的无机盐类物质作为造孔剂，它们能在烧结后的溶剂侵蚀作用下被除去。此外，可能通过粉体粒度配比和成孔剂等控制孔径大小及其他性能。这样制得的多孔陶瓷气孔率可达 75% 左右，孔径范围在微米级至纳米级之间。虽然在普通的陶瓷工艺中，采用调整烧结温度和时间的方法，可以控制烧结制品的气孔率和强度，但对于多孔陶瓷，烧结温度太高会使部分气孔封闭或消失，烧结温度太低，则制品的强度低，无法兼顾气孔率和强度，而采用添加成孔剂的方法则可以避免这种缺点，使烧结制品既具有高的气孔率，又具有很好的强度。

（2）有机泡沫浸渍工艺：有机泡沫浸渍法是用有机泡沫浸渍陶瓷浆料，干燥后烧掉有机泡沫，获得多孔陶瓷的一种方法。该法适用于制备高气孔率、开口气孔的多孔陶瓷。这种方法制备的泡沫陶瓷是目前应用较多的多孔陶瓷之一。

（3）发泡工艺：可以在制备好的料浆中加入发泡剂，如碳酸盐和酸等，发泡剂通过化学反应等能够产生大量的细小气泡，烧结时通过在熔融体内产生放气反应能够得到多孔结构，这种发泡剂的气孔率可达 95% 以上。与泡沫浸渍工艺相比，发泡工艺更容易控制制品的形状、成分和密度，并且可制备各种孔径大小和形状的多孔陶瓷，特别适用于生产闭气孔的陶瓷制品，多年来一直吸引着研究者的科研兴趣。

（4）溶胶—凝胶工艺：主要利用凝胶化过程中胶体粒子的堆积以及凝胶（热等）处理过程中留下的小气孔，形成可控多孔结构。这种方法大多数产生纳米级气孔，属于中孔或微孔范围，这是前述方法难以做到的，是目前最受科学家重视的一个领域。溶胶—凝胶法主要用来制备微孔陶瓷材料，特别是微孔陶瓷薄膜。

（5）利用纤维制得多孔结构：主要利用纤维的纺织特性与纤维形态等形成气孔。形成的气孔包括：①有序编织、排列形成的；②无序堆积或填充形成的。

在无序堆积或填充制备方法中，通常将纤维随意堆放，由于纤维的弹性和细长结构，会互相架桥形成气孔率很高的三维网络结构，将纤维填充在一定形状的模具内，可形成相对均匀、具有一定形状的气孔结构，施以黏结剂，高温烧结固化就得到了气孔率很高的多孔陶瓷，这种孔较多的多孔陶瓷的气孔率可达 80% 以上；在有序编织制备方法中，有一种是将纤维织布（或成纸），再将布（或纸）折叠成多孔结构，常用来制备"哈尔克尔"，这种多孔陶瓷通常孔径较大，结构类似于前面提到的以挤压成型的蜂窝陶瓷；另外是三维编织，这种三维纺织为制备气孔率、孔径、气孔排列、形状高度可控的多孔陶瓷提供了可能。

（6）腐蚀法产生微孔、中孔：例如对石纤维的活化处理，许多无机非金属半透膜也曾以这种方法制备。

（7）利用分子键构成气孔：如分子筛，这是微孔材料也是中孔材料，像沸石、柱状磷酸锌等都是这类材料。

以上简述了一些气孔的制备方法和形成过程。有些材料中需要的不仅仅是一种气孔，例如作为催化载体材料或吸附材料，同时需要大孔和小孔两种气孔，小孔提供巨大比表面，而大孔形成互相连通结构，即控制气孔分布，这可以通过使用不同的成孔剂来实现；有时则需要气孔有一定的形状，或有可再加工性；而作为流体过滤器的多孔陶瓷，其气孔特性要求还应根据流体在多孔体内运动的相关基础研究来决定。这些都是需要针对具体情况加以特别考虑的。

如果多孔陶瓷材料需要具备匹配的其他功能，尤其是骨架性能，则还需要从综合陶瓷材料的制备加以考虑。

2）多孔陶瓷的配方设计

（1）骨料：骨料为多孔陶瓷的主要原料，在整个配方中占 70%～80%（质量分数），在坯体中起到骨架的作用，一般选择强度高、弹性模量大的材料。

（2）黏结剂：一般选用瓷釉、黏土、高岭土、水玻璃、磷酸铝、石蜡、PVA、CMC 等，其主要作用是使骨架粘在一起，以便于成型。

（3）成孔剂：加入成孔剂的目的是促使陶瓷的气孔率增大。必须满足的条件有：在加热过程中易于排除；排除后在基体中无有害残留物；不与基体反应。加入可燃尽的物质，如木屑、稻壳、煤粒、塑料粉等物质在烧成过程中因为发生化学反应或者燃烧挥发而去，从而在坯体中留下气孔。

3）多孔陶瓷的成型方法

多孔陶瓷的成型方法见表 4 - 7。

表 4 - 7　多孔陶瓷的成型方法

成型方法	优点	缺点	适用范围
模压	1. 模具简单 2. 尺寸精度高 3. 操作方便，生产率高	1. 气孔分布不均匀 2. 制品尺寸受限制 3. 制品形状受限制	尺寸不大的管状、片状、块状
挤压	1. 能制取细而长的管材 2. 气孔沿长度方向分布均匀 3. 生产率高或连续生产	1. 需加入较多的增塑剂 2. 泥料制备麻烦 3. 对原料的粒度要求高	细而长的管材、棒材、某些异形截面管材
轧制	1. 能制取而长细的带材及箔材 2. 生产率高可连续生产	1. 制品形状简单 2. 粗粉末难加工	各种厚度的带材、多层过滤器
等静压	1. 气孔分布均匀 2. 适于大尺寸制品	1. 尺寸公差大 2. 生产率低	大尺寸管材及异形制品
注射	1. 可制形状复杂的制品 2. 气孔沿长度方向分布均匀	1. 需加入较多的塑化剂 2. 制品尺寸大小受限制	各种形状复杂的小件制品
粉浆浇注	1. 可制形状复杂的制品 2. 设备简单	1. 生产率低 2. 原料受限制	复杂形状制品、多层过滤器

4）多孔陶瓷烧成

使用不同的制备方法和制备工艺，就会有不同的烧成制度，具体应根据材料的性能而定。

三、实验仪器与试剂

本实验采用通过添加成孔剂，利用模压方法制备毛坯，然后在进行烧结的方法。

1. 实验药品：骨料（氧化铝）、成孔剂（煤粒）、黏结剂（CMC、MgO）。

2. 实验仪器：电子天平、拈钵、捣打磨具、木槌、高温炉等。

四、实验步骤

多孔氧化铝陶瓷的制备工艺主要有选料、配料、混合研磨、成型、干燥、烧结等六个步骤，具体如下：

（1）选料：本次选用的骨料是氧化铝，在坯体中起到骨架的作用。成孔剂主要目的是促使陶瓷气孔率增大，这次选用煤灰作为成孔剂。黏结剂选取具有良好塑性变形能力及黏结能力的 CMC、MgO。

（2）配料：用电子天平按下表称取总质量 25 g 的原料。

氧化铝	MgO	CMC	煤粒	水
60%	8%	15%	17%	10%～15%固体料

（3）混合研磨：将配好的配料充分混合，采用多次过筛与反复搅拌的方法使配料混合均匀。将混合好的配料放入陶瓷拈钵中，充分地研磨。

（4）成型：使混合好的混合料通过某种方法成为具有一定形状的坯体的工艺过程叫成型。本实验采用模压成型法，即利用压力将干粉坯料在模具中压制成致密的坯体的一种方法。

（5）干燥：将毛坯置于烘箱中在 100℃下预处理 30 min,使毛坯干燥。

（6）烧结：将干燥好的毛坯放入高温炉中,按下表的升温制度进行烧结,即可获得多孔陶瓷。

温度区间/℃	室温～400	400～1 100	1 100～1 300	1 300
升温速率/(℃/h)	100	200～300	100	保温 1 h

五、思考题

1. 什么是多孔陶瓷? 多孔陶瓷目前的应用领域有哪些?

2. 多孔陶瓷中的孔是如何形成的? 本实验中使用的成孔剂是什么?

实验 4－22　多孔陶瓷耐酸、碱腐蚀性能测定

一、实验目的

1. 了解酸、碱腐蚀对多孔陶瓷性能的影响。

2. 掌握多孔陶瓷耐酸、碱腐蚀性能的测定方法。

二、实验原理

强度降低法:该方法是使多孔陶瓷试样经 20％硫酸或(1％氢氧化钠)溶液煮沸 1 h 后,计算弯曲强度比腐蚀前降低的百分率。

质量损失法:该方法是将一定颗粒试样经 20％硫酸或(1％氢氧化钠)溶液煮沸 1 h 后,计算质量比腐蚀前减轻的百分率。

三、实验仪器与试剂

1. 电子天平:称量 100 g,感量 0.1 mg。

2. 箱式电阻炉:最高使用温度不低于 1 000℃。

3. 电热鼓风干燥箱:能使温度控制在(105±5)℃。

4. 可连续调压的盘式电炉。

5. 回流冷凝器:蛇纹或球形,长 500 mm。

6. 其他:干燥器;500 mL 锥形瓶;搪瓷盘;玻璃漏斗;瓷坩埚;孔径 1.6 mm 和 2.0 mm 筛子等。

7. 20％硫酸溶液:将 13.9 mL 硫酸(密度为 1.84 g/km^3)缓慢注入 100 mL 水中。

8. 1％氢氧化钠溶液:将 1 g 氢氧化钠溶于 100 mL 水中。

9. 甲基红指示剂:0.1％水溶液。

10. 酚酞指示剂:1％乙醇溶液。

四、实验装置

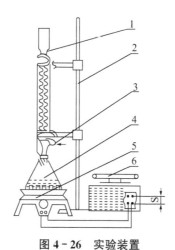

图 4-26　实验装置

1—出水口；2—铁支架；3—进水口；
4—锥形瓶；5—电炉；6—调压器

五、试样制备

1. 多孔陶瓷酸(或碱)腐蚀强度损失率试验所用试样，采用弯曲强度试验折断后的试块，试块长度应在 55 mm 以上。

2. 颗粒试样制备按以下方法：从试验用制品的不同部位敲取 3 块试样，每块约 50 g，全部敲碎，放在瓷钵中边敲边筛，至全部通过孔径为 2.0 mm 筛子，取孔径为 1.6～2.0 mm 筛子之间的颗粒，用四分法缩分至 10 g 左右，经蒸馏水冲洗后于(110±5)℃干燥箱中烘干，然后保存于干燥器中备用。

六、实验步骤

1. 酸(或碱)腐蚀强度损失率试验

(1) 取试样至少 5 块，平行置于 500 mL 锥形瓶中，以试样 10 mm×55 mm 表面接触瓶底，试样间距保持在 1 mm 左右。

(2) 加入酸(或碱)溶液(200±5)mL，装上回流冷凝器，用带有调压器的电炉加热溶液和试样，控制在 0.5 h 内煮沸，调整电压保持微沸状态，1 h 后关闭电炉。

(3) 冷却 30 min 后，从冷凝器上端加入蒸馏水 100 mL，取下锥形瓶，倾出液体后，将试样取出，置于搪瓷盘中用大量自来水冲洗 1 h。

(4) 将试样中多余水分揩去，进行弯曲强度试验（按 GB/T 1965—1996《多孔陶瓷弯曲强度试验方法》规定）。

2. 酸(或碱)腐蚀质量损失率试验

(1) 取干燥试样约 1 g，准确称取后，置于锥形瓶中。

(2) 加入酸(或碱)溶液(50±1)mL，装上回流冷凝器，用带有调压器的电炉加热溶液和试样，在微沸状态下保持 1 h，关闭电炉。

（3）从冷凝器上端加入蒸馏水 100 mL，取下冷凝器，用少量蒸馏水冲洗冷凝器下端和塞子处，此洗涤水流入低锥形瓶中。

（4）静止 10～15 min，倾出锥形瓶中上层清液后，加入蒸馏水 50 mL，将锥形瓶中溶液及试样用快速滤纸过滤，并用热蒸馏水冲洗到中性。

（5）将带有试样的滤纸放在恒重过的坩埚中灰化后，在 700℃ 下灼烧至恒重，取出后在干燥器中冷却至室温，然后准确称重。

七、结果计算

1. 酸（或碱）腐蚀强度损失率按下式计算，结果保留 2 位有效数字：

$$L_f = \frac{R_f - R_f'}{R_f} \times 100$$

式中　L_f——酸（或碱）腐蚀强度损失率，%；

　　　R_f——腐蚀前弯曲强度，MPa；

　　　R_f'——酸（或碱）腐蚀后的弯曲强度，MPa。

2. 酸（或碱）腐蚀质量损失率按下式计算，结果保留 3 位有效数字：

$$L_G = \frac{m_0 - m_1}{m_0} \times 100$$

式中　L_G——酸（或碱）腐蚀质量损失率，%；

　　　m_0——腐蚀前试样的质量，g；

　　　m_1——酸（或碱）腐蚀后试样的质量，g。

试验酸或（碱）腐蚀质量损失率时，同一样品应平行两个试样，两个结果相差不大于 0.5% 时，以它们的平均数作为最终试验结果，如超并差时，就自同一样品内重新取样复验。

八、思考题

1. 酸（或碱）腐蚀液配制过程中应注意的事项有哪些？腐蚀试验后的酸（或碱）液如何处理？

2. 酸（或碱）腐蚀质量损失率测定过程中应注意的事项有哪些？

第5章　石膏、石灰制备及性能测试

实验5-1　石膏化学成分分析

Ⅰ　附着水分测定

一、主要器材

1. 电子天平:最大称量200 g,精度0.1 mg。
2. 电热鼓风干燥箱:使用温度0~300℃,温度精度±2℃。
3. 称量瓶、干燥器等。

二、测定步骤

称取约1 g试样,精确至0.1 mg,放入已烘干至恒重的磨口称量瓶中,于(45±3)℃的烘箱内烘1 h(烘干过程中称量瓶应敞开盖),取出,盖上称量瓶盖(但不应盖得太紧),放入干燥器中冷至室温。将瓶盖紧密盖好,称量。再将称量瓶敞开盖放入烘箱中,在同样温度下烘干30 min,如此反复烘干、冷却、称量,直至恒重。

三、测定结果表示

1. 附着水的质量百分数按下式计算:

$$W_{附着水}=\frac{m-m_1}{m}\times100\%$$

式中　m——烘干前试样的质量,g;
　　　m_1——烘干后试样的质量,g。

2. 同一试验室允许差为0.20%。

Ⅱ　结晶水含量测定

一、主要器材

1. 电子天平:最大称量200 g,精度0.1 mg。
2. 电热鼓风干燥箱:使用温度0~300℃,温度精度±2℃。

3. 称量瓶、干燥器等。

二、测定步骤

称取约 1 g 试样,精确至 0.1 mg,放入已烘干至恒重的磨口称量瓶中,于(230±5)℃的烘箱中烘 1 h,用坩埚钳将称量瓶取出,盖上磨口塞,放入干燥器中冷至室温,称量。再放入烘箱中于同样温度下加热 30 min,如此反复加热、冷却、称量,直至恒重。

三、测定结果表示

1. 结晶水的质量百分数按下式计算:

$$W_{结晶水} = \frac{m - m_1}{m} \times 100\% - W_{附着水}$$

式中 m——加热前试样质量,g;

m_1——加热后试样质量,g。

2. 允许差

同一试验室允许差为 0.15%;不同试验室允许差为 0.20%。

Ⅲ   酸不溶物含量测定

一、主要器材

1. 电子天平:最大称量 200 g,精度 0.1 mg。
2. 高温炉:可控制温度 950~1 000℃。
3. 瓷坩埚、干燥器等。
4. 盐酸(1+5)。

二、测定步骤

称取约 0.5 g 试样,精确至 0.1 mg,置于 250 mL 烧杯中,用水润湿后盖上表面皿。从杯口慢慢加入 40 mL 盐酸(1+5),待反应停止后,用水冲洗表面皿及杯壁并稀释至约 75 mL。加热煮沸 3~4 min,用慢速滤纸过滤,以热水洗涤,直至检验无氯离子为止,将残渣和滤纸一并移入已灼烧、恒重的瓷坩埚中,灰化,在 950~1 000℃的温度下灼烧 20 min,取出,放入干燥器中,冷却至室温,称量。如此反复灼烧、冷却、称量,直至恒重。

三、测定结果表示

1. 酸不溶物的质量百分数按下式计算:

$$W_{酸不溶物} = \frac{m_1}{m} \times 100\%$$

式中 m_1——灼烧后残渣的质量,g;

m——试料质量,g。

2. 允许差

同一试验室允许差为 0.15%;不同试验室允许差为 0.20%。

Ⅳ　三氧化硫含量测定

一、测定目的

1. 了解硫酸钡重量法测定三氧化硫的原理。

2. 掌握硫酸钡重量法测定三氧化硫的方法。

二、测定原理

在酸性溶液中,用氯化钡溶液沉淀硫酸盐,经过滤灼烧后,以硫酸钡形式称量。测定结果以三氧化硫计。

三、主要器材

1. 电子天平:最大称量 200 g,精度 0.1 mg。

2. 高温炉:可控制温度 800～1 000℃。

3. 瓷坩埚、干燥器等。

4. 盐酸(1+1)。

5. 氯化钡溶液(100 g/L)。

四、测定步骤

称取约 0.2 g 试样,精确至 0.1 mg,置于 300 mL 烧杯中,加入 30～40 mL 水使其分散。加 10 mL 盐酸(1+1),用平头玻璃棒压碎块状物,慢慢地加热溶液,直至试样分解完全。将溶液加热微沸 5 min。用中速滤纸过滤,用热水洗涤 10～12 次。调整滤液体积至 200 mL,煮沸,在搅拌下滴加 15 mL 氯化钡溶液(100 g/L)。继续煮沸数分钟,然后移至温热处静置 4 h 或过夜(此时溶液的体积应保持 200 mL)。用慢速滤纸过滤,用温水洗涤,直至检验无氯离子为止,将沉淀及滤纸一并移入已灼烧恒重的瓷坩埚中,灰化后在 800℃的高温炉内灼烧 30 min,取出坩埚置于干燥器中冷却至室温,称量。反复灼烧,直至恒重。

四、测定结果表示

1. 三氧化硫的质量百分数按下式计算:

$$W_{SO_3} = \frac{m_1 \times 0.343}{m} \times 100\%$$

式中　m_1——灼烧后沉淀的质量,g;

　　　m——试样质量,g;

　0.343——硫酸钡对三氧化硫的换算系数。

2. 允许差

同一试验室的允许差为 0.25%;不同试验室的允许差为 0.40%。

Ⅴ　氧化钙含量测定

一、测定原理

在 pH13 以上强碱性溶液中,钙能与 EDTA 定量生成稳定的络合物,镁不干扰测定,铁、铝、钛用三乙醇胺掩蔽,用钙黄绿素-甲基百里香酚蓝-酚酞作混合指示剂,以 EDTA 标准滴定溶液滴定。

二、主要器材

1. 电子天平:最大称量 200 g,精度 0.1 mg。
2. 三乙醇胺(1+2)。
3. 氢氧化钾溶液(200 g/L)。
4. EDTA 标准溶液(0.015 mol/L)。
5. 钙黄绿素-甲基百里香酚蓝-酚酞混合指示剂。

三、测定步骤

1. 称取约 0.5 g 试样,精确至 0.1 mg,置于银坩埚中,加入 6～7 g 氢氧化钠,在 650～700℃的高温下熔融 20 min。取出冷却,将坩埚放入已盛有 100 mL 近沸腾水的烧杯中,盖上表面皿,于电炉上加热,待熔块完全浸出后,取出坩埚,用水冲洗坩埚和盖,在搅拌下一次加入 25 mL 盐酸,再加入 1 mL 硝酸。用热盐酸(1+5)洗净坩埚和盖,将溶液加热至沸,冷却,然后移入 250 mL 容量瓶中,用水稀释至标线,摇匀。此溶液(A)供测定氧化钙、氧化镁、三氧化二铁、三氧化二铝、二氧化钛之用。

2. 吸取 25 mL 溶液 A,放入 300 mL 烧杯中,加水稀释至约 200 mL,加入 5 mL 三乙醇胺(1+2)及少许的钙黄绿素-甲基百里香酚蓝-酚酞混合指示剂,在搅拌下加入氢氧化钾溶液(200 g/L)至出现绿色荧光后再过量 5～8 mL,此时溶液 pH 在 13 以上,用 EDTA 标准滴定溶液(0.015 mol/L)滴定至绿色荧光消失并呈现红色。

四、测定结果计算与评定

1. 氧化钙的百分含量按下式计算:

$$W_{CaO} = \frac{T_{CaO} \times V_1 \times 10}{m \times 1\,000} \times 100\%$$

式中　T_{CaO}——每毫升 EDTA 标准滴定溶液相当于氧化钙的毫克数,mg/mL;

V_1——滴定时消耗 EDTA 标准滴定溶液的体积,mL;

10——全部试样溶液与所分取试样溶液的体积比;

m——试样的质量,g。

2. 允许差

同一试验室的允许差为 0.25%;不同试验室的允许差为 0.40%。

Ⅵ　氧化镁含量测定

一、测定原理

在 pH10 的溶液中，以三乙醇胺、酒石酸钾钠掩蔽铁、铝、钛，用酸性铬蓝 K -萘酚绿 B 作混合指示剂，以 EDTA 标准滴定溶液滴定。得钙镁合量，差减后得氧化镁含量。

二、主要器材

1. 酒石酸钾钠溶液(100 g/L)。
2. 三乙醇胺(1+2)。
3. 铵-氯化铵缓冲溶液(pH10)。
4. EDTA 标准滴定溶液(0.015 mol/L)。
5. 酸性铬蓝 K -萘酚绿 B(1+2.5)混合指示剂。

三、测定步骤

吸取 25 mL 试液(A)于 400 mL 烧杯中，加水稀释至约 200 mL，加 1 mL 酒石酸钾钠溶液 (100 g/L)，5 mL 三乙醇胺(1+2)，再加 25 mL 铵-氯化铵缓冲溶液及适量酸性铬蓝 K -萘酚绿 B 混合指示剂，用 EDTA 标准滴定溶液(0.015 mol/L)滴定，近终点时应缓慢滴定至纯蓝色。

四、测定结果计算与评定

1. 氧化镁的质量百分数用下式计算：

$$W_{MgO} = \frac{T_{MgO}(V_2 - V_1) \times 10}{m \times 1\ 000} \times 100\%$$

式中　T_{MgO}——每毫升 EDTA 标准滴定溶液相当于氧化镁的毫克数，mg/mL；

$\quad\quad\ V_1$——滴定钙时消耗 EDTA 标准滴定溶液的体积，mL；

$\quad\quad\ V_2$——滴定钙、镁合量时消耗 EDTA 标准滴定溶液的体积，mL；

$\quad\quad$ 10——全部试样溶液与所分取试样溶液的体积比；

$\quad\quad\ m$——试样的质量，g。

2. 允许差

同一试验室的允许差为 0.15%；不同试验室的允许差为 0.25%。

Ⅶ　三氧化二铁含量测定

同钠钙硅铝硼玻璃化学分析中的三氧化二铁的测定。

Ⅷ　三氧化二铝含量测定

同钠钙硅铝硼玻璃化学分析中的三氧化二铝的测定。

Ⅷ 二氧化钛含量测定

同钠钙硅铝硼玻璃化学分析中的二氧化钛的测定。

实验 5－2 建筑石膏粉料物理性能测定

建筑石膏是天然石膏或工业副产石膏经脱水处理制得的,以 β 半水硫酸钙(β-$CaSO_4$·$1/2H_2O$)为主要成分,不添加任何外加剂或添加物的粉状胶凝材料。按 GB/T 5484—2000 和 GB/T 17669—1999 的标准要求建筑石膏一般进行石膏化学分析、石膏粉料物理性能的测定、石膏净浆物理性能的测定、石膏力学性能测定等。按国家标准要求,建筑石膏的物理力学性能应符合表 5－1 的要求。

表 5－1 建筑石膏的物理力学性能

等级	细度 0.2 mm 方孔筛筛余/%	凝结时间/min		2 h 强度/MPa	
		初凝	终凝	抗折	抗压
3.0				≥3.0	≥6.0
2.0	≤10	≥3	≤30	≥2.0	≥4.0
1.0				≥1.0	≥3.0

建筑石膏的一般试验条件要求如下。

一、标准试验

1. 试验环境

试验室温度为(20±2)℃,试验仪器、设备及材料(试样、水)的温度应为室温,空气相对湿度:(65±5)％,大气压:86～106 kPa。

2. 样品

试验室样品应保存在密闭的容器中。

3. 用水

全部试验用水(拌和、分析等)应用去离子水或蒸馏水。

4. 仪器和设备

拌和用的容器和制备试件用的模具应能防漏,因此应使用不与硫酸钙反应的防水材料(如玻璃、铜、不锈钢、硬质钢等,不包括塑料)制成。由于二水硫酸钙颗粒的存在能形成晶核,对建筑石膏性能有极大影响,所以全部试验用容器、设备都应保持十分清洁,尤其应清除已凝固石膏。

二、常规试验

1. 试验环境

试验室温度为(20±5)℃,试验仪器、设备及材料(试样、水)的温度应为室温。空气相对湿度:(65±10)％。

2. 样品

试验室样品应保存在密闭的容器中。

3. 用水

分析试验用水应为去离子水或蒸馏水,物理力学性能试验用水应为洁净的城市生活用水。

4. 仪器和设备

拌和用的容器和制备试件用的模具应能防漏,因此应使用不与硫酸钙反应的防水材料(如玻璃、铜、不锈钢、硬质钢等,不包括塑料)制成。由于二水硫酸钙颗粒的存在能形成晶核,对建筑石膏性能有极大影响,所以全部试验用容器、设备都应保持十分清洁,尤其应清除已凝固石膏。

Ⅰ　建筑石膏细度测定

采用手工过筛方法测定细度。

一、主要器材

1. 电子天平:最大称量 2 000 g,精度 0.1 g。

2. 电热鼓风干燥箱:使用温度 0～300℃,温度精度±2℃。

3. 试验筛:试验筛由圆形筛帮和方孔筛网组成,筛帮直径 ϕ200 mm,试验筛其他技术指标应符合 GB/T 6003 的要求。网孔尺寸分别由 0.8 mm、0.4 mm、0.2 mm 和 0.1 mm 的四种规格组成一套试验筛,并在筛顶用筛盖封闭,在筛底用接收盘封闭。

4. 干燥器。

二、测定步骤

1. 将石膏粉料通过 2 mm 的试验筛。筛上物用木平勺压碎,不易压碎的块团和筛上杂质全部剔除,确定并称量剔除物,将结果写入试验报告中。从筛好的试样中取出约 210 g,在 (40±4)℃下干燥至恒重(干燥时间相隔 1 h 的两次称量之差不超过 0.2 g 时,即为恒重),并在干燥器中冷却至室温。

2. 称取试样 100.0 g,倒入 0.8 mm 试验筛,并在试验筛下部安装上接收盘,盖上筛盖。一只手拿住筛子,略微倾斜地摆动筛子,使其撞击另一只手。撞击的速度为 125 次/分钟,每撞击一次都应将筛子摆动一下,以便使试样始终均匀地撒开。每摆动 25 次后,把试验筛旋转 90°,并对着筛帮重重拍几下,继续进行筛分。当 1 min 的过筛试样质量不超过 0.4 g 时,则认为筛分完成。称量 0.8 mm 试验筛的筛上物,作为筛余量。细度以筛余量与试样原始质量 (100.0 g)之比的百分数形式表示,精确至 0.1%。

3. 按照上述步骤,用 0.4 mm 试验筛筛分已通过 0.8 mm 试验筛的试样,并应不时地对筛帮进行拍打,必要时在背面用毛刷轻刷筛网,以免筛网堵塞。当 1 min 的过筛试样质量不超过 0.2 g 时,则认为筛分完成。称量 0.4 mm 试验筛的筛上物,作为筛余量。细度以筛余量(包括 0.8 mm 筛余量)与试样原始质量(100.0 g)之比的百分数形式表示,精确至 0.1%。

4. 将通过 0.4 mm 试验筛的试样拌和均匀后,按上述步骤用 0.2 mm 试验筛进行筛分。当 1 min 的过筛试样质量不超过 0.1 g 时,则认为筛分完成。称量 0.2 mm 试验筛的筛上物,作为筛余量。细度以筛余量(包括 0.8 mm、0.4 mm 筛子的筛余量)与试样原始质量(100.0 g)之比的百分数形式表示,精确至 0.1%。

5. 按照上述步骤,用 0.1 mm 试验筛筛分已通过 0.2 mm 试验筛的试样。当 1 min 的过筛试样质量不超过 0.1 g 时,则认为筛分完成。称量 0.1 mm 试验筛的筛上物,作为筛余量。细度以筛余量(包括 0.8 mm、0.4 mm、0.2 mm 筛子的筛余量)与试样原始质量(100.0 g)之比的百分数形式表示,精确至 0.1%。

6. 称量通过 0.1 mm 试验筛的筛下物质量,作为筛下量,并用与试样原始质量(100.0 g)之比的百分数形式表示,精确至 0.1%。

三、测定结果表示

1. 采用每种试验筛(0.8 mm、0.4 mm、0.2 mm、0.1 mm)两次测定结果的算术平均值作为试样的各细度值。

2. 对每种筛分而言,两次测定值之差不应大于平均值的 5%,并且当筛余量小于 2 g 时,两次测定值之差不应大于 0.1 g。否则,应再次测定。

Ⅱ 建筑石膏堆积密度测定

一、主要器材

1. 堆积密度测定仪:如图 5-1 所示,是由黄铜或不锈钢制成。其锥形容器支撑于三脚支架上,在其中安装有 2 mm 方孔筛网。

2. 测量容器:容积为 1 L,并装配有延伸套筒,如图 5-2 所示。

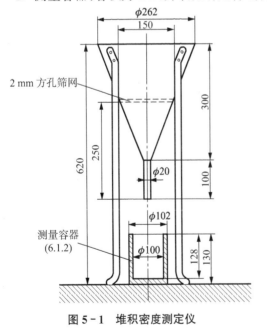

图 5-1 堆积密度测定仪

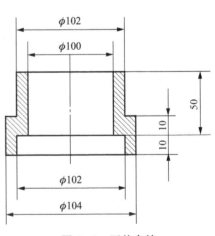

图 5-2 延伸套筒

3. 电子天平:最大称量 3 000 g,精度 1.0 g。

4. 平勺、直尺等。

二、测定步骤

1. 称量不带套筒的测量容器,精确至 1 g,然后装上套筒,放在堆积密度测定仪下方。

2. 把按要求所制得的试样倒入堆积密度测定仪中(每次倒入 100 g),转动平勺,使试样通过方孔筛网,自由掉落于测量容器中。当装配有延伸套筒的测量容器被试样填满时,停止加样。在避免振动的条件下,移去套筒,用直尺刮平表面,以去除多余试样,使试样表面与测量容器上缘齐平。

3. 称量测量容器和试样总质量,精确至 1 g。

三、测定结果计算与评定

1. 堆积密度按下式计算:

$$\gamma = \frac{m_1 - m_0}{V} = m_1 - m_0$$

式中　γ——堆积密度,g/L;

　m_0——测量容器的质量,g;

　m_1——测量容器和试样的总质量,g;

　V——测量容器的容积,$V = 1$ L。

2. 取两次测定结果的算术平均值作为该试样的堆积密度。两次测定结果之差应小于平均值的 5%,否则,应再次测定。

实验 5－3　建筑石膏浆体物理性能测定

Ⅰ　建筑石膏净浆标准稠度用水量测定

一、主要器材

1. 稠度仪:稠度仪由内径 $\phi(50 \pm 0.1)$ mm、高 (100 ± 0.1) mm 的不锈钢质筒体(图 5－3)、240 mm×240 mm 玻璃板以及筒体提升机构所组成。筒体上升速度为 150 mm/s,并能下降复位。

2. 搅拌器具:由搅拌碗和拌和棒组成。

(1) 搅拌碗:用不锈钢制成。碗口内径 180 mm,碗深 60 mm。

(2) 拌和棒(图 5－4):由三个不锈钢丝弯成的椭圆形套环所组成,钢丝内径 ϕ45 mm,环长约 100 mm。

3. 电子天平:最大称量 3 000 g,精度 1.0 g。

二、测定步骤

1. 先将稠度仪的筒体内部及玻璃板擦净,并保持湿润,将筒体复位,垂直放置于玻璃板上。将估计的标准稠度用水量的水倒入搅拌碗中。称取试样 300 g,在 5 s 内倒入水中。用拌和棒搅拌 30 s,得到均匀的石膏浆,然后边搅拌边迅速注入稠度仪筒体内,并用刮刀刮去溢浆,

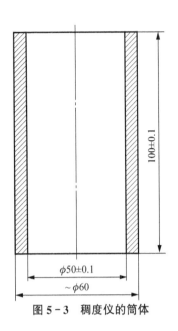

图 5-3　稠度仪的筒体

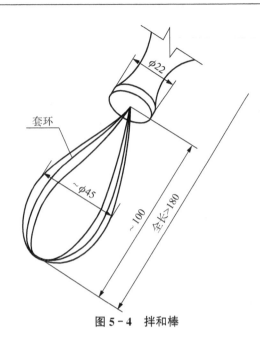

图 5-4　拌和棒

使浆面与筒体上端面齐平。从试样与水接触开始至 50 s 时,开动仪器提升按钮。待筒体提去后,测定料浆扩展成的试饼两垂直方向上的直径,并计算其算术平均值。

2. 当测定的料浆扩展直径不等于(180±5)mm 时,应重新称量试样并按上述步骤进行测定,直至料浆扩展直径等于(180±5)mm,此时的加水量与试样的质量之比即为该试样的标准稠度用水量,以百分数表示,精确至 1%。取两次测定结果的平均值作为测定结果。

Ⅱ　凝结时间测定

一、主要器材

1. 凝结时间测定仪:凝结时间测定仪应符合 JC/T 727 的要求。

2. 电子天平:最大称量 3 000 g,精度 1.0 g。

二、测定步骤

1. 按标准稠度用水量称量水,并把水倒入搅拌碗中。称取试样 200 g,在 5 s 内将试样倒入水中。用拌和棒搅拌 30 s,得到均匀的料浆,倒入环模中,然后将玻璃底板抬高约 10 mm,上下振动五次。用刮刀刮去溢浆,并使料浆与环模上端齐平。将装满料浆的环模连同玻璃底板放在仪器的钢针下,使针尖与料浆的表面相接触,且离开环模边缘大于 10 mm。迅速放松杆上的固定螺丝,针即自由地插入料浆中。每隔 30 s 重复一次,每次都应改变插点,并将针擦净、校直。

2. 记录从试样与水接触开始,至钢针第一次碰不到玻璃底板所经历的时间,此即试样的初凝时间。记录从试样与水接触开始,至钢针第一次插入料浆的深度不大于 1 mm 所经历的时间,此即试样的终凝时间。取两次测定结果的平均值,作为该试样的初凝时间和终凝时间,精确至 1 min。

实验 5-4　建筑石膏结晶水含量测定

一、测定原理

在(230±5)℃下将预先烘干的试样脱水至恒重。

二、主要器材

1. 烘箱或高温炉:温度能控制在(230±5)℃。
2. 电子天平:最大称量 200 g,精度 0.1 mg。
3. 容器:可用带盖称量瓶,也可用抗热震性好的坩埚,坩埚应配有盖子或配有封闭坩埚的容器。
4. 干燥器:盛有硅胶。
5. 方孔筛:孔径 0.2 mm。

三、测定步骤

1. 试样制备

从按 GB/T 17669.1—1999《建筑石膏一般试验条件》的规定保存的试验室样品中称取 100 g 石膏,试样必须充分混匀,细度须全部通过孔径为 0.2 mm 的方孔筛,然后放在一个封闭的容器中,铺成最大厚度为 10 mm 的均匀层,静置 18~24 h,容器中的温度为(20±2)℃,相对湿度为(65±5)%。

试样在(40±4)℃的烘箱内加热 1 h,取出,放入干燥器中冷至室温,称量。如此反复加热、冷却、称量,直至恒重(有效烘干时间相隔 1 h 的两次连续称重之差不超过 0.2 g 时,即可认为恒重)。每次称重之前在干燥器中冷却至室温。冷却后立即测定结晶水的含量。

把剩余的试样保存在密封的瓶子中。

2. 操作步骤

准确称取 2 g 试样,放入已干燥至恒重的带有磨口塞的称量瓶中,在(230±5)℃的烘箱或高温炉内加热 45 min(加热过程中称量瓶应敞开盖),用坩埚钳将称量瓶取出,盖上磨口塞(但不应盖得太紧),放入干燥器中于室温下冷却 15 min,将磨口塞紧密盖好,称量,再将称量瓶敞开盖放入烘箱内于同样的温度下加热 30 min,取出,放入干燥器中于室温下冷却 15 min。如此反复加热、冷却、称量,直至恒重。

再重复测定一次。

四、测定结果计算

1. 结晶水的质量百分数按下式计算:

$$W_{结晶水} = \frac{m-m_1}{m} \times 100\%$$

式中　m——加热前试样质量,g;

m_1——加热后试样质量,g。

2. 两次测定结果之差不应大于 0.15%。

实验 5-5 建筑石膏力学性能测定

一、主要器材

1. 电动抗折试验机:应符合 JC/T 724 的要求。

2. 压力试验机:示值相对误差不大于 1%,其抗压夹具应符合 JC/T 725 的要求,试验期间,上、下夹板应能无摩擦地相对滑动。

3. 电子天平:最大称量 3 000 g,精度 1.0 g。

4. 成型试模:应符合 JC/T 726 的要求。

5. 搅拌容器:应符合 GB/T 17669.1 的要求。

6. 拌和棒:由三个不锈钢丝弯成的椭圆形套环所组成,钢丝直径 ϕ1 mm~ϕ2 mm,环长约 100 mm。

二、测定步骤

1. 试件制备前用料的计算

一次调和制备的建筑石膏量,应能填满制作三个试件的试模,并将损耗计算在内,所需料浆的体积为 950 mL,采用标准稠度用水量,用下列两式分别计算出建筑石膏用量和加水量。

(1)建筑石膏用量按下式计算:

$$m_{\mathrm{g}}=\frac{950}{0.4+(W/P)}$$

式中 m_{g}——建筑石膏质量,g;

W/P——标准稠度用水量,应符合 GB/T 17669.4 的规定,%。

(2)加水量按下式计算:

$$m_{\mathrm{w}}=m_{\mathrm{g}}\times(W/P)$$

式中 m_{w}——加水量,g。

2. 试件制备及成型

(1)在试模内侧薄薄地涂上一层矿物油,并使连接缝封闭,以防料浆流失。

(2)先把所需加水量的水倒入搅拌容器中,再把已称量的建筑石膏倒入其中,静置 1 min,然后用拌和棒在 30 s 内搅拌 30 圈。接着,以 3 r/min 的速度搅拌,使料浆保持悬浮状态,然后用勺子搅拌至料浆开始稠化(即当料浆从勺子上慢慢落到浆体表面刚能形成一个圆锥为止)。

(3)一边慢慢搅拌、一边把料浆舀入试模中。将试模的前端抬起约 10 mm,再使之落下,如此重复五次以排除气泡。

(4)当从溢出的料浆判断已经初凝时,用刮平刀刮去溢浆,但不必反复刮抹表面。终凝后,在试件表面作上标记,并拆模。

3. 成型后试件的存放

(1) 遇水后 2 h 就将作力学性能试验的试件,脱模后存放在试验室环境中。

(2) 需要在其他水化龄期后作强度试验的试件,脱模后立即存放于封闭处。在整个水化期间,封闭处空气的温度为(20±2)℃、相对湿度为(90±5)％。每一类建筑石膏试件都应规定试件龄期。

(3) 到达规定龄期后,用于测定湿强度的试件应立即进行强度测定。用于测定干强度的试件先在(40±4)℃的烘箱中干燥至恒重,然后迅速进行强度测定。

(4) 每一类存放龄期的试件至少应保存三条,用于抗折强度的测定。做完抗折强度测定后得到的不同试件上的三块半截试件用作抗压强度测定,另外三块半截试件用于石膏硬度测定。

4. 抗折强度的测定

(1) 取试验用试件三条。

(2) 将试件置于抗折试验机的两根支撑辊上,试件的成型面应侧立。试件各棱边与各辊保持垂直,并使加荷辊与两根支撑辊保持等距。开动抗折试验机后逐渐增加荷载,最终使试件断裂。

(3) 记录试件的断裂荷载值或抗折强度值。

5. 抗压强度的测定

(1) 从已做完抗折试验后的不同试件上取三块半截试件。

(2) 将试件成型面侧立,置于抗压夹具内,并使抗压夹具的中心处于上、下夹板的轴心上,保证上夹板球轴通过试件受压面中心。开动抗压试验机,使试件在开始加荷后 20~40 s 内破坏。

(3) 记录试件破坏时的荷载值。

三、测定结果的计算与评定

(1) 抗折强度的计算与评定

① 抗折强度 R_f 按下式计算:

$$R_f = \frac{6M}{b^3} = 0.002\ 34F$$

式中　R_f——抗折强度,MPa;

　　　F——断裂荷载,N;

　　　M——弯矩,N·mm;

　　　b——试件方形截面边长,$b=40$ mm。

② R_f 值也可从 JC/T 724 所规定的抗折试验机的标尺中直接读取。

③ 以三个试件抗折强度的平均值作为抗折强度值,并精确至 0.05 MPa。

④ 如果所测得的三个 R_f 值与其平均值之差不大于平均值的 15％,则用该平均值作为抗折强度值;如果有一个值与平均值之差大于平均值的 15％,应将此值舍去,以其余两个值计算平均值;如果有一个以上的值与平均值之差大于平均值的 15％,则用三个新试件重做试验。

(2) 抗压强度的计算与评定

① 抗压强度 R_c 按下式计算:

$$R_c = \frac{F}{S} = \frac{F}{2\ 500}$$

式中 R_c——抗压强度，MPa；

　　　F——破坏荷载，N；

　　　S——试件受压面积，$S=2\ 500\ mm^2$。

② 以三个试件抗压强度的平均值作为抗压强度值，并精确至 0.05 MPa。

③ 如果所测得的三个 R_c 值与其平均值之差不大于平均值的 15%，则用该平均值作为试样抗压强度值；如果有一个值与平均值之差大于平均值的 15%，应将此值舍去，以其余两值计算平均值；如果有一个以上的值与平均值之差大于平均值的 15%，则用三块新试件重做试验。

四、思考题

1. 建筑石膏强度的测定时间是如何规定的？

2. 建筑石膏的抗折和抗压强度是如何计算和评定的？

实验 5-6　建筑石膏硬度测定

一、测定原理

将钢球置于试件上，测量在固定荷载作用下球痕的深度，经计算得出试件的石膏硬度。

二、主要器材

石膏硬度计：具有一直径为 10 mm 的硬质钢球，当把钢球置于试件表面的一个固定点上，能将一固定荷载垂直加到该钢球上，使钢球压入被测试件，然后静置，保持荷载，最终卸载。荷载精度 2%，感量 0.001 mm。

三、测定步骤

1. 对已做完抗折试验后的不同试件上的三块半截试件进行试验。在试件成型的两个纵向面（即与模具接触的侧面）上测定石膏硬度。

2. 将试件置于硬度计上，并使钢球加载方向与待测面垂直。每个试件的侧面布置三点，各点之间的距离为试件长度的四分之一，但最外点应至少距试件边缘 20 mm。先施加 10 N 荷载，然后在 2 s 内把荷载加到 200 N，静置 15 s。移去荷载 15 s 后，测量球痕深度。

四、测定结果计算

1. 石膏硬度 H 按下式计算：

$$H=\frac{F}{\pi Dt}=\frac{200}{\pi\times 10\times t}=\frac{6.37}{t}$$

式中 H——石膏硬度，N/mm²；

　　　t——球痕的平均深度，mm；

　　　F——荷载，200N；

　　　D——钢球直径，$D=10$ mm。

2. 取所测的 18 个深度值的算术平均值作为球痕的平均深度,再按上式计算石膏硬度,精确至 0.1 N/mm²。球痕显现出明显孔洞的测定值不应计算在内。球痕深度小于 0.159 mm 或大于 1.000 mm 的单个测定值应予剔除,并且,球痕深度超出 $t(1-10\%)$ 与 $t(1+10\%)$ 范围的单个测定值也应予剔除。

五、思考题

1. 建筑石膏硬度测定的原理是什么?
2. 建筑石膏硬度是如何计算的?

实验 5-7　燃煤脱硫灰中脱硫产物分析

我国是一个煤炭生产和消耗大国,在生产和消耗的同时,也产生了巨大的环境问题,燃煤产生的二氧化硫造成的酸雨现象尤为突出。目前国内采用的脱硫方式主要利用钙基脱硫剂进行脱硫,其中钙基脱硫剂的利用率是对脱硫剂的一个重要评价,也是对脱硫方式评价的一个标准。本实验采用双氧水氧化法一次性测出亚硫酸钙和硫酸钙的总量。

一、实验原理

干法脱硫过程中,钙基固硫剂固定下来的硫元素均以亚硫酸钙和硫酸钙的形式存在,然而亚硫酸钙的溶解度极小,因此可在脱硫灰中加入盐酸并蒸馏,使亚硫酸钙反应分解放出二氧化硫,气体通过双氧水吸收氧化得到硫酸;盐酸的加入可同时消除碳酸钙、氧化钙和脱硫灰中等杂质的影响,蒸馏过程也加速了二氧化硫气体的析出和脱硫灰中硫酸盐的溶解,得到的馏出液和残余液分别用氯化钡沉淀;生成硫酸钡沉淀,通过生成的硫酸钡沉淀的质量分别推算脱硫灰中的亚硫酸钙和硫酸钙的含量。主要反应为:

$$CaSO_3 + 2HCl == CaCl_2 + H_2O + SO_2 \uparrow$$
$$SO_2 + H_2O_2 == SO_3 + H_2O$$
$$SO_3 + H_2O == H_2SO_4$$
$$H_2SO_4 + BaCl_2 == 2HCl + BaSO_4 \downarrow$$

二、实验步骤

1. 准确称取 1.000 0 g 脱硫灰样,置于 500 mL 蒸馏烧瓶中,加入少量沸石和 300 mL 蒸馏水,加入 50 mL 盐酸溶液(1:1)加热蒸馏,尾气用 60 mL 的过氧化氢溶液(体积比为 H_2O_2:水=3:1)吸收,待尾气集气瓶中的溶液达 300 mL 左右时停止加热。

2. 加热馏出液至沸腾,边搅拌边加入 10 mL 的氯化钡溶液(0.1 mol/L),在加热套上保持近沸状态,直至馏出液蒸发余 150 mL 左右,停止加热,冷却 4 h,用慢速定量滤纸过滤溶液,并用 100 mL 蒸馏水洗涤沉淀,将沉淀连同滤纸一起放入已灼烧至恒重的瓷坩埚中,一同放入马弗炉中,先在低温灰化滤纸,然后在 860℃灼烧 30 min,取出坩埚放入干燥器中,冷至室温后称重。

3. 残余液待冷却后用中速定性滤纸过滤于 500 mL 烧杯中,用热蒸馏水洗涤沉淀 10～15

次,直到滤液约为 400 mL,加热溶液到沸腾,加入 10 mL 的氯化钡溶液(0.1 mol/L),以下步骤同上。

三、结果计算

$$CaSO_3(\%)=(0.514\ 8\ m_1/m_0)\times100\%$$
$$CaSO_4(\%)=(0.583\ 4\ m_2/m_0)\times100\%$$

式中　m_0——脱硫灰的质量,g;

　　　m_1——馏出液中 $BaSO_4$ 沉淀的质量,g;

　　　m_2——残余液中 $BaSO_4$ 沉淀的质量,g;

　0.514 8——$BaSO_4$ 对亚硫酸钙的换算系数;

　0.583 4——$BaSO_4$ 对硫酸钙的换算系数;

五、思考题

1. 工厂燃煤烟气脱硫的方法有哪些?
2. 钙基脱硫的原理是什么?

实验 5－8　石灰的制备实验

一、石灰的原料及生产

原料:石灰石,主要成分是碳酸钙并夹杂碳酸镁和黏土杂质(8%以内)。

生产:石灰是以碳酸钙为主要成分的石灰岩煅烧(1 000~1 100℃)而成,煅烧时石灰岩中的碳酸钙和碳酸镁分解,生成氧化钙和氧化镁(称为生石灰)和二氧化碳气体,反应式如下:

$$MgCO_3 \!\!=\!\!\!=\!\!\! MgO+CO_2\uparrow$$
$$CaCO_3 \!\!=\!\!\!=\!\!\! CaO+CO_2\uparrow$$

注意:按生产中窑内温度和煅烧时间的控制不同分为欠火石灰、过火石灰和正火石灰,过火石灰的危害大,与水反应缓慢,在石灰浆体硬化后,反应体积膨胀,产生崩裂隆起现象。欠火石灰影响石灰的利用率。

二、石灰的熟化

1. 概念:生石灰加水生成熟石灰的过程,称为石灰的熟化或消解,反应如下:

$$CaO+H_2O \!\!=\!\!\!=\!\!\! Ca(OH)_2+64.9\ kJ$$
$$MgO+H_2O \!\!=\!\!\!=\!\!\! Mg(OH)_2+64.9\ kJ$$

氢氧化钙、氢氧化镁的混合物称为熟石灰。

2. 熟化时的现象

(1) 石灰熟化过程中水化热较大。

(2) 外观体积增加 1.5~2 倍。

3. 结论：生石灰使用前必须熟化，熟化方式为陈伏或分层喷淋法得到消石灰粉。

4. 熟化时的注意事项

为了消除过火石灰的危害，须将石灰在化灰池内放置两周以上，称为"陈伏"；陈伏期间石灰膏表面应保持一层水膜，防止其碳化。

5. 消除过火石灰危害的措施

(1) 块灰进行陈伏。

(2) 采用磨细的生石灰粉。

三、石灰的硬化

1. 干燥硬化和结晶硬化，形成氢氧化钙的晶体析出。

2. 碳化硬化，与空气中的二氧化碳和水产生碳酸钙晶体。

注意：由于空气中二氧化碳的浓度低，且表面生成的碳酸钙结构致密，阻止二氧化碳继续深入，并影响水分的蒸发，所以石灰的硬化速度很慢。

四、石灰的技术要求和技术指标

1. 技术要求

(1) 有效氧化钙和氧化镁含量：决定黏结力的大小。

(2) 生石灰产浆量和未消化残渣含量：与质量相关。

(3) 二氧化碳含量：控制煅烧中欠火的现象。

(4) 消石灰粉游离水含量：过多水会导致出现碳化现象。

(5) 细度。

2. 技术标准

按氧化镁含量的多少建筑石灰分为钙质和镁质两类，建筑消石灰粉分为钙质、镁质和白云石质。

五、石灰的特性、应用及储存

1. 石灰的特性

(1) 良好的保水性：由于石灰的主要成分氢氧化钙粒子极细（直径约 $1~\mu m$），数量多，总表面积大，所以其能吸附水膜而不易失去。利用保水性好的特性可利用石灰拌制石灰砂浆或石灰混合砂浆。

(2) 凝结硬化慢、强度低：石灰浆碳化在表面形成碳酸钙外壳，碳化作用难以深入，内部水分又不易蒸发，因此凝结硬化缓慢，硬化后的强度也不高，1：3 的石灰砂浆 28 d 的抗压强度为 $0.2\sim0.5$ MPa。

(3) 耐水性差：石灰浆体在潮湿环境中，难以使晶体析出，凝结硬化不会进行。而硬化后的石灰长期受水浸泡，氢氧化钙晶体也会重新溶于水，使硬化的石灰溃散。

(4) 硬化后体积收缩大：石灰在硬化过程中，蒸发大量的游离水而引起毛细管显著的收缩，从而造成了体积极大的收缩。

2. 石灰的应用

(1) 砂浆：常用于配制石灰砂浆、水泥石灰混合砂浆。

（2）粉刷:石灰膏加水拌和,可配制成石灰乳,用于粉刷墙面。

（3）石灰土或三合土:石灰土由石灰、黏土组成;三合土由石灰、黏土和碎料(砂、石渣、碎砖等)组成。石灰土或三合土其耐水性和强度均优纯石灰,广泛用于建筑物的基础垫层和临时道路。

（4）水泥和硅酸盐制品:石灰是生产砂砖、蒸养粉煤灰砖、粉煤灰砌块或墙用板材的主要原料。

（5）碳化石灰板:在磨细生石灰中掺加玻璃纤维、植物纤维、轻质料等,用碳化的方法使氢氧化钙碳化成碳酸钙,即为碳化石灰板,用作隔墙、天花板等。

3. 石灰的储存

储存石灰时应注意防潮、防爆、随用随取,及时进行陈伏。

六、思考题

1. 什么叫胶凝材料? 胶凝材料有哪些种类?

2. 影响石灰煅烧质量的因素有哪些?

实验 5－9　石灰细度测定

石灰细度的测定主要是针对生石灰粉和消石灰粉。

一、主要器材

1. 试验筛:0.900 mm、0.125 mm 的套筛一套,并符合 GB 6003 规定。

2. 天平:称量为 1 000 g,精度 0.1 g。

3. 生石灰粉或消石灰粉。

二、测定步骤

称取试样 50 g,倒入 0.900 mm、0.125 mm 方孔套筛内进行筛分。筛分时一只手握住试验筛,并用手轻轻敲打,在有规律的间隔中,水平旋转试验筛,并在固定的基座上轻轻敲打试验筛,用羊毛刷轻轻地从筛上面刷,直至 2 min 内通过量小于 0.1 g 时为止。分别称量筛余物质量 m_1、m_2。

三、测定结果计算

1. 筛余质量百分数 X_1、X_2 按下式计算:

$$X_1 = \frac{m_1}{m} \times 100\%$$

$$X_2 = \frac{m_1 + m_2}{m} \times 100\%$$

式中　X_1——0.900 mm 方孔筛筛余质量百分数,%;

　　　X_2——0.125 mm 方孔筛、0.900 mm 方孔筛,两筛上的总筛余质量百分数,%;

m_1——0.900 mm 方孔筛筛余物质量,g;

m_2——0.125 mm 方孔筛筛余物质量,g;

m——样品质量,g。

2. 计算结果保留小数点后两位。

实验 5－10　生石灰消化速度测定

一、主要器材

1. 电子天平:称量 1 000 g,精度 0.1 g。

2. 保温瓶:瓶胆全长 162 mm;瓶身直径 61 mm;口内径 28 mm;容量 200 mL;上盖用白色橡胶塞,在塞中心钻孔插温度计。

3. 长尾水银温度计:量程 150℃。

4. 秒表;玻璃量筒:50 mL。

二、测定步骤

1. 试样制备

对生石灰,取试样约 300 g,全部粉碎通过 5 mm 圆孔筛,四分法缩取 50 g,在瓷钵内研细至全部通过 0.900 mm 方孔筛,混匀装入磨口瓶内备用。

对生石灰粉,直接将试样混匀,四分法缩取 50 g,装入磨口瓶内备用。

2. 实验步骤

检查保温瓶上盖及温度计装置,温度计下端应保证能插入试样中间。检查之后,在保温瓶中加入(20±1)℃蒸馏水 20 mL。称取试样 10 g,精确至 0.2 g,倒入保温瓶的水中,立即开动秒表,同时盖上盖,轻轻摇动保温瓶数次,自试样倒入水中时算起,每隔 30 s 读一次温度;临近终点仔细观察,记录达到最高温度及温度开始下降的时间,以达到最高温度所需的时间为消化速度(以 min 计)。

三、测定结果表示

1. 记录石灰加水后达到最高温度及温度开始下降的时间,以达到最高温度所需的时间作为消化速度,以 min 计。

2. 以两次测定结果的算术平均值为结果,计算结果保留小数点后两位。

实验 5－11　生石灰产浆量及未消化残渣含量测定

一、主要器材

1. 电子天平:称量 1 000 g,精度 1 g。

2. 电热鼓风干燥箱:最高温度 200℃。

3. 圆孔筛:孔径 5 mm、20 mm 各一只。

4. 生石灰浆渣测定仪。

5. 秒表;钢板尺:300 mm;搪瓷盘:200 mm×300 mm;玻璃量筒:500 mL;保温套等。

二、测定步骤

1. 试样制备

将 4 kg 生石灰试样破碎全部通过 20 mm 圆孔筛,其中小于 5 mm 以下粒度的试样量不大于 30%,混匀,备用,生石灰粉样混匀即可。

2. 试验步骤

称取已制备好的生石灰试样 1 kg 倒入装有 2 500 mL[(20±5)℃]清水的筛筒内(筛筒置于外筒内)。盖上盖,静置消化 20 min,用圆木棒连续搅动 2 min,继续静置消化 40 min,再搅动 2 min。提起筛筒用清水冲洗筛筒内残渣,至水流不浑浊(冲洗用清水仍倒入筛筒内,水总体积控制在 3 000 mL),将残渣移入搪瓷盘(或蒸发皿)内,在 100～105℃烘箱中,烘干至恒重,冷却至室温后用 5 mm 圆孔筛筛分。称量筛余物,计算未消化残渣含量。浆体静置 24 h 后,用钢板尺量出浆体高度(外筒内总高度减去筒口至浆面的高度)。

三、测定结果计算

1. 产浆量按下式计算:

$$X_{产浆量}=\frac{R^2\times\pi\times H}{1\times10^6}$$

式中　$X_{产浆量}$——产浆量,L/kg;

H——浆体高度,mm;

R——浆筒半径,mm。

2. 未消化残渣质量百分数按下式计算:

$$X_{未消化残渣}=\frac{m_1}{m}\times100\%$$

式中　$X_{未消化残渣}$——未消化残渣含量,%;

m_1——未消化残渣质量,g;

m——样品质量,g。

3. 未消化残渣含量计算结果保留小数点后两位。

实验 5－12　消石灰粉体积安定性测定

一、主要器材

1. 电子天平:称量 1 000 g,精度 0.1 g。

2. 电热鼓风干燥箱:最高温度 200℃。

3. 玻璃量筒:250 mL;蒸发皿:300 mL;牛角勺、石棉网板等。

二、测定步骤

称取消石灰粉试样 100 g,倒入 300 mL 蒸发皿内,加入(20±2)℃清洁淡水约 120 mL 左右,在 3 min 内拌和稠浆。一次性浇注于两块石棉网板上,其饼块直径 50～70 mm,中心高 8～10 mm。成饼后在室温下放置 5 min 后,将饼块移至另两块干燥的石棉网板上,然后放入烘箱中加热到 100～105℃烘干 4 h 取出。

三、测定结果评定

烘干后饼块用肉眼检查无溃散、裂纹、鼓包称为体积安定性合格;若出现三种现象中之一者,表示体积安定性不合格。

实验 5－13　石灰二氧化碳含量测定

生石灰或生石灰粉中 CO_2 含量指标,是为了控制石灰石在煅烧时"欠火"造成产品中未分解完的碳酸盐增多。CO_2 含量越高,即表示未分解完全的碳酸盐含量越高,则($CaO＋MgO$)含量相对降低,导致影响石灰的胶结性能。

一、主要器材

1. 电子天平:最大称量 100 g,精度 0.1 mg。
2. 高温炉:可控制温度 500～1 000℃。
3. 瓷坩埚、干燥器等。

二、测定步骤

称取石灰试样 1 g 置于坩埚内,在高温电炉中于(580±20)℃灼烧去结合水,然后再将上述试样在 950～1 000℃高温炉中灼烧 1 h,取出稍冷,放在干燥器中冷却至室温称量,如此反复至恒重。

三、测定结果计算

按下式计算 CO_2 含量:

$$X_{CO_2}=\frac{m_1-m_2}{m}\times100\%$$

式中　X_{CO_2}── CO_2 含量,％;

　　　m_1──在(580±20)℃灼烧后试样质量,g;

　　　m_2──在 950～1 000℃灼烧后试样质量,g;

　　　m──石灰试样质量,g。

实验 5－14　石灰有效氧化钙和氧化镁含量测定

石灰中产生胶结性能的成分是有效氧化钙和氧化镁,其含量是评价石灰质量的主要指标。石灰中的有效氧化钙和氧化镁的含量可以直接测定,也可以通过氧化钙与氧化镁的总量和二氧化碳的含量反映,生石灰还有未消化残渣含量的要求;生石灰粉有细度的要求;消石灰粉则还有体积安定性、细度和游离水含量的要求。国家建材行业将建筑生石灰、建筑生石灰粉和建筑消石灰粉分为优等品、一等品和合格品三个等级,见表 5－2。其试验检测方法按建筑石灰试验方法 JC/T 478—92 和 JTJ058 T0808—94 要求进行。

表 5－2　石灰的技术指标

品种	项目	钙 质			镁 质			白云石质		
		优等品	一等品	合格品	优等品	一等品	合格品	优等品	一等品	合格品
建筑生石灰	$(CaO+MgO)$　　　(不小于)/%	90	85	80	85	80	75			
	未消化残渣量(5 mm 圆孔筛筛余)　　　　　　　(不大于)/%	5	10	15	5	10	15			
	CO_2　　　　　(不大于)/%	5	7	9	6	8	10			
	产浆量　　(不小于)/(L/kg)	2.8	2.3	2.0	2.8	2.3	2.0			
建筑生石灰粉	$(CaO+MgO)$　　(不小于)/%	85	80	75	80	75	70			
	CO_2　　　　　(不大于)/%	7	9	11	8	10	12			
	0.90 mm 筛筛余　(不大于)/%	0.2	0.5	1.5	0.2	0.5	1.5			
	0.125 mm 筛筛余　(不大于)/%	7.0	12.0	18.0	7.0	12.0	18.0			
建筑消石灰粉	$(CaO+MgO)$　　(不小于)/%	70	65	60	65	60	55	65	60	55
	游离水　　　　　/%	0.4～2	0.4～2	0.4～2	0.4～2	0.4～2	0.4～2	0.4～2	0.4～2	0.4～2
	体积安定性	合格	合格		合格	合格		合格	合格	
	0.90 mm 筛筛余　(不大于)/%	0	0	0.5	0	0	0.5	0	0	0.5
	0.125 mm 筛筛余　(不大于)/%	3	10	15	3	10	15	3	10	15

Ⅰ　有效氧化钙含量测定

一、测定目的

1. 了解石灰中有效氧化钙含量的测定原理。
2. 掌握石灰中有效氧化钙含量的测定方法。

二、测定原理

有效氧化钙[$(CaO)_{ef}$]能与蔗糖 $C_{12}H_{22}O_{11}$ 化合而成水溶性的蔗糖钙 $CaO \cdot C_{12}H_{22}O_{11} \cdot 2H_2O$,生成的蔗糖钙用已知浓度的盐酸进行中和滴定。根据盐酸耗量计算出有效氧化钙的含量。

$$CaO + C_{12}H_{22}O_{11} + 2H_2O \longrightarrow CaO \cdot C_{12}H_{22}O_{11} \cdot 2H_2O$$

$$CaO \cdot C_{12}H_{22}O_{11} \cdot 2H_2O + 2HCl \longrightarrow C_{12}H_{22}O_{11} + CaCl_2 + 3H_2O$$

三、主要器材

1. 电子天平:最大称量 100 g,精度 0.1 mg。
2. 盐酸标准滴定溶液(0.5 mol/L)。
3. 酚酞指示剂(10 g/L)。
4. 蔗糖:分析纯。
5. 磁力搅拌棒、三角烧瓶、滴定管等。

四、测定步骤

准确称取约 0.5 g 石灰试样,放入干燥的 250 mL 具塞三角烧瓶中,称取 5 g 蔗糖覆盖在试样表面,放入一根磁力搅拌棒,迅速加入新煮沸并已冷却的蒸馏水 100 mL,立即加塞搅拌 10 min(如有试样结块或粘于瓶壁现象,则应重新取样)。打开瓶塞,用水冲洗瓶塞及瓶壁,加入 2~3 滴酚酞指示剂,用盐酸标准滴定溶液(0.5 mol/L)滴定至溶液的粉红色消失(滴定速度以 2~3 滴/秒为宜),并在 30 s 内不再复现即为终点。

五、测定结果计算

有效氧化钙的含量按下式计算:

$$(CaO)_{ef} = \frac{V \times c \times 0.028}{m} \times 100\%$$

式中　$(CaO)_{ef}$——石灰中有效氧化钙含量,%;

　　　　V——滴定时消耗盐酸的体积,mL;

　　　　c——盐酸标准滴定溶液的浓度,mol/L;

　　0.028——氧化钙毫克当量;

　　　　m——石灰试样质量,g。

Ⅱ　氧化镁含量的测定

一、测定目的

1. 了解石灰中氧化镁含量的测定原理。
2. 掌握石灰中氧化镁含量的测定方法。

二、测定原理

氧化镁含量是石灰中氧化镁占石灰试样的质量百分数。因为测定有效氧化镁含量很困难,因而现行方法是测定氧化镁的总量。由于氧化镁与蔗糖作用缓慢,不能采用前述蔗糖方法,而采用络合滴定法测定。该法是将石灰试样在水中用盐酸酸化,使石灰中的氧化钙(CaO)、氧化镁(MgO)、三氧化二铁(Fe_2O_3)和三氧化二铝(Al_2O_3)离解为 Ca^{2+}、Mg^{2+}、Fe^{3+} 和 Al^{3+} 离子。然后用络合滴定法进行测定。

三、主要器材

1. 电子天平:最大称量 100 g,精度 0.1 mg。
2. EDTA 标准滴定溶液(0.015 mol/L)。
3. 盐酸(1+10)。
4. 酒石酸钾钠溶液(100 g/L)。
5. 三乙醇胺(1+2)。
6. 铵-氯化铵缓冲溶液(pH10)。
7. 酸性铬蓝 K-萘酚绿 B 混合指示剂(1+2.5)。
8. 氢氧化钠溶液(200 g/L)。
9. 钙指示剂。
10. 烧杯、移液管、滴定管等。

四、测定步骤

1. 准确称取约 0.5 g 石灰试样于 250 mL 烧杯中,加少量水润湿,加入 30 mL 盐酸(1+10),用表面皿盖住烧杯,于电炉上加热近沸,并保持微沸 8~10 min。用水冲洗表面皿,冷却后把烧杯内的沉淀及溶液移入 250 mL 容量瓶中,加水至刻度摇匀。

2. 待溶液沉淀后,用移液管吸取 25 mL 试样溶液,放入 400 mL 烧杯中,用水稀释至 200 mL,加入 1 mL 的酒石酸钾钠溶液(100 g/L)、5 mL 三乙醇胺(1+2),搅拌,然后加入 25 mL 铵-氯化铵缓冲溶液(pH10)及适量的酸性铬蓝 K-萘酚绿 B 混合指示剂(1+2.5),用 EDTA 标准滴定溶液(0.015 mol/L)滴定至溶液由酒红色变为纯蓝色(近终点时应缓慢滴定)。记下 EDTA 标准滴定溶液耗用体积 V_1,此为滴定钙、镁合量。

3. 再从同一容量瓶中用移液管吸取 25 mL 试样溶液,放入 400 mL 烧杯中,用水稀释至 200 mL,加入 5 mL 三乙醇胺(1+2)、5 mL 氢氧化钠溶液(200 g/L)及适量的钙指示剂,用 EDTA 标准滴定溶液(0.015 mol/L)滴定至溶液由酒红色变为纯蓝色。记下 EDTA 标准滴定溶液耗用体积 V_2,此为滴定钙的含量。

五、测定结果计算

氧化镁的含量按下式计算:

$$X_{MgO} = \frac{T_{MgO}(V_1 - V_2) \times 10}{m \times 1\ 000} \times 100\%$$

式中　　T_{MgO}——每毫升 EDTA 标准滴定溶液相当于氧化镁的毫克数,mg/mL;

　　　　V_1——滴定钙、镁合量时消耗 EDTA 标准滴定溶液的体积,mL;

　　　　V_2——滴定钙时消耗 EDTA 标准滴定溶液的体积,mL;

　　　　10——全部试样溶液与所分取试样溶液的体积比;

　　　　m——试样的质量,g。

六、思考题

1. 试述石灰有效氧化钙含量的测定原理。
2. 建筑生石灰、生石灰粉及消石灰的主要技术指标有哪些?

第6章 耐火材料制备及性能测试

实验6-1 耐火浇注料的制备方法

一、实验目的

通过本实验了解致密和隔热耐火浇注料流动性的定义及测试方法,以及试样制备的成型设备、成型方法、养护和烘干条件。

二、实验术语和定义

1. 流动性(Flowability)

流动性是耐火浇注料加水或其他液体结合剂并搅拌均匀后,在自重和(或)外力作用下流动性能的度量。以振动流动值 D_f 表示:

$$D_f = \frac{(D-100)}{100} \times 100\%$$

式中　D_f——流动值,%;

　　　D——浇注料在自重(和/或)外力作用下平均铺展的直径,mm。

2. 养护(Cure)

养护是耐火浇注料成型后,在规定的温度和湿度条件下保存一定时间以获得强度的过程。

三、实验原理

1. 流动性试验

耐火浇注料在加入不同量的水或其他液体结合剂并搅拌均匀后,在振动台上装入锥形模中,移去锥形模,在一定的时间内和规定的频率、振幅的作用下,测定其平均铺展直径。

2. 试样制备

耐火浇注料中加入按流动性试验确定的加水(或其他液体结合剂)量,在搅拌机中经过一定的时间搅拌均匀后,在规定的条件下成型、养护和烘干。

四、实验室和实验器材

1. 实验室

实验室的温度应保持在 $15\sim25℃$,相对湿度不低于 50%。

2. 试样养护箱

养护箱应能保持相对湿度不小于 90％,温度(20±1)℃。

3. 搅拌机

搅拌机的工作原理如图 6-1 所示。搅拌桶和搅拌叶片应有足够的强度。

(1) 搅拌桶容量 5～10 L,主要用于流动值测定;容量 10～30 L,主要用于试样制备。搅拌桶应能升降以调整叶片与搅拌桶之间的间隙。

(2) 搅拌叶片:叶片的形状应与搅拌桶的内部形状和尺寸相配合。搅拌叶片能绕 A 轴(搅拌桶的对称轴)公转,同时绕 B 轴(搅拌叶片的对称轴)反向自转,转速分别如下。

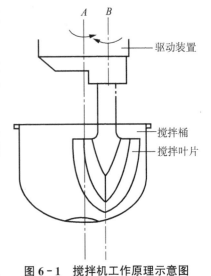

	自转(r/min)	公转(r/min)
Ⅰ挡(慢速)	120±5	40±5
Ⅱ挡(中速)	230±10	70±10
Ⅲ挡(快速)	420±10	130±10

图 6-1　搅拌机工作原理示意图

4. 振动台:台面必须保持水平,只能作单轴垂直方向振动,振动频率 50 Hz,振幅(0.75±0.05)mm。用于测定流动值时,台面应光洁。

5. 台秤:25 kg,精度 10 g;5 kg,精度 1 g。

6. 电子天平:1 000 g,精度 0.1 g。

7. 烘箱。

8. 量筒:500 mL,精度 10 mL;100 mL,精度 1 mL。

9. 锥形模:口内直径为 70 mm,下口内直径为 100 mm,高为 60 mm。

10. 直尺:长度 30 cm,刻度 1 mm。

11. 游标卡尺:长度 300 mm。

12. 秒表、镘刀、料铲、捣固棒、干燥器。

13. 各种规格成型模具。

五、实验步骤

1. 样品准备

(1) 样品缩分

将样品充分混合,若几种组分分别包装,则每种组分先各自混合均匀,再按比例称取,一起混合均匀,然后用四分法分成两份。一份作为试验室样品,进行检验。另一份作为副样,保存时间一般不超过 1 个月。

(2) 化学分析试样和耐火度试样制备

从试验室样品中按四分法缩分抽取,在规定的条件下粉碎、研磨,制备化学分析试样和耐火度试样。特殊情况下,可以采用常温耐压强度压碎后的残样制取,并在检验报告中注明。

2. 流动性试验

(1) 试验料的制备

① 从混合均匀的试验室样品中准确称取足够做两次流动值测定的试验料,放进搅拌桶内。

② 用量筒量取搅拌用水,水温应接近室温,准确到 1 mL。第一次可按与同类产品相当的加水量,再次测定时酌情增减用水量,每次增减量不大于试验料干重的 0.5%。其他液体结合剂用称量法。

③ 将试验料慢速混合 1 min,然后快速搅拌,边搅拌边加入水或其他液体结合剂,2 min后稍停,清理黏附在搅拌叶片和桶壁上的泥料,再次搅拌 2 min,总搅拌时间为 5 min。

(2) 流动值测定

① 将锥形模放在振动台上,先加入试验料至锥形模深度的 2/3 处,用捣棒捣实,再继续加入剩余料,并捣实抹平。

② 取下锥形模,启动振动台,振动 15 s。

③ 用游标卡尺每间隔 45°测量试验料四个直径的数值,取其平均值,精确到 1 mm。

④ 按流动值测定步骤①～③重复测定两次,取两次的平均值作为流动值结果,记录试验料的用水量和流动值。每次测定时不得使用已经振动过的料,试样料的制备和两次测定应在 10 min 内完成。

⑤ 自流浇注料加料时无需捣实,加满料后无需振动,取下锥形模后停留 1 min,按流动值测定步骤①～③测定流动值。

(3) 加水(或其他液体结合剂)量的确定

用不同加水量的试验料分别进行流动性测定,当流动值达到 60%～90%时,即为合适用水量,并作为试样成型时的用水量。

3. 试样成型

(1) 试样成型规格的确定

根据不同的检测项目应制备不同尺寸的试样,试样尺寸见表 6-1。

表 6-1 用于不同检测项目的试样规格

试样型号	试样尺寸	检测项目
A 型	$230 \times 114 \times 65$	抗热震性、导热系数
B 型	$160 \times 40 \times 40$	耐压强度、抗折强度、加热永久线变化、显气孔率、体积密度、热膨胀
C 型	$\phi(160 \sim 180) \times \phi(20 \sim 25)$	导热系数
D 型	$\phi 50 \times 50$	荷载软化温度
E 型	$\phi(20 \sim 25) \times 100$ $20 \times 20 \times 100$	热膨胀
F 型	$100 \times 100 \times 30$	耐磨性
G 型	$50 \times 50 \times 50$	抗爆裂性
对于临界粒度大于 8 mm 的试验料,建议制备 A 型试样,然后切制成相应的规格尺寸		

注:试样尺寸的单位为 mm。

(2) 从混合均匀的试验料中,称取成型试样所需用的量,加入按流动性试验步骤(3)所确定的用水(或其他液体结合剂)量。

(3) 按流动性试验中步骤(1)中试验料的制备步骤①～③制备试验料。

（4）将试模固定在振动台上，填装试验料直至试模上边缘，启动振动台，边振动边填装试验料。

（5）停止振动，用镘刀去除高出试模边缘的试验料，并将试样表面抹平。对于致密浇注料，全部振动时间一般为 60～90 s；对于隔热浇注料，全部振动时间一般为 30～60 s。从加水开始到试样成型的全部时间不超过 10 min。

（6）自流浇注料试样的成型，直接将搅拌均匀的试验料填装到试模中，停留 2 min 后用镘刀抹平。

4. 试样养护

（1）气硬性耐火浇注料：试样带模置于实验室环境中养护 24 h 脱模，在相同条件下再存放 24 h。

（2）水硬性耐火浇注料：试样带模置于相对湿度不小于 90%，温度（20±1）℃的养护箱中，养护 24 h 后脱模，再在相同条件下养护 24 h。

（3）热硬性耐火浇注料：试样带模置于 40～110℃烘箱中烘干 12 h，脱模后再在相同条件下烘干 24 h。

5. 试样烘干

对需要测定线变化率的试样，在养护后脱模，立即测量尺寸。随后放入烘箱中逐渐升温至（110±5）℃，在（110±5）℃或规定的条件下干燥 24 h。

干燥后试样随烘箱冷却至室温。冷却后试样应存放于干燥器中，存放时间不应超过 3 天。

六、思考题

1. 什么是耐火浇注料？在其制备的过程中应该注意哪些事项？
2. 根据所用胶结料的不同，试分析耐火浇注料的养护成型机理。

实验 6-2 耐火材料体积密度、显气孔率及真气孔率测定

测定方法同陶瓷体积密度、吸水率及气孔率测定。

实验 6-3 致密及隔热定形耐火制品常温抗折强度测定

一、测定目的

通过本实验，了解常温压力试验机的仪器结构及常温下以恒定速率施加应力测定致密及隔热定形耐火制品的抗折强度的方法。

二、测定原理

在常温下，以恒定的加荷速率对试样施加应力直至断裂。

三、主要器材

1. 加荷装置如图6-2所示：

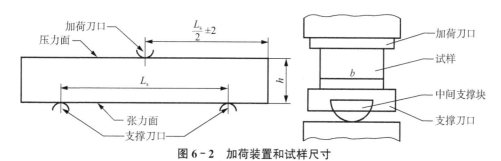

图6-2　加荷装置和试样尺寸

表6-2　对试样尺寸、允许偏差和刀口的规定

试样尺寸 $L \times b \times h$	宽度b和高度h的允许偏差	横截面对边之间的平行度允许偏差	顶面与底面之间的平行度允许偏差	下刀口之间距离(L_s)	上下刀口的曲率半径
230×114×65 230×114×75	—	—	—	180±1	15±0.5
200×40×40	±1	±0.15	±0.25	180±1	15±0.5
150×25×25	±1	±0.1	±0.2	125±1	5±0.5

注：隔热制品推荐采用标形砖，尺寸单位均为 mm。

（1）加荷装置应有三个刀口，下面两个刀口支撑试样，上面一个刀口加荷。三个刀口的曲率半径列于表6-2中，刀口长度应比试样的宽度至少大5 mm。三个刀口的刀刃边缘线应相互平行，刀口垂直于试样加荷时的侧面。上面的加荷刀口固定，两个下刀口应位于中间支撑块上。中间支撑块的底面呈半圆柱面状，以保证刀口与试样呈线接触。也可以选择一个下刀口固定，另一个下刀口和上刀口能在竖直的平面上调节。两个刀口之间的距离见表6-2，上刀口位于两个下刀口中间，偏差在2 mm内。

（2）加荷装置能够以恒定的速率对试样中间均匀加荷，并有能记录或指示其断裂载荷的仪器，示值误差应小于±2%，测量的最大载荷不小于量程的10%。

2. 电热鼓风干燥箱：能使温度控制在(110±5)℃。

3. 试样

（1）试验用样品的数量按 GB/T 10325 的规定或根据实际情况而定；如果试样从砖上切取，从每块砖上切取的试样数量应相同，以便统计分析；标准试样尺寸为 230 mm×114 mm×65 mm 或 230 mm×114 mm×75 mm。也可以采用表6-2中列出的其他尺寸。

（2）试样的受压方向应与成型加压方向平行，并在压力面上注明。

如果从砖上切取试样，应保留一个垂直于砖成型时加压方向的原砖面作压力面。

注：建议采用连续凸缘金刚石片切割。如果使用齿形凸缘刀片，刀片切出的边缘常出现破损，因此建议刀片进入的面作为压力面。

（3）如果不知成型压制方向或者在该压制方向不能取得符合要求[3-(1)及3-(2)]的试样，制样方法应由实际情况而定。

四、测定步骤

1. 在(110±5)℃的干燥箱中将试样烘干至恒重[对不宜(110±5)℃烘干的试样,烘干条件应根据实际情况而定],在干燥器中冷却至室温。

2. 在试样中间部位测量宽度和高度,精确至 0.1 mm,测量下刀口之间距离,精确至 0.5 mm。

3. 将试样按要求对称地放在加荷装置(图6-2)的下刀口上。

4. 在常温下对试样垂直施加载荷直至断裂,加荷速率如下。

(1) 致密定形耐火制品:(0.15±0.015)MPa/s。

(2) 定型隔热耐火制品:(0.05±0.005)MPa/s。

5. 记录试样断裂时的载荷(F_{max})和试验时的温度。

五、测定结果表示与评定

1. 常温抗折强度按下式计算:

$$R_e = \frac{3}{2} \times \frac{F_{max} L_s}{bh^2}$$

式中　R_e——常温抗折强度,MPa;

　　F_{max}——对试样施加的最大压力,N;

　　L_s——下刀口间的距离,mm;

　　b——试样宽度,mm;

　　h——试样高度,mm。

2. 对于整砖,一块砖的测定值就是这块样砖的结果。

3. 对于切取的试样,记录单值和所有试样的平均值,用这些值来表示这块样品的结果。

4. 结果保留一位小数,所取位数后的数字按 GB/T 8170 数值修约规则进行处理。

六、思考题

耐火制品常温抗折强度测定中有哪些误差来源?应注意哪些事项?

实验 6-4　耐火材料耐火度测定

一、测定目的

1. 理解材料耐火度的概念。

2. 了解耐火材料耐火度测定方法及相关配备设备的使用。

3. 掌握耐火材料耐火度的测定原理及测定方法。

二、术语

1. 耐火度(Refractoriness)

耐火材料耐高温的特性。

2. 标准测温锥(Pyrometric Reference Cone)

具有规定的形状、尺寸的一定组成的截头三角锥体。当其按规定条件安装和加热时,能按已知方式在规定的温度弯倒。

3. 参照温度(弯倒温度,Reference Temperature)

当安插在锥台上的标准测温锥,在规定的条件下按规定的加热速率加热时,其锥的尖端弯倒至锥台面时的温度。

三、测定原理

将耐火原料或制品的试锥与已知耐火度的标准测温锥一起载在锥台上,在规定的条件下加热并比较锥与标准测温锥的弯倒情况来表示试锥的耐火度。

四、主要器材

1. 试验炉

(1) 采用立式管状炉或箱式炉。

(2) 试验时整个锥台所占有的空间中最大温差不得超过 10℃(相当于半个标准锥号),炉温的均匀性可用热电偶或标准测温锥经常检查。

(3) 炉内应保持氧化气氛。某些炉子(例如用某些碳氢化合物和氧气燃烧的炉子),气氛中有高含量的水蒸气和还原气体,必须用高性能的耐火管(板)将锥台、标准测温锥、试锥与火焰和气体隔开。

(4) 立式管状炉:炉管内径最小为 80 mm,安放圆锥台的耐火支柱可回转,并可上下调整。

(5) 箱式炉:炉膛有效容积最少为高 60 mm、宽 100 mm。

2. 标准测温锥

所用的标准测温锥应符合 GB/T 13794—92 的规定。

3. 锥台

(1) 锥台应当是用耐火材料制成的长方体或圆盘,它们的上、下表面应平整并相互平行。

(2) 锥台和固定试锥所用的耐火泥,应在试验的温度下不与试锥和标准测温锥起反应。

(3) 为了尽量减少试锥和高温标准锥受热的不均匀性,在采用立式管状炉时,试验期间应使锥台绕自身竖直轴转动(锥台绕轴转动一般为 1～3 r/min)。

4. 试验筛:必须符合 GB 6003 的规定。

五、试样制备及要求

1. 取样数量:应符合实际标准或根据实际情况而定。

2. 尺寸或形状:试锥应与所用的标准测温锥有相同的几何形状,其高度至少与标准测温锥高度相等,至多不能超过标准测温锥的 20%(图 6-3)。

3. 试锥的制备

(1) 试锥切取

① 应从砖或制品上用锯片切取试锥并用磨轮修磨,再去掉烧成制品的表皮。

② 不定形材料的试样。如可塑料、捣打料、耐火水泥和耐火浇注料,应根据其使用来成型

和预烧,预烧温度在试验报告中说明。然后对该试样用锯片切取试锥,再用磨轮修磨。烧后试样应除去表皮。

③ 切取试锥时,首先切割一合适尺寸的长方条(通常为 15 mm×15 mm×40 mm)。倘若试样材质结构粗糙或松脆,可用灰分小于 0.5% 的树脂浸渍,如用环氧树脂配制成的固化剂使长方条试样固化,然后切割,再用磨轮修磨。

(2)试锥成型

① 对于原料,不定形耐火材料和不能按照 3-(1)规定切割的定形耐火制品的试样,可按下述步骤成型试锥。

② 抽取有代表性的样品,集成总质量约 150 g,并粉碎至 2 mm 以下,混合均匀后,用四分法或多点取样法缩减至 15～20 g,在玛瑙研钵中粉碎,至全部通过标准孔径为 180 μm 的试验筛,在磨碎过程中应经常筛样,以免产生过细的颗粒。磨好的试样小于 90 μm 的细粉要少于 50%,但已含有 50% 以上极细粉末的原料除外。

③ 在粉碎和研磨的过程中,不应混入外来杂质。混合过程应非常小心,以使试样具有真实的代表性。

④ 加水调和粉状试样。如果试样是瘠性的,则用灰分含量小于 0.5% 的有机结合剂(通常为糊精)用水调和;若试样会与水反应,则可选用其他合适的液体。

⑤ 在合适的磨具内成型试锥。合适的磨具图见图 6-4。

⑥ 对耐火生料,应经 1 000℃ 预烧,然后再按上述步骤成型试锥。

$h \approx 30$mm　　　　$b \approx 8.5$mm

图 6-3　试锥的示意图

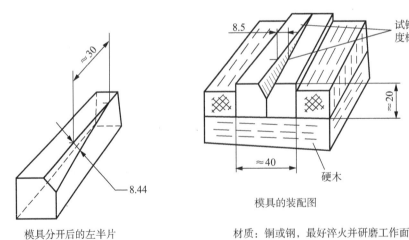

模具分开后的左半片

模具的装配图

材质:铜或钢,最好淬火并研磨工作面

图 6-4　成型试锥的模具示意图

六、标准测温锥的选择

按照下列数量来选择标准测温锥:

	圆形锥台	矩形锥台
(1)估计或预测相当于试样耐火度的标准测温锥的个数(N)	2	2

（2）比（1）中低一号的标准测温锥的个数（$N-1$）　　　　　　1　　　　2
（3）比（1）中高一号的标准测温锥的个数（$N+1$）　　　　　　1　　　　2

七、锥台的配备

1. 将两个试锥和根据六选择的标准测温锥置于锥台上，并根据图 6-5 所示（圆形或矩形锥台）来排列它们的顺序。锥与锥之间应留有足够的空间，以使锥弯倒时不受障碍。试锥和标准测温锥底部插入锥台深度约为 2～3 mm 预留的孔穴中，并用耐火泥固定。

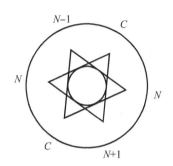

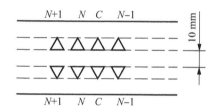

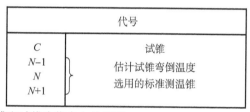

图 6-5　标准测温锥和试锥在锥台上的排列

2. 插锥时，必须使标准测温锥的标号面和试锥的相应面均面向中心排列，且使该面相对的棱向外倾斜，与垂线的夹角成（8±1）°（图 6-6）。

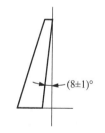

图 6-6　锥棱与垂线的夹角

八、测试步骤

1. 把装有试锥和标准测温锥的锥台置于耐火支柱上，放入炉子均温带。

2. 在 1.5～2 h 内，把炉温升至比估计试样的耐火度低 200℃ 的温度，然后开始回转圆锥台。

3. 再按平均 2.5℃/min 的速率均匀升温（相当于两个相邻的 CN 标准测温锥大约在 8 min 时间间隔里先后弯倒），在任何时刻与规定的升温曲线的偏差小于 10℃，直至试验结束。

4. 当试锥弯倒至其尖端接触锥台时，应立即观察标准测温锥的弯倒程度，直至最末一个标准测温锥或试锥弯倒至其尖端接触锥台时，即停止试验。

5. 从炉中取出锥台，并记录每个试锥与标准测温锥的弯倒情况，以观察试锥与标准测温锥的尖端同时接触锥台的标准测温锥的锥号表示试锥的耐火度；当试锥的弯倒介于两个相邻标准测温锥之间时，则用这两个标准测温锥号表示试锥的耐火度，即顺次记录相邻的两个锥号。

6. 凡出现有任一试锥或标准测温锥弯倒不正常或这两个试锥的弯倒偏差大于半个标准测温锥的号数时,试验必须重做。

九、注意事项

试验误差的规定:对同一试样的复验误差,不得超过半号标准测温锥(1/2CN)。

十、思考题

讨论试验过程中影响耐火度的各种因素。

实验 6-5　耐火材料荷重软化温度测定

一、测定目的

1. 了解耐火材料制品荷重软化温度测试方法(非示差-升温法)的定义及原理设备。
2. 掌握耐火制品荷重软化温度的测定方法。

二、测试术语

1. 荷重软化温度(Refractoriness Under Load)
耐火制品在规定升温条件下,承受恒定压负荷产生变形的温度。
2. 最大膨胀值温度(Temperature of Maximum Expansion,T_0)
试样膨胀到最大值时的温度。
3. $x\%$变形温度(Temperature of $x\%$ deformation,T_x)
试样从膨胀最大值压缩了原始高度的某一百分数(x)时的温度。
当 $x=0.6$ 时,即 $T_{0.6}$ 称开始软化温度。
4. 龟裂或破裂温度(Temperature of Break,T_b)
试验到 T_0 后,试样突然龟裂或破裂时的温度。

三、测定方法及原理

1. 测定方法:非示差-升温法
2. 测定原理
在恒定的荷重和升温速率下,圆柱体试样受荷重和升温的共同作用产生变形,测定其规定变形程度的相应温度。

四、主要仪器设备

1. 加热系统
(1) 电加热炉应满足下列条件。
① 竖式圆形炉膛,其均温性在 ±10℃ 以内的装样区不得小于 $\phi100$ mm×75 mm。

② 加热炉应能在空气气氛中按规定的升温速率加热,直至试验结束。

(2) 热电偶采用一端封闭的 B 型热电偶。测温端应在试样高度的一半处,且尽可能地接近试样表面,但不能接触试样。

(3) 温度记录控制仪或微机,精度 0.5 级。

2. 加荷系统

给试样加荷的装置(图 6-7)应能满足下列条件。

(1) 沿压棒、试样、支承棒及垫片的公共轴线施加负荷,其压应力不得小于 0.20 MPa。

(2) 机械摩擦力及惯性力不得超过 4 N。

(3) 压棒和垫片可采用石墨制品。用该压棒材质的圆柱体代替试样进行空白试验,从室温加热到试验炉最高温度,不得有压缩变形,同时整个加荷系统的膨胀量每 100℃不得大于 0.2 mm。

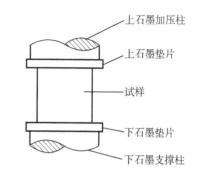

上石墨加压柱
上石墨垫片
试样
下石墨垫片
下石墨支撑柱

图 6-7 非示差-升温法加荷试验装置

(4) 变形测量装置百分表或位移传感器,其精度不小于 0.01 mm。若同时采用百分表和位移传感器,两者以 90~120℃安装。

3. 电热鼓风干燥箱。

4. 游标卡尺:分度值为 0.02 mm。

5. 样品尺寸及外观质量要求

(1) 试样形状尺寸:为圆柱体试样,直径为(36±0.5)mm,高为(50±0.5)mm。

(2) 外观质量满足:

① 两底面平整度和平行度均不应大于 0.2 mm,底面与主轴的垂直度不应大于 0.4 mm。

② 试样不应有因制样而造成的缺边、裂纹等缺陷或水化现象。

五、试验步骤

1. 将试样置于电热鼓风干燥箱内于(110 ± 5)℃或允许的较高温度下烘干至恒重。

2. 测量试样尺寸,精确到 0.1 mm。

3. 装样

(1) 将试样放入炉内均温区的中心,并在试样的上、下两底面与压棒和支承棒之间,垫以厚约 10 mm、直径约 50 mm 的垫片。

(2) 压棒、垫片、试样、支承棒及加荷机械系统,应垂直平稳地同轴安装,不得偏斜。

(3) 调整好变形测量装置和测温热电偶。

4. 加荷

(1) 对试样施加的荷重。包括压棒、垫片的质量及加荷机械系统施加的压力,应准确到 ±2%以内。

(2) 对致密定型耐火制品施加的压应力为 0.20MPa。

(3) 对特殊制品,如隔热制品,按制品的技术条件规定加荷。

5. 加热

按下列规定的升温速率连续均匀地加热,直至试验结束。

(1) ≤1 000℃:5~10℃/min。

(2) >1 000℃:4～5℃/min。

6. 记录

(1) 每隔 10 min 须将时间、温度、变形以及其他特征记录一次,临近试样膨胀最大值时,必须及时观察记录。

(2) 试样膨胀到最大值时应及时记录最大膨胀值及温度 T_0。

(3) 记录试验结束时的变形量及温度。

(4) 镁质及硅质制品出现龟裂或破裂时,记录龟裂或破裂时的温度 T_b。

(5) 能够自动记录并绘制"温度、变形、时间"曲线时,应记录并绘制"温度-时间"、"变形-时间"及"变形-温度"曲线。

7. 终止试验

出现下列情况之一,则试验终止。

(1) 达到了试验温度,即试样自膨胀最大值变形到要求的某一百分数,如 $T_{0.6}$。

(2) 达到了加热炉的最高使用温度。

(3) 硅质及镁质制品,产生龟裂或破裂。

(4) 其他异常情况。

六、试验结果及处理

1. 试验结果

(1) 一般情况,报告 T_0、$T_{0.6}$,必要时报告 T_b。

(2) 依据制品的技术条件,可以 T_x 作为试验结果。

(3) 若加热炉已达到了使用的最高温度,而试样变形尚未达到规定要求,则报告变形百分数和相应的温度。

2. 试验结果处理出现下列情形之一者,须重新进行试验:

(1) 试验过程中,加压系统明显向一侧偏斜。

(2) 试验后,试样上底面与下底面错开 4 mm 以上,或者试样周围的高度相差 2 mm 以上。

(3) 试样的一边熔化或有其他加热不均匀的现象,或因测温口进入空气后对试样产生显著影响而呈现淡色圆斑。

(4) 同时采用了百分表和位移传感器,而其变形不一致者。

(5) 其他异常情况。

3. 试验误差

(1) 同一试验室同一样品不同试样的复验误差不得超过 20℃。

(2) 不同试验室同一样品不同试样的复验误差不得超过 20℃。

七、思考题

1. 什么是荷重软化温度? 影响因素有哪些?

2. 测量耐火材料制品荷重软化温度时应注意哪些事项?

实验6-6　耐火材料孔径分布测定

一、测定目的

1. 通过本实验，了解压汞法测定耐火材料孔径分布的原理与方法。

2. 压汞法适用于测定耐火材料的开口气孔的孔径分布、平均孔径、气孔的孔容积百分率。测试孔径范围在 0.006～360 μm。

二、测试术语

1. 平均孔径：在所测孔径范围内，直径对孔容积的积分除以总的孔容积。

2. 小于 1 μm 孔容积百分率：耐火材料中小于 1 μm 的孔容积百分数。

3. 孔径分布：不同孔径下的孔容积分布频率。

三、测定原理

汞在给定的压力下会浸入多孔物质的开口气孔，当均衡地增加压力时能使汞浸入样品的细孔，被浸入的细孔大小和所加的压力成反比。

四、主要仪器和设备

1. 压汞仪：原理示意如图 6-8 所示。技术要求：最大压力 207 MPa；最小压力 3.45 kPa；最大真空度 50 μmHg。

2. 瓶装氮气（或压缩空气）：要求清洁、干净、无油；压力大于 0.3 MPa。

3. 天平：顶部开门最大量程 300 g；精度为 0.1 mg。

4. 烘箱：最高温度 200℃，控温精度±5℃。

5. 交流稳压电源：频率为 50 Hz；电压为(220±0.1)V；功率为 3 kW。

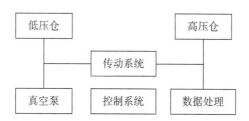

图 6-8　压汞仪原理示意图

6. 汞：不少于 5 kg，纯度 99.999%。

7. 标准筛：4 mm，8 mm。

8. 其他材料：瓷盘；装废汞的器皿。

9. 压汞仪放置要求：须放置于开有活动门、带有抽气的密封罩内。

10. 设备环境要求：环境温度为 14～25℃；相对湿度为 30%～70%。

五、测定步骤

1. 样品制备

从待测的样品上任取 50～100g 试样,破碎后,用标准筛筛取 4～8 mm 的试样 20 g 左右,置于烘箱中,于(110±5)℃温度下,恒温 2 h。自然冷却至常温后,置于干燥器中备用。对小于 4 mm 的样品,则直接称取 20 g 左右,按上述要求烘干备用。

2. 膨胀计体积的标定

压汞仪膨胀计的形状如图 6-9 所示。体积值的标定在 14～25℃ 的室温内进行,任选三个温度点,分别进行一次空膨胀计的注汞操作,按注入的汞质量,算出该温度下的体积值,取三次测量结果的算术平均值,为该膨胀计的标定值。

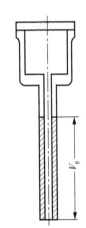

图 6-9　膨胀计形状

3. 操作步骤

(1)在膨胀计中装入干燥后的试样,密封后用天平称量,记录质量,将称量值减去试样质量即为空膨胀计质量。

(2) 将装好试样的膨胀计放入压汞仪的低压仓内固定好。

(3) 开真空泵抽真空。

(4) 通 N_2 气体(或压缩空气)。

(5) 待真空度达到 50 μmHg 时,给膨胀计内注汞。

(6) 取出已注汞的膨胀计,置于高压仓内,在高压运行中,记录不同压力(p)对应的汞压入量 V。

六、测验结果计算

1. 平均孔径按下式计算:

$$\overline{D} = \frac{\int_0^{V_{总}} D \, dV}{V_{总}}$$

式中　$\overline{D}$——平均孔径,μm;

　　　D——某一压力所对应的孔直径,μm;

　　　$V_{总}$——开口气孔的总容积,cm^3;

　　　dV——孔容积微分值,cm^3。

2. 小于 1 μm 孔容积百分率的计算:

(1) 孔径与压力的关系如下:

$$D = \frac{-4\gamma\cos\theta}{p}$$

式中　D——孔径;

　　　p——压力,MPa;

　　　γ——汞的表面张力,485 mN/m;

　　　θ——汞的接触角,(°)。

(2) 不同孔径即对应有汞压入量(孔容积),则有:

$$V' = \frac{V_{总} - V_1}{V_{总}} \times 100\%$$

式中　V'——小于 $1\ \mu m$ 的孔容积百分率，%；

　　　$V_{总}$——汞压入总量，cm^3；

　　　V_1——大于 $1\ \mu m$ 孔径的汞压入量，cm^3。

七、思考题

1. 压汞法也可以测量材料的气孔率，试分析压汞法和浸液法测量的不同之处。
2. 试简述压汞法测定材料孔径分布的原理。
3. 根据平均孔径及小于 $1\ \mu m$ 孔容积百分率，绘制孔径分布图。

实验 6-7　耐火材料抗渣侵蚀性能测定

耐火材料抗渣侵蚀性能的好坏是影响耐火材料使用寿命长短的一个重要质量因素，也是判断耐火材料性能优劣的一个主要技术指标。耐火材料在实际使用过程中的抗渣侵蚀性能受诸多因素的影响。其中包括耐火材料的种类和材质、耐火材料的使用温度、炉内气氛和熔渣的化学性质等。

一、测定目的

1. 了解耐火材料抗渣侵蚀性能的测定原理和测定方法。
2. 了解测定耐火材料抗渣侵蚀性能的实际意义。

二、测定原理

本试验是为考察不同氧化铝含量对耐火材料侵蚀性的影响，高炉熔渣中也含有多种成分，如 SiO_2、CaO、Al_2O_3、FeO 等，耐火物与熔渣长时间接触，易发生化学反应，降低其熔点，产生化学侵蚀，主要的化学反应有：

1. $CaO + Al_2O_3 \rule[0.5ex]{1em}{0.4pt} CaO \cdot Al_2O_3$
2. $CaO \cdot Al_2O_3 + 2CaO \rule[0.5ex]{1em}{0.4pt} 3CaO \cdot Al_2O_3$
3. $2CaO + Al_2O_3 + SiO_2 \rule[0.5ex]{1em}{0.4pt} 2CaO \cdot Al_2O_3 \cdot SiO_2$
4. $7CaO \cdot Al_2O_3 + 5CaO \rule[0.5ex]{1em}{0.4pt} 12CaO \cdot Al_2O_3$
5. $FeO + Al_2O_3 \rule[0.5ex]{1em}{0.4pt} FeO \cdot Al_2O_3$
6. $2FeO + SiO_2 \rule[0.5ex]{1em}{0.4pt} 2FeO \cdot SiO_2$
7. $2FeO + 2Al_2O_3 + SiO_2 \rule[0.5ex]{1em}{0.4pt} 2FeO \cdot 2Al_2O_3 \cdot SiO_2$

这些反应中，$2FeO \cdot SiO_2$ 的熔点只有 $1\ 178℃$，$2CaO \cdot Al_2O_3 \cdot SiO_2$ 的熔点只有 $1\ 083℃$，熔点均低于 $1\ 300℃$，产生熔渣侵蚀。

三、主要仪器

1. 箱式电阻炉。

2. 游标卡尺。

3. 电子天平。

4. 液压机。

5. 钢模具,压样机等。

四、测定步骤

1. 熔渣侵蚀坩埚的制备

为考察熔渣侵蚀,实验所用坩埚由不同组成的耐火原料直接压制而成。坩埚坯体的标准尺寸如图 6 - 10 所示,坩埚坯体的化学组成如表 6 - 3 所示。

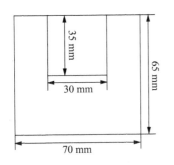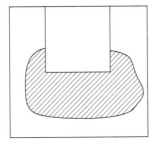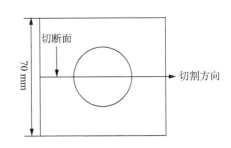

图 6 - 10　坩埚坯体的标准尺寸

表 6 - 3　坩埚坯体的化学组成

使用原料	原料配比/%					
	试样 1	试样 2	试样 3	试样 4	试样 5	试样 6
氧化铝/%	30	46	65	75	85	90
二氧化硅/%	65	49	30	20	10	5
氧化钙/%	5	5	5	5	5	5

2. 渣剂的配制

渣侵蚀实验用的渣剂的化学组成为:CaO 35%,SiO_2 35%,Al_2O_3 10% 和 Fe_2O_3 20%,使用的渣剂量为 10 g。

3. 将侵蚀用的渣剂装入坩埚,然后将坩埚放入电炉的恒温区。

4. 设计合理的升温曲线,将耐火材料升温至 1 500 ℃,保温 1 h。

5. 将冷却到室温的坩埚从电炉取出,并沿其中心面剖开,测量侵蚀深度。

五、测定结果与讨论

1. 将侵蚀结果与不同的添加量进行测量、比较。

2. 分析不同的耐火材料原料组成和不同渣剂对耐火材料侵蚀的影响。

实验6-8 耐火材料抗氧化性能测定

含有非氧化物组分的耐火材料,如含碳耐火材料以及含碳化硅和氮化硅系耐火材料等,其中的非氧化物组分对耐火材料的抗渣侵蚀性能和抗热冲击性能等具有重要的影响。因此,这些耐火材料抗氧化性能的优劣,即耐火材料中非氧化物组分的氧化速度的快慢,对于耐火材料的使用寿命具有相当大的影响。耐火材料的氧化,一般分为气相氧化(耐火材料与空气、二氧化碳气体以及水蒸气等的反应)、固相氧化(耐火材料中各组分之间的反应,如氧化镁-碳系耐火材料中 MgO 和 C 的反应)和液相氧化(耐火材料与熔渣中的 FeO 和 MnO 的反应)三种。但评价耐火材料抗氧化性能时,通常采用的是气相氧化法。

一、测定目的

1. 掌握差热分析法测定抗氧化性的原理。
2. 验证树脂碳化得到的非结晶碳在有氧化镁存在情况下进行加热时其结晶性能的变化。
3. 熟悉本实验所用设备的使用方法和操作原理。
4. 学会分析差热失重检测曲线。

二、测定原理

差热分析法对耐火材料的氧化性能进行测试,根据差热分析结果,确定耐火材料试样的氧化开始温度和氧化终了温度,并以此评价耐火材料的抗氧化性能。耐火材料试样的氧化开始温度和氧化终了温度越高,则耐火材料的抗氧化性能越好。

本实验所用试样为两种碳素原料。一种是通过碳化树脂得到的,另一种是将碳化树脂得到的碳素原料同氧化镁混合后再进一步加热处理得到的。碳化树脂得到的碳素原料只有一个放热峰,而同氧化镁混合后再进一步加热处理得到的碳素原料在加热处理过程中,其中的一部分已经转化成了石墨,即结晶碳。由于结晶碳的抗氧化性能高于非结晶碳,因而,在差热曲线上出现了两个放热峰。

同时通过热天平实验法,我们还可以得到在 TG 曲线与第一个峰所对应的失重是非结晶碳完全反应所引起的,第二个峰所对应的失重是结晶碳完全反应所得到的,这样我们就可以测得结晶碳和非结晶碳的质量比。差热分析实验法的实验装置见图6-11。

三、实验器材

1. 热分析仪。
2. 电子天平:最大称量 200 g,精度 1 mg。
3. 研钵等。

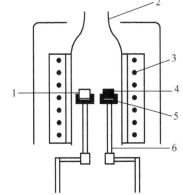

图6-11 差热分析实验法的实验装置

1—标准试样;2—保护套管;3—发热体;
4—耐火材料试样;5—探头;6—传感器

四、测定步骤

1. 碳化树脂同氧化镁混合试样的测试

(1) 混料:将碳化好的碳素原料同氧化镁以质量比 1:1 混合,在研钵中混合 10 min。

(2) 称量:用电子天平称量混合好的原料,精确至 mg。

(3) 提升电炉,将称量好的耐火材料试样置于热分析仪装置内的被测试样用台架上。

(4) 升温:以 15℃/min 的升温速度进行热分析。

2. 碳化树脂试样的测试

(1) 称量:用电子天平称量原料,精确至 mg。

(2) 提升电炉,将称量好的耐火材料试样置于热分析仪装置内的被测试样用台架上。

(3) 升温:以 10℃/min 的升温速度进行热分析。

五、实验结果与讨论

1. 绘制两种原料的 DTA、TG 曲线。

2. 通过 DTA 曲线找出氧化的放热峰,标出峰值进行对比,并解释其原因。

3. 通过 TG 曲线得出反应所对应的失重,进而算出结晶碳与非结晶碳的质量比。

实验 6-9　耐火材料抗水化性能测定

氧化镁、氧化钙以及白云石等碱性耐火材料,由于其抗渣性能好,原料矿藏丰富、廉价,因而被广泛地应用于钢铁冶金和水泥制造等各行业。但是,由于 MgO 和 CaO 具有吸潮和水化的缺点,因此,在含有氧化镁、氧化钙以及白云石耐火材料的制造、运输、储藏和使用过程中,非常容易吸潮和水化,使耐火材料产生裂纹和粉化。这不但直接影响了氧化镁、氧化钙以及白云石系耐火材料的使用效果,而且也限制了这些耐火材料的进一步应用。另外,在含碳耐火材料的生产过程中常常添加各种抗氧化剂,其中金属铝是最为常用的一种。但是,金属铝在耐火材料的烧成和使用过程中,首先同耐火材料中的碳反应生成 Al_4C_3。Al_4C_3 具有较强的吸水性,极易使耐火材料产生裂纹和破坏,降低了耐火材料的使用效果。所以,正确掌握和准确评价上述耐火材料在各种条件下的水化性能,对于进一步扩大氧化镁、氧化钙以及白云石等碱性耐火材料的应用领域,以及进一步提高含碳耐火材料的使用效果都具有十分重要的意义。

一、测定目的

1. 了解测试耐火材料抗水化性的意义。

2. 掌握水化性能的表示方法。

3. 了解不同 Al_2O_3 含量对 MgO/CaO 系耐火原料抗水化性能的影响。

二、测定原理

本实验采用高压釜实验法测试耐火材料抗水化性。高压釜实验法的实验装置如图 6-12 所示。

利用高压釜实验法进行水化实验时,先将高压釜升温加压到实验设定值,并保持高压状态一定时间。高压釜内的压力设定一般视耐火材料的种类而定,对于烧成砖,一般采用 0.29 MPa(3 kgf/cm^2)的压力,而对于不烧砖,则常将压力控制在 0.49 MPa(5 kgf/cm^2)。当达到保温时间后,立即将高压釜内的压力降到常压,从中取出试样。空冷后,观察试样产生龟裂和剥落的情况,并测量 4 个试样的平均抗压强度。然后,按下式计算出水化实验前后耐火材料试样的抗压强度下降率,作为评价耐火材料抗水化性能的指标。

$$C = \frac{C_1 - C_2}{C_1} \times 100\%$$

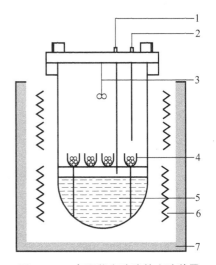

图 6-12　高压釜实验法的实验装置
1—热电偶 A;2—热电偶 B;3—风扇;
4—试样容器;5—水;6—发热体;7—电炉

式中　C——试样的抗压强度下降率,%;

　　　C_1——水化实验前 4 个试样的平均抗压强度;

　　　C_2——水化实验后 4 个试样的平均抗压强度。

C 值越小,说明耐火材料的抗水化性能越好。

三、主要器材

1. 高压搅拌反应釜。
2. 电子天平。
3. 微机控制万能试验机。

四、测试步骤

1. 水化试样的制备:实验用原料为 MgO/CaO 系烧结体(1 500℃),烧结体中 MgO/CaO 的质量比为 90：10,按照 Al$_2$O$_3$ 的加入量分别为 0、0.5%、1.0%、1.5%制成边长为 10 mm 的 1~4 号方块试样各八个。

2. 取出其中的四个进行抗压性能测定得出平均抗压强度。

3. 将其余的四个放入高压釜底部的金属网上,注意不要让试样与底部的水接触。

4. 水化实验开始时,先将高压釜在 30 min 左右升温加压到 0.20 MPa 然后放空 5 min。再关闭排气阀继续加热 30 min 左右,使高压釜的内部压力升高到 0.49 MPa,并保持 2 h。

5. 当达到保温时间后,立即将高压釜内的压力降到常压,从中取出试样。空冷后,观察试样产生龟裂和剥落的情况。

6. 测量后四个试样的平均抗压强度,并按照前面给出的试样的抗压强度下降率计算试样的抗压强度下降率。

五、测试结果计算与分析

1. 绘制 Al$_2$O$_3$ 添加量与 C 值曲线。

2. 分析 Al$_2$O$_3$ 加入量对 MgO/CaO 系耐火原料抗水化性能的影响。

实验 6-10 耐火材料(致密定形)透气度测定

一、测定目的

1. 了解透气度的概念。
2. 掌握透气度测量的原理。
3. 了解透气度对耐火材料使用的影响。

二、主要器材

1. 透气度测定仪:透气度测定仪的结构组成示意如图 6-13 所示。透气度测定仪中安装有试样夹持器。试样夹持器内套有可充气乳胶套,以保证试样侧面的气密性。充气压力的大小视乳胶套的性质而定,一般约需 0.10~0.12 MPa(图 6-14)。

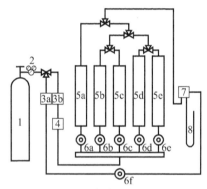

图 6-13 透气度测定仪示意图

1—压缩气瓶;2—气体减压器;3—气体过滤减压器
(a)通向胶套,(b)通向流量计;4—气体缓冲过滤器;
5—转子流量计(a)10~100 cm³/min,(b)60~
600 cm³/min,(c)100~1 000cm³/min,(d)40~
400 cm³/h,(e)250~2 500 cm³/h;6(a~f)—截止阀;
7—试样夹持器;8—U 形管压力计

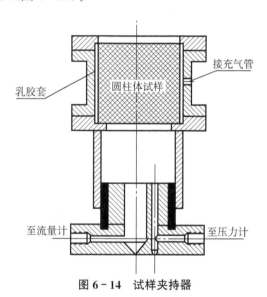

图 6-14 试样夹持器

注:当试样高度小于 50 mm 时,须将外径 50 mm、内径 46 mm、高 50 mm 的圆环(图 6-15)放在夹持器中的试样上。透气度测定仪的压力测量元件采用压力传感器来测量试样两端的压差,并直接用数显仪显示出来。在远离试样的连接管中测量压力,得到的结果可能偏低。气体流量测量仪器由一种灵敏的、在给定的管路温度和压力下校准的转子流量计组成。流量计应精确至2%以

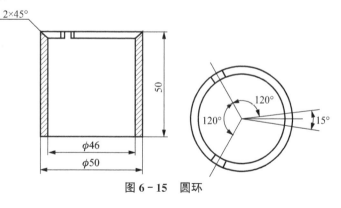

图 6-15 圆环

内,应定期以所用的气体校准,并应只用其测量刻度的中间部分。

2. 高纯氮气源:本实验的气源选用高纯氮气,在使用过程中要保持气压恒定。

3. 游标卡尺。

4. 电热干燥箱:能控制在(110±5)℃。

5. 不透气的标准试样:如铝圆柱体。

三、测定原理

干燥的气体通过试样,记录试样两端至少在三个不同压差下的流量,由这些数值以及试样的大小和形状,通过计算确定材料的透气度(Permeability)。

透气度:是指材料在压差下允许气体通过的性能。

已知在给定时间内通过试样的气体体积,则透气度用下式计算:

$$\frac{V}{t} = \mu \times \frac{1}{\eta} \times \frac{A}{\delta} \times (p_1 - p_2) \times \frac{p_1 + p_2}{2p}$$

式中　V——通过试样的气体体积,m³;

$\quad\quad t$——该体积的气体通过试样的时间,s;

$\quad\quad \mu$——试样的透气度,m²;

$\quad\quad \eta$——试验温度下气体的动力黏度,Pa·s;

$\quad\quad A$——试样的横截面积,m²;

$\quad\quad \delta$——试样高度,m;

$\quad\quad p$——气体的绝对压力,Pa;

$\quad\quad p_1$——气体进入试样端的绝对压力,Pa;

$\quad\quad p_2$——气体逸出试样端的绝对压力,Pa。

注:1. 上式符合达西(Darcy)定律,由哈根-伯肃叶(Hagen-Poiseuille)定律导出。

　　2. 由于 p 是测定气体体积时的压力,因此,在正压下测定时 $p=p_1$,在负压下测定时 $p=p_2$。

上式可重新排列为

$$\mu = \frac{V}{t} \times \eta \times \frac{\delta}{A} \times \frac{1}{(p_1 - p_2)} \times \frac{2p}{p_1 + p_2}$$

用相应的单位代入上式,由此导出透气度的单位是 m²。

透气度的单位 GB/T 3000—1999 使用的是 μm^2,而炭砖采用的是 mDa(毫达西),其换算关系为:1 达西=1 000 毫达西,1 cm² =9.81×10⁷ 达西。

透气度的单位:1 μm^2 = 981 mDa(毫达西)。

四、测定步骤

1. 试样制备及要求

(1)试样应是圆柱体,直径(50±0.5)mm,高度(50±0.5)mm。试样对端面轴线的垂直度和两端面之间的平行度均应在 0.5 mm 之内(注:对较薄的制品,试样的高度可小于 50 mm)。

(2)制取的试样不应带制品 4 mm 之内的表面层,相对于制品加压方向制取的试样方向及试样数量,按产品技术条件规定并在试验报告中注明。

(3)要仔细检查试样表面是否有贯通细纹,如有贯通细纹需重新制样。

(4)试样表面应无切制时产生的粉尘。如湿切,在水流下刷净;如干切,在压缩空气下刷净。

（5）试样应在电热干燥箱中于(110±5)℃干燥 2 h,并应在干燥器中冷却至室温,冷却时间应至少 2 h。

2. 用游标卡尺测量试样的直径和高度,精确至 0.01 mm。

3. 用不透气的标准试样进行空白试验,以证实试验装置是不漏气的。

4. 将试样放入夹持器中,确保乳胶套的压力足以使试样的侧面不漏气。这可用对乳胶套增加压力检查,压力增加时,气体流量和试样两端的压差均应无变化。

5. 在试样两端至少三个不同的压差下,测量通过试样的气体流量。计算每次测定的试样的透气度。这些测定应证明,流量与压差成正比,因为计算用的等式只对层流成立。

6. 如果计算的在不同压差下试样的透气度相互偏差大于 5%,要按步骤 3～5 重做空白试验。检查设备,重做试验,如仍大于 5%,应在试验报告中注明。

五、测定结果计算

透气度 μ 按下式计算,以 m^2 为单位,用两位有效数字表示：

$$\mu = 2.16 \times 10^{-6} \eta \times \frac{h}{d^2} \times \frac{q_V}{\Delta p} \times \frac{2p_1}{p_1 + p_2}$$

式中　η——试验温度下通过试样的气体动力黏度,Pa·s,10～35℃空气和氮气的动力黏度分别列于表 6-4 和表 6-5 中。

h——试样高度,mm；

d——试样直径,mm；

q_V——通过试样的气体流量,cm^3/min；

Δp——试样两端的气体压差 $(p_1 - p_2)$,mmH_2O；

p_1——气体进入试样端的绝对压力 $(p_2 + \Delta p)$,mmH_2O；

p_2——气体逸出试样端的绝对压力（当时当地的大气压力）,mmH_2O。

通常,因数 $\dfrac{2p_1}{p_1 + p_2}$ 很接近于 1,当在小的压差（例如 $\Delta p < 100$ mmH_2O）下测定时,可以忽略。

注：1. 1 mm H_2O = 9.807 Pa；1 m bar = 10.2 mmH_2O。

2. $10^{-12} m^2 = 10^{-8} cm^2 = 1$ μm^2。

表 6-4　空气的动力黏度

温度/℃	动力黏度×10^6/Pa·s	温度/℃	动力黏度×10^6/Pa·s	温度/℃	动力黏度×10^6/Pa·s
10	17.7	19	18.1	28	18.5
11	17.7	20	18.1	29	18.6
12	17.8	21	18.2	30	18.6
13	17.8	22	18.2	31	18.7
14	17.8	23	18.3	32	18.7
15	17.8	24	18.3	33	18.7
16	17.9	25	18.4	34	18.8
17	18.0	26	18.4	35	18.8
18	18.0	27	18.5	—	—

表 6 - 5　氮气的动力黏度

温度/℃	动力黏度×10^6/Pa·s	温度/℃	动力黏度×10^6/Pa·s	温度/℃	动力黏度×10^6/Pa·s
10	17.1	19	17.6	28	18.0
11	17.2	20	17.6	29	18.0
12	17.2	21	17.7	30	18.1
13	17.3	22	17.7	31	18.1
14	17.3	23	17.7	32	18.2
15	17.4	24	17.8	33	18.2
16	17.4	25	17.8	34	18.2
17	17.5	26	17.9	35	18.3
18	17.5	27	17.9	—	—

六、思考题

1. 试根据透气度的定义,推导透气度的计算公式。

2. 分析影响透气度测定结果的因素,并提出减小误差的措施。

3. 结合耐火材料结构与性能的知识,分析透气度对耐火材料使用有何影响。

参 考 文 献

[1] 沈威,黄文熙,闵盘荣.水泥工艺学[M].武汉:武汉理工大学出版社,2005.

[2] 王瑞海.水泥化验室实用手册[M].北京:中国建材工业出版社,2001.

[3] 中国建筑材料科学研究院水泥所.水泥及其原材料化学分析[M].北京:中国建材工业出版社,1995.

[4] 葛新亚.混凝土原理[M].武汉:武汉工业大学出版社,1994.

[5] 李玉寿.混凝土原理与技术[M].上海:华东理工大学出版社,2011.

[6] 庞强特.混凝土制品工艺学[M].武汉:武汉工业大学出版社,1990.

[7] [美]Mehta P Kumar.混凝土的结构、性能与材料[M].祝永年,沈威,陈志源,译.上海:同济大学出版社,1991.

[8] [加]Mindess Sidney,[美]Francis J. Young,Darwin David.混凝土[M].吴科如,张雄,姚武,等,译.北京:化学工业出版社,2005.

[9] [意]Collepardi Mario,Collepardi Silvia,Troli Roberto.混凝土配合比设计[M].刘数华,李家正,译.北京:中国建材工业出版社,2009.

[10] 高强与高性能混凝土委员会.高强混凝土工程应用[M].北京:清华大学出版社,1998.

[11] 朱宏军,程海丽,姜德民.特种混凝土和新型混凝土[M].北京:化学工业出版社,2004.

[12] 姚武.绿色混凝土[M].北京:化学工业出版社,2006.

[13] 胡曙光,王发洲.轻集料混凝土[M].北京:化学工业出版社,2006.

[14] 文梓芸,钱春香,杨长辉.混凝土工程与技术[M].武汉:武汉理工大学出版社,2004.

[15] 焦宝祥,陈丽金,张利,等.土木工程材料[M].北京:高等教育出版社,2009.

[16] 苏达根.土木工程材料[M].2版.北京:高等教育出版社,2008.

[17] 冯乃谦.新实用混凝土大全[M].2版.北京:科学出版社,2005.

[18] 蒋亚清.混凝土外加剂应用基础[M].北京:化学工业出版社,2004.

[19] 陈建奎.混凝土外加剂原理与应用[M].2版.北京:中国计划出版社,2004.

[20] 中国建筑学会混凝土外加剂应用技术委员会.混凝土外加剂及其应用技术新进展[M].北京:北京理工大学出版社,2009.

[21] 葛燕,朱锡,朱雅仙,等.混凝土中钢筋的腐蚀与阴极保护[M].北京:化学工业出版社,2007.

[22] 西北轻工业学院.玻璃工艺学[M].北京:中国轻工业出版社,2006.

[23] 田英良,孙诗兵.新编玻璃工艺学[M].北京:中国轻工业出版社,2009.

[24] 武汉建筑材料工业学院,等.玻璃工艺原理[M].北京:中国建筑工业出版社.1981.

[25] 刘新年,赵彦钊.玻璃工艺综合实验[M].北京:化学工业出版社.2005.

[26] 顾幸勇,陈玉清.陶瓷制品检测及缺陷分析[M].北京:化学工业出版社,2006.

[27] 李家驹,等.陶瓷工艺学[M].北京:化学工业出版社,2001.

[28] 张锐.陶瓷工艺学[M].北京:化学工业出版社,2007.

[29] 袁润章.胶凝材料学[M].武汉:武汉理工大学出版社,1996.

[30] 川陈燕,岳文海,董若兰.石膏建筑材料[M].北京:中国建材工业出版社,2003.

［31］薛群虎,徐维忠.耐火材料［M］.北京:冶金工业出版社,2009.

［32］宋希文.耐火材料工艺学［M］.北京:化学工业出版社,2008.

［33］王瑞生.无机非金属材料实验教程［M］.北京:冶金工业出版社,2004.

［34］陈运本,陆洪彬.无机非金属材料综合实验［M］.北京:化学工业出版社,2007.

［35］伍洪标.无机非金属材料实验［M］.北京:化学工业出版社,2009.

［36］王涛,赵淑金.无机非金属材料实验［M］.北京:化学工业出版社,2011.

［37］卢安贤.无机非金属材料导论［M］.长沙:中南大学出版社,2004.

［38］GB 175—2007.

［39］GB/T 176—2008.

［40］JC/T 734—2005.

［41］GB/T 1346—2011.

［42］GB/T 1345—2005.

［43］GB/T 17671—1999.

［44］GB/T 12959—1991.

［45］GB/T 2022—1980.

［46］GB/T 14684—2011.

［47］GB/T 14685—2001.

［48］GB 8076—2008.

［49］GB/T 18046—2008.

［50］GB/T 1596—2017.

［51］GB/T 2847—2005.

［52］GB/T 12957—2005.

［53］GB/T 50080—2002.

［54］GB/T 50081—2002.

［55］GB/T 50082—2009.

［56］JGJ 55—2011.

［57］JGJ/T 98—2011.

［58］JGJ/T 70—2009.

［59］GB 11614—2009.

［60］GB/T 1347—2008.

［61］GB/T 1549—1994.

［62］GB/T 1549—2008.

［63］GB 3404—1982.

［64］GB/T 14901—2008.

［65］GB/T 5432—2008.

［66］JIS R3101—1995.

［67］GB/T 3810—2006.

［68］GB/T 4100—2006.

［69］JC/T 479—1992.

［70］JC/T 480—1992.

［71］JC/T 481—1992.

［72］GB/T 5484—2012.

［73］GB/T 7776—2008.

［74］GB/T 37785—2019.

内容简介

　　本书是根据材料科学与工程专业应用型本科人才培养目标的课程体系而编写的,共6章120个实验。主要内容包括:水泥制备及性能测试;普通混凝土制备及性能测试;玻璃制备及性能测试;陶瓷制备及性能测试;石灰、石膏制备及性能测试;耐火材料制备及性能测试等。

　　本书不仅能满足无机非金属材料专业的学生全面掌握系统的专业实验技能和实验课教学要求,还可作为高等学校材料科学与工程、硅酸盐工程、土木工程、建筑工程、交通工程等专业或专业方向的教材和教学参考书,也可供从事与无机非金属材料有关的生产、管理、检测、科研和施工的工程技术人员参考。